식사요법

Diet Therapy

김명희 · 김미현 · 김보영 · 김순경 · 김애정 · 김영희 · 배윤정
성미경 · 이지선 · 정복미 · 조혜경 · 최미경 · 한경희 · 홍정임 공저

光文閣
www.kwangmoonkag.co.kr

머리말

세계화와 정보화로 요약될 수 있는 21세기를 맞아 급변하고 있는 생활환경은 우리의 식생활에 어떤 변화를 몰고 올 것인지 예측하게 하였고 인간의 유전자 지도 완성과 함께 질병 치료에도 큰 변혁이 예상되는 복잡한 시대가 눈앞에 다가왔습니다. 또한, 물밀듯 쏟아져 나오는 검증되지 않은 건강에 대한 정보는 현대인들이 건강을 유지하는 데 혼란을 초래할 가능성을 더욱 높게 만들고 있습니다. 이러한 여러 가지 이유들로 식생활, 건강 및 질병에 대한 관심이 급속히 증가하게 되었고 과학적으로 뒷받침된 이론 정립과 관련 전문인들의 방향 제시가 절실히 요구되고 있습니다.

질병으로부터의 빠른 회복과 환자의 삶의 질을 향상시키기 위해서는 의료 · 간호 · 영양관리 간의 긴밀한 협조가 매우 중요하며, 특히 적합한 영양관리를 위해서는 각 질환별 식사요법에 대한 이해가 필요합니다. 본 교재는 질병의 치료 방법 중 식사요법을 다룬 책으로서, 각 질병의 영양 상태를 파악하고 이에 대응하는 식사를 계획 · 관리 · 영양 지도를 하는 곳에 종사하는 영양사와 앞으로 영양사가 되려는 학생, 간호사, 기타 이에 관련된 의료 · 보건직에 근무하는 전문인을 위해 집필되었습니다. 특히 대학에서 식사요법을 강의하고 있거나 관심을 가지고 있는 교수들과 임상영양 분야에서 오랜 경험이 있는 전문 영양사들이 뜻을 모아 각 질환별 식사요법의 이론뿐만 아니라 실습을 병행할 수 있는 실질적인 내용을 함께 정리하였습니다.

본 교재는 각 질환별로 질병 발생기관의 구조와 기능, 병태생리, 질병으로 인한 체내 대사 변화 및 증상에 대해 이해하기 쉽도록 기술하였습니다. 특히 이론의 이해와 실제 적용 능력을 확대시켜 질병 상태에 있는 환자들의 질병 진행을 막거나 치료에 도움이 되는 식사관리 능력을 배양시키고자 식단작성에 관한 실습내용을 함께 수록하였습니다. 또한, 영양사를 희망하는 학생들을 위해 영양사국가시험에 필요한 식사요법의 학습목표를 제시하여 본문 내용의 학습을 통해 학습목표를 달성할 수 있도록 구성하였습니다.

최선을 다해 집필하고자 하였으나 아직도 미비한 점이 많을 것으로 여겨지며, 급속히 발전해 나가는 학문 분야에 발 맞추어 계속 수정·보완해 나갈 것을 약속드립니다. 이 책을 발간하기까지 애써 주신 도서출판 광문각 박정태 사장님과 편집을 맡아 주신 여러분의 노고에 진심으로 사의를 드립니다.

2011년 8월

저자 일동

목차

04. 장 및 췌장 질환 · 81

05. 간 및 담낭 질환 · 111

16. 선천성 대사 질환 및 신경계 질환 · 411

부록 · 431

Chapter 1

식사요법의 개요

학습목적

질병 치료와 식사요법의 관계를 이해하고, 치료를 위한 식단 작성에 응용한다.

학습목표

● **식사요법의 의의, 목적 및 식사계획**

· 식사요법의 목적과 중요성을 안다.

· 환자의 영양평가에 근거하여 식사요법 계획에 필요한 영양소를 조정하는 방법과 식단 조리를 위한 재료 식품의 선택 기준 등을 학습한다.

● **영양상태평가**

· 환자를 대상으로 하는 영양평가 방법 및 체계 등을 학습한다.

· 식사섭취조사, 신체계측조사, 생화학적 검사 방법 등을 학습하며, 임상증상을 통한 영양판정법을 숙지한다.

Chapter 1. 식사요법의 개요

식사요법의 의의 및 목적

1. 식사요법의 의의

질병의 치료는 우선적으로 원인을 찾아내어 합리적이고 효과적인 치료 방법을 선택하고, 그와 함께 영양소 대사 변화로 나타나는 질병의 발생 감소와 예방을 위하여 식사관리를 중심으로 한 영양관리가 선행·동반되어져야 한다. 식사요법diet therapy이란 질병이나 상해를 치료하거나 예방하고 건강을 유지 또는 증진시키기 위한 목적으로 대상자의 질병이나 신체상태에 맞도록 식사를 조절하는 것, 즉 영양적 치료를 의미한다. 이러한 식사요법은 환자의 치료에 있어 의료 및 간호와 동등한 중요성을 가지며, 세 가지 진료 분야의 상호 협조가 반드시 필요하다.

식사요법의 실천을 위해서는 질병에 따른 생리적 변화와 이에 따른 영양소 대사변화에 대한 영양원리의 이해와 함께 이를 응용할 수 있는 능력이 필요하다. 즉 각종 질병상태와 관계한 특이적 대사상태를 이해하고 영양섭취의 적합도를 평가하여 적절하게 식이조절을 실시해야 하며, 영양지도와 상담을 통해 전반적으로 식생활이 개선되도록 하는 등 보다 세심한 관리가 요구된다.

특히 식사조절이 질병을 치료하는 주요 부분을 차지할 때에는 환자의 개인차, 기호, 식욕상태 등을 고려하여 변화 있는 치료식을 제공해야 한다. 그러므로 영양사는 의사, 간호사와 같은 의료 종사자로 환자 및 그 가족의 영양지도를 담당할 수 있는 능력이 있어야 한다. 또한 영양사는 영양사로서의 책임과 역할을 이해하고, 영양학은 물론 의학적 기초지식도 익혀서 의사의 처방에 부합하는 환자식, 즉 치료식을 만들 수 있는 기술이 있어야 한다.

2. 식사요법의 목적

식사요법을 실시함으로써 질병의 치료와 더불어 합병증을 예방하고 사망률을 감소시키며, 재원일수의 감소를 통한 의료비 절감의 효과를 얻을 수 있다. 또한 질병의 예방을 통한 건강유지로 보다 나은 삶을 제공한다.

영양상태 평가 및 영양 필요량 산정

1. 영양상태 평가

환자의 질환에 맞는 식사요법을 실시하기 위해서는 영양판정이 선행되어야 한다. 영양판정은 영양과 관련된 자료를 수집 · 해석하고 문제점을 파악하여 환자의 영양상태를 평가한 후, 적절한 영양상태 유지를 위해서 필요한 사항을 결정하여 영양관리 계획을 수립 · 실시하고 그 결과를 피드백 하는 과정이다. 환자의 영양상태 평가방법에는 식사섭취조사, 신체계측조사, 생화학적 검사, 임상증상을 통한 검사가 있다.

1) 영양상태 평가 방법

(1) 식사섭취 조사

식사섭취에 관한 정보에는 환자의 식품기호, 알레르기 식품, 평상시 식사패턴, 건강보조제 및 영양제의 섭취 등이 포함된다. 평상시 식사 패턴은 24시간

표 1-1 식사섭취 조사방법

방법	내용	장점	단점
24시간 회상법	전날의 24시간 동안 섭취한 음식물을 조사함	· 빠르고 간편함 · 피상담자가 글을 쓰지 못해도 조사가 가능함 · 피상담자의 평소 식사패턴에 영향을 주지 않음	· 피상담자가 식사 섭취를 사실대로 말하지 않을 수 있음 · 피상담자의 기억에 의존하므로 부정확할 수 있음 · 조사일수가 적으면 평상시의 식사를 알려주지 못할 수 있음 · 상담자의 기술이 필요함
평상시 음식섭취 조사	평상시 식사섭취 상태에 대한 정보를 제공함	· 24시간 회상법에 비해 평상시 식사상태를 잘 반영함 · 빠르고 간편함	· 피상담자의 기억에 의존하므로 부정확할 수 있음 · 상담자의 기술이 필요함
식품섭취 빈도조사	각 식품 또는 식품군별로 섭취빈도를 피상담자가 기록함	· 표준화하기에 용이함 · 24시간 회상법과 함께 사용할 때 유용함 · 일정 기간 동안의 주요 영양소 섭취상태를 알려줌 · 피상담자의 평소 식사 패턴에 영향을 주지 않음	· 식사패턴이나 섭취량에 대한 정확하고 세부적인 정보를 알 수 없음 · 환자가 섭취한 식품을 모두 대변해 주지 못할 수 있음 · 음식 분량에 대한 지식이 요구됨
식사일기	3~7일간의 실제 음식물 섭취 상태에 대한 정보를 제공	· 24시간 회상법에 비해 정확함 · 음식물의 섭취량과 함께 섭취시간을 알 수 있음	· 읽고 쓰는 능력이 필요함 · 음식의 분량에 대한 지식이 필요함 · 평상시 식사패턴에 영향을 미쳐 평소의 섭취상태를 대변하지 못할 수 있음 · 최소 3일 이상이 요구됨

〈출처〉 Zeman FJ, Ney DM, 1988, 『Applications of clinical nutrition』.

회상법, 식품섭취빈도 조사를 통해 정보를 얻을 수 있으며, 입원환자의 경우 환자용으로 제공된 식사 중 1~2일간 실제로 섭취한 양을 분석함으로써 섭취한 열량과 영양소를 알 수 있다. 식사섭취 조사방법과 장단점은 〈표 1-1〉과 같다.

(2) 신체계측 조사

신장과 체중은 신체계측 조사시 가장 기본이 되는 요소이다. 신장과 체중을 정확하게 측정하고 이를 표준치와 비교하여 판정하거나, 특히 체중의 경우 시간경과에 따른 변화 양상을 관찰함으로써, 대상자의 현재 영양상태나 영양상태의 변화 추이를 알 수 있다.

신장은 대부분 똑바로 선 상태에서 쉽게 측정할 수 있으나 거동이 불가능하거나 어렵고, 골격 손상 등이 있는 환자의 경우 측정가능한 수치를 이용하여 추정할 수 있다. 의식이 없거나 거동이 어려운 환자는 누운 길이 측정치로부터 추정할 수 있는데, 침상에 환자를 똑바로 눕히고 발을 구부린 다음 머리끝에서 발끝까지의 길이를 잰다. 이는 똑바로 선 상태에서 측정한 키에 비해 약 2% 정도가 크며, 척추만곡증 등이 있는 환자에게는 적합하지 않는 방법이다. 또한 심각한 척추손상, 관절염, 척추후만증, 골다공증, 골격의 기형과 같은 골격 손상이 있는 경우는 신장과 밀접한 관계를 가지는 무릎길이를 이용하여 신장을 추정할 수도 있다.

체중은 환자의 영양상태를 나타내주는 중요한 지표로 체중손실이 심하면 질병의 징후가 심각한 것으로 생각된다. 체중의 증가는 비지방조직lean body mass과 지방조직의 축적, 부종, 복수, 흉막삼출액 또는 정맥으로의 과다한 수액공급으로 인한 체액의 비정상적인 축적 등을 의미한다. 비지방조직의 손실이 있더라도 체액이 보충되면 그 손실량을 알 수 없으므로 체중을 측정할 때에는 신중하고 정확하게 조사해야 한다. 체중을 평가할 때 표준체중을 산출하고, 이에 대한 백분율을 계산하여 그 백분율에 따라 영양상태를 평가할 수 있다. 표준 체중ideal body weight : IBW 산출법으로는 브로카 변법과 체질량지수를 이용한 방법이 널리 쓰이며, 표준체중 산출공식은 아래와 같다. 표준 체중 백분율% IBW의 평가기준은 〈표 1-2〉에 제시하였다.

$$표준\ 체중의\ 백분율(\%\ ideal\ body\ weight,\ \%IBW) = \frac{실제\ 체중}{표준\ 체중} \times 100$$

표준체중 계산

브로카 변법을 이용한 방법

신장 ≥160cm : 표준체중(kg) = (신장(cm)−100)×0.9

150cm ≤신장 〈 160cm : 표준체중(kg) = [(신장(cm)−150]×0.5+50

신장 <150cm : 표준체중(kg) = 신장(cm)−100

체질량지수를 이용한 방법

남자 : 표준체중(kg) = 신장(m)×신장(m)×22

여자 : 표준체중(kg) = 신장(m)×신장(m)×21

표 1-2 표준 체중 백분율의 평가기준

표준 체중 백분율	평가
≥200	병적 비만
〉120	비만
111~120	과체중
90~110	정상
80~89	저체중(경도의 영양불량)
70~79	극심한 저체중(중등도의 영양불량)
〈 69	극심한 영양불량

〈출처〉 대한영양사협회, 2008, 『임상영양관리지침서 3판』.

환자의 체중 감소는 질병이나 영양장애의 존재, 심각성, 또는 진행 정도를 반영할 수 있기 때문에, 체중의 변화 정도는 환자의 건강 및 영양상태의 변화를 판정하는 중요한 지표가 된다. 일반적으로 1개월 이내에 5% 이상의 체중 감소가 있었거나, 6개월 이내에 10% 이상의 체중감소가 있으면 영양불량의 위험도가 큰 것으로 생각된다. 단, 체중 변화 양상은 대상자의 질병에 따라 다양하게 해석될 수 있으므로 주의하도록 한다. 체중의 변화를 이용한 지표에는 최근 체중 변화 백분율% recent weight change이 있으며 이의 공식은 아래와 같다. 체중 변화의 평가기준은 〈표 1-3〉에 제시하였다.

$$\text{최근 체중 변화 백분율(\%)} = \frac{\text{평소체중} - \text{현재체중}}{\text{평소체중}} \times 100$$

표 1-3 체중 변화의 평가기준

	약간의 체중감소	심한 체중감소
1주	1~2%	〉2%
1개월	5%	〉5%
3개월	7.5%	〉7.5%
6개월	10%	〉10%

〈출처〉 대한영양사협회, 2008, 『임상영양관리지침서 3판』.

걸을 수 있는 환자의 체중을 측정하는 것은 문제가 되지 않으나 병의 상태가 심각하여 걷거나 혼자 설 수 없는 환자, 그리고 신체 중 절단 부위가 있는 환자의 경우에는 체중을 측정하는 일이 쉽지 않아 측정 가능한 신체계측치를 이용하여 체중을 추정한다. 환자의 상태에 따라 침대저울이나 휠체어저울을 이용하여 체중을 측정하거나 여러 가지 신체계측치, 즉 무릎 길이, 상완위 둘레, 종아리 둘레, 견갑골 하부의 피부 두께 등으로부터 계산식에 의해 추정할 수 있다.

(3) 생화학적 검사

생화학적 검사는 다른 영양상태 판정법들과 비교하여 볼 때 가장 객관적이고 신뢰도가 높은 방법으로 장 · 단기의 영양섭취 상태를 판정할 수 있다. 생화학적 조사는 신체계측치의 변화나 임상적인 증상이 나타나기 이전의 영양불량을 조기에 발견할 수 있어 예방적 차원에서 그 중요성이 강조되고 있다.

생화학적 검사에서는 신체의 혈액, 소변, 조직 등에서 특정 영양소의 함량이나 기능을 측정하게 된다. 그러나 영양소의 체내 수준은 영양상태 외에도 시료의 수집이나 분석에 필요한 기술 및 다른 영양소, 약물, 질병 상태에 영향을 받는다는 제한점이 있다.

(4) 임상증상을 통한 검사

임상적인 영양판정은 영양상태의 변화에 의해 나타나는 신체 징후의 유무와 정도를 조사하는 것으로, 병력 · 식사력 조사 및 임상진단을 통해 조사한 영양불량 징후와 조사대상자가 호소하는 증상에 대한 종합적인 해석으로 이루어진다. 이 조사방법은 특별한 장비나 채취한 시료의 분석을 위한 특별한 분석 장치를 갖춘 실험실이 필요한 것이 아니므로 다른 판정법에 비해 상대적으로 비용이 적게 드는 이점이 있다. 임상조사는 질병이 분명하게 나타나거나 영양불량 상태가 상당히 진전되었을 때 유용한 방법이다.

임상조사의 첫 단계는 대상자의 병력을 조사함으로써 영양불량의 위험요인을 파악하는 것이다. 병력에 관한 정보는 의무기록을 검토하거나 개인면담 및 질문지를 통해 수집한다. 다음 단계는 식사력 조사이다. 영양불량 상태는 영양소의 섭취, 소화, 흡수, 대사, 배설 및 요구량에서의 변화 등으로 기인하기 때문에 조사대상자에 대한 정보를 얻을 때는 반드시 식습관에 대한 내용이 포함되어야 한다.

임상조사의 마지막 단계는 임상진단이다. Jelliffe에 의하면 임상진단이란 영양불량으로 인하여 피부, 눈, 머리카락, 점막 등 상피조직이나 기관에 나타나는 변화를 관찰하는 것을 말한다. 영양소의 섭취가 부족하거나 과다하여 영양소의 이용에 장애가 생기게 되면 영양소의 체내 저장량이 변화하고 그 결과, 영양소의 혈중 농도나 조직에 해부학적인 변화로 발생되는 기능장애로 인하여 다양한 신체 징후가 나타나기도 한다. 그러나 경우에 따라서는 영양소가 심하게 결핍되지 않은 상태에서도 나타날 수 있고, 영양불량이 아닌 다른 원인에 의해서도 나타날 수 있으므로 해석시 주의해야 한다.

2) 환자의 영양판정

영양검색 결과 영양문제나 영양적 위험인자가 있으면 그 다음 단계로 초기 영양판정을 실시한다. 초기 영양판정 결과, 더 심도 있고 구체적인 영양판정이 필요하다고 생각되는 환자를 대상으로 대사영양 프로필을 실시한다.

(1) 영양검색nutrition screening

환자가 병원에 입원하게 되면 우선적으로 영양검색을 실시하여 영양문제가 있는지, 영양적 위험인자가 있는지를 선별해 낸다. 영양검색은 영양불량이 있거나 그 밖의 영양적으로 문제가 있는 환자들을 정확히 가려내기 위하여 영양문제와 관련이 있는 것으로 알려진 특성들을 환자에게서 찾아내는 과정으로, 이미 정해진 위험요인nutritional risk factors 기준과 각 환자의 자료를 비교함으로써 영양적 위험이 있는 환자를 선별하는 것이다. 영양검색 결과 영양문제가 있는 것으로 판별된 환자에 대해서는 영양판정을 실시하여 영양문제를 해결하기 위해 관리방안을 수립하고 이를 시행한다. 영양검색은 영양판정 대신 실시하는 것이 아니라 포괄적인 영양판정을 우선적으로 받아야 하는 영양불량 위험군 환자를 선별해낼 수 있게 영양판정 전 단계로 실시하는 것이다. 이러한 영양검색 빨리 실시할수록 해당 환자에게 필요한 영양지원이 이루어질 수 있기 때문에 모든 환자는 입원 후 24~48시간 이내에 영양검색 검사를 받아야 한다.

영양검색은 개인면담이나 의무기록, 현지조사 컴퓨터 프로그램 등의 여러 가지 방법으로 수행될 수 있고, 선별조사의 결과에 따라 구체적인 영양평가의 필요 여부를 결정할 수 있어 비용이 효과적으로 절감될 수 있는 장점이 있다. 영양검색 검사표의 예는 〈표 1-4〉와 같으며, 이 검사표로 조사를 한 후 진료

표 1-4 영양검색 검사표의 예

생화학적 수치

1. □ Albumin ≤ 2.9㎎/dℓ
6. □ Albumin < 3.5㎎/dℓ

신체계측

키 ________ 입원시 체중 ________ 평상시 체중 ________ 바람직한 체중 ________

BMI ________ 바람직한 체중 ________ 체중 손실률 ________

2. □ <80% 바람직한 체중
3. □ >10% 체중 감소
7. □ 평상시 체중의 80~90%
8. □ 5~10% 체중 감소

식사상황

4. □ TPN/PPN 또는 tube feeding
9. □ 식욕감소
10. □ 저작과 연하 곤란
11. □ >3일 이상 금식, dextrose/유동식

영양과 관련된 문제들

5. □ 영양불량 □ 패혈증
   □ 욕창 □ AIDS
   □ 연하곤란/신장식이/간식이
12. □ 영양과 관련된 진단/문제점
13. □ serum cholesterol ≥ 200mg/dℓ
14. □ random glucose ≥ 200mg/dℓ
15. □ 여성: BMI ≥ 27kg/m²
    □ 남성: BMI ≥ 28kg/m²

□ 현재 더이상의 영양평가가 필요하지 않음.

□ 영양사에 의한 영양평가가 필요함

  □ 치료 1단계 □ 치료 2단계 □ 치료 3단계

□ 13~15번 항목에 해당사항이 있을 때는 의사의 지시하에 영양상담/교육이 권장됨.

최근의 식사요법: ________________________________

조사자: ________________________________

날짜: ________________________________

〈출처〉 Hedberg AM et al., 1988, *J Am Diet Assoc* 88 : 1553-6

팀의 다른 사람도 참고할 수 있도록 환자의 의무기록 차트에 첨부해 놓는다. 영양검색 도구를 구성하는 객관적인 지표로는 키, 체중, 체중감소 등을 들 수 있으며, 주관적 지표로는 식사섭취 감소, 식욕 정도 등을 들 수 있다.

• 대상 환자와 선별기준

영양위험도를 결정하는 데 사용되는 위험요인 및 범주에는 식품과 영양소 섭취 양상, 신체조건 및 질환, 생화학적 검사결과, 주관적 자료 등이 포함된다. 영양 위험도의 결정지표는 〈표 1-5〉에 제시하였다.

표 1-5 영양 위험도의 결정지표

객관적 지표	주관적 지표
표준체중 백분율(% IBW) : 120% 이상, 90% 미만	연하곤란, 저작곤란
체중 감소율: 10% 이상	식욕 및 식사섭취량 저하
알부민: 3.5g/dℓ 이하	소화기관의 증후: 오심, 구토, 설사
콜레스테롤: 240㎎/dℓ 이상, 130㎎/dℓ 미만	근육 및 체지방 소모
종양학/ 방사선 요법	
진단명: 신장, 췌장, 소화기, 간, 심장, 신경계 질환, 영양불량증 등	
섭식 형태: 일반식, 연식, 금식 혹은 5일 이상의 유동식을 하는 환자	

위 항목을 판정해 보아 만약 2개 이상의 위험인자가 있는 경우 초기 영양판정initial nutrition assessment을 실시한다.

(2) 초기 영양판정initial nutrition assessment

영양검색에 의해 환자가 영양적인 위험이 있음이 밝혀지면 그 다음 단계로 그 환자의 영양장애의 심각성과 원인을 알아내고, 이 영양장애가 그 환자의 질병상태를 악화시킬 것인지와 영양공급에 대한 환자의 반응을 평가하기 위해 초기 영양판정이 실시된다. 초기 영양판정에 포함되는 것은 환자의 현재와 과거의 체중, 신장, 식습관의 기초적인 평가, 의사에 의해 조사된 병력과 신체계측조사를 통해 얻은 정보 및 생화학적 분석치이다. 초기 영양판정에 사용되는 평가지의 예는 〈표 1-6〉과 같다.

• 대상 환자

- 영양검색에서 판별된 위험 환자
- 관급식이나 특별식 환자

• 자료

- 의학 정보 : 진단명, 약물, 치료
- 식사 정보 : 식욕
  식사시 문제점 – 구토, 메스꺼움, 연하곤란, 저작곤란, 설사, 변비, 갈증, 복통 등
  현재 식사요법
  과거 식사교육
  건강보조식품/영양제
  평소 식사섭취량
- 신체계측 자료 : 키, 체중, % 표준체중, 평소체중, % 체중변화, 상완위둘레(mid-arm circumference : MAC)
- 신체 증후: 몹시 여윔, 근육소모, 부종, 복수, 욕창, 비만
- 생화학적 조사 자료: 헤모글로빈hemoglobin, 알부민albumin, 프리 알부민prealbumin, 트렌스페린transferrin, 기타 관련 검사 분석치

이 자료들을 가지고 영양상태를 적절함과 불량함으로 나누고, 불량함은 다시 에너지 부족, 단백질 부족, 에너지 · 단백질 부족의 세 가지로 나눈다. 환자의 영양요구량을 기초대사량, 열량 요구량, 단백질 요구량 등을 고려하여 결정한다. 초기 영양판정은 명백한 영양결핍환자를 알아내고 어떤 환자에게 더

표 1-6 초기 영양판정 평가지의 예

등 록 번 호
이 름
주 민 번 호
나 이 / 성 별

영양판정1
(Initial Nutrition Assessment)

날 짜 ______ 진료과 / 병실 ______ / ______ 혈압 ______
식 사 처 방 ______
진 단 명 ______
약 물 ______
신 장 ______ cm 체중 ______ kg 표준체중 ______ kg 평소체중 ______ kg
신 체 증 후: ☐ 몹시 여윔 / 근육소모 ☐ 비만 ☐ 부종/복수 ☐ 기타

검사항목	결 과	검사항목	결 과	검사항목	결 과
	/		/		/
Hb/Hct		FPG/PP2/HbAlc			
Cholesterol/TG		BST			
HDL/LDL		Na/K			
Cr/BUN					

병원식 섭취 상태: ☐ 양호(>2/3) ☐ 보통(1/3 ~ 2/3) ☐ 불량(<1/3)
영양교육(경험) ______ 현재 식사요법 ______
건강식품/민간요법 ______ 식품 알레르기/불내증 ______
음주 ______ 흡연 ______ 운동 ______

척 도		검사항목			
	수치	없음	약간의	보통의	심한
% 체중감소	1개월	거의 없음	<5%	5%	5%
	3개월	<7.5%	7.5%	7.5%	>7%
	6개월	<10%	10%	10%	>10%
% 표준체중		≥ 91%	90~85%	84~75%	<74%
Albumin		≥ 3.3	3.2~2.8	2.7~2.1	<2.1
식욕/식사 섭취 상태 (밥, 죽, 미음)		양호하며 변화 없음	약간 간소 (<2주)	가끔 있음 (>2주)	자주/매일 있음(>2주)
식사시 문제(메스꺼움, 변비, 구토, 설사, 연하/저작곤란)		없음	간간히 약간 있음	가끔 있음 (>2주)	자주/매일 있음(>2주)
피하지방/근육소모		없음	약간 있음	보통 있음	심함
기 타					

영양상태: ______ 양호 ______ 보통 불량 ______ 약간 불량 ______ 심한 불량
2. 기타 영양과 관련된 문제점: ______

3. 약물과 관련된 문제점: ______

〈출처〉 중앙병원 영양실(초기 영양판정 평가지의 일부).

자세한 평가를 실시해야 하는지를 선별해 주는 역할을 한다.

(3) 대사영양 프로필metabolic / nutritional profile

대사영양 프로필은 초기 영양판정에서 얻은 자료에 더 자세한 신체계측치와 생화학적 분석치, 환자의 식사섭취에 대해 폭넓게 평가하는 가장 심도 있고 구체적인 영양판정이다. 대상 환자는 영양불량 혹은 위험이 높은 환자이거나, 초기 영양판정에서 대사영양 프로필이 필요하다고 판정된 환자이다. 대사영양 프로필의 평가지의 예는 〈표 1-7〉과 같다.

• 대상 환자

- 영양불량 혹은 위험이 높은 환자
- 초기 영양판정에서 대사영양 프로필이 필요하다고 판정된 환자

• 자료

- 의학 정보: 진단명, 약물, 치료
- 식사 정보: 식사시 문제점- 구토, 메스꺼움, 연하곤란, 저작곤란, 설사, 변비, 갈증, 복통 등 현재 식사요법
- 신체계측 자료: 키, 체중, % 표준 체중, 평소 체중, % 체중 변화, 삼두근 피부 두께triceps skinfold thickness : TSF 등
- 신체 증후: 몹시 여윔, 근육 소모, 부종, 복수, 욕창 등

• 영양판정의 기준 및 척도

환자의 영양상태를 평가하는 기준은 대체로 체지방 축적 정도, 체단백 및 내장단백의 감소 정도, 그리고 면역기능의 저하 정도 등 4가지를 들 수 있으며, 각각의 기준을 표시하는 척도는 다음과 같다.

① 체지방 축적fat reserve : 삼두근 피부 두께

② 체단백somatic protein : % 표준 체중, % 체중 감소, 상완위 근육 면적mid-arm muscle area : MAMA, 크레아티닌 신장지수creatine height index : CHI

표 1-7 대사영양프로필 평가지의 예

등 록 번 호
이 름
주 민 번 호
나이 / 성별

대사영양프로필
(Metabolic Profile)

날 짜 ______________ 진료과 / 병실 __________/__________ 혈압 __________

진 단 명 ____

약 물 ____

현재영양요법 ____

신 장 ________ cm 현재 체중 ________ kg 표준체중 ________ kg 평소체중 ________ kg

신 체 증 후 : ☐ 부종 ☐ 복수 ☐ 욕창 ☐ 비만

식사시문제점 : ☐ 구토 ☐ 메스꺼움 ☐ 식욕부진 ☐ 연하곤란 ☐ 저작곤란
☐ 설사 ☐ 변비 ☐ 식품 알레르기 ______________

척도	수치	영양불량 정도							
		없음		약간의		보통의		심한	
% 표준체중(현재/평소)		≥ 91%		90~81%		80~70%		<70%	
% 체중감소		0~4%		5~9%		10~20%		>20%	
Albumin		≥ 3.3		3.2~2.8		2.7~2.1		<2.1	
Total Lymphocyte Count		≥ 1501		1500~1201		1200~800		<800	
TSF(% standard)		≥ 91		90~51		50~30		<30	
MAMC(% standard)		≥ 91		90~81		80~70		<70	
피하지방 손실		없음		약간 있음		보통 있음		심함	
근육소모		없음		약간 있음		보통 있음		심함	

기타 Labs :

평가

1. 영양상태: ☐ Adequate ☐ Kwashiorkor-type ☐ Moderate Malnutrition
☐ Marasmus - type ☐ Mild Malnutrition ☐ Protein - Calorie Malnutrition
2. Metabolic Stress: ☐ 없음 ☐ 약간 ☐ 보통 ☐ 심함
3. 현재 영양섭취량: ____________ kcal, ____________ g protein
Calorie - ☐ 적절 ☐ 과다 ☐ 부족 Proetin - ☐ 적절 ☐ 과다 ☐ 부족
4. 영양적 문제: ____
____
5. 영양목표: 체중/지방 – ☐ 충족 ☐ 유지 ☐ 감소 단백질 – ☐ 충족 ☐ 유지
기타
6. 지원경로: ☐ Oral ☐ Tube feeding ☐ Parenteral
7. Enteral/Parenteral Nutrition Support 가 필요한 경우:
____
____

〈출처〉 중앙병원 영양실(대사 영양프로필 평가지의 일부)

③ 내장단백visceral protein : 알부민, 트랜스페린, 프리알부민

④ 면역기능immune competence : 총 임파구 수total lymphocyte count, 항원 피부 검사antigen skintest

• 결핍 정도

영양 결핍 정도를 결정하는 데 사용되는 척도 및 수치의 범위는 〈표 1-8〉에 제시하였다.

표 1-8 영양결핍 정도를 결정하는 척도의 범위

척도	결핍정도			
	없음	경도	중등도	고도
표준 체중 백분율(% IBW)	≥ 90%	89~90%	79~70%	<70%
최근 체중 변화 백분율	0~4%	5~9%	10~20%	>20%
Albumin(g/dl)	≥ 3.5	3.4~2.8	2.7~2.1	<2.1
Transferrin(mg/dl)	≥ 200	199~150	149~100	<100
Prealbumin(mg/dl)	≥19	10~15	5~10	<5
총임파구수(cell/mm3)	>2000	1500~1800	900~1500	<900

*총임파구수=(총 백혈구수×%임파구)/100
*transferrin=0.8×총 철결합능(total iron binding capacity, TIBC)−43

(4) 주관적 종합판정subjective global assessment : SGA

• 정의

주관적 종합판정은 환자의 과거력으로부터 얻은 정보와 임상적 조사시 나타난 신체적 특징을 종합하여 영양 판정을 하는 방법이다.

• 평가 내용

주관적 종합판정은 객관적인 신체계측과 생화학적 자료에 의존하지 않고, 환자의 과거력 5가지 요소(최근의 체중 감소, 평상시 식사의 변화, 중요한 위장 증상의 존재, 환자의 신체기능력, 대사변화)와 신체 조사내용 4

가지 요소(피하지방의 손실, 근육소모, 부종, 복수)를 평가한다. 주관적 종합판정의 평가지의 예는 〈표 1-9〉와 같다.

• **평가 등급의 결정** SGA rating

과거력과 임상조사 내용을 근거로 하여 영양상태의 등급을 판정한다. 신체 조사 결과를 근거로 하되 각 문항마다 비중을 다르게 하여 환자의 영양상태를 "양호 well-nourished", "경도-중등도의 결핍 상태 mildly-moderately malnourished", "심한 결핍 상태 severe malnourished"의 3단계로 등급을 결정한다. 이 방법을 이용하기 위해서는 적절한 훈련이 필요하다. SGA 방법은 평가자의 주관적인 판단에 의존하기는 하지만, 여러 연구에서 평가자 간에 평가 결과가 일치되는 결과를 보임이 밝혀졌다. 더욱이 SGA 방법은 알부민, 트랜스페린, 크레아티닌 신장 지수 등의 객관적인 자료보다 더 정확하게 감염 발생을 예측할 수 있을 것으로 생각된다. 주로 신장질환 환자나 간질환 환자에게 많이 적용되고 있다.

표 1-9 주관적 종합판정 평가지

환자력

1. 체중 변화
   최대 체중 ____________
   6개월 전 체중 ____________
   최근 체중 ____________

   %체중변화 $\dfrac{\text{6개월 전 체중} - \text{최근 체중}}{\text{6개월 전 체중}} \times 100$

   지난 6개월간의 체중 감소량 ____________
   지난 6개월간의 체중 감소 비율 ____________
   지난 2주간의 변화 ________ 증가 ________ 변화 없음 ________ 감소

2. 식사섭취상황(평소식사와 비교하여 기록)
   변화 없음 ________________________ 변했음 ________________________
   기간: 주 ________________________
   형태: _____________ 섭취량 증가 _____________ 반고형식
   _____________ 일반유동식 _____________ IV or hypocaloric liquids
   _____________ 굶음

3. 위장증상(2주 이상 지속된 경우만)
   없음 ______________
   ___________ 오심 ___________ 구토 ___________ 설사 ___________ 식욕부진

4. 신체기능 능력
   _____________ 기능장애 없음 _____________ 기능장애 있음
   기간: _____________
   형태: _____________ 정상은 아니나 기능은 함
   _____________ 외래통원 _____________ 병상에 누워만 있음

5. 질병에 따른 대사량 변화
   ______스트레스 없음______낮은 스트레스______ 중 정도 스트레스 ______ 심한 스트레스

신체진단

(각 질문마다 정상이면 0, 약한 정도이면 +1, 중 정도이면 +2, 심하면 +3으로 기입)
________ 피하지방 손실(어깨, 삼두근, 가슴, 손) ________ 근육소모(삼사근, 대퇴사각근)
________ 발목부종 ________ 복수

등급판정

________ A = 영양상태 양호
________ B = 중 정도의 영양불량 또는 영양불량이 의심됨
________ C = 심한 영양불량

〈출처〉 Detsky AS et al., 1987, *JPEN J Parenter Enteral Nutr* 11:8-13

2. 영양필요량 산정

환자의 영양관리 계획 수립 시 영양필요량을 산정하기 위해서는 다음 사항을 고려해야 한다.

- 정상인의 요구량
- 질환의 종류
- 체내 영양소 보유능력
- 피부, 소변 또는 장관을 통한 영양소 손실량
- 약물과 영양소의 상호작용
- 영양소 간의 상호작용

1) 열량 필요량

(1) 기초대사량을 이용하는 방법

환자의 열량 요구량은 연령, 성별, 체표면적에 따라 Harris-Benedict 공식을 이용하여 기초대사량을 계산하고 환자의 부상정도injury factor와 활동량activity factor을 고려하여 1일 필요 열량을 산출한다〈표 1-10〉.

1일 필요 열량(kcal) = 기초대사량×활동계수activity factor×상해계수injury factor

Harris-Benedict 공식에 의한 기초대사량 산정

남성 → 기초대사량 = 66.5 + [13.75 × 체중(kg)] + [5.003 × 신장(cm)] - [6.775 × 연령]

여성 → 기초대사량 = 655.1 + [9.563 × 체중(kg)] + [1.850 × 신장(cm)] - [4.676 × 연령]

표 1-10 활동계수, 상해계수 및 스트레스 계수

활동 계수	약간의 체중감소	상해 계수	약간의 체중감소	스트레스 계수	약간의 체중감소
1.2	누워있는 환자	1.2	가벼운 수술(minor surgery)	1.0	기아(starvation)
1.3	거동이 가능한 환자	1.35	골격 외상(skeletal trauma)	1.3	가벼운 수술
1.5	보통의 활동도	1.44	수술(elective surgery)	1.3~1.5	다발성 패혈증, 호흡기 질환
1.75	매우 활동적	1.6~1.8	패혈증	1.0~1.2	유지
		1.88	외상 + 스테로이드	1.4~1.6	동화(anabolism)
		2.1~2.5	심한 화상	1.3~1.5	급성 췌장염
				1.0~1.3	만성 췌장염

〈출처〉 대한영양사협회, 2008, 『임상영양관리지침서 3판』.

(2) 대사적 스트레스를 이용하는 방법

대사적 스트레스에 따라 필요 열량을 산정할 수 있다. 〈표 1-10〉의 스트레스 계수와 기초에너지 소비량을 이용하여 다음과 같이 1일 필요열량을 산출한다.

$$1일\ 필요열량 = 기초대사량 \times 스트레스\ 계수$$

또한 〈표 1-11〉의 대사적 스트레스의 소변 중 요소 질소의 배설량과 현재 체중을 기준으로 열량 요구량을 산출할 수 있으며, 스트레스 계수에 의해서도 열량 요구량을 산정할 수 있다. 스트레스가 없는 경우 1일 체중 kg당 28kcal, 약한 경우 30kcal, 보통인 경우 35kcal, 심한 경우 40kcal를 제공한다.

표 1-11 대사적 스트레스 정도에 따른 소변 중 요소 질소의 배설량

소변 중 요소 질소 배출량 (g/d)	스트레스 정도	소변 중 요소 질소 배출량 (g/d)	스트레스 정도
0~5	없음	10~15	보통
5~10	약간	>15	심함

(3) 활동 정도와 비만도를 이용하는 방법

현재의 비만도와 활동 정도에 따라 1일 열량 필요량(kcal)을 산출한다. 그러나 비만도가 125% 이상인 비만 환자의 경우 실제 체중 대신 조정 체중이나 표준 체중을 적용하기도 한다. 실제 체중을 적용시에는 단위 체중당 16~19kcal로, 표준 체중을 적용시에는 단위체중당 30~35kcal로 열량 필요량을 계산한다. 또한 체중 증가가 필요한 환자는 체중 유지에 필요한 열량 요구량에 1000kcal의 열량이 별도로 요구된다. 즉 외상으로 인하여 체중의 감소가 극심한 환자의 경우 1주일에 900g 정도의 체중 증가를 위하여 1일 약 1000kcal의 별도의 열량이 필요하기 때문이다. 〈표 1-12〉와 〈표 1-13〉에는 활동 정도에 따른 열량 필요량과 활동 정도의 구분이 제시되어 있다.

표 1-12 활동 정도에 따른 열량 필요량

비만도	가벼운 활동정도	중등도 활동정도	심한 활동정도
과체중	20~25kcal/kg	30kcal/kg	35kcal/kg
정 상	30kcal/kg	35kcal/kg	40kcal/kg
저체중	35kcal/kg	40kcal/kg	45kcal/kg

표 1-13 활동 정도의 구분

활동정도	가벼운 활동정도
가벼운 활동정도	거의 앉아서 일을 하는 경우
중등도 활동정도	걷기, 자전거 타기 등 가벼운 운동을 정기적으로 하는 경우
심한 활동정도	달리기, 수영 등 강도있는 운동을 1주일에 4~5회 하는 경우

2) 단백질 필요량

(1) 스트레스 정도에 따른 단백질 필요량

환자의 대사적 스트레스 정도에 따라 단백질 필요량을 산출한다. 스트레스는 감염이나 골절, 화상 등을 의미한다. 스트레스가 없는 환자의 경우 체중 1kg당 0.8~1.0g, 중등도의 스트레스(감염, 골절, 수술 등)의 경우 1kg당 1.0~2.0g, 심한 스트레스(화상, 다발성 골절)의 경우 1kg당 2.0~2.5g의 단백질을 공급하며, 비만한 환자의 경우 단백질 필요량은 표준체중 1kg 당 1.0~1.7g이 권장된다.

(2) 질소 평형을 이용한 단백질 필요량

질소평형은 24시간 단백질 섭취량과 질소 손실량을 이용하여 계산한다. 이때 질소 손실량은 24시간 소변 중 질소량과 쉽게 측정되지 않는 대변, 피부, 비요소 질소 손실량에 해당하는 상수(3~4g)를 고려하여 질소 평형을 유지하기 위한 단백질 섭취량을 계산한다.

1일 단백질 필요량(g) = [24시간 소변 중 질소량(g) + 3~4(g)] × 6.25

(3) 에너지 필요량에 따른 단백질 필요량

1일 열량 필요량이 결정되면 이에 따른 질소량 비율을 이용하여 단백질 요구량을 결정할 수 있다. 일반적으로 비단백에너지 : 질소의 비율nonprotein calorie : N ratio은 스트레스가 없는 환자의 경우 150 : 1, 스트레스가 있는 경우 80~100 : 1을 적용한다. 에너지:질소 비율을 이용하여 단백질 필요량을 계산하는 방법은 다음과 같다.

1일 질소 필요량(g) = 1일 필요 열량(kcal) / 에너지:질소비율(kcal : N)
또는 비단백에너지 : 질소비율(nonprotein kcal : N)
1일 단백질 필요량(g) = 1일 질소 필요량 × 6.25

3) 수분 필요량

(1) 체중에 의한 계산

보통 체격의 성인의 경우 단위체중당 30~35㎖를 계산하며, 아동의 경우 체중이 20kg일 때까지는 1일 1500㎖의 수분을, 체중이 20kg 초과시에는 1500㎖에 초과체중 kg 당 20㎖를 추가하여 계산하기도 한다. 또한 연령별로 18~64세의 경우 단위 체중당 35~35㎖, 65세 이상 노인의 경우 25㎖로 계산한다.

(2) 열량에 의한 계산

섭취한 열량 1kcal당 1㎖의 물이 필요하며, 고단백 음식섭취시 질소를 소변으로 배설하기 위해 섭취한 질소 1g당 100㎖의 물이 추가로 더 필요하다.

(3) 체표면적에 의한 계산

체표면적을 이용하여 수분 필요량을 계산할 수 있는데, 체표면적당 1500㎖의 물이 필요하므로 보통 성인의 체표면적은 1.73㎡로 약 2595㎖의 물이 필요하다. 고열, 다량의 소변 배설, 설사, 이뇨제 사용시 수분필 요량을 증가시킨다. 이때 정맥 영양액IV 용액, 경관 영양시 관tube을 세척하는 데 사용하는 물, 경구로 마시는 물 등도 수분 섭취량에 포함시킨다.

체표면적body surface area : BSA = 체중(kg)$^{0.425}$ × 신장(m)$^{0.725}$ × 71.84

4) 비타민과 무기질 및 기타 미량 영양소의 필요량

건강인에 대하여서는 비타민과 무기질의 영양섭취기준이 책정되어 있으나 특정 질환에 걸린 환자의 영양섭취기준은 따로 책정되어 있지 않다. 따라서 비타민 및 무기질은 영양섭취기준에 따라 공급한다. 그러나 체내에서 동화작용이 필요한 환자의 경우 충분한 무기질의 공급이 필수적이다.

5) 식사의 조정

환자는 건강인과 달리 질병에 따라 열량이나 특정 영양소를 제한하거나 다량 보충해야 하는 경우가 있다. 또한 환자의 기호도와 수용도에 따라 식사의 내용이나 양, 횟수가 조절되어야 하며, 구강, 식도, 위장관의 상태 등에 따라 식사의 공급 방법이 달라진다. 이러한 식사의 조정은 담당 의사의 진단에 따라 계획되어야 한다.

6) 식품의 선택과 조리

환자는 건강인과 달리 심리적으로 매우 예민한 상태에 놓여 있고 또한 소화기의 기능이 떨어져 있는 경우가 많으므로 식품의 선택과 분량, 조리법 등에 주의가 필요하다. 같은 식품군 내에서도 가능하면 소화 흡수가 쉬운 식품을 선택하고 튀김이나 구이 등의 조리방법보다는 찜이나 조림 등의 소화가 용이한 조리방법을 택하는 것이 바람직하다.

한편 환자는 식품기호에도 매우 예민하므로 기호와 식습관을 존중해야 한다. 지나치게 영양적인 면만을 강조하다 보면 환자가 식사에 적응하는 데 어려움을 겪게 되어 식사섭취가 감소하게 되는 결과를 초래할 수 있다. 환자의 편식이 지나치게 심할 경우에는 영양상담을 통하여 식사에 대한 이해도를 높이고 환자 스스로가 식사에 적응하려는 노력을 할 수 있도록 지도해야 한다.

Chapter 2

병원식과 영양지원

학습목적

병원식의 특징과 종류를 이해하고, 환자의 특성에 적합한 식단 작성에 활용하는 방법을 배운다.

학습목표

- **병원식**
  - 병원식의 개념을 이해한다.
  - 일반식, 연식, 유동식 등 일반 치료식의 특성을 알고, 환자의 식단에 알맞게 적용하는 방법을 익힌다.
- **영양지원**
  - 영양지원의 개념을 이해한다.
  - 경관영양과 정맥영양의 영양지원법에 대해 안다.
- **식단 작성법**
  - 식품교환표의 특성을 이해하고, 식품교환단위당의 영양 성분을 안다.
  - 식품교환표를 이용하여 1일 식단을 작성하는 방법을 배운다.

Chapter 2. 병원식과 영양지원

병원식

환자가 입원을 하게 되면 진단결과에 따라 적절한 식사요법의 처방이 주어진다. 병원에서 의사와 영양사에 의해 처방되고 환자에게 주어지는 식사를 병원식hospital diet이라고 말하며, 크게 일반치료식, 특별치료식, 검사식으로 분류된다.

일반치료식은 특정 영양성분의 조절 없이 기계적 요소만을 주로 고려해서 식사의 조직 성분을 조절하는 것으로 일반식, 연식, 유동식 등이 있다. 특별치료식은 질병을 치료하거나 증상을 완화시키기 위해 처방된 식사이며, 검사식은 특정 질환을 진단하기 위해 제공되는 식사를 말한다.

1. 일반치료식

1) 일반식general diet

일반식은 영양적으로 적절한 정상식사로서 특별한 식사 조정이나 부가적인 영양지원을 필요로 하지 않는 환자에게 제공된다. 건강인의 식사와 같이 환자의 연령, 성별, 체중에 따라 병상생활에 적합한 열량 및 영양소 필요량을 공급할 수 있도록 하는 식사이다. 특정한 영양소나 질감texture상의 조정이 필요치 않은 환자에게 적용되며, 영양적 측면과 함께 식사를 통해 균형식에 대한 교육적인 효과를 거둘 수 있도록 구성한다. 또한 환자의 기호에 맞춰 식사를 제공하는 데 초점을 둔다.

일반식은 보통식common diet, 상식regular diet, 병원식hospital diet, 정상식normal diet, 표준식standard diet, 통상 병원식routine hospital diet, 또는 일반 치료식general therapeutic diet으로 다양하게 불리기도 한다. 일반식의 식단구성 예는 〈표 2-1〉과 같다.

표 2-1 일반식 식단 예 (열량: 1,836kcal, 단백질: 74.2g, 당질: 333.5g, 지방: 23.4g)

	식단명	재료명	중량(g)	단위수
아침	쌀밥	쌀	120	
	쇠고기무국	쇠고기/무	20/50	곡류군 4
	조기구이	조기	50	어육류군(저) 1.5
	애호박 볶음	애호박/식용유	70/5	채소군 3.9
	쑥갓나물	쑥갓	85	지방군 1
	포기김치	포기김치	70	
간식	오렌지주스		200cc	과일군 2
점심	쌀밥	쌀/서리태	100/20	
	콩나물국	콩나물/홍고추	50/2	곡류군 4
	쇠고기 볶음	쇠고기/양파/당근	30/20/10/5	어육류군(저) 0.7
		식용유		채소군 3.9
	도라지생채	도라지	60	지방군 1
	깍두기	깍두기	70	
저녁	현미밥	쌀/현미	110/10	곡류군 4
	호박된장찌개	애호박/두부/양파	40/20/10	어육류군(저) 1
	닭강정	닭고기	40	(중) 0.2
	채소샐러드	양배추/오이/당근	40/20/5	채소군 3.7
	포기김치	포기김치	70	지방군 1

2) 연식soft diet

연식이란 주식이 죽 정도의 부드러운 식사형태로써 일반식 적응이 불가능한 환자에게 소화하기 쉽고, 부드러우면서 영양소를 충족하는 음식을 공급하기 위한 식사이다. 그러므로 강한 향신료의 사용이 제한되고 섬유소 및 결체조직이 적은 식품으로 구성되며, 생채소 및 생과일의 사용은 제한된다. 이 식사는 환자가 적절한 양을 섭취할 경우 영양적으로 부족하지는 않으나, 섭취량을 증가시킬 필요가 있을 경우 식사량을 늘리거나 간식을 제공하기도 한다.

연식은 유동식에서 일반식으로 이행되는 과정에서 이행식으로 사용되기도 한다. 또한 쇠약해진 환자나 일반식을 섭취할 수 없는 경우, 혹은 위장에 문제가 있는 경우에 적용될 수도 있다. 연식에 사용되는 죽의 농도별 조리법과 영양소 함량은 〈표 2-2〉와 같다. 연식 제공시 허용식품과 제한식품은 〈표 2-3〉에 제시하였으며, 연식의 식단구성 예는 〈표 2-4〉와 같다.

표 2-2 죽 종류의 조리

종 류	미음 : 죽 대량 조리의 비율	개별로 만들 때 쌀	 물	에너지 (kcal)	단백질 (g)	당질 (g)
미음	10 : 0	20g	400mℓ	28	0.5	5.9
1부죽	9 : 1	15g(1/10c)	1ℓ(5c)	32	0.6	6.8
3부죽	7 : 3	50g(1/3c)	1ℓ(5c)	41	0.8	8.7
5부죽	5 : 5	75g(1/2c)	1ℓ(5c)	50	1.0	10.6
7부죽	3 : 7	100g(2/3c)	1ℓ(5c)	59	1.1	12.4
전죽	0 : 0	150g(1c)	1ℓ(5c)	72	1.4	15.2

표 2-3 연식 제공시 허용식품과 제한식품

종 류	허용식품	제한식품
죽	흰죽, 감자죽, 옥수수죽(껍질 없이), 우유죽, 잣죽, 깨죽, 호박	기타
감자류	감자(껍질 없이), 토란	감자튀김, 포테이토칩 고구마 조리 일체
면류	칼국수, 국수장국	라면, 자장면, 스파게티
빵류	토스트(가장자리 없이), 기름기 없는 크래커	기타 빵류, 피자
육류	곱게 다진 쇠고기로 만든 요리, 닭간, 연한 닭고기, 고기 힘줄 부분을 끓여서 만든 족편	결합조직이 많은 쇠고기, 돼지고기, 햄, 소시지, 튀긴 고기요리
어류	흰살코기의 기름기가 적은 생선, 굴	기름기가 많은 생선, 건어물, 어묵, 생선튀김, 생선자반, 냉동대구
난류	반숙계란, 수란, 찜, 스크렘블에그	계란프라이
두류	두부, 순두부, 두유	유부, 걸르지 않은 콩비지, 콩조림
우유류	우유, 연유, 분유, 바닐라 아이스크림, 연질 및 순한 맛의 치즈, 염소젖, 요구르트	강미치즈, 낙화생 아이스크림, 딸기 아이스크림
채소류	채소즙, 부드럽게 익힌 채소류, 당근, 시금치, 아욱, 애호박, 쑥갓, 완두콩, 아스파라거스, 근대, 아욱	건조채소, 향이 강한 채소, 고섬유채소
과일류	과즙 및 주스류, 익은 바나나, 사과소스	건조 과일, 덜 익은 과일, 생과일
유지류	버터, 마가린, 크림, 양념기름 소량	기타
과자류	카스테라, 비스킷, 푸딩, 카스타드	도넛, 파이, 케이크, 기름기 많은 과자류
당류	설탕, 꿀, 물엿, 시럽, 젤리	잼, 마멀레이드
음료	커피, 차, 코코아	보리미숫가루, 음료, 술, 생강차
향신료	계피가루, 약간의 후추	고춧가루, 겨자, 카레가루, 고추냉이(와사비)

표 2-4 연식식단 예(열량: 1,460kcal, 단백질: 77.8g, 당질: 199.1g, 지방: 39.4g)

	식단명	재료명	중량(g)	단위수
아침	흰죽 호박새우젓국 장똑똑이 어묵볶음 시금치나물 물김치	쌀 애호박/새우젓/두부 돼지고기/양파 어묵/피망 양파/당근 시금치 물김치	60 80/5/20 20/10 15/20 20/10 80 70	곡류군 2 어육류군(저) 1.5 (중) 0.2 채소군 3.7 지방군 1
간식	우유		200cc	우유군 1
점심	흰죽 아욱된장국 닭살냉채 이면수오븐구이 김무침 물김치	쌀 아욱/건새우 닭살 이면수 김가루 물김치	60 70/2 50 50 5 70	곡류군 2 어육류군(저) 1.2 (중) 1 채소군 1.8 지방군 1
간식	사과주스		200cc	과일군 1
저녁	흰죽 콩나물국 고등어조림 우무묵무침 숙주나물 물김치	쌀 콩나물 고등어/무 우무묵/오이/당근 숙주 물김치	60 70 70/20 60/20/1 80 70	곡류군 2 어육류군(중) 1.4 채소군 3.2 지방군 1

3) 유동식liquid diet

고형식품을 소화하기 어려운 환자를 위하여 수분을 공급하기 위한 식사로 위장관 자극을 줄이고, 쉽게 소화 · 흡수되도록 상온에서 액체 또는 반액체 상태의 식품을 공급하는 식사이다. 유동식의 적용은 수술 후 또는 정맥영양에서 연식으로 이행하기 전 단계의 환자, 식도나 위장관 협착, 위장염, 얼굴이나 목 성형수술, 급싱질환 환자에게 적용된다. 대부분의 영양소가 부족되므로 3일 이상 계속 공급되는 경우 영양보충액의 사용을 고려해야 한다.

(1) 맑은 유동식clear liquid diet

수술 및 검사 전후, 급성위장 장애시, 심하게 쇠약해진 환자가 처음으로 경구급식을 할 때, 정맥영양에서 일반 유동식으로 이행되기 전 단계에 적용되는 식사이다. 위장관의 자극을 최소한으로 줄이면서 탈수방지와 갈증해소를 위해서 수분과 전해질을 공급하기 위한 식사로 최소한의 잔사를 남기도록 우유 및 지방류가 제외된다. 맑은 유동식의 하루 에너지 공급량은 500kcal에 불과하고 여러 가지 필수영양소의 부족이 초래되기 쉬우므로 3일 이상 공급하지 않도록 하며, 장기간 사용할 경우 경장영양액을 보충하거나 정맥 주사에 의한 최소한의 영양공급에 의존하는 경우가 많다. 끓여서 식힌 물, 맑은 과일 주스, 보리차, 연한 홍차, 녹차, 기름기 없는 맑은 장국이나 육즙, 묽은 미음 등을 공급한다. 맑은 유동식의 식단의 예는 〈표 2-5〉와 같다.

표 2-5 맑은 유동식 식단 예(열량: 550kcal, 단백질: 6g, 당질: 120g, 지방: 1.5g)

아침	맑은 조미음	300cc	물김치 국물	100cc
	맑은 채소국물	100cc	사과 주스	100cc
점심	맑은 조미음	300cc	오렌지 주스	200cc
	미역국물	100cc	제리뽀	3개
	물김치 국물	100cc		
저녁	흰 미음	300cc		
	사과 주스 (또는 포도 주스)	200cc		
	물김치 국물	100cc		

(2) 일반 유동식full liquid diet

맑은 유동식으로부터 연식으로 옮겨지는 중간식을 일반 유동식 또는 전유동식이라고 한다. 수술 후, 위장관 염증, 머리와 목에 병적 증세를 가지고 있어 단단한 음식을 씹고 삼키고 소화하기 어려운 환자에게 제공되는 식사이다. 이 식사는 맑은 유동식에서 허용되는 식품과 기타 체온 정도의 액체 식품 및 우유나 유제품 등으로 구성된다. 열량밀도가 낮아 3일 이상 사용할 경우 영양보충액을 추가로 지원하며, 환자의 상태에 따라 열량이나 단백질 함량을 증가시키거나 나트륨 함량을 줄이거나 당뇨 식사에 맞추는 등 식사의 형태를 변형할 수 있다. 전유동식의 허용 식품은 〈표 2-6〉에 제시하였으며, 식단의 예는 〈표 2-7〉과 같다.

표 2-6 전유동식 허용식품

종류	허용식품
곡 류	미음(쌀, 조, 대추, 조제미음)
감자류	으깬 감자를 수프나 국 국물 또는 미음에 넣은 음식
면 류	없음
육 류	고기국(국물만), 기름기 없는 탕류의 국물, 젤라틴 젤리, 젤리수프
어 류	기름기 없는 어류로 만든 국 국물만
난 류	부드러운 카스타드, 푸딩, 부드러운 계란찜
두 류	두유, 두유음료
우유류	우유, 바닐라 아이스크림, 과일 덩어리가 없는 요구르트
채소류	삶아서 으깬 순한 맛의 채소, 채소 주스
과일류	과일 주스, 과일넥타, 사과소스
유지류	수프용 버터 또는 마가린
당 류	설탕, 꿀, 물엿, 시럽
음 료	우유, 커피, 차, 코코아, 보리차, 유자차(알코올 성분, 생강차는 금한다)
향신료	계피에 한함(자극성은 일체 금한다)

표 2-7 전유동식의 식단 예 (열량: 1,500kcal, 단백질: 45g, 당질: 200g, 지방: 55g)

아침	조미음 우유 물김치	200cc 200cc 100cc	계란찜 뉴케어	 200cc
점심	조미음 크림수프	200cc 200cc	에그노그 요플레	150cc
간식	땅콩 미음	150cc		
저녁	잣미음 미역국 국물 우유	200cc 200cc 200cc	포도 주스 (또는 사과 주스)	200cc

2. 특별치료식

특별치료식은 환자의 질병상태에 수반되는 증상을 완화시키거나 혹은 질병을 치료하기 위한 부수적인 방법으로 환자에게 제공되는 식사를 말한다. 식사는 환자의 개별적인 질병상태를 고려한 영양요구량에 맞게 제공되며 식단 작성 시에는 해당 질병의 기본적인 식사지침이 최우선적으로 고려되어야 한다. 특별치료식은 질병에 따라 특정 영양소를 가감하거나 혹은 점도 등을 조절한 형태로 환자에게 제공된다. 예를 들면 당뇨병식, 고섬유소식, 저나트륨식, 글루텐제한식 등이 특별치료식에 속한다.

3. 검사식

질병의 진단과 임상검사의 목적으로 환자에게 제공되는 특수식을 검사식test diet 또는 시험식이라고 한다. 검사식의 종류로는 고칼슘뇨증을 검사하기 위한 400mg 칼슘 검사식, 당내응력 검사식, 지방변 검사식, 위장관 내의 악성종양을 진단하기 위한 5-HIAA5-hydroxy indole acetic acid 검사식, 고혈압 환자의 레닌 활성도를 평가하기 위한 레닌 검사식 등이 있다.

영양지원

질병이나 수술 등으로 인해 구강으로 음식을 섭취하지 못하거나 충분하지 않은 경우의 환자들에게는 특별한 영양관리가 필요하다. 이와 같이 영양상태 회복 및 질병 치료를 목적으로 경구, 경장 혹은 정맥으로 영양소의 전부 혹은 일부를 더 적극적인 방법으로 공급하는 것을 영양지원nutrition support이라 한다. 영양지원은 크게 경장영양enteral nutrition과 정맥영양parenteral nutrition으로 분류된다.

1. 경장영양enteral nutrition

1) 정의

경장영양은 넓은 의미로는 경구뿐 아니라 비위장, 비장관, 혹은 경피적 경로로의 영양공급을 뜻하나, 좁은 의미로 구강으로 음식을 섭취할 수 없는 환자에게 관tube을 이용하여 위장관을 통해서 영양을 지원하는 경관급식tube feeding을 뜻한다. 경장영양은 영양소를 소화 · 흡수할 수 있는 위장관 기능이 충분한 환자에게만 사용된다.

경장영양의 장점

- 영양소의 대사효율성이 높다.
- 면역학적으로 유리하다.
- 장점막의 정상적인 기능 유지에 도움이 된다.
- 체내 이화반응 속도를 완화시킨다.
- 전해질 및 수분조절이 용이하다.
- 완전한 영양섭취형태가 가능하다.
- 합병증 발생률을 줄일 수 있다.
- 비용이 저렴하다.

2) 공급 경로

경장영양의 공급 경로는 예상되는 투여 기간, 흡인여부, 환자의 상태에 따라 결정되며, 크게 비위관, 비장관, 위루술, 공장루술로 나뉜다. 경장영양의 투여 경로와 각각의 적용대상 및 장단점은 〈그림 2-1〉, 〈표 2-8〉과 같다.

그림 2-1 경장영양의 주입 경로

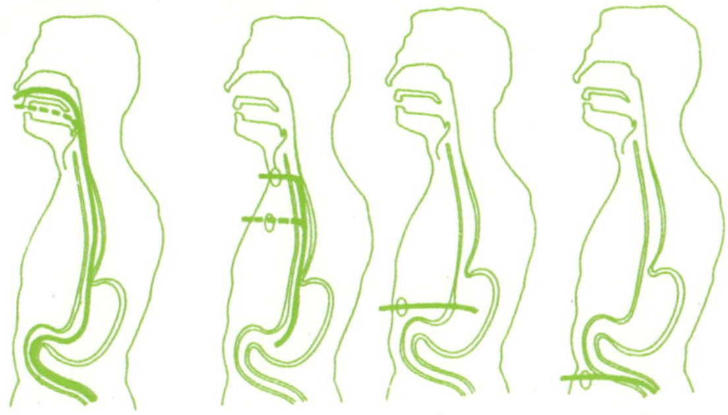

(1) 비장관 급식nasoenteric tube feeding

코를 통해서 위, 십이지장, 혹은 공장으로 관을 삽입하는 방법으로서 6주 미만의 단기간 동안 관급식을 제공할 때 사용되며 코에서 위로(비위관 급식nasogastric tube feeding), 코에서 십이지장(비십이지장관 급식nasoduodenal tube feeding), 코에서 공장(비공장관 급식nasojejunal tube feeding)의 3가지 유형이 있다.

(2) 장조루에 의한 급식enterostomy tube feeding

6주 이상의 장기간 동안 관급식을 시행할 때나 폐쇄 등으로 입이나 코로 섭취가 불가능할 때, 흡인의 위험이 있을 때 수술적 방법을 통하여 장루를 설치한다. 수술 위치에 따라 식도루esphagostomy tube feeding, 위루gastrostomy tube feeding, 공장루jejunostomy tube feeding로 분류된다.

3) 경장영양액

(1) 혼합액화 영양액blenderized formulas

일상 식품을 혼합, 분쇄하여 액화시킨 영양액으로 당질, 단백질, 지방이 거의 일반 식사와 동일하게 구성되어 있기 때문에 위장관 기능은 정상이나 구강 내 문제가 있거나, 삼키기 어려운 환자에게 적용된다. 이러한 영양액은 비교

표 2-8	경장영양 투여 경로에 따른 적용대상 및 장단점		
투여경로	적용	장점	단점 / 합병증
비위관 (nasogastric tube)	· 개구반사(gag reflex) 및 위장기능이 정상인 환자 · 식도로의 역류 위험이 없고 위장관 기능이 정상일 때	· 수술이 불필요하고 투입이 용이 · 위를 사용하므로 저장용량이 큼 (볼루스 주입이 가능)	· 흡인 위험이 높고 환자가 관을 의식하게 됨
비십이지장관 또는 비공장관 (nasoduodenal or nasojejunal tube)	· 흡인(aspiration) 위험이 높은 환자 · 위무력(gastroparesis)이나 식도역류(reflux)가 있는 경우	· 흡인의 위험이 적음 · 비공장관은 수술 후나 외상 후의 조기 영양공급을 가능하게 해줌	· 영양액의 주입속도에 따라 위장관의 부적응이 초래될 수 있음 · 관의 위치 확인을 위한 X-ray 촬영 필요
위루 (gastrostomy)	· 위장관 기능이 정상인 장기 경관급식 환자 · 비강으로의 관 삽입이 어려운 환자	· 위장관 수술시 병행 가능 · 관의 지름이 커서 막힐 위험이 적음 · 위를 사용하므로 저장량이 큼 · 환자가 관을 덜 의식하게 됨	· 수술이 필요함 · 흡인의 위험 · 관 부위의 감염방지를 위한 관리 필요 · 소화액의 유출로 인한 피부의 찰창(excoriation) · 관 제거 이후의 누공이 생길 수 있음
공장루 (jejunostomy)	· 장기 경관급식 환자 · 흡인 위험이 높은 환자 · 식도 역류 환자 · 상부 위장관으로의 관 삽입이 어려운 환자 · 위무력증 환자	· 위장관 수술시 병행 가능 · 수술 후나 외상 후의 조기 영양공급을 가능하게 해줌 · 환자가 관을 덜 의식하게 됨	· 목표수준의 주입속도로 투여시 위장관의 불내성이 나타날 수 있음 · 관 부위의 감염방지 위한 관리 필요 · 소화액의 유출로 인한 피부의 찰창 · 관 제거 이후의 누공 우려 · 수술이 필요함 · 관의 지름이 작아 관이 막힐 우려가 있음

〈출처〉 Gottschlich et al., 1993, 『Nutrition Support Dietetics Core Curriculum』.

적 가격이 저렴하나 조제, 배선, 보관시 오염되기 쉬우며, 입자가 너무 크고 농도가 진해지기 쉬워 적응력이 떨어지고 관이 막힐 우려가 있다.

(2) 중합체 영양액polymeric formulas

원형의 영양소intact nutrients를 함유하는 영양액으로 정상적인 위장관 기능이 요구된다. 대부분의 상업용 영양액이 이에 포함되며, 경구섭취시 맛의 수용도를 증가시키기 위해 향을 첨가하기도 한다. 대부분의 영양액은 유당이 제외되어 있으며lactose-free, 단백질 급원으로는 카제인염caseinate, 대두단백, 계란 알부민이 주로 사용되고, 당질 급원으로는 말토덱스트린이, 지방은 대두유, 중쇄중성지방medium chain triglyceride : MCT 옥수수유가 많이 이용된다.

(3) 부분 가수분해 영양액partially hydrolized formulas

단백질과 당질의 부분 또는 완전 가수분해물로 구성된 영양액으로 위장관이 정상적 기능을 못하거나 대장의 잔사량을 최소화시켜야 할 때 사용할 수 있다. 구성 성분은 대부분 분자량이 적고 췌장이나 담낭 등을 자극하지 않으므로 최소한의 소화흡수 기능으로도 쉽게 흡수된다. 단백질 급원으로는 단쇄 펩타이드short chain peptides 또는 순수 아미노산을, 당질 급원으로는 글루코오스 중합체와 덱스트린류를 사용하며, 중쇄 중성지방과 소량의 필수지방산이 지방의 급원으로 사용된다.

(4) 특수 질환용 영양액special formulas

표준 영양액과는 다르게 영양성분의 조정이 요구되는 질환이 있는 환자를 위한 영양액이다. 예를 들어 간질환 환자에게는 영양액 내 측쇄형 아미노산을 높이고 방향족 아미노산과 메티오닌을 낮춤으로써 혈청 내 방향족 아미노산에 대한 분지형 아미노산의 비율을 높이고자 만들어졌다. 또한 전해질량을 낮추고 필수 아미노산과 열량을 높인 신장질환 환자용 영양액과 혈당의 증가를 낮추기 위해 당질의 급원을 변화시킨 당뇨병 환자용 영양액 등 특수 상황에 적응할 수 있는 영양액들이 개발 시판 중이다.

4) 경장영양액의 주입방법

경장영양액의 주입방법이 적절해야 필요한 영양소를 안전하게 공급하고 환자의 수응도를 최대화시킴으로써 효과적인 영양지원이 가능해진다. 영양액의 주입 방법은 투여 경로와 환자의 적응도, 위장관의 기능 정도와 사용된 영양액의 종류, 칼로리와 단백질 요구량 그리고 환자의 운동성에 따라 달라진다. 대체로 처음에는 목표량의 1/3~1/2 정도로 시작하여 환자의 적응도에 따라서 점진적으로 증가시켜야 한다. 주입방법은 주입 펌프infusion pump나 중력을 이용하는 지속적 주입continuous infusion과 간헐적 주입intermittent infusion 그리고 주사기를 이용한 볼루스 주입bolus infusion과 일정한 시간 동안에만 정기적으로 시행하는 주기적 주입cyclic infusion으로 구분할 수 있다. 주입방법에 따른 적용 대상과 장단점은 〈표 2-9〉와 같다.

표 2-9 경장영양액의 주입 방법에 따른 적용대상과 장단점

주입 방법	적 용	장 점	단 점
지속적 주입 (주입펌프나 중력 이용)	· 경관급식의 초기 · 중환자 · 소장으로의 주입 · 간헐적 주입에 부적응 시 사용	· 흡인의 위험과 위내 잔여물을 최소화함 · 혈당 상승과 같은 대사적 합병증의 위험을 최소화함	· 행동의 제약 · 24시간에 걸친 주입 · 퇴원 후 가정에서 사용시 비용 증가
간헐적 주입 (주입펌프나 중력 이용)	· 중환자가 아닌 일반 환자 · 가정에서의 경관 급식 · 회복기 환자	· 급식기간 이외에는 자유로움	· 흡인과 위장관 부적응의 위험 증가 · 주입 속도의 증가에 따른 위장관의 부적응 초래 가능
볼루스 주입 (주사기 이용)		· 주입이 용이함 · 저렴 · 단시간의 주입 (15분 미만)	· 흡인, 설사, 구토, 복통 등의 위험 증가 · 중환자에게 부적합
주기적 주입 (주입펌프나 중력 이용)		· 이동이 자유로움(8~16시간 동안) · 정상식사로의 전환에 유리함	· 짧은 시간(8~16시간) 동안 주입하므로 주입 속도나 칼로리 및 단백질 농도의 증가 필요 · 주입 속도 증가에 따른 위장관의 부적응 초래 가능

〈출처〉 Gottschlich et al., 1993, 『Nutrition Support Dietetics Core Curriculum』.

(1) 지속적 주입continuous feeding

펌프나 중력에 의해서 24시간 동안 계속적으로 투여하는 방법으로 관급식의 부적응을 최소화할 수 있어 가장 바람직하나 보행이나 다른 활동에 제약을 받는다. 시간당 20~50㎖에서 시작하여 환자의 적응도에 따라서 매 8~12시간마다 10~25㎖씩 점진적으로 증가시켜서 목표량에 도달하도록 한다.

(2) 간헐적 주입intermittent feeding

매 4~6시간 간격으로 매번 60~120분 정도에 걸쳐서 용액을 주입하는 방법이다. 급식 사이에 자유 시간을 가질 수 있으나 구토, 복통, 설사 등의 부작용의 위험이 지속적 급식의 경우보다 높다. 120~200㎖을 매 4~6시간마다 투여하기 시작하여 환자의 적응도에 따라서 매 12~24시간마다 60~100㎖씩 증가시키면서 점진적으로 목표량에 도달하도록 한다.

(3) 볼루스 주입bolus feeding

주사기 등을 이용하여 5~10분 동안에 400~500㎖의 용액을 한꺼번에 주입하는 방법이다. 용액을 주입하기 쉽고 시간이 짧게 걸리나 흡인, 설사, 구토, 복통 등의 위험이 매우 높아서 중환자에게는 적합하지 않고 재택환자 중 위로 주입하는 경우에만 사용하는 것이 바람직하다.

(4) 주기적 주입cyclic feeding

밤 시간의 8~16시간 동안 펌프를 이용하여 빠른 속도로 주입하는 방법이다. 낮 시간동안 자유로운 활동과 구강 섭취가 가능하지만 짧은 시간 주입으로 에너지와 단백질의 농도 증가가 필요하고 위장관 부적응의 가능성이 높다.

5) 관리방법

(1) 경장영양의 관찰monitoring

일단 경장영양이 실시되면 환자의 실제 섭취량과 적응도를 자주 관찰함으로써 영양목표를 달성하도록 해야 한다. 경장영양 환자는 가능한 위 잔여물을 매 4시간마다 관찰해야 한다. 또한 부종이나 탈수의 흔적 및 증후, 수분 섭취량 및 배설량, 대변 배설량 및 점도 등을 매일 관찰하며, 질소균형, 혈청, 포도당, 칼슘, 마그네슘, 인의 농도를 매주 관찰해야 한다. 체중은 적어도 주 3회 이상, 경관급식의 적절성은 주 2회 이상, 혈청 전해질, BUNblood urea nitrogen, 크레아티닌creatinine은 주 2~3회 정도 관찰하는 것이 바람직하다.

(2) 경장영양의 합병증 관리

경장영양 시 합병증은 환자의 소화기능이나 대사과정의 이상, 사회 · 심리적 요인 또는 감염과 관련되어 있다. 경장영양 시 나타날 수 있는 합병증은 〈표 2-10〉에 나타내었다.

① 설사

경관영양 시 가장 흔히 발생되는 합병증의 하나이며 중환자의 경우 설사 발생률이 일반 환자보다 훨씬 높다. 설사가 있을 때는 가능한 한 등장성 용액isotonic formular을 사용하고 천천히 주입하기 시작하여 점진적으로 증가시킨다. 또한 간헐적 주입 대신 24시간 동안 지속적으로 주입하며 박테리아 오염 시 용액을 교체한다.

② 변비

수분상태 평가 후 수분 필요량에 맞게 보충하며 섬유소가 함유된 용액을 사용한다. 가능하면 가벼운 운동을 시킨다.

③ 위 잔여물 과다 및 흡인 폐렴

급식을 시작하기 전에 튜브의 위치를 확인한 후 용액투여 후 2시간 동안 침대의 머리 부분을 30도 정도를 올린 상태에서 지속적으로 주입한다. 가능하면 보행을 시킨다.

④ 튜브의 막힘

가능하면 액체 약물을 사용하고 약물 투여 및 급식 전후에 물로 튜브를 씻어낸다.

표 2-10 경관영양 시 나타나는 합병증

구분		
위장관 합병증	· 오한, 구토, 위경련, 복부팽만 · 상위배출시간 지연(위 정체)	· 변비
대사적 합병증	· 저 · 고나트륨 혈증 · 저 · 고칼슘 혈증 · 저 · 고인산 혈증 · 저아연혈증 · 필수지방산의 결핍	· 과다한 CO_2의 생성, 호흡부전 · 포도당 불내증 · 고혈당 · 탈수 / 혼수
기계적 합병증	· 인후두궤양 / 정맥파열 · 인후두농양 · 중이염	· 관이 막힘 · 흡인, 위 정체

〈출처〉 장유경 외, 2000, 『임상영양관리』.

⑤ 구토, 메스꺼움, 복통

용액을 지속적으로 서서히 주입하며 주입 용량을 조금씩 증가시키고 등장용액의 사용을 고려한다.

경장영양 시 주의 사항

- 영양액과 용기를 위생적으로 사용한다.
- 영양액을 8시간 이상 걸어두지 않는다.
- 실온이나 체온의 온도로 영양액을 주입한다.
- 영양액 주입 전후에 30~50㎖의 물로 관을 세척한다.
- 영양액 주입 시와 주입 후 30~60분 정도는 침대 머리 부분을 40도 정도 높게 한다.
- 영양액 주입 시 주스나 약을 혼합하지 않는다.
- 환자에게 제공된 후 상온에서 4시간 이상 방치된 영양액은 폐기한다.

2. 정맥영양 parenteral nutrition

1) 정의

정맥영양은 영양소를 정상적인 경로인 소화관으로 공급할 수 없는 환자들에게 정맥을 이용하여 영양을 공급하는 방법으로 공급경로에 따라 중심정맥영양 total parenteral nutrition : TPN과 말초정맥영양peripheral parenteral nutrition : PPN으로 분류된다.

2) 분류

(1) 중심정맥 영양total parenteral nutrition : TPN

중심정맥 영양은 〈그림 2-2〉와 같이 상대정맥, 쇄골하정맥, 혹은 경정맥 등 대정맥을 통해서 영양소를 공급하는 것이다. 대정맥을 통과하는 혈류의 속도가 빠르기 때문에 삼투압이 높은 고농도의 용액을 공급해도 혈관에 손상을 주지 않아서 장기간 환자의 영양소 요구량을 용이하게 충족시킬 수 있다. 그러나 대사적, 물리적 합병증과 감염발생의 위험이 높다. 입원한 환자의 TPN 사용에 관한 지침은 〈표 2-11〉과 같다.

(2) 말초정맥영양peripheral parenteral nutrition : PPN

말초정맥 영양은 〈그림 2-3〉에서 보는 바와 같이 손이나 팔 앞쪽에 있는 작은 말초정맥을 통해서 영양소를 공급하는 것이다. 말초정맥은 고농도의 정맥용액에 의해서 통증이 유발되고 쉽게 손상될 수 있기 때문에 10~14일 정도의 단기간 동안만 사용될 수 있으며 2~3일마다 교체해 주어야 한다. 또한 정맥염의 발생을 방지하기 위해 용액의 최대 삼투압을 900mOsm/ℓ로 제한해야 하므로 수분 제한이 필요한 경우에는 영양소 공급에 제한이 따른다.

표 2-11 입원한 성인 환자의 중심정맥 영양(TPN) 사용에 관한 지침

(가) TPN이 치료의 일환으로 시행되는 임상적인 예

① 위장관으로의 영양소 흡수가 불량한 환자들
- 소장의 많은 부분을 절제한 환자
- 소장 질환자
- 방사선 치료(radiation therapy)에 의한 장염환자(radiation enteritis)
- 극심한 설사 환자
- 조절되지 않는 심한 구토 환자

② 다량의 화학요법(chemotherapy), 방사선 요법을 받는 환자와 골수이식 환자
③ 중정도 혹은 극심한 췌장질환자
④ 위장관의 기능이 저하된 심한 영양 불량 환자
⑤ 영양불량의 여부와 상관없이 5~7일 이상 위장관을 사용하지 못하는 심한 이화상태(catabolic state)에 있는 환자

(나) TPN을 제한하여 사용해야 하는 임상적인 예

① 10일 정도 위장관을 사용하지 않은 영양 상태가 양호하고 스트레스가 크지 않는 환자 및 외상 환자
② 수술 직후 혹은 직전 스트레스에 처한 환자
③ 치료효과가 입증되지 않았거나 의심이 가는 질병 상태에 있는 환자

(다) TPN을 금해야 하는 임상적인 예

① 위장관의 기능이 정상이고 영양소의 충분한 흡수가 가능한 환자
② TPN 단독 사용이 5일 이하로 예상되는 경우
③ 응급수술을 요하는 환자로 수술이 TPN 시행으로 인해 지연될 가능성이 있는 환자
④ 환자 혹은 법적 대리인이 적극적 영양지원을 요구하지 않으며 이러한 행위가 병원의 정책과 현행법에 저촉되지 않는 경우
⑤ 진단 결과 영양지원을 필요로 하지 않는 경우
⑥ TPN의 시행에 따른 위험이 다른 치료의 장점을 오히려 상쇄한다고 판단될 때

〈출처〉 A.S.P.E.N. Board of Directors, 1986, *JPEN J Parenter Enteral Nutr* 10 : 441-5.

그림 2-2 중심정맥 영양

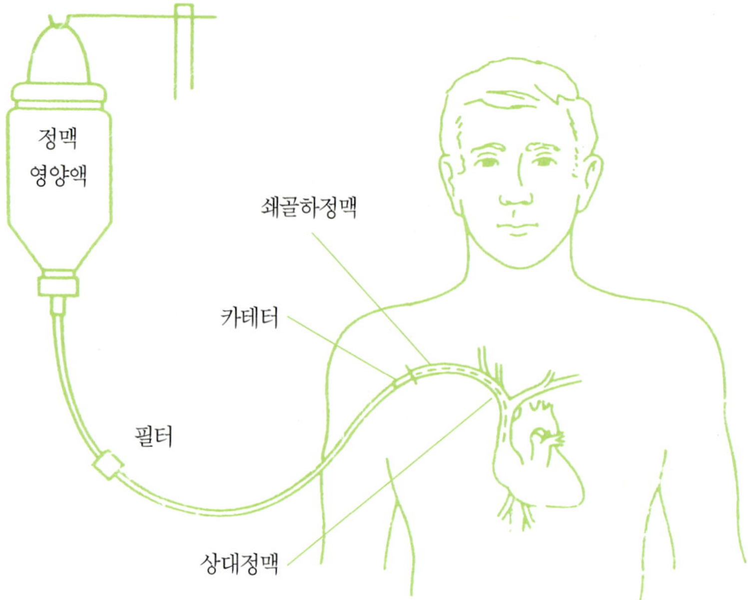

3) 정맥영양액의 구성성분

정맥영양액 내에는 수분, 아미노산, 덱스트로즈, 전해질, 비타민과 미량 영양소들이 포함된다. 정맥영양액은 영양성분의 화학적 불안정성을 고려하여 조제 후 24시간 이내에 사용하도록 하고, 특히 지방 유화액이 포함된 경우에는 조제 후 빠른 시간 내에 사용해야 한다.

(1) 아미노산

상업용 표준 용액은 필수아미노산과 비필수아미노산이 결정 형태로 균형되게 혼합되어 있으며 농도는 5~15%로 다양하다. 아미노산은 1g당 4kcal의 열량을 공급하나 일부 의료진들은 정맥영양용액의 열량을 계산할 때 단백질은 열량원보다는 동화작용을 위해 사용될 것이라 고려하여 단백질의 열량을 계산하지 않는 경우가 많다. 단백질의 열량을 계산하지 않을 경우 열량초과를 초

그림 2-3 말초정맥 영양

래할 수 있다.

(2) 당질

당질은 덱스트로즈 모노하이드레이트dextrose monohydrate로 공급되며 1g당 3.4kcal를 제공하며 농도는 5~70%까지 다양하다. 당질의 최소 요구량은 하루 100g이며 과다한 당질 공급은 고혈당, 지방간, 탄산가스 생성증가 등을 초래할 수 있기 때문에 최대한 공급량을 1분에 체중 1kg당 5mg으로 한다. 그러나 전통적으로 고당질식을 섭취하는 한국인의 적정 덱스트로즈 섭취량은 아직 알려져 있지 않다.

(3) 지방

지방은 유화액의 형태로 되어 있으며 필수지방산과 농축열량을 공급한다. 지방유화액의 성분은 대두유나 홍화유로 된 장쇄중성지방과 난황 인지질 및 글리세롤로 구성되어 있다. 농도는 10%, 20%, 30%이며 각각 1.1, 2, 3kcal/㎖를 공급한다. 지방유화액에 많이 함유된 리놀레산은 아라키돈산의 전구체로서 프로스타그란딘 E_2의 생성에 관여하기 때문에 총열량의 30% 이상을 지방유화액으로 공급할 때 인체의 면역기능이 저하될 수 있다.

(4) 비타민

정맥영양에 포함되는 비타민들은 비타민 A, D, E, B_1, B_2, B_{12}, 니아신, 엽산, 판토텐산, 비오틴, 비타민 C 등이다. 한편 상당수의 정맥영양 환자들이 항응고제를 공급받기 때문에 비타민 K는 정맥영양에 포함되지 않으며 필요시 주 1회씩 근육이나 피하주사로 공급될 수 있다.

(5) 전해질 및 무기질

정맥영양액에 함유되는 전해질은 칼슘, 마그네슘, 인, 나트륨, 칼륨, 아세테이트, 염소 등이다. 수분 및 전해질 균형을 유지하기 위하여 매일 환자의 상태에 따라서 전해질 공급량을 적절하게 조정하여야 한다.

정맥영양에 함유되는 미량원소는 크롬, 구리, 망간, 아연 등이다. 철은 정맥으로 주입할 때 과민반응을 나타낼 수 있으므로 일반적으로 정맥용액에 첨가되지 않고 근육주사로 제공된다.

(6) 수분

하루에 공급되는 정맥용액은 대체로 1.5~3ℓ 정도이며 3ℓ 를 초과하는 경우는 흔하지 않다. 중환자의 경우에는 처방된 정맥영양 용량이 전반적인 치료계획과 조화를 이루어야 한다. 또한 심폐질환, 신장질환, 간부전 등이 있는 환자들은 수분공급에 대해 매우 예민하기 때문에 정맥으로 주입되는 약물이나 혈액으로 공급하는 수액제 등 기타 수분 공급량을 주의 깊게 관찰하여야 한다.

4) 관리방법

정맥영양은 대사적 합병증을 초래할 가능성이 높기 때문에 안전하고 효율적인 영양지원을 위해서 주기적인 관찰이 실시되어야 한다. 정맥영양 시 가장 흔히 발생되는 합병증은 카테터catheter 부위에 병균의 침입으로 인한 감염이다. 이 밖에도 탈수, 저혈당, 고혈당, 각종 전해질 및 산염기 불균형 등의 대사적 합병증이 발생될 수 있고, 담즙울체, 간기능 이상, 위장 융모의 퇴화 등 소화기관의 합병증이 발생될 수 있다.

식품교환표를 이용한 식단 작성

1. 식품교환표의 정의

식품들을 영양소 조성이 비슷한 것끼리 묶어서 곡류군, 어육류군, 채소군, 지방군, 우유군, 과일군의 6가지 식품군으로 나누고 같은 군내에서 식품을 자유롭게 교환 선택할 수 있도록 한 것이다. 식품교환표는 빠르게 식단을 작성할 수 있다는 장점이 있으나, 식품교환표에 없는 식품은 식단작성에 활용할 수 없는 제한점을 가지고 있다.

2. 식품교환단위당 영양성분

식품교환단위당 영양성분의 구성은 〈표 2-12〉와 같으며, 식품교환표의 교환단위별 식품의 무게 및 눈대중량은 〈부록 II〉에 제시하였다.

표 2-12 식품교환표

식품군	주영양소	1교환단위의 예			영양소			열량(kcal)
		식품	중량(g)	목측량	당질(g)	단백질(g)	지방(g)	
곡류군	당질	밥	70	1/3공기	23	2		100
어육류군	단백질			작은 1토막				
저지방군		육류	40			8	2	50
		어류	50					
중지방군		육류	40			8	5	75
		어류	50					
고지방군		육류	40			8	8	100
		어류	50					
채소군	비타민 무기질	채소	70	1/3컵 (익힘)	3	2		20
지방군	지방	기름	5	1작은스푼			5	45
우유군	단백질			1컵				
일반우유군		일반우유	200cc		10	6	7	125
저지방우유군		저지방우유	200cc		10	6	2	80
과일군	당질	사과	100	중1/3개	12			50

〈출처〉 대한영양사협회, 2010, 『식사계획을 위한 식품교환표』.

3. 식품교환표를 이용한 식단 작성

1) 영양기준량의 설정

① 1일 처방열량

현재 체중×활동별 열량 요구량 = ________________ kcal

연습 1단계

신장 157cm, 체중 52kg, 보통활동을 하는 20세 여대생

52 × 35 = 1,800kcal

※비만도에 따른 활동별 영량요구량 : 〈표 1-12〉 참조

② 당질, 단백질, 지방의 열량비율의 배분

정상인의 권장사항 55~70 : 7~20 : 15~25

· 당질	kcal × 0.6 =	kcal ÷ 4 kcal/g =	g
· 단백질	kcal × 0.2 =	kcal ÷ 4 kcal/g =	g
· 지방	kcal × 0.2 =	kcal ÷ 9 kcal/g =	g

연습 2단계 … 1,800kcal에 대한 당질, 단백질, 지방의 열량 비율의 배분

· 당질	1,800kcal× 0.6 = 1,080kcal ÷ 4kcal/g = 270g
· 단백질	1,800kcal× 0.2 = 360kcal ÷ 4kcal/g = 90g
· 지방	1,800kcal× 0.2 = 360kcal ÷ 9kcal/g = 40g

2) 각 식품군별 교환단위수를 결정

① 당질을 함유한 식품의 교환단위수 결정

② 당질 함유식품인 우유, 채소, 과일의 단위수를 결정하고, 이들 식품에서

공급된 당질량을 총 당질 기준량에서 뺀다음 곡류 1단위에 함유된 당질 g수인 23으로 나누어 곡류단위수를 결정한다.

③ 어육류 교환단위수 결정 : 우유, 채소, 과일에서 얻은 단백질량을 단백질 기준량에서 뺀 다음 육류 1단위 단백질량인 8로 나누어 어육류 교환수를 결정한다.

④ 지방 교환단위수 결정 : 우유, 어육류에서 얻은 지방량을 지방기준량에서 뺀 다음 5로 나누어 지방단위수를 결정한다.

표 2-13 열량에 따른 식품군별 교환단위수

열량(kcal)	곡류군	어육류군	채소군	지방군	우유군	과일군
1,200	5	4	6	3	1	1
1,300	6	4	6	3	1	1
1,400	7	4	6	3	1	1
1,500	7	5	7	4	1	1
1,600	8	5	7	4	1	1
1,700	8	5	7	4	1	2
1,800	8	5	7	4	2	2
1,900	9	5	7	4	2	2
2,000	10	5	7	4	2	2
2,100	10	6	7	4	2	2
2,200	11	6	7	4	2	2
2,300	11	7	8	5	2	2
2,400	12	7	8	5	2	2
2,500	13	7	8	5	2	2
2,600	13	8	8	5	2	2
2,700	13	8	9	6	2	3
2,800	14	8	9	6	2	3

〈출처〉 대한영양사협회, 2010, 『식사계획을 위한 식품교환표』.

연습 3단계 … 교환단위당 단위수의 결정

교환군	식 품	교환단위수	당질(g)	단백질(g)	지방(g)	열량(kcal)
1 우유군	일반우유	2	20	12	14	254
2 채소군		6	18	12		120
3 과일군		2	24			100
	당질 270 − 62 = 208 곡류단위수 결정 208 ÷ 23 = 9					
4 곡류군		9	207	18		900
	단백질 90 − 42 = 48 어육류군 단위수 결정 48÷8 = 6 6단위 ⇒ 저지방 4단위 중지방 2단위					
5 어육류군	저지방 중지방	4 2		32 16	8 10	200 150
	지방 40 − 30 = 10 지방군 단위수 결정 10÷5 = 2					
6 지방군		2			10	90
합계			269	90	42	1,814

3) 설정된 교환단위수의 끼니별 배분

설정된 교환단위수를 끼니별로 고르게 배분한다.

연습 4단계 … 교환단위수의 끼니별 배분

	곡류군	어육류군	채소군	지방군	우유군	과일군
아침	2	저지방2	2	1	일반우유1	
점심	3	저지방1 중지방1	2	1		1
간식	1				일반우유1	
저녁	3	저지방1 중지방1	2			1
총량	9	6	6	2	2	2

4) 식품교환표에서 식품 선택

끼니별로 배분한 교환단위수에 맞추어 식품교환표에서 식품을 선택하여 식단을 계획한다.

연습 5단계 … 식단 예 (열량 : 1,800kcal, 당질 : 270g, 단백질 : 90g, 지방 : 40g)

	식단명	식품명	중량(g)	단위수
아침	쌀밥	백미	45	
	쇠고기무국	쇠고기	40	
		무	35	곡류군 2
	감자양파볶음	감자	65	어육류군(저) 2
		양파	25	채소군 2
		기름	2.5	지방군 1
	북어양념구이	북어	10	우유군 1
		참기름	2.5	
	김치	포기김치	70	
	호상요구르트	호상요구르트	180	
점심	보리밥	보리쌀	15	
		백미	45	
	순두부찌개	순두부	200	
		바지락	35	
		돼지고기	20	곡류군 3
	버섯볶음	표고버섯	50	어육류군(저) 1
		양파	25	(중) 1
		기름	2.5	채소군 2
	양배추샐러드	양배추	35	지방군 1
		옥수수	25	과일군 1
		밤	30	
		마요네즈	3.5	
	사과	사과	80	
간식	시리얼	콘푸레이크	30	곡류군 1
	우유	우유	200	우유군 1
저녁	현미밥	현미	15	
		백미	45	
	오징어국	오징어	70	곡류군 3
		무	35	어육류군(저) 1
	계란찜	계란	50	(중) 1 채소군 2
	도토리묵야채무침	도토리묵	200	과일군 1
		쑥갓	15	
		당근	20	
	호박나물	애호박	35	
	김치	포기김치	35	
	토마토	토마토	350	

Chapter 3

식도 및 위장 질환

학습목적

위의 기능과 주요 위장 질환의 병태생리를 이해하여, 위장 질환 환자의 영양평가 시행 결과에 따른 식사요법 계획에 적합하게 활용한다.

학습목표

- 소화기의 구조와 기능
  - 소화기의 구조와 위의 기능, 위액의 성분과 위액분비 조절 기능에 대해 학습한다.
- 소화성 궤양의 식사요법
  - 소화성 궤양의 정의를 안다.
  - 소화성 궤양의 발생 원인, 자각증세, 식사요법의 원리 등을 이해한다.
  - 급성단계와 회복단계에 있는 소화성 궤양 환자의 식사요법을 배운다.
- 식도 질환 및 기타 위장 질환
  - 연하곤란의 특성을 안다.
  - 식도 질환과 식사와의 관련성을 이해한다.

Chapter 3. 식도 및 위장 질환

소화기의 구조와 기능

음식물을 섭취하여 소화하고 영양소를 체내로 흡수하는 기관인 소화기계는 구강, 인후, 식도, 위, 소장, 대장, 직장, 항문 등으로 구성되어 있다. 소화기계 중 한 부분에 질병이 있어도 음식섭취에 장애가 오고, 신체 전반에 영향을 미치기 때문에 그 구조와 기능을 충분히 이해할 필요가 있다. 인체 소화기계의 구조는 〈그림 3-1〉과 같다.

구강은 입과 인두로 구성되어 식도로 연결이 된다. 구강은 간단해 보이지만 많은 조직, 치아, 잇몸, 혀, 미뢰, 입천장, 침샘, 점막, 턱뼈 등으로 구성되어 있다.

식도는 인두에서 위로 음식을 전달하는 관이다. 구조는 소장과 유사하나 장간막mesentery이나 융모막serosa이 없고 흡수 기능을 갖지 않는다. 상부에 있는 협착부upper esophageal sphincter는 삼킬 때를 제외하고는 공기가 위에 들어가는 것을 방지하기 위해 항상 닫혀 있다. 식도와 위의 경계에 있는 하부 협착부는 위의 내용물이 식도로 역류하는 것을 방지하기 위해 항상 수축해 있다. 이 하부 협착부는 약 성분에 대한 수용체를 가지고 있다.

위의 구조는 〈그림 3-2〉와 같다. 위의 기능은 섭취물을 저장, 혼합하고 소장으로 밀어내는 역할과 섭취물의 일부를 소화하고 내인성 인자와 가스트린gastrin을 분비하는 것이다. 위가 분비하는 위액에는 위산, 펩신, 점액과 내인성 인자를 함유하고 있으며, 보통 1~2ℓ 정도이고 질병시에는 8ℓ 에 달하는 경우도 있다.

위액의 분비는 첫 번째 단계에서 식품의 좋은 냄새나 맛, 씹기, 삼키기 등이 입과 코의 수용체를 자극하고 이것이 베가스vegas신경을 통해 내려가 점액, 위산, 펩시노겐의 분비를 자극하고 유문부에서는 가스트린을 분비한다. 이때 환자가 좋아하는 음식이면 반응이 잘되고 연식일 때는 적게 반응한다. 두 번째 단계에서는 육류와 아미노산은 위벽에 직접 접촉함으로 분비를 자극한다. 칼슘과 카페인도 위산분비를 자극한다. 세 번째 단계에서는 단백질 분해산물이 위의 수소이온의 분비를 자극한다.

위액의 분비는 아트로핀atropine과 같은 약이나 산과 지방에 의한 반사에 의해서도 저하된다. 또 호르몬 콜레시스토키닌cholecystokinin과 세크레틴secretin도 위의 분비를 방해한다. 위의 점막은 주름gastric pit으로 덮혔는데 이 속의 위선

그림 3-1 소화기계의 구조

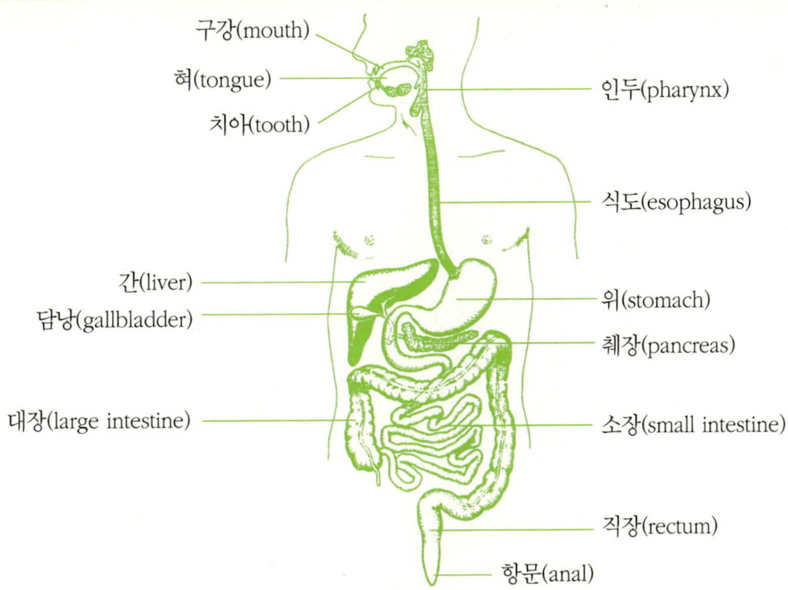

에서 세포들이 위액을 분비한다. 위액 분비 세포는 〈그림 3-3〉과 같다.

주세포chief cell는 펩시노겐을 분비하고, 벽세포parietal cell는 위산과 내인자를 분비한다. 위산은 평균 pH 1.6~2.0으로 펩시노겐을 펩신으로 전환하며 가스트린의 분비를 억제하고 세크레틴의 분비를 자극한다. 또 살균기능이 있어 위와 소장의 감염을 예방한다. 점액mucous세포는 점액을 분비하고 위액분비로 인한 자가소화를 막는다.

그림 3-2 위의 구조

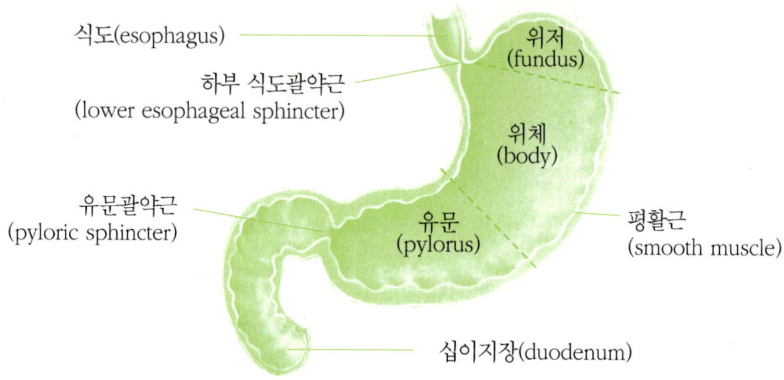

그림 3-3 위액 분비 세포 단면도

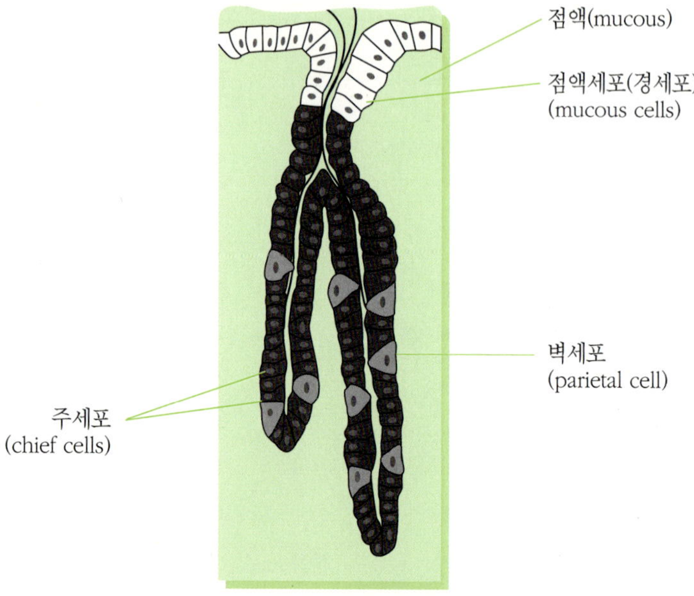

식도질환

1. 연하곤란dysphagia

1) 원인과 증상

연하곤란이란 식도를 통해 음식을 삼키기가 어려운 상태로 뇌졸중 등 에서 나타나는 신경계 마비, 종양의 뇌조직 침범 또는 수술로 해당부위 제거, 종양이나 암으로 인한 폐색 등이 원인이 될 수 있다. 연하곤란 환자는 음식물이 기도로 들어가면 사레가 들리거나 기침의 증상이 나타날 수 있다. 삼킴 장애와 함께 후각과 미각의 저하, 식욕저하, 타액 분비의 저하 등으로 식사섭취가 부족할 수 있으며 이로 인해 체중감소, 영양소 결핍 등이 나타날 수 있다. 흡인성 폐렴의 우려가 있으므로 식사시 자세나 음식물의 점도가 중요하다.

2) 식사요법

마비적인 원인에 의한 연하곤란의 경우에는 음식의 점도를 증가시켜 흡인의 위험을 최소화 하고, 기계적인 원인에 의한 경우에는 점도를 낮추어 유동식의 형태로 공급하도록 한다. 수분섭취 부족으로 인한 탈수와 체중감소가 발생하지 않도록 한다.

① 걸쭉한 상태로 구강이나 인두를 통과할 수 있도록 한다. 필요시 점도 증진제 등을 이용하여 농도를 조절한다.
② 입안에서 끈적끈적하게 달라붙거나 건조해서 흩어지는 음식은 피한다.
③ 자극이 될 수 있는 향신료, 너무 뜨겁거나 찬 음식은 피하도록 한다.
④ 적은 양을 자주 섭취, 천천히 섭취하도록 하며 입에 들어 있는 음식물을 완전히 삼킨 후 섭취하도록 한다.
⑤ 식사에 집중할 수 있도록 주위를 조용히 한다.
⑥ 식사는 곧은 자세로 머리는 중앙에 위치하도록 하며 고개를 약간 숙인

채 식사하도록 한다.
⑦ 식후 30분 정도는 바른 자세로 앉아 있어야 한다.

2. 식도 역류esophageal reflux

1) 원인과 증상

정상적인 식도는 하부식도 괄약근의 수축으로 위 내용물이 역류되는 것을 막는데, 식도역류esophageal reflux의 경우 하부식도 괄약근이 제기능을 다하지 못해 수축이 원활하게 이루어지지 않을 때 발생한다. 이러한 식도 역류 증상으로 인하여 위액의 식도 역류가 만성적으로 나타나면 식도 점막이 손상되어 출혈이 발생하고, 염증이나 궤양이 나타날 수 있으며 심한 경우 식도 협착의 원인이 되기도 한다.

이러한 식도역류의 원인으로는 하부 식도 괄약근의 압력 감소, 과다한 위산분비, 식도의 운동이상, 잦은 구토, 복압상승 등을 들 수 있으며 그 증상의 대표적인 예로 가슴의 중앙부위가 타는 듯한 통증을 느낄 수 있다.

2) 식사요법

① 식도에 자극이 될 수 있는 것을 제한한다.
② 소화가 잘되는 음식을 천천히 섭취하고 고지방식, 과식을 피한다.
③ 하부 식도 괄약근을 이완시킬 수 있는 술, 담배, 카페인, 초콜릿, 커피, 가스 발생 식품(탄산음료, 양파, 마늘 등) 및 강한 향신료는 제한한다.
④ 식후 곧바로 눕지 않으며 꼭 끼는 옷은 삼간다.
⑤ 비만으로 인한 경우 체중 감량을 계획하도록 한다.

위장질환

1. 급성 위염acute gastritis

1) 원인과 증상

위점막에 발생한 급성염증으로 폭음, 폭식, 특정한 식품의 알레르기, 약물의 복용 등의 기계적, 화학적 원인에 의해 발생한다. 대개 특정한 원인이 있으므로 원인에 대한 치료를 한다. 2~3일 정도면 치료가 되지만 오래 방치하면 만성화되어 치료하기 어려워진다. 급성 위염의 증상으로 구토, 상복부통증, 발열, 속쓰림, 메스꺼움, 위 팽만감, 식욕부진, 설사 등이 있으며, 심한 경우 토혈, 하혈, 쇼크를 일으킨다.

2) 식사요법

① 원인이 되는 인자를 제거하고, 1~2일간 절식을 한다. 이때 구토가 심한 경우에는 비경구적으로 수분과 전해질을 공급한다.
② 증상이 가라앉으면 맑은 유동식을 시작한다.
③ 환자의 상태가 호전되면 유동식에서 연식으로 진행한다.
④ 환자의 상태에 따라 5~10일 전후에 일반식으로 전환하며 위궤양 식사요법을 참고한다.

2. 만성 위염chronic gastritis

1) 원인과 증상

급성 위염으로부터 이행되기도 하고, 처음부터 만성으로 진행되어 발병하기도 한다. 원인은 확실하지는 않지만, 노화에 따른 위점막의 위축이나 불규칙적인 생활습관, 폭음, 폭식 등에 의한 것으로 알려져 있다. 증상은 일정하지 않으며 급성 위염의 증상 외에 압박감, 상복부 동통, 변비, 권태감, 체중감소, 빈혈 등이 나타난다.

2) 식사요법

만성 위염은 위액 중의 산농도 차이에 따라 저산성(무산성)과 과산성 위염으로 구분하여 식사요법에 차이를 둔다.

(1) 저산성 위염

주로 노인에게 많이 나타나는데, 노화에 따른 위선 위축과 분비장애로 식욕부진, 식후 위 압박감, 위 통증, 영양소의 소화흡수 장애 등으로 인해 체력저하가 나타난다. 따라서 저산성 위염의 식사요법은 위점막을 보호하고, 위선의 위축을 억제하며 위액분비를 촉진하는 것을 원칙으로 한다. 위에 부담이 적은 당질 위주의 섬유소가 적은 식사를 하며, 지방은 위 내에서 정체시간이 길므로 지방 함량이 높은 식품의 섭취는 피하고, 지방이 많이 사용되는 조리법은 주의한다. 단백질은 위액분비를 촉진하나, 위액분비가 적은 저산성 위염에서는 단백질 소화에 장애가 있으므로 적당량 섭취하도록 한다.

① 식사시간을 규칙적으로 지키고, 매끼 소량 식사로 식사 횟수를 늘린다.
② 식품 선택시 특별히 제한해야 될 식품은 없지만, 위액분비 감소로 소화력이 저하되므로 영양가가 높고, 소화흡수가 좋은 식품을 선택한다. 지방을 제거한 육류, 흰살생선, 계란, 우유, 치즈 등으로 영양공급을 한다.
③ 과일, 과즙, 향신료 등은 식욕을 향상시킬 수 있으므로 적당히 이용한다.
④ 알코올과 커피는 위액분비를 촉진시키지만 위염이 있는 경우에는 피하도록 한다.
⑤ 빈혈을 예방하기 위해 철분이 많은 음식을 섭취하도록 한다.

(2) 과산성 위염

위염으로 인해 위산의 분비가 항진하여 음식물의 자극에 예민하게 되므로, 저산성 위염의 식사요법과 반대의 것을 이용한다. 일반적인 식사를 하되 부드럽고 소화가 잘 되는 식품을 선택하도록 한다. 식사는 당질을 위주로 에너지를 충분히 공급하고, 적절한 단백질과 지방 공급으로 위벽을 보호하고 재생시켜 통증을 완화시킨다. 단백질은 위산의 완충작용도 하지만 위산분비를 촉진시키는 작용도 있어 상처 부위를 자극할 수 있으므로 섭취에 유의하여야 한다. 만성위염은 장기간 계속된 질병이므로 영양부족이 되지 않도록 주의한다.

① 식사시간을 규칙적으로 하며 공복시간이 너무 길지 않도록 횟수를 조절한다.
② 음식을 천천히 잘 씹어 섭취하는 바람직한 식습관을 갖도록 한다.
③ 과음, 과식, 지나치게 뜨겁거나 찬 음식, 알코올, 탄산음료, 향신료, 커피, 흡연 등 위점막을 자극해서 위액 분비를 촉진시키는 음식을 제한한다.

3. 소화성 궤양peptic ulcer

1) 원인과 증상

소화성 궤양은 위나 소장의 점막이 펩신이나 위산에 노출되어 조직이 떨어져나간 것을 말한다. 부위에 따라서 식도궤양, 위궤양, 십이지장궤양 등으로 불린다. 식도궤양은 위의 내용물이 만성적으로 식도로 역류될 때 생긴다. 또한 위에서 분비되는 위산과 산에 의한 내막손상을 방지하는 기전의 균형이 깨질 경우 궤양이 발생한다.

십이지장 궤양은 위궤양보다 4~5배 많이 발생하는데 위산의 과잉분비와 위의 빠른 배출이 십이지장 내에서의 중화능력을 감소시켜 발생할 수 있다. 만일 환자의 십이지장이 수술로 제거되어 공장이 위에 연결이 되면 궤양은 공장에서도 생길 수 있다. 최근에는 비스테로이드성 소염제NSAID와 헬리코박터 파일로리helicobacter pylori의 감염을 궤양의 주요원인으로 보고 있다. 이외에서 소화성 궤양의 원인으로는 졸링거-엘리슨 증후군과 같은 위산의 과분비 질환이 알려져 있다.

궤양은 무증상인 경우에서 출혈, 천공과 같은 심각한 합병증에 이르기까지 다양한 증상을 나타낸다. 대표적 증상으로 상복부의 통증과 속쓰림이 가장 많다. 그 외에 잦은 신트림, 더부룩한 느낌, 식욕부진, 상부 위장관 출혈, 천공에 따른 심한 복통 및 발열, 반복적인 궤양에 따른 합병증으로 위장관 폐쇄 등의 증상이 나타날 수 있다. 궤양이 만성화되면 팽만감, 체중감소, 빈혈, 멀미, 구토가 일어나기 쉽다.

표 3-1 위궤양과 십이지장 궤양의 차이

상태	위궤양	십이지장궤양
통증이 나타나는 부위	명치를 중심으로 넓은 부위	명치의 약간 오른쪽 국소 부위
통증이 나타나는 시기	식후 30~60분	식후 2~3시간
통증의 양상	쓰리거나 뒤틀리게 아픔	찌르듯이 아픔
증상	식후 복부 팽만감, 오심, 구토	공복감이 있으면서 통증을 느낌
식욕	저하됨	증가함
출혈 양상	토혈	혈변
생활환경	많은 스트레스	적은 스트레스

〈출처〉 김희숙 외, 2004, 『식사요법』.

2) 식사요법

이전에는 식품의 제한을 권장하였으나 충분한 영양이 공급되는 식사를 권장하므로 증상이 심하거나 출혈이 있는 경우를 제외하고는 궤양을 위한 식사요법은 특별한 제한이 없으며 증세와 회복진행에 따라서 식사 횟수와 양을 조절한다. 식사요법의 목적은 궤양 원인 요소를 제거하고 신속한 상처회복에 있다. 식사요법은 급성단계와 회복단계로 구분하는데, 급성단계는 출혈이 있으므로 지혈이 목적이고, 1~2일간 절대 안정 및 금식으로 위점막을 보호해야 한다. 회복단계 궤양은 출혈이 없으므로 소화가 잘되고 자극성이 없는 식사에 의한 영양보충이 중요하다.

① 위산의 분비를 증가시키는 음식을 제한한다.
② 증상을 악화시키는 음식을 제한한다.
③ 위장 점막에 손상을 주는 음식은 제외하고 균형 잡힌 식단으로 상처 회복에 필요한 영양소를 충분히 공급한다.

(1) 급성 궤양식(출혈시)

① 1~2일간 금식을 하면서 절대 안정한다.
② 출혈이 멈추면 맑은 유동식을 시작하여 유동식, 연식의 단계로 서서히 진행한다.

(2) 만성 궤양식(비출혈시)

이 식사의 원칙은 위 점막을 자극하고 과량의 위산분비를 유발하는 식품과 음료를 제한하는 것이다. 만성 위궤양을 치료하기 위한 식사제한은 환자 개인의 내응력에 달려 있으며 위산과 히스타민 H_2 분비억제를 고려해야 한다.

① 하루 세 끼의 균형 잡힌 식사를 한다.
② 음식은 천천히 여유있게 씹으며, 한 가지씩 차례대로 먹는다.
③ 밤 중의 위산분비를 억제하기 위해서 저녁 간식은 금한다.
④ 위점막을 자극하는 알코올, 카페인이나 디카페인 음료, 흡연, 약물, 고추, 후추, 겨자 등의 강한 향신료의 섭취는 피한다.
⑤ 개별적으로 위에 불편을 주는 특정한 식품은 피한다.
⑥ 궤양의 치료를 위해 음식은 충분히 섭취한다.

3) 궤양에 이용해도 좋은 음식

① 미음 : 쌀을 이용하며 미음을 만들거나 기장, 조 등을 섞어 미음을 쑨다.

회복정도에 따라 죽으로 바꾼다.

② 죽 : 죽의 종류는 여러가지인데 성분과 조직이 위를 자극하지 않는 재료를 선택한다. 곱게간 잡곡류와 견과류는 물론 야채를 잘게 다져 넣을 수 있다. 환자의 적응도에 따라서 죽의 농도와 재료의 크기를 조절할 수 있다.

③ 빵 : 빵을 먹을 수 있는 단계는 상당한 회복단계이며, 빵을 먹을 때는 반드시 토스트로 한다. 갓 구운 빵보다 2~3일 지난 빵을 토스트하는 것이 이스트로 인한 위의 자극이 적다. 버터나 농축된 당으로 된 잼은 사용하지 않는 것이 좋다. 빵의 종류 중 팥빵, 설탕이나 지방이 많이 들어간 빵, 초콜릿, 잼, 젤리, 마멀레이드, 꿀, 땅콩버터 등이 함유되어 있는 빵은 피한다.

④ 감자류 : 감자에는 비타민 C가 많고 자극성이 없기 때문에 찌거나, 으깨거나 수프에 사용하면 좋다. 부드럽게 삶은 토란도 이용할 수 있다.

⑤ 채소류 : 섬유소가 많고 향과 맛이 강한 야채는 제외한다. 당근, 시금치, 근대, 애호박, 주키니호박, 단호박, 컬리플라워 등은 익혀서 사용한다. 토마토는 유기산 성분이 많으므로 토마토 주스, 페이스트, 케첩은 금한다.

⑥ 과일류 : 시지 않은 잘 익은 과일은 익혀서 부드럽게 소스로 만들어서 먹는다. 통조림의 과일은 당이 가미되어 위산분비를 촉진하므로 피한다. 과일주스 중 구연산이 많은 제품은 역류 증상을 유발할 수 있으므로 주의한다.

⑦ 계란류 : 계란은 뜨거운 미음이나 죽에 풀거나 커스타드, 반숙, 수란, 계란찜, 스크램블드 에그 등 부드럽고 따뜻한 음식으로 조리하고, 기름의 사용이 많은 계란 프라이 등은 피한다.

⑧ 육류 : 육류 중에서도 결합조직이나 지방이 많은 고기는 위를 자극하기 때문에 피한다. 조리는 습열조리가 바람직하며 구운 쇠고기보다는 영계 백숙으로 조리한 닭고기가 적합하다. 훈연제품은 자극이 있고 향신료도 많이 쓰이기 때문에 좋지 않다.

⑨ 어패류 : 단백질 급원으로는 육류보다는 조직이 치밀하지 않은 흰살 생선으로 병어, 조기, 도미, 가자미 등이 좋으며 부드러운 게살도 이용이 가능하다. 조리법은 구이 보다는 습열조리가 좋다. 색이 진한 생선은 지

방도 많고 자극성분이 있어 환자에 따라 제한한다. 오징어류, 젓갈, 어묵 등도 피한다.

⑩ 콩류 : 콩은 껍질에 섬유소가 많다. 위의 자극을 피하기 위해 두부나 순두부, 두유는 좋으나 유부는 피한다. 팥에는 사포닌이 많고 껍질에는 섬유소가 많아 자극이 될 수 있다.

⑪ 우유 : 일시적인 완충 효과는 있으나 섭취후 2~3시간 후에는 오히려 위산 분비량이 증가된다. 따라서 잦은 섭취는 주의한다.

⑫ 국물 : 육수의 성분에는 위를 자극하는 추출물이 함유되어 있으며, 멸치국물 등은 적당하지 않다. 흰살 생선국물, 닭육수는 가능하다.

4) 궤양에 제한해야 하는 음식

맵고 짠 음식(김치류, 찌개 등), 지방이 많은 음식(지짐, 볶음, 튀김 등), 인스턴트 식품, 섬유소가 많은 식품(나물, 생절이, 해조류, 샐러드 등), 과자류(소다가 든 것, 약과 등), 각종 조미료 등은 위산분비를 자극하고, 위점막을 손상시키므로 제한해야 한다.

4. 위하수증 gastroptosis

1) 원인과 증상

위하수증은 위가 배꼽 아래까지 길게 늘어진 상태를 말하는데, 위의 내용물을 장으로 내려보내는 힘이 약하고 소화능력도 약하다. 활동부족인 생활과 과식 및 폭식이 원인이 될 수가 있다. 식후 위의 압박감이나 복부 팽만감 등을 느끼고, 소량의 식사에도 만복감을 갖게 된다. 식후 바로 오른쪽으로 누워 있으면 이런 증상들이 완화된다.

2) 식사요법

① 수분이 많은 식사는 피하고 과식도 삼가야 한다.

표 3-2 소화성 궤양 환자에게 허용하는 식품과 주의해야 할 식품

구분	허용식품	주의식품
곡류	도정한 곡류, 쌀밥, 죽, 정제된 밀, 빵, 비스킷, 크래커, 감자	통밀, 겨, 종자류, 현미, 도정하지 않은 곡류, 팝콘
어육류	육류, 생선, 닭고기, 계란, 두부	향신료를 많이 사용한 육류, 훈제품, 말린콩
국, 수프류	향이 진하지 않고 섬유질이 많지 않은 채소로 된 국과 크림스프	진한 고기국, 진한 멸치국물
채소	통조림, 조리 또는 냉동한 것, 향이 약하고 섬유질이 많지 않은 채소	향이 강한 채소 (샐러리, 미나리 등) 섬유질이 많은 채소 (산나물 등) 줄기와 껍질 부위
지방	크림, 버터, 식물성유	견과류, 양념을 많이 한 샐러드 드레싱
우유	우유, 두유	당분 함량이 높은 요구르트
과일	통조림, 조리한 과일, 주스, 시지 않은 과일	섬유질이 많거나 신맛이 강한 과일, 잘 익지 않은 과일
후식	당분과 지방질이 많지 않은 후식류	수정과, 식혜, 잼, 초콜릿, 견과류가 포함된 사탕류
음료	곡류음료, 카페인이 없는 커피	탄산음료, 커피
기타	간장, 소금, 버터, 마가린, 식용유, 설탕, 된장, 마요네즈	고춧가루, 후춧가루, 겨자, 파, 마늘, 카레, 매운 김치 등

〈출처〉 김희숙 외, 2004, 『식사요법』.

② 소화가 잘되고 위에 장기간 머물지 않는 음식을 선택한다.
③ 늘어진 위를 정상으로 돌리기 위해서는 운동이 필수적이다. 늘어난 내장과 복근을 단련하는 운동을 해야 한다. 앉아서 일하는 대신 온몸을 움직이는 활동을 권한다. 식사 후 30분 정도 산보를 하며, 복근 강화운동을 꾸준히 한다.
④ 조이는 옷을 삼가고, 약물의 남용은 증세를 더욱 악화시킨다.

5. 덤핑증후군dumping syndrome

1) 원인과 증상

일반적으로 음식물은 위에서 소량씩 천천히 소장으로 들어가는 것이 정상이나, 위절제 수술로 인해 음식물이 식후 10~15분에 십이지장과 공장으로 한꺼번에 쏟아져 들어가게 되는 것을 덤핑dumping이라고 한다. 이때 나타나는 증상을 덤핑증후군dumping syndrome이라고 하는데 그 원인으로는 음식물이 십이지장과 공장으로 급속히 들어오면서 소장의 내용물이 고농도hypertonic가 되고 이를 희석하기 위해 혈장이나 세포외액이 유입되면서 발생한다. 이러한 체액 흐름의 변화는 혈액의 양이 줄어드는 현상이나 심장박출량이 감소하는 결과로 나타난다. 덤핑 증후군의 초기 증상은 보통 식후 15~30분 사이에 나타나며 복부 팽만, 복통, 구토, 설사 등의 위장 증상과 어지럽고, 맥박이 증가하고, 식은 땀이 나는 등의 증상을 보인다. 후기 증상은 식후 1~2시간이 지난 뒤 나타나며 빠른 소화 흡수는 혈당을 신속히 상승시키며 그 결과 인슐린이 과잉생산되어 저혈당 증상이 나타날 수 있다. 저혈당으로 인한 공복감, 무력증, 메스꺼움, 식은 땀, 경련, 불안감 등이 주 증상이다.

2) 식사요법

단순당은 소장에서 가수분해가 빨라 덤핑증상을 가속화하기 때문에 엄격히 제한하고, 단백질과 지방을 주열량 공급원으로 하며, 만일 지방변이 있으면 지방의 사용량을 제한한다. 식사는 상태를 관찰하며 소량씩 자주 제공하고, 액체는 식사 도중에는 삼가하고 식사 사이 시간에만 허용한다.

① 단순당의 섭취를 피한다.
② 물은 식사 후 30~60분이 지난 후에 조금씩 마신다.
③ 식사는 소량으로 자주 하며, 횟수는 개인의 적응력에 따라 6~8회로 한다.
④ 음식은 천천히 잘 씹어 섭취한다.
⑤ 과일이나 채소에 함유된 펙틴과 같은 적당량의 섬유소는 덤핑증후군의 치료에 도움이 된다. 섬유소는 음식물이 위를 통과하는 시간을 지체하고, 당질 흡수를 지연시켜, 저혈당 증세를 완화시키나 수술 직후에는 사용에 주의한다.
⑥ 식사의 온도는 체온과 비슷한 온도가 좋다.
⑦ 음식물이 소장으로 넘어가는 속도를 지연시키기 위해 식후 바로 움직이지 않고 비스듬히 기대어 앉아 있는다.
⑧ 개인의 적응도에 따라 1회 섭취량을 증가시키도록 한다.

Chapter

4 장 및 췌장 질환

학습목적

장과 췌장의 기능과 관련 주요 질환의 병태생리를 이해하여, 장과 췌장 질환 환자의 영양평가 시행 결과에 따른 식사요법 계획에 적합하게 활용한다.

학습목표

장질환

- 변비의 종류를 알고, 이완성 변비와 경련성 변비의 원인과 식사요법을 이해한다.
- 설사 및 장염의 원인 및 식사요법을 학습한다.
- 염증성 장질환, 과민성 대장증후군 및 게실염의 식사요법을 학습한다.

흡수불량증후군

- 글루텐 과민성 장질환, 유당불내증 및 지방변증의 식사요법을 학습한다.

췌장질환

- 췌장의 기능과 구조에 대해 이해하고, 급성 췌장염과 만성 췌장염의 식사요법을 학습한다.

Chapter 4. 장 및 췌장 질환

장의 구조와 기능

1. 소장

위의 유문과 연결된 소장은 길이 6~7m, 직경 2.5~3㎝ 정도의 형태로, 십이지장duodenum, 공장jejunum, 회장ileum의 세 부위로 구성되어 있다. 소장벽은 내측으로부터 점막층mucosa, 점막하층submucosa, 고유근층muscularis propria, 장막층serosa 네 개의 층을 이루고, 점막층의 윤상주름에는 많은 융모가 있어서 음식물과의 접촉면을 넓혀 소화흡수를 돕는 중요한 역할을 한다〈그림 4-1〉. 소장에서는 소화가 완료되어 탄수화물은 단당류로, 지방은 지방산과 글리세롤로, 단백질은 아미노산으로 분해되어 흡수된다.

소장으로 들어온 유미즙chyme은 담즙, 췌장액과 섞여 소화흡수가 일어나고, 남은 잔여물은 대장으로 이동된다. 이 때 분절운동segmentation과 연동운동peristalsis을 거쳐 소화흡수 작용을 하게 된다. 소장에서 분비되는 소화효소로는 이당류 분해효소인 말타아제maltase, 수크라제sucrase, 락타아제lactase, 폴리펩타이드를 아미노산으로 분해하는 펩티다아제peptidase, 지방을 지방산과 글리세롤로 분해하는 리파아제lipase 등이 존재하며, 그 외 단백질 소화에 도움이 줄 수 있는 엔테로키나아제enterokinase : 트립시노겐을 트립신으로 전환, 뉴클레로티다제nucleotidase 등이 있다. 소장에서의 장액 분비는 기계적, 화학적 자극, 신경 및 호르몬, 섭취한 음식물의 종류에 따라서 영향을 받을 수 있다. 부교감신경계는 장액 분비를 촉진시키며, 소장에서는 가스트린gastrin, 세크레틴secretin,

그림 4-1 소장벽의 구성 및 소장 융모막의 구조

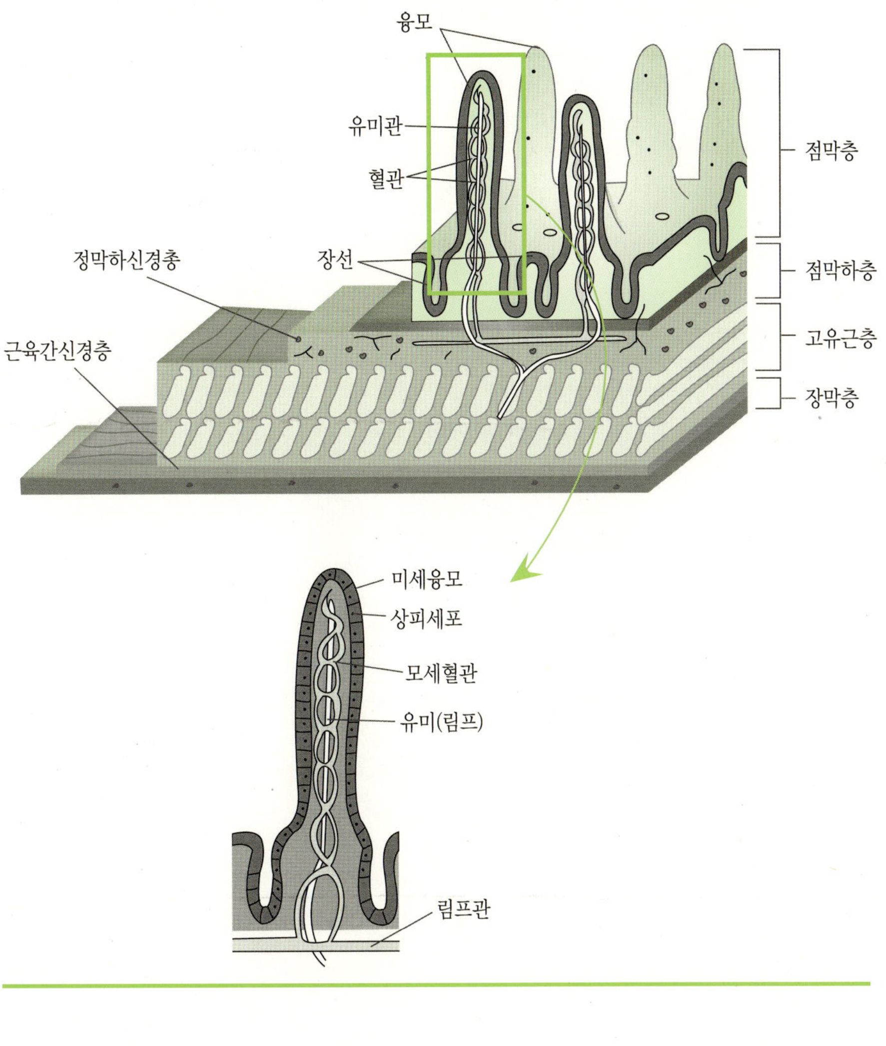

콜레시스토키닌cholecystokinin : CCK 등의 호르몬에 의해 알칼리성의 소장액과 1일 약 3ℓ에 달하는 황색의 점액이 분비된다.

2. 대장

대장은 1.5~2m의 길이와 소장의 2배 정도(5~7cm) 지름의 형태로, 소장의 회장에 연결된 맹장cecum 부위로부터 결장colon, 직장rectum의 세 부위로 되어 있다〈그림 4-2〉. 결장은 상행, 횡행, 하행, S상 결장으로 나누어지고 이어서 직장에 항문이 연결된다. 대장에서는 소화과정은 일어나지 않고 흡수되지 않은 물과 전해질 등을 재흡수하고, 소화 · 흡수되지 않은 음식물 찌꺼기, 탈락된 장점막 상피세포, 장내 세균 등으로 이루어진 변을 형성하여 배변시키는 것이 주된 기능이다. 소장에서 대장으로 넘어온 장 내용물 중 당질은 대장에 존재하고 있는 세균에 의해 발효되고, 단백질과 지방은 부패되어 인돌indol, 스카톨skatol, 유화수소H_2S, 아민amin류 등을 생성하여 대변 특유한 냄새를 유발한다.

그림 4-2 대장의 구조

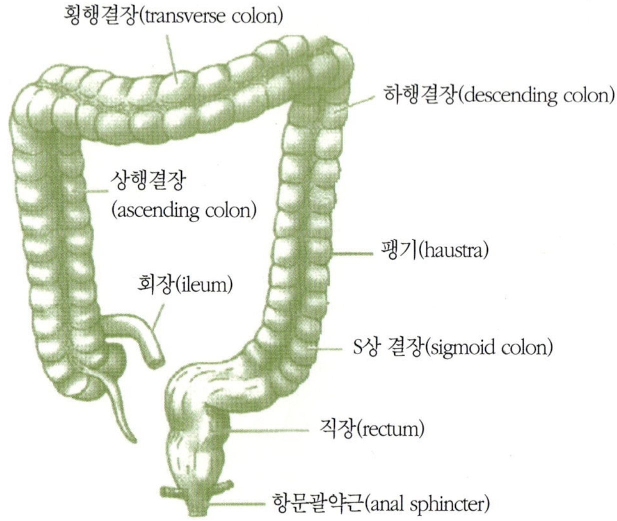

장질환

1. 변비constipation

변비란 대변이 대장 안에 보통 시간 이상 머물러 있어, 만족스럽게 배변이 되지 않아 불편감을 주는 것을 말한다. 하루에 1~2회 배변을 하여도 그 배변량이 적고 대부분의 양이 장내에 남아 있어 식욕감퇴, 복부팽만, 불쾌감, 두통 등을 수반한 불편감을 주면 변비라 할 수 있고, 2~3일에 1회씩 배변을 한다 해도 아무런 불쾌감이 없다면 변비에 속하지 않는다. 또한 변이 너무 딱딱하거나 무리하게 배변을 할 때, 장의 움직임이 빈번하지 않은 경우 변비라고 할 수 있다. 배변은 개인에 따라서 차이가 있으나 건강한 사람은 1일 1~2회, 약 100~200g(수분 함량 70~80%) 정도의 대변을 보게 된다. 소화기계의 정상적인 통과시간이 대략 18~48시간임을 감안할 때, 1일 3번에서 매 3일마다 1번 정도의 배변 횟수를 정상으로 친다.

변비는 크게 기능성 변비와 기질성 변비로 나뉠 수 있다. 이 때 기능성 변비는 환경변화나 정신적 스트레스에 의해 한시적으로 나타날 수 있는 일시성 변비와 습관적으로 변비가 지속되는 지속성 변비로 분류되는데, 지속성 변비로는 이완성 변비, 경련성 변비 등이 있으며, 이중 대부분 이완성 변비가 많은 편이다. 기질성 변비는 장관의 협착, 기계적인 장의 통과 장애, 치질이나 직장암과 같은 직장, 항문의 형태 이상 및 대장의 형태 이상으로 인한 것이다.

1) 이완성 변비

(1) 원인과 증상

만성적인 지속성 변비는 대부분 이완성 변비이며, 결장벽의 긴장과 이완부족으로 연동운동이 저하되어 장의 내용물이 오랫동안 머물러 분괴의 통과가 늦어져 하행, S상 결장의 부위가 커지는 것이다. 이완성 변비는 시간적인 제약으로 변의를 제한하는 경우, 신진대사 과정이 느리고 운동이 부족한 노인이나 장기간의 입원환자, 비만인, 고열환자, 임신부, 과다한 완화제의 사용시에 나타날 수 있다. 증상으로는 식욕부진, 현기증, 두통, 구토, 복부팽만감, 신경과민, 피로감, 불면, 하복부의 통증과 불쾌감 등이 일어난다.

(2) 식사요법

이완성 변비의 예방과 치료를 위해서는 무엇보다 규칙적인 배변 습관, 섬유소와 수분의 충분한 섭취가 중요하다. 식사시에는 장벽에 자극을 주어 장의 연동운동을 촉진시키는 식품을 선택하는 것이 좋다.

식이섬유소는 난소화성 성분으로 섭취시 흡수되지 않은 상태로 대장에서 세균에 의한 발효과정을 통해 단쇄지방산과 가스로 분해되는데, 이러한 물질이 많으면 세균 증식이 촉진되고 장벽이 자극되며, 대변 양이 많아져 대장 통과시간이 단축될 수 있다. 또한 섬유소는 수분을 흡수하는 성질이 강하여 대변량을 늘리고, 변을 부드럽게 해주며, 장 통과시간을 단축시키는 기능이 있으며, 대장 내용물을 희석시키고 대장에 정상적으로 존재하는 미생물을 위한 발효성 기질을 제공함으로써 대장의 기능에 영향을 미칠 수 있다. 섬유소가 풍부한 식품들은 바람직한 장내 미생물균의 형성에 도움이 될 수 있는 prebiotics로 작용할 수도 있다. 식이별 식이섬유소 함량은 〈표 4-1〉에 제시하였다.

그러나 지나치게 많은 식이섬유소의 섭취는 가스를 발생시켜 헛배부름 같은 복부 불쾌감을 유발할 수 있으며, 탈수 상태에서의 고섬유소 식사시 대장에서 염분과 수분의 흡수가 증가되어 작고 딱딱한 변을 보는 변비 증상이 악화될 수 있으므로, 개인의 상태에 따라 식이섬유소의 섭취를 점차로 늘이는 것이 좋다. 또한 변비와 관계가 있는 식품들은 〈표 4-2〉에 제시하였다.

표 4-1 식품별 식이섬유소 함량(100g 당)

구분	1g 미만	1.1~3.0g	3.1~5.0g	5.1~7.0g	7.1~10.0g	10.1g 이상
곡류	백미, 찹쌀, 율무, 파운드케이크	감자, 가래떡, 인절미, 국수, 메밀국수, 시리얼(일반) 카스테라, 롤빵, 도너츠, 초코파이, 크래커	고구마, 현지, 수수, 조, 찰시루떡, 옥수수, 밀가루(중력분), 라면, 식빵, 옥수수빵, 단팥빵	혼합잡곡, 미숫가루, 보리식빵	보리쌀, 기장, 통밀빵	통밀
콩류	녹두묵	두부			녹두, 비지, 완두콩	강낭콩, 대두, 검정콩, 팥
채소류		가지, 근대, 김치, 당근, 두릅, 머위, 무, 미나리, 배추, 브로콜리, 상추, 샐러리, 생강, 숙주나물, 쑥갓, 양배추, 양상추, 양파, 연근, 열무, 오이, 취나물, 콩나물, 파, 호박, 느타리버섯, 양송이버섯, 팽이버섯, 표고버섯		갓, 풋고추, 달래, 도라지, 시금치, 아욱, 우엉, 죽순, 늙은호박, 미역, 파래	고사리(삶), 냉이, 더덕, 마늘, 콩잎 깻잎, 쑥	고구마순, 붉은고추, 목이버섯(건), 석이버섯(건), 김(건), 톳
과일류	자몽, 수박, 멜론, 오렌지주스, 포도주스	감(과육), 귤, 딸기, 망고, 바나나, 배, 복숭아, 사과, 오렌지, 자두, 참외, 키위, 파인애플, 포도, 토마토			모과	감(과피), 곶감, 대추, 복분자, 구아바
종실류		도토리묵, 은행	땅콩, 밤, 잣	해바라기씨	호두	들깨, 참깨, 아몬드
기타	요구르트, 토마토케첩	초콜릿	고추장, 된장	땅콩버터, 카레소스		고춧가루, 청국장가루

〈출처〉 농촌진흥청, 2007, 『식품성분표 7차 개정』.

표 4-2 변비와 관련된 식품들

우유 및 유제품	유당과 각종 유기산이 많이 함유되어 있음. 유당은 장내 세균에 의해 유기산을 만들며, 유기산은 연동운동을 촉진시킬수 있으므로 변비에 좋음
채소류	식이섬유소가 다량 함유되어 있으므로, 적절한 조리법을 통해 공급시 변비에 좋음. 단, 탄닌* 성분이 많은 식품(쑥, 도토리, 산나물 등)은 피해야 함
감자류	수용성 식이섬유소인 펙틴 성분을 많이 함유하고 있으므로 장내용물의 양을 증가시켜 배변작용을 도울수 있음. 특히 고구마의 당분은 장내에서 발효되어 산이 생기므로 변비에 효과적임
해조류	수용성 식이섬유소인 알길산을 함유하고 있어 장의 연동운동을 촉진하는 효과를 가짐
과일류	과당, 섬유소, 펙틴, 유기산 등의 성분을 함유하고 있으며, 이는 장점막을 적당히 자극하여 장의 연동 운동을 활발히 해주고 변의를 쉽게 일으키게 하므로 변비 해소에 효과적임
수분	수용성 섬유소의 물 흡수를 도와 대변의 용적을 늘리고 대변을 부드럽게 하므로 1일 1~2 ℓ 정도 충분히 섭취하도록 함
조미료	식초의 초산 성분은 장을 자극하여 연동 운동을 촉진시키며, 향신료는 장을 자극하여 연동 운동을 활발하게 하나, 다량섭취시 장애를 일으킬 수도 있음
기타	
탄산음료	장벽을 자극하여 연동 운동을 활발하게 해주는 역할을 함
종실류 및 견과류	섬유소와 지방 함량이 많으므로 변비에 좋음
초콜릿, 코코아	탄닌을 많이 함유하므로 변비에는 좋지 않음

*탄닌(tannin) : 장 내에서 일종의 수렴작용을 하므로 변비를 일으키기 쉬움

2) 경련성 변비

(1) 원인과 증상

경련성 변비는 지속성 변비의 일종으로 이완성 변비의 경우와는 달리 자율신경계의 장애로 결장의 하부인 대장이 과민해진 상태로, 횡행결장 아래 결장벽의 긴장 항진으로 장벽이 불규칙하게 수축되어 있어 경련성 수축을 일으키며, 분괴의 통과가 어려워 배변에 지장을 주는 일종의 과민성 대장 증후군을 나타낸다. 장기간의 긴장이나 스트레스, 과다한 알코올 섭취, 지나친 흡연, 불면, 과로, 수분 섭취 부족, 장염 환자, 거친 음식의 섭취, 감정의 불안정, 장기간의 항생제 치료 등이 원인이 된다. 또한 탄닌이나 카페인이 많은 음료를 과음할 경우에도 발생할 수 있다. 증상으로는 복통, 복부팽만, 경련, 체중부족 등이 있으며 변에 점액이 섞이기도 하는데 변의 형태가 가늘거나 염소분처럼 조그맣게 굳은 변으로 설사와 변비가 번갈아 일어나기도 한다.

(2) 식사요법

대장벽을 예민하게 작용시키는 원인을 제거하고 과도한 대장의 연동 운동을 가능한 감소시키도록 기계적 자극이 적은 식품을 선택한다. 따라서 식품 중 섬유소나 난소화성 다당류의 섭취를 제한하는 것이 좋으나, 난소화성 다당류의 섭취가 너무 적으면 장내용물의 양이 부족해서 배변활동이 둔해지므로, 섬유소가 적은 식품을 부드럽게 조리 후 제공하는 것도 좋다. 지방은 유화지방으로 주고 음식의 온도는 체온과 비슷하게 하며 담백한 맛으로 한다. 경련성 변비 환자는 대부분 소량의 음식을 먹기 때문에 자칫 영양부족이 되기 쉬우므로 양질의 단백질과 지방을 함유한 식품을 선택하고, 소화가 잘되는 섬유소가 적은 후식이나 영양간식으로 보충해 줄 필요가 있다.

2. 장염

1) 급성 장염acute enteritis

(1) 원인과 증상

급성 장염은 전염성과 비전염성 장염으로 나눌 수 있다. 이질균, 장염비브리오, 살모넬라, 콜레라 등의 세균과 바이러스 등이 원인이 되는 전염성 장염과 폭음, 폭식, 식중독, 약물이나 알레르기 등이 원인이 되는 비전염성 장염이 있다. 장점막에 염증이 생기면 소화, 흡수에 장애가 일어나 심한 설사, 복통, 구토, 발열 등으로 탈수증으로 인한 전신쇠약 증상을 보인다.

(2) 식사요법

급성 장염 초기 1~2일은 절식하며, 심한 설사로 인한 탈수증을 막기 위해 충분한 수분을 공급한다. 맑은 유동식부터 증세가 호전됨에 따라 전유동식, 연식으로 이행하며, 우유나 지방은 설사를 조장하므로 초반에는 공급하지 말고, 소화가 잘되는 부드러운 무자극, 저잔사식을 공급한다. 저잔사식에 제한하여 할 식품은 〈표 4-3〉에 제시하였다.

저잔사식이란?

잔사(residue)는 소화, 분비, 흡수, 발효 과정 후 최종적으로 남는 결과물을 의미한다. 저잔사식은 소화흡수 후 대장에 남는 물질로 소화되지 않은 섬유소, 약간의 지방과 세포 찌꺼기 뿐 아니라 우유나 고기의 결체조직 부위 등 섬유소의 함량은 낮으나 변의 용적을 증가시킬 수 있는 것도 함께 제한하는 식사다. 저잔사식은 장수술 전후와 크론병, 궤양성 대장염과 같은 급성 염증성 장질환, 게실염, 부분적 장폐색시 적용될 수 있으며, 이 식사는 환자가 음식을 섭취하면서도 변의 잔사량을 최소화시킴으로써 장에 휴식을 주기 위한 것이다.

표 4-3 저잔사식에 제한해야 할 식품

식품	비고
유당	유당불내증이 있어도 건강한 사람에게 6~12g의 섭취는 문제를 일으키지 않음
섬유소(20g 이상) 저항전분 (특히 콩과류의 라피노오스와 스타키오스)	10~15g의 양은 소화기 내용물의 농도와 장점막의 정상적인 구성을 유지하는데 도움을 줌
소르비톨, 만니톨, 자일리톨(1일 10g 이상) 과당(식사시 20~25g 이상)	과량의 섭취는 설사, 가스, 복통을 야기할 수 있음
설탕(식사시 25~50g 이상)	과량의 섭취는 고삼투압성 설사를 야기하고 발효에 의해 단쇄지방산을 생상하여 변의 pH를 낮게 함
카페인, 알코올 음료(특히 와인과 맥주)	장액 분비 및 대장의 운동성 증가

〈출처〉 Gudmand-Høyer E, 1994, *Am J Clin Nutr* 59:735S-741S
Piche T et al., 2003, *Gastroenterology* 124:894-902
Rao SS et al., 1998, *Eur J Gastroenterol Hepatol* 10:113-118
Rumessen JJ, Gudmand-Høyer E, 1988, *Gastroenterology* 95:694-700

2) 만성 장염chronic enteritis

(1) 원인과 증상

대부분 급성 장염이 치료가 불충분할 때 만성화되는 경우가 많지만 처음부터 만성일 경우도 있다. 궤양성 대장염, 직장암, 결핵이나 기생충 등이 원인이 된다. 증상으로는 배변이 불규칙적이고 변비와 설사가 되풀이되면서 식욕부진, 복통, 복부팽만감, 흡수장애로 인한 빈혈이 일어나기 쉽다.

(2) 식사요법

만성 장염에서는 약물요법과 함께 다음과 같은 식사관리가 필요하다. 식사는 규칙적으로 하며, 소량의 음식을 자주 먹고 충분히 씹어서 소화시킨다. 그리고 충분한 비타민, 무기질과 양질의 단백질을 공급하며, 소량의 음식으로도 영양가를 충분히 고려하고 소화, 흡수가 잘 되는 식품을 선택한다. 식품조리 시 가능한 가열 방법을 이용하며, 장점막에 기계적, 화학적, 온도의 자극을 피한다.

3. 설사

대장의 운동이 지나치게 항진되어 장의 내용물이 소장을 빨리 통과하거나, 대장벽에서 수분을 흡수하는 능력이 부족할 때, 수분이 비정상적으로 많이 포함된 대변을 배설하게 되는데 이를 설사라 한다. 설사에 대한 정의는 다양하나 임상적으로는 배변 횟수가 하루 4회 이상, 하루 250g 이상의 묽은 변이 있을 때 보통 설사라 칭한다.

설사가 생기는 기전은 여러 가지가 있다. 삼투성 설사osmotic diarrhea는 장관 내에 영양소 등 삼투성 물질들이 흡수가 잘 되지 않을 때 장관 내 삼투압의 증가로 인해 수분이 혈액에서 장관 내로 이동하게 되어 발생하게 되며, 주로 유당, 잘 소화되지 않는 당류(과당, 당알코올 등)의 과잉 섭취 및 덤핑증후군 등에 의해 유발될 수 있다. 분비성 설사secretory diarrhea는 박테리아성 독성물질, 바이러스, 소장 호르몬의 증가 등으로 소장 상피세포가 물과 전해질을 과도하게 분비해서 유발될 수 있다. 삼출성 설사exudative diarrhea는 점막의 손상과 관련되어 있으며, 점액, 장액, 혈액, 혈장 단백질 등이 유출됨으로써 장에 전해질과 수분 축적이 일어나 발생하게 되며, 프로스타글라딘과 사이토카인의 유출도 일어난다. 크론병, 궤양성 대장염, 방사선에 의한 장염 등에서 특징적으로 일어날 수 있다.

1) 급성 설사 acute diarrhea

(1) 원인과 증상

급성 설사는 염증성 질환, 바이러스성 또는 박테리아성 균에 의한 감염, 설사제, 제산제 및 항생제와 같은 약제, 과량의 당섭취, 불충분하거나 손상된 장점막의 흡수 표면, 혹은 영양불량시 발생할 수 있다. 종류로는 이질, 콜레라, 세균성 식중독 및 바이러스성 설사 등의 감염성 설사와 중금속, 약물에 의한 중독성, 과식, 방사선 조사, 알레르기성 및 신경성 설사 등 비감염성 설사가 있다. 이밖에 소화불량성 설사는 당질의 이상 발효에 의한 발효성 설사와 단백질의 이상 분해에 의한 부패성 설사가 있다.

급성 설사의 증상은 갑자기 일어나고, 심한 경우 탈수와 전해질 손실로 위험한 상태에 빠질 수 있다. 경과는 빨라 비교적 단시일 내 치료되는 것이 특징이다. 분변은 수용성이며 잠혈변으로 발효취나 산취가 나며 발포성인 황색이나 암갈색을 띄지만 원인에 따라 다르게 나타날 수 있다. 계속적인 설사로 탈수, 권태감, 복통, 복부팽만감, 식욕감퇴, 불안, 두통 등의 증상이 따른다.

(2) 식사요법

급성 설사는 우선 절식을 하고, 원인에 따른 적절한 치료가 필요하다. 감염성 설사인 경우 항생제 등의 약물치료가 필요하고 비감염성 설사인 경우 먼저 그 원인제거가 필요하다. 일반적으로 급성 설사는 단기간에 치료되므로 증상의 회복에 따라 유동식, 연식 등으로 이행한다.

2) 만성 설사 chronic diarrhea

(1) 원인과 증상

한달 이상 지속되는 설사로 1일 배변 횟수는 적고 설사와 변비를 반복하는 증상을 나타내며, 만성 설사의 원인은 주로 소화기관의 장애로 인한 경우로 다음과 같다.

① 만성 위축성 위염, 위절제, 위암 등 저산증에서 오는 위장성 설사
② 장결핵, 소장절제, 장암, 크론병 등으로 인한 소장성 설사
③ 궤양성 대장염, 악성종양, 과민성 대장질환, 크론병, 장결핵 등으로 인한 대장성 설사
④ 간과 담낭질환, 만성 췌장염과 췌장암으로 인한 설사
⑤ 기타 만성 감염증과 기생충증이나 내분비질환, 요독증, 신부전 같은 전신성 질환으로 인한 설사

(2) 식사요법

만성 설사시 탈수와 전해질 불균형이 초래한다. 또한 장기간의 영양소 흡수불량을 초래하며, 무기질, 단백질의 손실이 심하게 되는데, 영양불량 그 자체가 장의 변화를 야기하여 융모의 길이가 감소하고 효소의 분비가 감소하여 흡수불량을 야기하게 된다. 특히 장출혈로 인한 철 손실로 빈혈을 초래하고, 칼륨 손실은 장운동에 영향을 주고 식욕부진을 초래하여 장 기능을 떨어뜨릴 수 있다. 따라서 적극적인 영양공급이 필요하므로 소화가 잘되는 식품과 조리법을 택하여 열량, 단백질, 무기질, 비타민 등을 충분히 섭취하도록 한다. 또한 다량의 수분과 나트륨, 칼륨 등이 손실되므로 수분과 전해질을 비경구적으로 공급한다. 일반적으로 급성 설사의 식사요법에 준하며, 특히 자극성 식품과 장운동을 심하게 항진시키는 섬유소를 피하고 저섬유식, 저잔사식을 공급한다. 또한 지방 소화가 가능하다면 어느 정도의 지방 사용은 허용되며, 과량의 당알코올, 유당, 과당 및 설탕의 사용은 삼투성 설사를 악화시킬 수 있으므로 제한한다. 향신료, 알코올이나 찬 음료 등은 장을 자극하여 설사를 촉진시키므로 제한한다.

3) 소화성 설사(발효성 · 부패성 설사)

(1) 원인과 증상

대장의 내용물이 위와 소장에서 소화가 충분히 되지 않은 채 도달되어 대장의 세균에 의해 발효 또는 부패가 일어나 설사를 일으킨다. 발효성 설사는 과

식, 과음, 난소화성 다당류의 지나친 섭취, 불충분한 저작과 소화액 감소 등이 원인으로 주로 당질의 소화 흡수 장애로 일어난다. 소화되지 못한 당질이 대장에 들어가면 대장 내 세균에 의해 발효가 일어나 가스가 발생하여 장점막을 자극하므로 이로 인한 설사가 일어나며, 배설된 분변은 전분 입자를 함유한 황갈색이다. 부패성 설사는 단백질의 소화·흡수에 장애가 생긴 것으로 장내 세균에 의해 부패되어 심한 악취가 나는 대변을 배설한다.

(2) 식사요법

발효성 설사에는 식사 내 발효 작용이 있는 당질을 제한하고 섬유소가 많은 식품을 제한하여 장내 세균의 번식과 장의 자극을 피한다. 부패성 설사에는 우유를 비롯한 단백질 식품을 제한하며 설사 증상이 호전됨에 따라 음식의 섭취량을 서서히 증가시킨다.

4. 염증성 장질환 Inflammatory bowel disease

염증성 장질환이란 소장이나 대장에 만성적으로 염증이나 설사, 통증 등을 유발하는 질환을 모두 의미한다. 정확한 원인은 아직 밝혀지지 않았지만 유전적 요인과 환경적 요인이 관여한다고 하며, 원인과 염증이 생기는 부위에 따라 궤양성 대장염과 크론병으로 나눌 수 있다〈그림 4-3〉.

그림 4-3 궤양성 대장염과 크론병

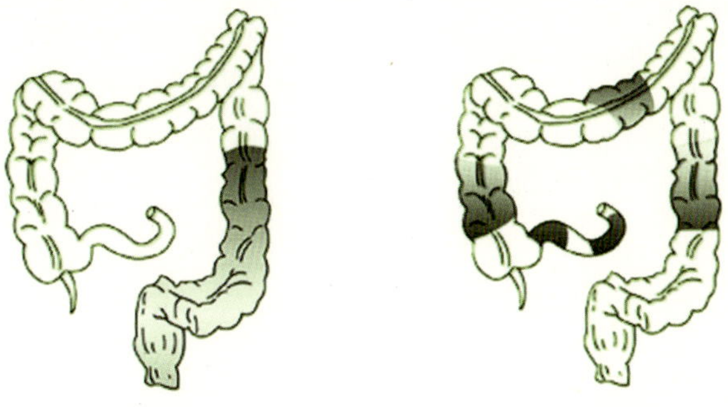

(a) 궤양성 대장염　　(b) 크론병

염증성 장질환의 경우 질환 자체가 영양소의 소화흡수에 영향을 미치는 한편 단백질, 미량영양소 요구량을 증가시켜 영양불량을 유발할 수 있다. 염증성 장질환의 영양불량을 야기할 수 있는 원인으로는 식욕부진, 메스꺼움, 구토, 복부 통증 등으로 인한 영양소 섭취의 감소, 흡수표면의 감소, 박테리아의 과잉 증식 등으로 인한 흡수불량, 단백질, 무기질, 미량원소 등의 장에서의 손실 증가, 패혈증, 발열, 누공, 체저장량의 고갈 등의 영양소 요구량의 증가 등이 있다. 궤양성 대장염 및 크론병의 발생 부위, 병리증상, 임상증상 및 합병증의 차이는 〈표 4-4〉와 같다.

표 4-4 궤양성 대장염과 크론병의 비교

	궤양성 대장염	크론병
발생 부위 및 병리증상	• 직장과 대장(S상 결장)에서 주로 발생 • 직장에서 시작하여 결장으로 이동 • 장벽이 얇아짐 • 육아종(granuloma) 없음	• 소화기관 어디에서나 발생 가능하나 회장과 대장에서 주로 발생 • 병변이 연속되지 않고 군데군데 정상 부위(skip leison)가 있음 • 장벽이 두꺼워지며 협착이 흔히 발생 • 육아종(granuloma) 있음
임상증상	• 혈액이 섞인 설사 • 복부 통증, 구토, 고열 • 빈혈, 알부민혈증 • 부종, 탈수, 발진, 관절염 등	• 복부통증, 구토, 메스꺼움, 고열 • 분비성 설사로 인한 심한 체중감소, 빈혈 • 지방변 • 궤양성 대장염의 임상증상과 유사
합병증	• 대장내 천공을 일으킴 • 대장암 발생빈도의 증가	• 누공, 섬유화, 장관의 협착 • 장폐색, 천공, 출혈 등이 나타남 • 소장이나 대장암 발생률 증가

〈출처〉 Nelson JK, 1994, 『Mayo clinic diet manual』.

1) 궤양성 대장염 ulcerative colitis

주로 15~30세 정도의 청 · 장년기에 많이 발생하는 난치의 만성 염증성 장 질환으로 직장과 S상 결장에 발병한다. 대장 특히 직장의 점막에 염증과 궤양이 생기는데, 염증과 궤양이 장을 따라 확산되고 주된 조직의 변화는 점막과 점막하층에서 일어난다. 스트레스, 장내 세균 감염, 바이러스 등이 관여하고 있다고 하지만 아직 불분명하며, 여러 가지 원인이 복합적으로 관련해서 발병하는 것으로 알려져 있다. 또한 설탕과 당류 제품, 과자류의 지나친 섭취는 궤양성 대장염의 발생을 증가시키는 식이 인자이며, 채소나 과일의 섭취시 궤양성 대장염의 위험성이 적다는 연구가 일부 보고되고 있다. 증상으로는 잦은 잠혈변 설사가 오랫동안 계속되면서 진행되며, 복통, 발열, 장출혈에 따른 영양불량을 일으키고 중증의 경우 저열량, 저단백 등의 영양장애로 인한 면역력이 감소된다.

2) 크론병 Crohn's disease

크론병은 소화기 어떠한 부위에도 발생할 수 있으며, 주로 회장과 대장에서 발생하게 된다. 이 때 궤양성 대장염과는 다르게 정상부위 skip lesion 와 병변부위가 섞여 있는 특징을 가지고 있다. 염증이 장세포에 깊숙이 퍼지고 장벽을 통과하면서 광범위하게 발생하는데, 상처난 조직은 장벽을 두껍고 단단하게 하기 때문에 협착, 폐색, 누관 형성 및 농양 등의 증상을 수반하게 된다. 장점막의 염증성 질환이기 때문에 영양소의 흡수불량이 일어나고, 만약 회장에 문제가 생긴다면 비타민 B_{12}의 흡수 및 담즙산의 재흡수에도 문제가 생기게 된다. 비타민 B_{12}의 결핍과 다른 영양소의 흡수불량으로 인해 빈혈이 야기될 수 있고, 담즙의 재흡수 불량으로 인해 지방, 지용성 비타민의 흡수가 저해되고, 칼슘, 마그네슘, 아연 등의 흡수불량도 야기될 수 있다. 또한 크론병 환자의 경우 70~80%에서 체중 감소가 보고되고 있으므로, 적절한 영양관리가 필요하다.

3) 염증성 장질환의 식사요법

염증성 장질환 환자는 질병 자체로 인해 영양소의 흡수불량이 유발될 수 있기 때문에 많은 영양문제가 일어날 수 있다. 따라서 염증성 장질환의 영양관리를 위해 영양소 결핍 예방과 보충, 장점막의 상처 치유, 염증과 협소해진 장 부위에 대한 자극의 최소화 등 영양불량과 관련된 증상을 예방하는 것이 좋다.

궤양성 대장염 환자의 경우 심한 설사로 중증을 보이는 경우 정맥 영양을 하고 가벼운 증상에는 경구급식을 한다. 식이섬유소, 우유 및 유제품은 대장 내 세균에 의해 장내 발효를 일으켜 장점막을 자극할 수 있으므로, 영양가가 높으며 섬유소와 지방이 적은 식품 및 소화가 잘되는 조리법을 택하여 장에 자극이 가지 않도록 하고 무기질과 비타민 공급에 유의한다. 수분은 충분히 섭취하여 설사로 인한 탈수증을 예방하고, 향신료, 커피, 알코올 등은 제한한다. 또한 장을 자극하지 않도록 적은 양으로 식사 횟수를 늘려 제공한다.

크론병 환자의 경우 저잔사, 저지방식을 소량씩 자주 공급하는 것이 바람직할 수 있으며, 어느 정도 회복이 되면 적극적인 영양공급을 한다. 또한 열량, 철, 칼슘, 비타민 D, 엽산, 단백질, 마그네슘, 아연 등 결핍의 우려가 있는 영양소의 공급이 원활히 이루어질 수 있도록 한다.

5. 과민성 대장 증후군 irritable bowel syndrome

과민성 대장 증후군은 배변 양상의 변화와 동반된 복통이나 복부 불편감을 특징으로 하는 만성 기능성 장질환을 의미한다.

1) 원인과 증상

과민성 대장 증후군의 원인으로는 자극적인 식품 섭취, 폭음, 폭식, 과량의 찬 음식 섭취, 알코올 등의 식사성 요인과 과민한 대장 점막, 자율신경의 실조 등의 요인, 과로, 불안과 긴장 등의 정신적 스트레스 요인 등이 있다. 증상으로는 대장의 기능이 지나치게 항진하여 설사와 복통이 일어나고 경련성 변비가 발생한다. 식욕부진, 복부팽만감, 복통, 구토 등의 소화기 증상 외에 긴장, 정신적 불안정, 불면, 두통, 현기증, 빈뇨, 수족냉증 등 전신적인 자율신경 실조증이 나타나는 경우가 많다.

2) 식사요법

정신적인 안정이 우선이며 장운동을 자극하는 식품을 제한하고 변비와 설사 시 증상에 맞게 식사요법을 한다. 장을 자극하는 찬 음식과 탄산음료, 카페인, 알코올, 유당이나 소르비톨과 같이 흡수되지 않는 당류 등은 섭취를 제한한다. 또한 일반적으로 충분한 식이섬유소의 섭취가 권장되기는 하지만, 일부 환자들은 갑작스런 섬유소 섭취 증가로 인해 복부팽만을 호소할 수 있으므로 권장섭취량을 넘는 것은 피한다.

6. 게실염 diverticulitis

게실염은 게실이라 불리는 조약돌만한 주머니가 장벽에 생겨 염증을 유발하는 질환을 의미한다.

1) 원인과 증상

게실이란 장벽에 생긴 조약돌만한 주머니를 의미한다. 식이섬유소를 충분히 섭취시 장내용물의 부피는 커지고, 장벽 근육의 수축으로 인해 종적으로 압력이 가해지면서 배출되게 된다. 그러나 장 내용물이 적으면 장벽 근육의 수축에 의해 장 내용물이 연결되지 않고 폐색이 일어나므로 게실이 발생할 수 있다〈그림 4-4〉. 게실증은 장벽에 게실이 생긴 것을 의미하며, 장관을 따라 모든 곳에서 발생할 수 있고, 나이가 들면서 발생률이 점점 증가한다. 게실증이 발생한 부위에 변이 뭉쳐 축적되면 장염이 발생되어 심한 경우 궤양과 천공이 생겨 게실염을 일으키는데, 게실염의 원인으로는 식이섬유소의 섭취 부족과 대장 근육의 긴장이 약화를 들 수 있다.

그림 4-4 식이섬유소 섭취 부족에 의해 게실이 생기는 기전

(a) (b)

a) 섬유소의 충분한 섭취시 장 내용물의 부피가 커지므로, 근육이 수축하면서 종적(세로 : longitudinal)으로 압력을 가하면서 장 내용물이 배출됨

b) 장 내용물이 너무 적으면 수축에 의해 장내용물이 연결되지 않고 폐쇄되며, 압력이 대장벽쪽으로 가해져 게실이 생기게 됨

〈출처〉 Mahan LK, Escott-Stump S, 2008, 『Krause's Food, Nutrition, and Diet therapy』.

2) 식사요법

게실염은 고식이섬유식을 권장하는데, 고식이섬유식은 배변량을 늘이고, 빠르고 쉬운 배변으로 대장 내 압력을 저하시키기 때문이다. 따라서 고식이섬유식은 저섬유식 · 저잔사식으로 인하여 장 내용물이 줄어고 장 근육의 수축과 장폐색을 일으켜 발생된 게실을 줄이는데 효과적이다.

흡수불량증후군

1. 글루텐 과민성 장질환 gluten-sensitive enteropathy

글루텐 과민성 장질환은 소장 점막 내 섬모가 소실되거나 변형되어 영양소의 흡수 장애가 생기는 질병으로, 글루텐 민감성 질환인 비열대성 스푸루 nontropical sprue 또는 실리악 스푸루celiac sprue라고도 한다.

1) 원인과 증상

글루텐 과민성 장질환은 밀, 귀리, 호밀, 보리 등에 함유된 글루텐에 의한 알레르기 반응으로 일어나는 비정상적인 T 세포 매개 자가면역질환 inappropriate T cell-mediated autoimmune response이다. 밀, 귀리, 호밀 등에 함유된 펩티드가 소화효소에 의해 완전히 소화되지 않고 소화기 면역체계와 반응하여 소장 점막에 염증을 일으키게 되는데, 특히 소장 점막 중 십이지장과 근위부 공장 점막에 있는 융모를 위축시키면서 소장 점막이 평평해져 소장 점막의 표면적이 줄어들게 된다. 그 결과 흡수불량이 되어 설사나 영양실조, 지방변증 등이 나타날 수 있다.

증상은 단백질, 유당, 지방, 지용성 비타민, 비타민 B_{12}, 엽산, 비타민 D, 비타민 K, 철, 칼슘 등의 영양소가 제대로 흡수되지 않아 체중감소, 유당불내증, 골연화증, 골다공증, 용혈이상증, 난치성 철결핍성 빈혈을 일으킬 수도 있다. 이 질병은 유아들이 글루텐의 구성성분인 글리아딘을 함유한 곡류를 먹기 시작할 때 나타날 수도 있으며, 어린이의 일반적인 증상으로는 성장부진, 구토, 복부팽만, 탈수, 전해질 고갈, 피로, 허약, 변비나 설사 등이 있으며, 심한 체중부족으로 성장지체 및 사춘기 지연 등이 나타날 수 있다. 또한 어른의 경우 위장관 수술, 스트레스, 임신 또는 바이러스 감염 등에 의해 발현될 수도 있다. 이 질환은 포진성 피부염dermatitis herpetiformis, 자가면역질환(1형 당뇨병, 갑상선염 등)과도 관련이 있다.

2) 식사요법

일단 식사에서 글루텐이 함유된 식품을 철저히 제한하면 어느 정도 기간이 지난 후에 점점 임상증세가 호전된다. 그러나 완전한 회복이 되지 않아 지방의 흡수불량, 유당불내성 및 이에 따른 골연화증으로 계속 곤란을 겪을 수 있다. 장점막의 반응과 흡수가 정상으로 될 때까지 고열량, 고단백식과 충분한 영양보충이 필요하다. 글루텐 제한식gluten-free diet에는 글루텐을 함유하는 밀, 보리, 호밀, 귀리, 기장, 메밀이 제한되며, 대체식품으로는 옥수수, 쌀, 대두, 전분 등이 있다〈표 4-5〉.

표 4-5 글루텐 함유식품

구 분	함유식품	함유가능식품	비함유식품
곡류 및 그 제품	밀, 보리, 맥아, 귀리, 호밀, 밀눈 등이 함유된 곡류 제품	시판용 쌀가루와 감자가루	쌀, 밀전분, 감자, 콩가루, 옥수수, 팝콘
육류 및 그 제품	상업용 햄버거	즉석 냉동 육류제품	쇠고기, 돼지고기, 가금류, 계란, 커티지치즈, 땅콩버터
채소류		시판용 채소조미제품과 마요네즈	모든 생채소
유지류	시판용 크림소스	시판용 샐러드 드레싱과 마요네즈	버터, 마가린, 식물성기름
우유류		초콜릿 우유	전유, 저지방유, 탈지유
과일			모든 생과일, 과일통조림
음료	곡류음료, 보리음료, 맥주	초콜릿 우유, 코코아음료	커피, 홍차, 탄산음료, 포도주
당류		시판용 캔니, 초콜릿	
기타	시판 케이크, 쿠키, 페스트리	사판용 아이스크림, 샤베트, 케첩, 겨자, 간장, 피클, 식초와 시럽	젤라틴, 카스타드, 글루텐이 제거된 재료로 만든 것, MSG, 소금, 후추, 향신료, 효모, 인공향료

〈출처〉 Nelson JK, 1994, 『Mayo clinic diet manual』.

만일에 질병이 심해져 빈혈이 있을 경우에는 철, 엽산, 비타민 B_{12}, 출혈이나 자반병purpura이 있을 경우에는 비타민 K, 골연화증이 있으면 칼슘과 비타민 D를 보충한다. 전해질과 수분 보충은 심한 설사로 인한 탈수 현상이 있는 환자에게 필수적이다. 증상이 완화되어 특별한 증상이 없다해도 글루텐 제한식을 평생동안 지속해야 한다. 글루텐 과민성 장질환의 식사원칙은 다음과 같다.

① 밀, 호밀, 귀리, 메밀, 보리, 맥아 및 그 제품 등 글루텐이 함유된 식품 섭취를 제한한다.
② 쌀이나 글루텐을 제거한 밀가루, 감자녹말, 옥수수 가루 등을 대체식품으로 사용한다.
③ 상업용 시판 제품을 사용할 경우에는 성분표를 자세히 살펴본 후 선택하고, 성분을 확실히 알 수 없을 경우에는 피한다.
④ 흡수장애에 따른 체중감소를 막기 위하여 고열량, 고단백식을 섭취한다.
⑤ 이차적 유당불내증이 있는 경우 지방과 우유 및 그 제품도 제한한다.

2. 유당불내증 lactose intolerance

유당불내증은 유당 분해효소인 락타아제의 분비량이 부족하거나 결핍될 때 나타나는 증상을 의미한다.

1) 원인과 증상

유당불내증은 선천적으로 유당 분해효소인 락타아제lactase가 결핍되거나 다른 조건에 대한 2차적인 현상으로 인해 장내의 유당 분해효소의 활동성이 저하된 상태에서, 유당이 단당류로 가수분해되지 못하여 나타나는 장내 증상을 말한다. 유당 분해효소가 불충분하거나 결핍될 경우 소화되지 않은 유당이 장내에 잔류하면서 삼투 효과를 내어 장관 내로 수분이 유입되고, 대장내 박테리아에 의해 발효되어 지방산, 탄산가스 및 수소 등을 생성하므로, 복부경련,

팽만, 복통과 설사를 야기할 수 있다.

유당불내증은 질병은 아니지만 불쾌하고 불편한 증상을 일으키며 그 정도는 사람에 따라 다르며 심각한 문제가 되는 경우는 많지 않다. 우유나 유제품 섭취 후 즉시 또는 몇 시간 후에 증상이 나타날 수 있으며, 유당 섭취량, 개인의 불내증의 정도에 따라 증상이 차이가 나고 소량의 우유 섭취시에는 아무런 증상을 나타내지 않는 경우도 있다.

2) 식사요법

유당의 소화 능력에 따라 우유나 유당을 포함한 음식을 제한 또는 감소하는데, 1일에 보통 유당 0~10g 정도 함유하는 식사를 공급한다. 엄격한 제한식이 아닐 경우 유당 분해효소로 처리한 우유를 섭취하거나 우유 및 유제품을 유당 분해효소 정제lactase tablet와 함께 섭취할 수 있다. 치즈나 요구르트와 같은 발효된 유제품은 부분적으로 가수분해된 상태이므로 유당불내증 환자도 사용할 수 있다. 1일 10~25g의 유당을 섭취할 수 있을 경우에는 허용범위 안에서 유제품을 한꺼번에 먹는 것보다 소량씩 여러 번 나누어 먹는 것이 좋다. 찬 우유보다는 따뜻한 우유로 소량씩 섭취하되 내성이 생기면 그 양을 점점 늘여가며, 우유를 단독으로 마시는 것보다 다른 식품에 첨가하여 조리한 음식으로 먹으면 적응하기가 쉬워진다. 유당 제한식은 유당 제한 정도와 개인의 영양요구량에 따라 칼슘, 비타민 B_2, 비타민 D가 부족되기 쉬우므로 이들 영양소를 보충해 줄 필요가 있다. 식품 중 유당 함유량은 〈표 4-6〉에 제시하였다.

3. 지방변증 steatorrhea

지방변증은 지방산의 소화흡수 기능이 손상되어, 분변 중의 지방이 증가하는 병적 상태를 의미한다.

표 4-6 식품의 유당 함유당

구 분	식 품
유당 함유량이 낮은 식품 (2g 이하)	유당 분해효소로 처리한 우유 1/2컵, 샤베트 1/2컵, 성숙시킨 치즈 1~2온스, 가공치즈 1온스, 버터와 마가린 1온스, 일부 약제나 비타민제에 유당이 포함되어 있을 수 있으나 일반적으로 그 양이 매우 적어 문제가 되지 않음
유당 함유량이 높은 식품 (5~8g)	전유, 탈지우유, 산유, 가당유산균 우유 1/2컵, 전지분유, 탈지분유 1/3컵, 연유 1/4컵, 가당 농축우유 3큰술

〈출처〉 Nelson JK, 1994, 『Mayo clinic diet manual』.

1) 원인과 증상

지방의 흡수 불량으로 인한 지방변증은 여러 원인에 의해 유발될 수 있는데, 글루텐 과민성 장질환, 크론병 등과 같이 소장 점막의 구조와 기능 변화로 인하여 흡수불량이 야기될 수 있다. 또한 단장증후군short bowel syndrome의 경우에도 장 점막 표면적과 통과시간 감소로 인해 흡수 불량이 야기되는데 절제 위치, 절제 정도, 남아 있는 장의 상태에 따라 다르다. 위장, 췌장, 담낭, 간의 기능에 영향을 미치는 질환들은 지방 소화를 불량하게 할 수 있다. 예를 들어 췌장염이나 췌장암 등에서는 지방분해 효소의 결핍이 초래될 수 있고, 간, 담낭질환시 지방의 유화를 도와주는 담즙산의 생산이나 분비가 저해될 수 있으며, 회장 질환시 담즙산의 능동적 흡수가 어려워 체내 담즙염의 보유량이 감소되게 된다.

정상적인 상태 하에서 섭취된 지방의 90~98%는 흡수되나, 지방변증에서는 대변 중 지방의 비율이 20% 이상을 차지하게 되며, 정상적인 변 중의 지방 함량은 하루 2~5g이나, 소화흡수에 장애가 있을 경우에는 60g 이상이 배출되는 경우도 있다. 지방변증은 단순히 지방의 흡수만 저하되는 것이 아니라 지방과 함께 흡수되는 여러 지용성 영양소의 흡수도 저하될 수 있기 때문에, 지방변증이 계속되면 체중감소, 영양실조, 필수지방산 결핍증, 뼈의 손실 위험 증가, 신장의 수산결석 위험 증가 등이 나타날 수 있다.

2) 식사요법

기본적으로 지방 함량이 높은 음식의 사용량을 줄이며, 지방 섭취를 할 경우 장쇄지방long chain triglyceride : LCT보다는 중쇄지방medium chain triglyceride : MCT을 사용한다. 지방변증의 식사계획을 위해서는 다음 사항에 유의한다.

① 지방 섭취량은 증상에 따라 가감 조절을 할 수 있으며 처방에 따른 절대적인 양으로 제한할 수도 있다.

② 지방 제한 시에는 포화지방산이나 불포화지방산의 차이를 두지 않는다.

③ 중쇄지방을 매일의 식사에 필요량만큼 포함시킬 수 있다.

중쇄지방medium chain triglyceride, MCT

탄소수 8~10개 정도의 지방산으로 구성된 것으로, 1g당 8.3kcal의 열량을 내며, 식사요법의 보조제로 사용되는 특수목적식품이다. 지방 조절시 사용할 수 있는데, 이는 중쇄지방이 장쇄지방과는 다르게 소화, 흡수, 운송되기 때문이며, 중쇄지방의 특징은 다음과 같다.

- 가수분해 되기 전에 흡수될 수 있음
- 흡수되기 위해 담즙염에 의한 유미구를 형성할 필요가 없음
- 장쇄지방산보다 점막세포를 통해 빠르게 운송되며, 림프관을 들어오지 않고, 문맥을 통해 운송될 수 있음
- 킬로마이크론을 형성하지 않으므로 산화되기 위하여 지단백 분해효소가 필요하지 않음

췌장 질환

1. 췌장의 구조와 기능

췌장pancreas은 위와 십이지장 사이의 후편에 위치하고 있는 길이 20~25cm의 장기로, 인슐린이나 글루카곤 등 내분비효소에 의해 혈당을 조절하는 내분비 기능과 당질, 단백질, 지방을 소화시키는 외분비효소를 만드는 외분비 기능을 가지고 있다〈그림 4-5〉. 1일 1.5~3ℓ 정도 분비되는 췌장액은 다량의 중탄산염을 함유하고 있으며 pH는 8.0~8.5 정도로 유지된다. 따라서 췌장액은 위에서 십이지장으로 들어온, 산도가 높은 내용물을 중화시켜 알카리성으로 만들어 소장점막의 자가소화를 방지해주며, 알카리 pH에서 최적의 활성도를 보이는 소장내 효소 활성도를 높게 유지시켜 준다. 또한 트립시노겐, 키모트립시노겐, 카르복시펩티다아제, 프로테아제, 리파아제 및 아밀라아제 등의 소화요소를 포함하고 있다. 췌장액의 분비는 콜레시스토키닌 또는 세크레틴과 같은 호르몬에 의해 조절될 수 있다. 십이지장으로 들어온 지방과 단백질은

그림 4-5 췌장의 구조

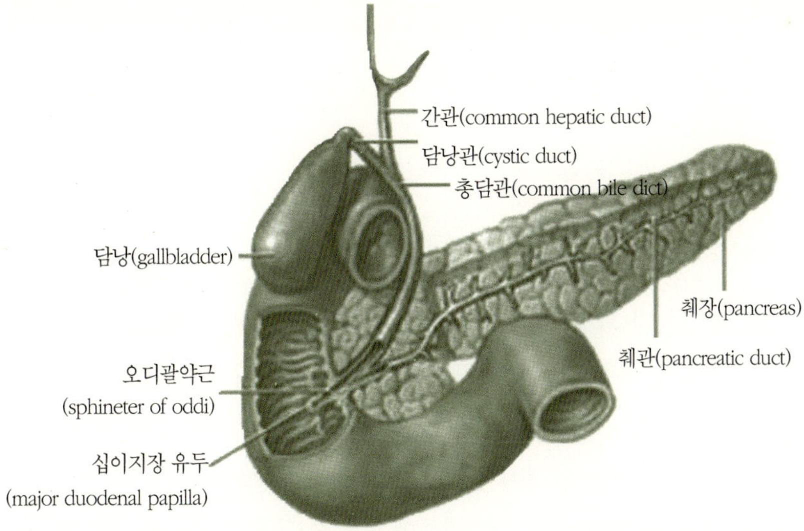

십이지장 호르몬인 판크레오지민 콜레시스토키닌pancreozimin cholesistokinin : PZ-CCK의 분비를 자극하고 이 호르몬은 췌장에서 가수분해 효소의 분비를 촉진한다. 또한 세크레틴은 십이지장 점막에 산이나 소화산물이 닿게 될 때 십이지장에서 분비되어 췌장액을 분비하도록 하는 작용을 가진다.

내분비 기능으로 췌장의 랑게르한스섬langerhans의 α세포에서 분비되는 글루카곤은 혈당부족시 간에 저장된 글리코겐을 분해시켜 혈당을 증가시키고, 이와 길항작용을 하는 β세포에서 분비되는 인슐린은 증가된 혈당을 글리코겐으로 저장시켜 체내의 정상적인 혈당치를 유지하도록 조절한다. 췌장질환으로는 급·만성 췌장염, 췌장암, 췌장결석, 췌낭종 등이 있으나, 식사관리상 주요 대상은 급·만성 췌장염이다.

췌장은 다수의 소엽으로 구성되어 있으며 각 소엽의 도관은 췌장의 중심을 통해 췌관에 합류한다. 이 췌관은 췌두부로 나와 총담관과 합류하여 오디괄약근oddi's sphineter을 통해 십이지장으로 통하며 췌액의 외분비 경로가 될 수 있다.

2. 췌장염

췌장염이란 췌장에 염증이 생긴 질환을 의미하며, 부종, 세포성 삼출, 지방조직의 괴사 등으로 특징지어진다. 췌장염의 정확한 원인은 아직 잘 밝혀져 있지 않지만, 가능한 원인으로 만성알코올 중독, 담낭계질환, 담석증, 약물, 종양, 고지혈증, 고칼슘혈증 및 바이러스에 의한 감염 등을 들고 있다.

1) 급성 췌장염acute pancreatitis

(1) 원인과 증상

담석증과 알코올의 과잉 섭취가 주원인이 된다. 총담관과 췌관이 만나 십이지장으로 내려오는 부위에 담석이 생기면 췌액이 흐르지 못하여 역류하고, 담즙은 췌관을 따라 췌장으로 흘러 췌장의 세포를 손상시킨다. 또한 과도한 알코올 섭취로 인해 췌관의 압력이 증가하거나 췌액 성분의 변화로 췌장 조직이 분해되어 췌장염이 발생한다. 심한 경우에는 췌장 조직의 괴사와 혈관의 침습으로 인한 출혈로 사망할 수 있다. 그 외에 고지혈증, 당뇨병, 부갑상선기능항진증, 약물복용이 원인이 되어 췌장 병변이 발생할 수 있다. 급성 췌장염의 증상은 지방이 많은 식사를 섭취하거나 음주 후에 갑자기 상복부에 심한 통증이 일어나면서 1~3일 간 지속되고 구토, 오심, 복부팽만, 냉한과 발열을 수반하며 안면이 창백해진다. 이렇게 급성일 경우 혈액 중의 췌장 효소가 십이지장으로 분비되지 못한 채 혈액순환계로 역류하므로, 혈액 중 아밀라아제나 리파아제 농도가 상승되어 지방조직 분해로 유리된 지방산과 칼슘이 염을 형성하여 혈청 칼슘 농도가 심하게 저하될 수 있다. 발병 후 췌장농양, 복막염, 패혈증 등을 일으켜 사망하는 경우가 많다.

(2) 식사요법

급성기에는 엄중한 절식을 하여 췌장액의 분비를 억제함으로써 췌장을 쉬게 함과 동시에 항효소요법을 수행하고, 정맥영양법과 수액을 충분히 보급하여 절식과 췌장 내 소화액 상실 등으로 인하여 발생 가능한 탈수와 쇼크를 방지한다. 또한 2차 감염의 예방과 담도의 세균 감염을 막기 위하여 항생물질을 투여한다. 처음 절식하면서 수액을 통해 영양소를 공급하다가 서서히 당질액으로 경구투여 영양관리를 시작하되, 췌장 기능이 부족하므로 1일 5~6회로 나누어 부담되지 않는 식사관리를 한다.

지방이 다른 영양소보다 췌장을 더 자극하므로 저지방식이가 바람직하다. 증세가 호전되어도 일정 기간 동안 지방의 섭취는 제한하며 장액의 리파아제에 의해 쉽게 분해되는 중쇄지방medium chain triglyceride : MCT으로 제공하는 것이 좋으며, 지용성 비타민이 결핍되지 않도록 비타민 A, D, E, K와 당질대사에 필요한 비타민 B_2의 보급이 필요하다. 급성기 초기에는 단백질을 제한하다가 환자의 증상이 호전되면 췌장 세포의 재생을 위해 소화가 잘되는 단백질 식품을 선택하여 충분히 공급한다. 지방 함량이 적은 어육류, 계란, 두부 등을 이용하여 기름을 사용하지 않는 조리법으로 만든 담백한 음식과 비타민과 무기질 섭취를 위한 소화가 잘되는 채소와 과일을 이용한 수프를 제공한다.

2) 만성 췌장염chronic pancreatitis

(1) 원인과 증상

만성 췌장염은 췌장의 만성 염증과 섬유화로 인해 췌장의 변화가 비가역적으로 일어나는 질환이다. 급성 췌장염이 회복되지 않고 만성적으로 이행되는 경우도 있으며, 담석증 환자나 알코올 중독자에게서 발생되는 경우가 많다. 췌장액 분비 저하로 인한 지방변증을 일으키고 췌장 내분비 세포의 장애로 내당능의 기능이 저하되어 절반 정도가 당뇨병이나 합병증을 일으키는 경우가 있다. 또한 췌장조직이 석회화되기도 한다. 증상으로는 식욕부진, 오심, 구토, 체중 감소, 상복부의 동통, 복부팽만, 지방변 설사, 변비와 당뇨병 등을 일으키기 쉽다.

(2) 식사요법

증상이 심하면 급성 췌장염과 같이 절식을 하며, 정맥영양법으로 영양관리를 한다. 또한 만성 췌장염은 췌장의 인슐린 분비 능력이 저하되어 포도당 내성이 나타나는 경우가 발생하며, 이 때는 당뇨병에 준하는 식사요법을 병행한다. 또한 지방변에 의해 지방, 지용성 비타민, 비타민 B_{12} 및 아연의 흡수불량이 발생할 수 있으므로 저지방식이를 하면서 중쇄지방을 사용하여 에너지원인 지방을 공급하고 기타 결핍될 수 있는 영양소의 보충도 실시하도록 한다. 금주하는 것이 원칙이며, 장기적인 식사요법이 필요하므로 자칫 식욕이 저하되고 식사량이 감소되어 영양상태가 좋지 못하게 되므로 식욕 증진을 위한 영양관리도 필요하다.

Chapter 5

간 및 담낭 질환

학습목적

간과 담도계의 기능과 주요 간 · 담낭 질환의 병태생리를 이해하여, 간과 담낭 질환 환자의 영양평가 시행 결과에 따른 식사요법 계획에 적합하게 활용한다.

학습목표

- **간과 담도계의 구조, 기능 및 간 질환 시의 대사 장애**
  - · 지방간과 간염의 특징에 대해 안다.
  - · 급성 간염과 만성 간염 환자의 식사요법을 학습한다.
  - · 알코올성 간 질환, 간성 뇌질환 등의 식사요법을 이해한다.
- **담낭질환의 식사요법**
  - · 담낭염과 담석증의 특징을 이해한다.
  - · 담낭 질환 환자의 식사요법에 대해서 학습한다.

Chapter 5. 간 및 담낭 질환

간의 구조, 기능 및 간 질환 시의 대사 장애

1. 구조

우리 몸의 오른쪽 상복부에 위치한 간은 체중의 2.5~3%를 차지하여 1.2~1.5kg 정도로 체내의 선 기관 중 가장 큰 장기로 우리 몸에서 거대한 화학공장에 비유된다.

횡격막 바로 아래 위치하고, 전체가 결체조직으로 둘러싸인 두 개의 큰 엽(좌엽과 우엽으로 구분되며, 좌엽의 크기는 우엽의 1/6 정도)으로 이루어진 원뿔모양의 적갈색의 기관이다.

간은 대상작용이 있어 건강한 사람은 간의 70~80%를 잘라 버려도 일상생활에 별지장이 없을 정도로 간은 큰 잠재력을 지닌 기관이다.

3,000억 개 이상의 간세포로 이루어져 있는 간의 미토콘드리아는 산소와 영양소를 섭취하여 에너지를 생산하고, 포도당, 지방산을 산화시켜 이산화탄소와 물로 변화시킨다. 마이크로좀은 단백질을 생합성한다. 간 혈류량의 80%

정도는 간 문맥 혈관을 통해서 유입되며, 20%는 간 동맥을 통해서 유입된다. 간 동맥은 산소공급을 담당하며 간 문맥은 장에서 흡수된 영양분을 간으로 공급한다. 간의 구조는 〈그림 5-1〉과 같다.

그림 5-1 간의 구조

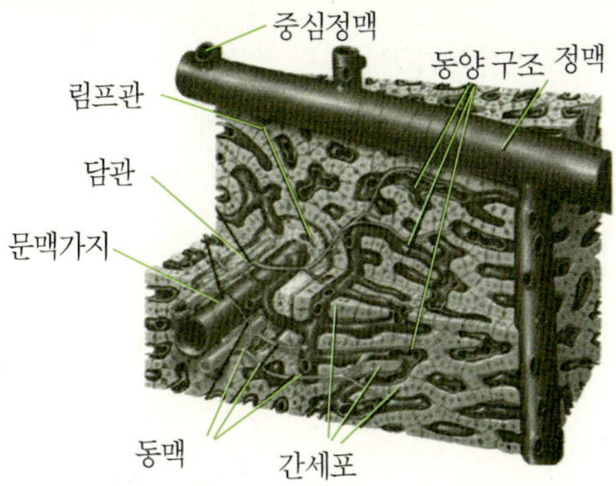

2. 기능

1) 대사기능

소장에서 소화 흡수된 영양소는 대부분 문맥을 통해 간으로 운반되어 대사된다.

① 당질대사 : 여분의 포도당을 글리코겐으로 전환하여 저장glycogenesis하거나, 갈락토오스와 과당을 포도당으로 전환하고, 여분의 아미노산을 포도당으로 전환gluconeogenesis한다.

② 지방대사 : 지방을 혈중 운반형태인 지단백으로 전환하고, 지방산을 산화하여 에너지를 생산하고, 콜레스테롤과 인지질, 담즙산염을 형성하며, 여분의 당질과 단백질을 지방으로 전환시킨다.

③ 단백질대사 : 아미노산의 탈아미노작용deamination, 탈아미노반응에서 생

성된 암모니아를 제거하기 위해 요소를 생성, 아미노산에서 혈장 단백질의 합성albumin, globulin, fibrinogen, prothrombin, 비필수 아미노산을 합성purine, pyrimidine한다.

2) 저장기능

철을 페리틴ferritin의 형태로 저장하고, 다량의 비타민 A(90%가 간에 저장), 비타민 D, 비타민 B_{12}와 소량의 비타민 B 복합체와 비타민 K 및 무기질(Zn, Cu, Mg, Fe)을 저장한다.

3) 순환기능

혈액을 저장하고, 혈액순환을 조절한다.

4) 해독기능

간의 Kuffer's cell에서 해독작용을 하여 약물이나 노폐물, 혈액 중의 이물이나 세균들을 처리한다.

5) 지방소화 관여 기능

1일 약 1ℓ 정도의 담즙을 생산하여 담관을 통해 담낭에 저장하였다가 지방소화에 관여한다.

3. 간 질환 시의 대사적 특징

1) 당질대사

간기능 저하는 포도당 생산과 말초조직에서의 포도당 이용을 감소시킨다. 열량을 내기 위하여 지방과 아미노산을 이용한 당신생gluconeogenesis 속도가 증가한다. 간경변 환자의 2/3 정도가 포도당 불내증glucose intolerance을 가지며, 환자의 10~37%가 당뇨병으로 진행된다. 이는 말초조직에서의 인슐린 저항성insulin resistance으로 발생한다. 간경변에 걸린 사람들은 고인슐린혈증hyperinsulinemia을 나타내는데 이는 인슐린 생성이 증가하고, 간에서의 제거가 감소되어 수용기 부위의 인슐린 결합 작용에 결함이 있기 때문이다. 저혈당증hypoglycemia은 만성 간질환보다 급성 또는 전격성 간질환에서 발생한다. 또한 저혈당증은 알코올성 간질환 환자에서 나타나는데 알코올로 인해 간의 당신생을 방해하면서 기아에 의한 글리코겐 저장이 고갈되기 때문이다.

2) 지방대사

간경변 환자에서 혈장 중의 유리 지방산, 글리세롤, 케톤체가 공복시에 증가된다. 간질환에서 지방 흡수는 감소되는데 이는 담즙산염의 분비가 부족하며, 췌장 효소가 부족하기 때문이다.

3) 단백질대사

단백질은 간질환에서 가장 중요하고, 복잡한 영양소이다. 간경변은 단백질 분해를 증가시키고, 재합성이 충분치 못하여 내장 단백질 저장을 고갈시키며, 근육을 소모시킨다. 간경변 환자들은 단백질 이용이 증가된다. 또한 간질환시 혈중 아미노산의 불균형이 발생한다. 즉 혈청 중 방향족 아미노산tyrosine, phenylalanine, free tryptophan의 수준은 증가하고, 혈청 중 측쇄 아미노산valine, leucine, isoleucine의 수준은 감소되며, 그 외 다른 아미노산methionine, glutamine, asparagine, histidine의 수준은 증가한다. 혈청 중 측쇄 아미노산의 수준이 떨어지는 것은 당신생gluconeogenesis과 케톤체생성ketogenesis이 저하될 때 근육, 뇌, 심장에 열량 필요량의 30%를 제공하기 때문이다. 동시에 혈장 중의 방향족 아미노산과 메티오닌methionine은 근육의 단백질 분해로 순환혈액으로 방출되지만, 방향족 아미노산의 단백질 합성과 간에서의 제거가 저하된다. 측쇄 아미노산branched chain amino acid과 방향족 아미노산aromatic amino acid의 혈장 중의 비율변화는 간성 뇌질환의 원인이 된다. 방향족 아미노산은 혈액-뇌 관문 blood-brain barrier에서 운반체 수송carrier-mediated transport과 경쟁하므로 측쇄 아미노산의 뇌로의 유입을 제한한다.

4. 간질환의 진단

혈청 중 간질환을 진단하는 임상검사에 관한 사항은 〈표 5-1〉과 같다.

표 5-1 혈청 중 간질환을 진단하는 임상검사

검사항목	정상치	간질환시 수치
Albumin	4-6g/*dl*	감소
Alkaline phosphatase	2.0~4.5 Bodansky units	증가
Ammonia	10~80㎍/*dl*	증가
Alanine aminotransferase(ALT)	5~35U/*ml*	증가
Aspartate aminotransferase(AST)	5~40U/*ml*	증가
Lactic dehydrogenase	200~500U/*ml*	증가
Billirubin	0.1~0.3 mg/*dl*	증가
Blood Urea Nitrogen(BUN)	8~18 mg/*dl*	정상
Prothrombin time	10~13초	느림

간질환

1. 지방간fatty liver

간의 무게에서 지방이 차지하는 비율이 5%를 넘을 때 지방간이라고 하는데, 심한 경우 중성지방이 50%까지 증가되는 경우도 있다.

1) 원인 및 증상

지방이 간에 축적되는 정확한 원인은 알 수 없으나 그 기전으로는 ① 미토콘드리아 내 지방산의 합성이 증가하거나 산화율이 감소되면서 중성지방 생성이 증가한다. ② 간세포에서의 중성지방의 방출이 감소되면서, 간 내 축적량이 증가된다. ③ 당질의 과잉섭취로 인해 지방산 합성이 증가되어, 간내 중성지방이 증가한다고 설명할 수 있다. 지방간은 지방 단독의 과잉섭취로는 발생하지 않으며, 흔한 원인은 비만, 과음, 당뇨병, 고지혈증, 약물 등이다. 지방간 환자는 증상이 없는 경우가 대부분이나 피로감, 우상복부 불쾌감 등이 있는 경우도 가끔 있다. 지방간 자체는 보통 해롭지 않지만 치유되지 않으면 간 손상이 심해질 수 있다.

2) 식사요법

지방간의 치료는 원인을 제거하는 것으로, 비만에 의한 단순성 지방간일 때는 섭취열량을 줄여 체중을 조절해야 한다. 영양불량이 원인인 지방간은 고열량·고단백 식이를 점차로 공급하고, 규칙적이고 균형 있는 식사를 해야 한다. 단백질이 부족하면 지방간의 경우 간세포에 고인 중성지방을 방출하기 위한 리포단백이 부족해 간 기능 회복이 늦어진다. 따라서 필수아미노산이 많아 체단백을 합성하기 쉬운 양질의 단백질이 풍부한 도미, 넙치, 연어, 닭 가슴살, 쇠 등심, 장어 등을 먹는 것이 좋다.

당질의 과잉섭취는 중성지방의 생성을 증가시키므로 1일 총 섭취 열량의 60%가 넘지 않도록 하고, 단순당의 섭취는 가능한 한 제한한다. 지방은 1일 총 섭취 열량의 20~25% 정도로 구성한다. 고 콜레스테롤, 고지혈증 등 혈중 지방에 이상이 있는 경우에는 포화지방산 및 콜레스테롤을 제한한다. 비타민은 특히 지방간의 악화를 막아주는 베타카로틴을 함유한 녹황색 채소를 섭취하는 것이 좋다. 항지방간 인자인 콜린choline, 셀레니움Se, 비타민 E, 메티오닌methionine, 레시틴lecithin을 공급하여 간의 지방축적을 줄인다. 당뇨와 관계있는 지방간은 혈당조절을 요한다. 알코올 남용에 기인한 지방간은 즉시 술을 끊고 영양식을 하며, 약물에 기인한 지방간은 다른 약물을 사용하거나 다른 요법을 행한다.

2. 간염hepatitis

간염은 간에 염증을 일으킨 경우 발생한다.

1) 원인 및 증상

간염의 원인은 여러 가지 바이러스들이 간세포를 공격하거나(바이러스성 간염), 알코올(알코올성 간염)이나 약물을 과량 또는 만성적으로 섭취하는 경우, 간세포를 손상시키는 독성 물질을 섭취하는 경우(독성 간염)에 발생한다. 바이러스성 간염의 종류는 A, B, C, D, E형이 있으며, 특징은 〈표 5-2〉와 같다. 간염의 증상은 초기에 피로, 관절 및 근육통, 식욕부진, 불안, 허약감, 메스꺼움, 구토, 설사 또는 변비, 두통, 발열(38~39℃)이 나타나고, 좀더 진행되면 간에 담즙 색소가 축적되어 황달과 소변 색깔이 콜라처럼 변하거나 대변 색깔이 옅어지는 변화, 잇몸 출혈, 다음으로 간이 비대하고 유연해지며, 심한 경우 간성 혼수로 진행된다.

표 5-2 바이러스성 간염의 특징

종 류	특 징
A형(HAV)	• 매우 흔한 바이러스성 간염, 유행성 간염이라고도 불림 • 환자의 대변에 의해 오염된 물이나 식품으로 전파되는 경구감염 • 발병된 지 수개월내에 치료가능 • 만성 간염이나 간경변으로 진행되지는 않음 • 백신사용
B형(HBV)	• 혈청 간염 • 혈액, 정액, 타액, 수혈, 부부나 부모 자식 간의 관계처럼 긴밀한 접촉, 성관계, 오염된 혈액이 묻은 주사기나 바늘 등에 찔렸을 때 감염 • 만성으로 이행되거나 만성 활동성 간염은 간경변으로 진행될 수 있음 • 한국의 경우 전 인구의 5~10%가 B형 간염바이러스 보유자 • 백신사용
C형(HCV)	• 혈액이나 체액을 통하여 감염 • B형과 유사 • 한국보다 미국, 일본, 서구 등지에서 더 많음 • 백신 없음
D형(HDV)	• 독자적으로는 간염을 일으키지 못하고 B형 간염환자에게만 감염되는 것이 특징 • B형 간염환자가 D형 간염 바이러스에 감염되면 증세가 급속히 악화 • 한국에서는 드물고 남미, 중동, 동남아에서 주로 발생
E형(HEV)	• A형과 같이 경구감염 · 만성으로 진행되지 않음 • 감염 시 피로, 구역질, 식욕부진 등의 증상이 있으나 황달은 감염자의 30% 정도에서만 발생 • 인도, 네팔, 중앙아시아 티베트, 미얀마 등에서 발생 • 백신 없음

2) 종류에 따른 식사요법

(1) 급성 간염

급성 간염 시에는 안정과 영양관리가 가장 중요하며, 적절한 영양은 손상된 간세포를 재생시킨다. 급성기에는 식욕이 없으므로 소화가 잘 되고 열량을 많이 내는 곡류나 당류를 자주 소량씩 섭취한다. 식욕부진이 심할 경우에는 수액제로 필요한 영양소를 공급하고, 식욕이 개선됨에 따라 미음, 과즙, 우유 등을 공급하다가 차츰 죽, 무른 음식을 섭취하면서 정상식사로 이행하여 식사량을 늘린다. 다량의 수분을 섭취(1일 3,000㎖)함으로써 탈수를 예방하고, 식욕을 개선시키고, 소변의 농도를 희석시켜 돌을 형성하는 염류가 결정이 되지 못하도록 할 것이다. 음료로 유제품이나 차는 염류가 많으므로 적절치 못하며, 그 외의 어떠한 형태의 수분이든 유용하다. 그러나 이 중 1/2 정도는 반드시 물로 섭취한다.

단백질, 비타민, 무기질이 많이 함유된 식품을 충분히 섭취하는 것이 간기능 회복을 앞당길 수 있다. 그러나 급성 간염의 경우 황달기에는 지방이 소화되기 어려우므로 지방의 섭취를 제한해야 한다. 1회의 식사량이 적으면 간식을 하면서 식사횟수를 늘리고, 소량씩 섭취하는 것이 위에 부담을 덜 준다. 회복기에는 단백질 섭취를 늘리면서 황달 증상이 소멸됨에 따라 지방섭취를 늘인다. 단 동물성 단백질을 2/3 정도 섭취하고, 지방은 1일 40g으로 한다.

(2) 만성 간염

고단백, 고열량, 고당질, 고비타민, 고무기질식을 원칙으로 한다. 간세포의 재생·회복을 촉진하고, 간기능을 조기에 회복시키기 위하여 양질의 고단백 식품을 충분히 섭취한다. 식욕이 없고, 복통이 있는 경우는 먹기 쉽고 소화가 잘 되는 식품을 조리해 먹거나, 주식 대신 부식을 충분히 먹는데 이때 식사횟수를 4~5회로 하고, 1일 단백질 50g, 총열량 1,500kcal이하로 섭취하며, 식욕이 회복되면 1일 단백질 90g, 총열량 2,000~2,500kcal 내지 그 이상으로 증가시킨다. 고열량식이 간에 좋다고는 하나 입맛에 관계없이 다량 섭취하는 것은 체중증가를 초래하여 간기능 회복을 지연시키거나 병을 악화시킬 수 있다.

당질은 글리코겐의 형태로 간에 저장되어 간을 보호하고, 간 장애를 막아준다. 당질은 단백질 절약작용을 하며, 주식과 간식으로 1일 300~400g 또는 총 열량의 50~55%를 공급하도록 한다. 비타민과 무기질이 함유된 식품을 충분히 섭취하기 위하여 매일 신선한 채소와 과일을 먹는 것이 중요하다. 특별한 합병증이 없는 환자의 식사는 보통 식단에 육류의 살코기 한두 점 정도이면 좋다. 적당량의 지방을 섭취하기 위해 1일 80~100g 또는 총열량의 30~35%를 공급한다.

3. 간경변증Liver cirrhosis

간경변증은 간질환 중 가장 심한 상태로 간세포가 서서히 파괴되어 섬유성 결체조직으로 바뀌어 위축, 경화된 상태이다. 대부분의 간세포는 정상기능을 하지 못하게 되고, 간의 재생이 어려운 질환이다.

1) 원인 및 증상

주된 원인은 만성 알코올 중독이며, 감염, 담도 폐쇄, 심장병, 독성 물질에 노출된 경우에 발생할 수 있다. 초기 증상은 메스꺼움, 구토, 식욕부진, 복부 팽창, 상복부 통증이며, 나아가 문맥 고혈압, 황달, 허약감, 부종, 복수, 위장관 출혈, 철 결핍과 엽산 결핍으로 인한 빈혈이 나타나고, 간성 혼수까지 이를 수 있다. 〈그림 5-3〉은 간경변증의 증상을 나타내었다.

2) 일반적인 식사요법

간경변의 식사요법의 목표는 적당한 열량과 영양소를 공급하고, 영양결핍을 바로 잡으며, 간조직의 재생을 촉진하고, 합병증을 예방 또는 개선하고 잔여 간기능을 최대한 유지 또는 향상시키는 것이다.

그림 5-2 간경변의 증상

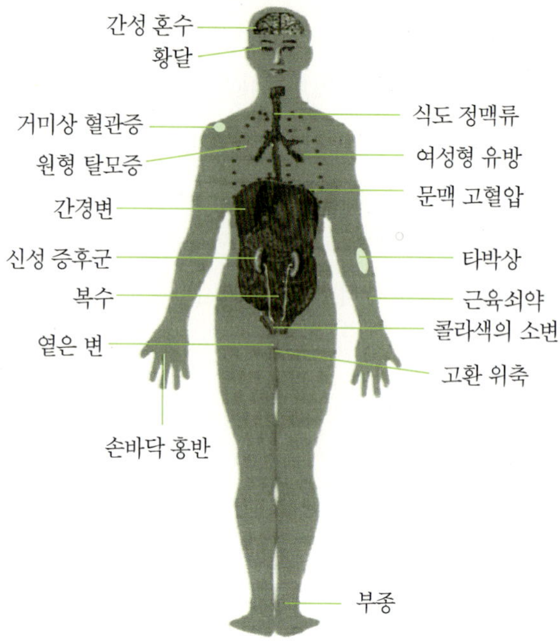

〈출처〉 Modified from Mahan LK, Escott-Stump S, 2008, 『Krause's Food, Nutrition, and Diet therapy』.

① 충분한 열량을 섭취한다. 열량을 충분히 섭취하여 영양결핍이 되지 않도록 하며, 일반적으로 부종이 없는 상태의 경우 체중 kg당 30~35kcal 섭취를 권장한다.

② 적정량의 단백질을 섭취한다. 간성 혼수가 있는 경우를 제외하고는 일반적으로 단백질의 섭취는 정상체중 kg당 1g 정도를 권장한다. 간질환 환자들의 단백질 급원은 유제품 및 식물성 식품이 유리한데, 이는 식물성 단백질이 육류보다 암모니아를 형성하는 성분과 방향족 아미노산이 적으며, 측쇄 아미노산이 많고 섬유소가 많이 함유되어 있어 장내 통과속도를 증가시킴으로써 장에서 암모니아의 생성과 흡수 시간을 감소시킨다.

③ 충분한 당질을 섭취한다. 간경변 환자의 경우 간기능의 감소로 간에 당

질을 저장하고 합성하는 능력이 저하되므로 1일 300~400g 정도의 당질 섭취가 권장된다. 환자가 전체적인 식사 섭취량이 매우 적은 경우에는 과일, 과일주스, 사탕, 꿀 등의 농축된 당질을 섭취하도록 한다.

④ 비타민과 무기질을 섭취한다. 간질환 시에는 비타민 B_1, 비타민 B_2, 비타민 B_6, 엽산이 부족되기 쉬우므로 충분한 비타민(특히 비타민 B 복합체)을 섭취하도록 하는데 필요한 경우 비타민 제재 등 영양보충을 해야 한다. 지용성 비타민은 특히 지방변이 있을 때 흡수되지 않으며, 간질환 시 체조직이 레티놀결합단백질retinol-binding protein을 충분히 합성하지 못하면 비타민 A를 공급받지 못할 수도 있으며, 비타민 D를 활성화시키지 못하면 비타민 D를 보충해야 한다. 또한 혈액 응고시간이 지연되기 때문에 비타민 K를 보충해야 한다. 무기질은 지방변, 혈청 알부민 감소, 비타민 D 대사 이상으로 칼슘이 결핍되므로 칼슘을 보충한다.

⑤ 간경변증 환자는 특히 짜거나, 맵거나, 단단하거나, 질긴 음식들은 제한해야 한다. 영양장애가 대부분 동반되기 때문에 균형 잡힌 영양섭취를 해야 하며, 변비가 있을 경우, 섬유소 제재 혹은 락툴로스lactulose를 투여하기도 한다.

락툴로스lactulose란?

lactose와 fructose의 합성이당류, 흡수되지 않는 이당류로, 구강이나 관장으로 투여되며, 장내 세균활동을 통하여 결장을 산성화시킨다. 이것은 암모니아와 방향족 아미노산 형성을 억제하고 식이 단백질에 대한 내성을 증진시키며 완하작용이 있어 흔히 설사가 발생한다.

3) 증상에 따른 식사요법

(1) 식도 정맥류esophageal varices

간경변이 진행되면 합병증으로 식도혈관의 압력이 증가되어 혈관벽이 얇아져서 작은 자극에도 출혈을 보이는 식도 정맥류가 발생된다. 식도 정맥류가 있을 때에는 출혈을 막기 위해 딱딱하거나 거친 음식(건오징어류, 잡곡류, 견과류, 튀김류, 마른 과일 등), 섬유소가 많은 생채소, 자극적이고 결체조직이 많은 식품은 피하고, 연하고 소화가 용이한 것을 선택한다. 또한 혈관벽의 구성물질 성분인 단백질, 비타민 C, 필수지방산의 섭취량을 늘리고, 혈관벽 세포와 세포의 결합을 도와주는 칼슘, 프로트롬빈(응고물질) 생성의 보조효소인 비타민 K섭취가 중요하다. 또한 위장관 출혈 시 철이 부족 되므로 철을 보충한다.

(2) 복수ascites와 부종edema

간경변시 복수가 발생되는 원인은 간이 알부민albumin을 합성하지 못하여 혈장 교질삼투압plasma colloid osmotic pressure이 저하되는 것과 문정맥 고혈압high portal venous pressure 때문이다. 또한 간경변증 환자는 알부민을 합성하는 간의 기능이 약해져서 저알부민혈증hypoalbuminemia이 되어 혈장삼투압을 저하시켜 수분이 혈관 밖으로 유출되어 순환 혈액량이 적어지고, 여기에 알도스테론aldosterone의 분비가 항진됨에 따라 염분이나 물의 재흡수를 촉진시켜 조직 간격에 수분이 저류하게 되어 부종이 나타난다. 그러므로 복수나 부종 시에는 염분과 수분을 제한한다. 복수와 부종이 있는 경우 체내에 수분의 축적을 막기 위해서 염분 섭취를 1일 5g(저염식, 나트륨 1,000~2,000㎎ 이하) 이하로 제한한다. 염분은 고기, 생선, 채소 등 식품 자체에도 함유되어 있으므로 실제로 소금으로 사용할 수 있는 양은 3~4g 정도가 된다. 수분은 섭취량과 배설량의 균형에 따라 개인마다 차이가 있으나, 보통 1~1.5ℓ 정도로 제한한다. 염분 함량이 높아 피해야 할 음식은 빵, 과자, 초콜릿, 아이스크림, 요구르트, 햄, 베이컨, 통조림 등이고 섭취해도 좋은 음식은 저염으로 표기된 음식이나 신선한 야채와 과일, 과당, 꿀, 소량의 생선, 고기, 계란 등이다. 이뇨제를 사용할 때에는 칼륨, 마그네슘, 아연 손실에 주의한다.

(3) 간성 뇌질환hepatic encephalopathy

만성 간성 뇌질환은 혈액 내 질소 함유 화합물의 증가, 식도 정맥류 출혈, 산-염기 불균형, 혈중 칼륨과 마그네슘 농도의 감소로 중추신경계에 이상을 가져옴으로써 나타날 수 있다. 간성 뇌질환 시에는 신경근과 행동의 변화를 나타내는데 이때 뇌질환은 다음과 같이 4단계로 진행된다.

1단계 : 성격 변화, 공허한 시선, 언어 장애, 수면장애, 불안, 집중력 저하
2단계 : 졸음 현상, 방향감각 상실, 비정상적 행동, 무기력
3단계 : 공격적 행동, 무릎과 발목에 경련 발생, 입에서는 간성 악취 발생
4단계 : 혼수상태

혈중 암모니아 농도는 뇌질환의 진행에서 중요한 요인이다. 간이 약할 때 암모니아를 요소로 해독할 수 없으며, 암모니아는 직접적인 뇌 독성물질이다. 뇌척수액의 글루타민glutamine과 알파 케토 글루타레이트α-ketoglutarate와 같은 암모니아 대사물은 뇌질환과 밀접하게 관계되어 있으며, 암모니아의 주된 급원은 위장관 출혈의 혈액이나 세균의 분해물인 내인성 생산과 단백질의 과잉 섭취이다. 이와 같이 간성 혼수는 단백질 대사로 생긴 암모니아가 간에서 제거되지 못하고 혈중에 쌓여 초래되므로 단백질 섭취량을 제한해야 한다. 1일 30~50g 정도로 단백질을 제한하며, 증세가 호전되면 의사의 지시에 따라 단백질 양을 조금씩 늘린다. 단백질 급원으로는 육류보다는 식물성 단백질 식품(콩, 두부 등)이나 유제품(우유, 치즈 등)을 선택하는 것이 권장된다. 특히 방향족 아미노산으로 구성된 동물성 단백질을 제한하고 심할 때는 우유까지도 제한해야 한다. 만약 단백질의 섭취를 극히 제한하여 1일 20g 이하의 단백질을 섭취하면 간세포 재생장애 및 간기능 부전으로 결국은 사망하게 되므로 혼수일 때도 측쇄 아미노산branched chain amino acid이 들어 있는 단백질은 계속 공급해야 한다.

〈표 5-3〉은 간질환의 종류에 따른 영양요구량을 제시하였다.

방향족 아미노산 함유식품	육류, 동물의 내장, 간, 생어패류
측쇄형 아미노산 함유식품	쌀밥, 식빵, 우동, 고구마, 감자, 토란, 두부, 간장, 우유, 호박, 당근, 시금치, 순무, 양배추, 오이, 강낭콩

표 5-3 간질환 종류에 따른 영양요구량

	간염	간경변	간성혼수
영양목표	1. 간세포의 재생을 촉진 2. 체중감소 방지	1. 간세포의 재생 촉진 2. 합병증 방지	1. 혈중 암모니아 생성 감소 2. 저혈당 예방 3. 체조직의 이화방지
열량	35~45Kcal/kg	30~35Kcal/kg	30Kcal/kg
단백질	1.5~2.0g/B.W. kg 또는 100-150g/day	간염에 준함	0.5g~0.7g/kg 또는 30-50g/day
탄수화물	400-450g/day	300~350g/day	300g/day
지 방	적당량(60g)	적당량(50g)	40-50g
비타민 및 무기질	비타민 B 복합체, 비타민 C, 칼륨, 아연	비타민 B 복합체, 엽산, 비타민 C, 칼륨, 마그네슘	비타민 B 복합체, 비타민 C, 칼륨
나트륨 및 수분		1. 복수가 있을 경우 나트륨(1-2g/day)과 수분(소변량 기준, 보통 1-1.5ℓ) 제한 2. 이뇨제 사용할 때 혈중 칼륨치 점검	간경변에 준함
기타	식욕부진시 소량씩 자주 공급하거나 관급식 고려	식노 정맥류가 있을 경우 딱딱하거나 거친 음식 피함	영양 보충시에는 측쇄 아미노산이 많은 용액 선택

4. 알코올성 간질환

1) 알코올의 흡수 및 대사

알코올은 체내에서 식도나 위에서 소량이 흡수되고, 약 90%의 대부분은 소장에서 흡수된다. 흡수되지 않는 것은 폐나 신장을 거쳐 소변으로 배설되거나, 호흡할 때 몸밖으로 나간다. 흡수된 알코올은 간에서 산화 과정을 거쳐 체외로 배출되는데, 간에서의 알코올 대사능력은 개인에 따라 다르다. 보통 사람이 간에서 알코올을 산화시키는 양은 1시간당 약 15㎖이다. 이것은 알코올 도수 25°인 소주 60㎖에 해당한다. 알코올은 간에서 알코올 분해 효소alcohol dehydrogenase에 의해서 독성이 있는 물질 아세트알데히드acetaldehyde로 변화되고, 이어 급속하게 아세테이트acetate로 된 다음 TCA 회로를 거쳐 1g당 약 7.1kcal의 열을 발생하여 물과 탄산가스로 분해되어 체외로 배출된다. 알코올 자체는 간 내의 대사 작용에 의해 유리기와 산화물이 생기게 되고 이러한 대사물들이 세포의 중요 구조인 원형질막이나 세포막 그리고 망상체 막에 축적되고 세포의 투과성을 떨어지게 하므로 세포 내 지방, 단백질, 물 등의 과잉대사를 일으킨다. 그 결과 산소 요구량이 증가되면서 저산소증을 일으켜 간이 비대해지고 나아가서 간세포 괴사를 일으킨다.

$$C_2H_5OH + NAD \xrightarrow{\text{alcohol dehydrogenase}} CH_3CHO + NADH + H^+$$

ethanol → acetaldehyde

$$CH_3CHO + NADH + H_2O \xrightarrow{\text{alcohol dehydrogenase}} CH_3CHOOH + NAD + H^+$$

acetaldehyde → acetate

2) 알코올성 간질환의 종류

알코올성 간질환은 지속적이고 과다한 음주에 의해서 유발되는 간세포 손상을 동반하는 급·만성 간질환을 말한다.

(1) 알코올성 지방간

알코올성 지방간은 간조직에 지방세포들이 축적된 것을 말하며, 이러한 지방 축적은 주로 간에서 중성지방의 합성 증가와 지단백 합성 후의 혈중 분비 장애와 더불어 말초 지방조직으로부터 유리된 지방이 간으로 많이 들어오며, 반대로 지방산 산화과정은 오히려 저하되기 때문에 생기는 것으로 알려져 있다. 간에 지방 축적의 증가는 주로 중성지방 축적에 기인하는데, 이것은 알코올 양과 음식 중의 지방 섭취량에 좌우된다. 지방간은 알코올만 섭취하고 다른 음식물을 섭취하지 않을 때나, 섭취하더라도 단백질, 비타민, 무기질 섭취가 부족할 때 더욱 심해진다. 알코올성 지방간에서는 피로감 및 무력감 등이 동반될 수 있다. 알코올성 지방간은 가장 가벼운 상태로서 음주를 중단하면 회복된다.

(2) 알코올성 간염

알코올성 간염은 흔히 지방세포의 침윤과 더불어 간조직의 염증 반응과 섬유화가 일어나는 경우를 말한다. 알데하이드aldehyde는 간 내의 글루타치온glutathion의 합성 및 단백질 형성 이동, 그리고 분비를 방해해서 체내에서 독성을 일으킨다. 이때 단백질, 비타민, 무기질이 결핍되면 간염의 진행을 촉진한다. 염증은 말초 간 세정맥으로부터 침윤되어 문맥계를 향해 진행되므로, 알코올성 간염 환자에게서는 식도 정맥류 발생을 특히 많이 볼 수 있다. 알코올성 간염의 증상은 식욕부진, 메스꺼움, 체중 감소(10% 정도)가 나타나며, 간비대로 인한 간 부위 팽창과 황달, 발열, 비장 증대가 나타난다.

(3) 알코올성 간경화

간세포가 죽어가는 괴사가 일어나고 딱딱한 결절이 형성된 경우를 알코올성 간경변증이라고 부른다. 만성 알코올 섭취는 간에 콜라겐 축적을 증가시키고 간세포 재생을 방해한다. 일반적으로 간경화증은 알코올성 간염을 거쳐 발생하는데, 교원질 축적은 알코올성 간염을 거치지 않고도 생길 수 있다. 일반적으로 하루 80g 이상의 알코올을 20년 이상 음주할 경우에 간경변증으로 진행되는데, 여성의 경우에는 10년 이상 음주할 경우에 간경변증으로 진행될 수 있다. 일단 발생한 간경변증은 간세포의 비가역적인 구조 변화이기 때문에 정상 구조로 돌아갈 수 없다.

① 알코올 음료를 g으로 환산할 때 :
알코올 섭취량(㎖) × 알코올 % = 알코올량(g)
② 맥주는 알코올 함량이 3.8%, 식탁용 포도주는 12%, 쉐리, 포트, 브랜디 등을 강화시킨 포도주는 20%, 미국산 위스키는 40%의 알코올을 함유한다.
③ 예를 들어 12%의 포도주를 670㎖ 섭취 시 670㎖ 포도주 × 0.12 = 80g의 알코올을 섭취하게 되고, 25% 소주를 320㎖ 섭취 시 320㎖ × 0.25 = 80g의 알코올을 섭취하게 된다.

(4) 알코올성 간 질환 시의 식사요법

알코올성 간질환 환자에서는 거의 대부분 영양불량이 나타나고, 대사가 항진되며, 이화작용이 증가한다. 초기에는 알코올 섭취를 중단하고, 영양보충을 충분히 함으로써 회복될 수 있으나, 간경변증이 진행되면 회복이 불가능한 상태로 악화된다.

식사요법으로 열량은 주로 당질과 지방을 위주로 하여 2,500~3,000kcal를 공급한다. 단백질은 질소평형을 유지하기 위하여 1일 60~80g을 공급한다. 간성 뇌질환의 합병증이 있는 경우, 정상식이로 1일 단백질 60g과 더불어 락툴로스lactulose 공급을 병행한다. 환자가 정상식이를 받아들이지 못하는 경우, 1일 단백질은 30~40g을 공급하고 나머지는 특별 처방식인 측쇄 아미노산 보충물을 공급한다. 비타민과 무기질은 성인 1일 권장량의 2배를 공급한다. 영양불량 환자의 간기능과 영양상태를 개선시키기 위해 경관급식tube feeding과 정맥영양total parenteral nutrition을 통하여 측쇄 아미노산branched chain amino acid을 보충한다.

5. 간이식

간 기능 부전이 심하거나 돌이킬 수 없는 상태로 진전된 경우 간 이식이 필요하며, 이는 환자의 손상된 간을 정상인의 간 제공으로 대체하여 기능할 수 있도록 하는 수술법이다.

1) 간 이식 전 환자의 영양상태

심한 간 기능 부전 시에는 영양불량이 나타나며, 이로 인해 간이식 후 합병증의 위험성이 증가한다. 간 이식을 앞둔 환자들은 수술 후 감염을 예방하고, 상처회복을 빠르게 하고, 스트레스에 대처할 수 있도록 하기 위하여 충분한 영양소를 공급하여야 한다. 그러나 간 이식전 환자들은 간 기능장애의 대사적 결과와 영양불량으로 인하여 영양상태를 평가하기 어렵다. 특히 부종은 체중 손실을 알기 어렵게 하고. 다른 인체 계측치를 변화시킨다. 이와 같이 수분저류는 임상학적 자료들을 정확하게 해석하기 어렵게 만든다.

2) 간 이식 후 환자의 영양관리

간 이식 한 후 환자의 간 기능은 영양소 필요량을 결정한다. 수술 후 대부분의 환자들은 대사가 항진되므로 열량을 충분히 공급해야 한다. 이식 직후 열량 필요량은 기초 대사량의 1.2~2.0배 또는 체중 kg당 30~35kcal가 필요하다. 단백질 필요량은 수술 후 면역억제제의 사용과 이화작용으로 1일 체중 kg당 약 1.2~2.0g이 필요하다. 면역억제제는 메스꺼움, 구토, 설사, 입안의 상처 등을 유발하여 영양소 불균형을 초래한다. 영양지원팀에서는 영양소 요구량을 결정하기 위하여 환자의 생화학적 자료들을 주의 깊게 관찰해야 한다. 이식 후 영양소의 공급원으로 정맥영양이 이루어져 왔으나 장루를 통하여 직접 투여되는 경관영양이 영양소 요구량을 대처하는데 효과적이라는 보고가 있다. 초기 경장영양은 특히 면역체계가 저하된 사람들에게 감염의 발생을 감소시킬 수 있다.

담낭질환의 식사요법

1. 구조

담낭 및 담도계는 〈그림 5-3〉와 같이 간의 소화기능을 담당하는 역할을 하며, 간세포에서 생산된 담즙이 소장으로 유입되는 통로이다. 담낭은 간의 좌엽과 우엽 사이의 경계면에 있는 작은 배 모양의 주머니로서, 간에서 합성한 담즙을 농축하고 저장하는 기관이다. 담낭의 구조는 담즙을 농축시키는 생리적 기능에 맞추어져 있으며, 간은 하루 600~800㎖의 담즙을 분비하고, 담낭의 용량은 50㎖ 정도로 필요에 따라서 더 커질 수도 있고 대개는 5~10배까지 담즙을 농축시킬 수 있다.

그림 5-3 담낭과 담도계의 구조

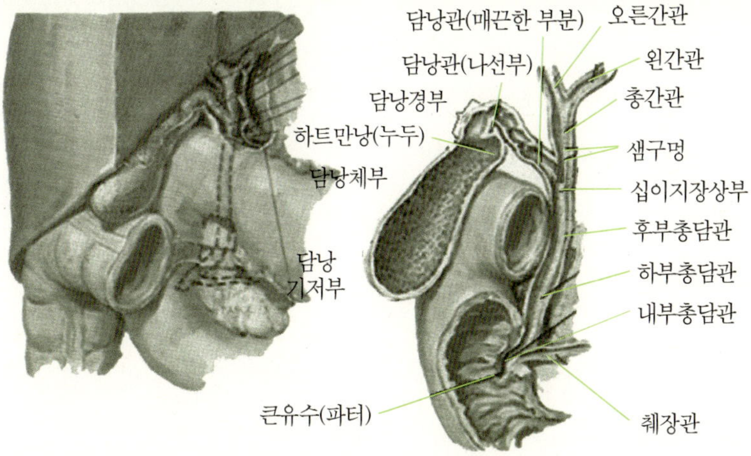

2. 담즙의 역할

담즙은 황색 액체로 간의 실질 조직인 간소엽 내의 간세포에 있는 분비과립에서 생성되어 모세담관막bile canalicular membrane을 거쳐서 모세담관으로 분비된다. 간에서 생성된 담즙은 희석된 상태로 간관을 통해 분비되는데 십이지장으로 향하는 출구 부근에는 오디oddi괄약근이 둘러싸여 있고 굳게 닫혀져 있다. 그러므로 간에서 나온 담즙은 십이지장으로 나가지 못하고 다시 역류하여 담관을 통해 간 오른쪽 밑부분에 위치한 담낭으로 들어가 농축, 저장되었다가 식후 등 필요할 때 총 담관으로부터 십이지장으로 분비된다. 담즙의 성분은 대부분 물(97%)이며, 담즙산bile acids, 혈색소의 분해산물인 빌리루빈bilirubin을 비롯하여 소량의 콜레스테롤, 레시틴, 염류Na, K, Cl, bicarbonate 등이 포함되어 있다.

담즙의 분비속도는 섭취된 음식의 종류나 형태와 관계가 있으며, 특히 지방식품은 담낭에서의 담즙분비를 자극한다. 지방식품 섭취 후 담낭에서 십이지장으로 분비된 담즙은 췌장에서 분비된 소화효소와 섞여 소화가 시작될 때 물과 친한 성질인 소화효소는 지방식품과 잘 섞이지 않기 때문에 소화효소와 지방식품을 잘 섞어 줄 매개체의 역할을 하여 미셀micelles을 형성하며, 지방의 소화를 돕고 난 후 일부는 간 문맥을 통해 다시 간으로 돌아가는 장간 순환enterohepatic circulation을 하며, 일부는 대변으로 배설된다. 그 외 지용성 비타민 A, D, E, K의 흡수를 도우며, 대변이 나오게 하는 약간의 하제 역할을 하고, 장내 발효를 저하시킨다고 한다.

3. 담낭염cholecystitis

담낭염이란 담낭에 염증이 생기는 병을 말하며, 담석이 없는 급성 담낭염은 패혈증, 쇼크, 화상, 암에 걸린 환자에게 발생한다. 담낭염의 원인은 확실히 규명되지 않고 있으나 90% 이상이 담석증에 의한 것이며, 이밖에 대장균, 연쇄상구균, 포도상구균 등이 원인이 될 수 있으며, 기생충이 있을 때에도 일어난다. 담낭염의 증상은 우측 상복부의 통증, 오한, 발열 등이 있고, 담관염은 위와 같은 증세에 황달을 동반하는 경우가 많다. 급성은 통증, 발열, 메스꺼움, 복부 팽만감 등이 심하고, 이런 증세가 아주 심하여 상복부에 손도 못 댈

정도로 아프면 합병증이 우려된다.

만성은 가벼운 통증, 발열, 식욕감퇴, 소화불량, 상복부 압박감 등이 있으나, 가끔 급성 증상을 보이다가 가라앉는다. 대체로 남녀 모두에게 발생할 수 있지만, 여성의 경우 더 많이 발생하며, 성인에게 나타나는 것이 보편적이나 드물게는 어린이나 사춘기의 청소년에게도 나타날 수 있다. 담낭염의 증상으로 오른쪽 윗배에 경련성 통증이 나타나며, 이 통증은 가슴, 등위쪽, 오른쪽 어깨 부분에서도 느껴질 수 있는데, 특히 지방이 풍부한 음식을 먹으면 더 심해질 수 있다. 그 외 메스꺼움, 구토, 하품, 황달, 미열이 나타나며, 만약 박테리아에 의해 감염되면 고열, 오한이 나타날 수 있다. 또한 지방질 식품을 섭취한 후 복부 팽만감을 느끼며, 소화하기 어렵다. 또한, 만성담낭염이란 이와 같은 급성담낭염이 여러번 계속되는 경우인데, 대부분 담석이 존재하며, 심하게 아플 수도 있으나 느끼지 못할 때도 있다.

4. 담석증cholelithiasis

담석증은 담즙 속에 녹아 있는 성분의 일부가 어떤 원인에 의해 석출해서 생긴 결석에 의해 일어나는 질병을 말한다. 원인은 운동 부족이나 미식에 의해서 일어나며, 또한 담즙 속에 콜레스테롤, 빌리루빈bilirubin 등이 담도 내에 축적되어 결석을 이루어서 담석증을 일으키는데 결석은 담도에 염증이 있거나, 담즙이 오래 정체되어 담즙 성분의 변화가 일어났을 때 발생한다. 이런 이유로 담석증은 임신과 관계가 있어 다산인 부인에게 많이 생기는 것이다. 담석증은 콜레스테롤과 빌리루빈 결석으로 나누어지며, 우리나라에서는 콜레스테롤 결석이 빌리루빈 결석보다 많다. 콜레스테롤 결석은 만성 감염 시 담낭 점막에 변화를 가져와서 흡수력에 영향을 미쳐 과잉의 수분과 담즙산염이 흡수되며, 이로 인해 콜레스테롤이 침착되어 담석증이 발생한다. 또한 장기간에 걸쳐 많은 양의 지방을 섭취하는 사람에게 발생한다. 빌리루빈 결석은 담관에서 발견되고, 대장균 감염과 관계있다. 또한 빈혈과 같은 만성 용혈, 경변증, 장기간의 TPN, 연령증가와 관계있다. 증상은 오른쪽 상복부가 갑자기 아프면서 열이 나고 황달이 발생하는데, 세 가지 특징적 증상으로는 견디어 내지 못할 만큼 심한 통증, 등쪽의 심한 불쾌감, 묵직한 둔통이 있으며, 변비, 식욕부진, 위 팽만감, 구역질 등의 위장 증세가 있기도 한다. 치료는 약물요법이 있으며, 심한 경우 수술로 담석을 제거한다.

5. 담도계 질환의 식사요법

1) 지방

지방은 병든 기관의 수축과 계속되는 통증을 유발하기 때문에 적게 섭취해야 한다. 급성기의 열량원으로는 주로 당질 식품을 공급한다. 지방은 1일 20~30g으로 제한하고, 점차 50~60g으로 증가시킨다. 지방은 체중조절에 중요하며, 비만과 과잉의 식품섭취는 담석증이 재발되는 원인이 될 수 있다. 특히 수술 전이나 후에는 저지방 식사를 하는 것이 좋다.

2) 열량

체중조절이 필요할 때 열량은 환자의 필요량에 따라 감소시킨다. 보통 열량 감소식이는 지방비율에 따라 조절되며, 지방조절을 위하여 담낭질환 환자의 필요량에 대처한다.

3) 단백질

담즙 생산을 돕기 위해 단백질 식품의 섭취가 필요하므로, 소화되기 쉬운 흰살 생선이나 콩 및 두부 제품을 충분히 섭취한다.

4) 비타민

담낭질환으로 지방이 소화 · 흡수되지 못하면 지용성 비타민인 A, D, E, K도 잘 흡수되지 못하므로, 보조식품의 섭취가 필요하다. 비타민 C가 부족하면 담석이 생길 수도 있으므로 비타민 C를 많이 섭취한다. 비타민 C는 생채소(풋고추, 고추잎, 피망, 케일, 양배추, 시금치, 토마토 등), 과일(키위, 오렌지, 딸기 등), 녹즙 등에 풍부하다. 나이아신niacin은 저장지방에서 지방산 유리를 억제해서 혈중 콜레스테롤을 낮추며, 담석 생성을 증가시키지 않으므로 나이아신 함유식품을 섭취한다.

5) 콜레스테롤과 가스를 형성하는 식품

인체는 필요한 콜레스테롤을 매일 합성하므로 콜레스테롤 섭취를 제한하는 것이 좋으며, 담낭질환이 있는 환자들은 개인에 따라 가스를 형성하는 식품, 즉 콩, 양배추, 섬유소 등에 다르게 반응할 수 있으며, 환자가 원하는 바에 따라 공급하는 것이 좋다.

Chapter 6

비만증과 체중부족

학습목적

환자의 영양평가 시행 결과에 따라, 적정 체중 유지를 위한 식사요법을 이해한다.

학습목표

- 비만과 건강
  - 비만증의 정의를 알고, 체중과다와 체중부족의 문제점을 학습한다.
  - 비만을 판정하는 방법을 학습한다.
- 비만증과 체중 부족자의 식사요법
  - 비만의 원인과 유형을 안다.
  - 비만과 열량 섭취와의 관계를 숙지한다.
  - 비만과 당질, 지방, 단백질, 무기질, 비타민 등 여러 영양소와의 관계를 익힌다.
  - 비만 치료를 위한 식사행동요법을 안다.
  - 체중부족의 원인을 이해하며, 체중 부족자의 식사요법을 학습한다.

Chapter 6. 비만증과 체중부족

바람직한 체중의 유지는 건강의 기본으로, 질병을 예방할 수 있는 가장 중요한 방법이다. 그러나 식품 산업의 발전, 외식의 증가, 가공식품의 소비 증가, 운동부족 및 잘못된 영양 정보 등으로 건강체중을 유지하는 것은 점점 더 어려워지고 있다. 최근에는 우리나라도 비만 유병률이 점차 높아지면서 체중부족보다는 체중과다overweight에 더 많은 관심을 갖고 있으며, 최근 10년 사이 우리 일상생활에서 체형이나 외모에 대한 관심은 가장 중요한 위치를 차지하고 있다. 특히 사회는 개인에게 좀 더 날씬해져야 한다는 메시지를 끊임없이 보내고 있는 실정이며, 정확하지 않은 영양 정보 등으로 더 많은 부작용을 초래하고 있어 건강 체중에 대한 바른 지침이 절실히 요구되는 시기이다.

건강한 체중이란?

건강 체중이란 가장 낮은 사망률과 관련된 체중을 의미하며, 좀 더 자세히 설명하면 다음과 같다.

- 주어진 키와 나이에서 제시된 범위안에 있어야 하고
- 가장 낮은 질병과 연관되어 있는 체지방 분포를 나타내야 하고
- 의학적인 문제가 없는 범위의 체중

〈출처〉 손숙미 외, 2010, 『다이어트와 건강』.

비만과 건강

1. 체중과다와 체중부족의 문제점

과체중이나 비만은 〈표 6-1〉과 같이 여러 가지 건강문제를 일으키는 것으로 알려져 있으며, 특히 당뇨병, 지방간, 고혈압, 고지혈증, 심혈관 질환 및 암 등과 같은 만성 퇴행성 질환의 위험 요인이 된다는 점에서 중요한 관심의 대상이 되고 있다. 영양 섭취의 과잉으로 인한 비만은 성인뿐 아니라 아동이나 청소년의 경우에도 건강의 위험을 증가시키는 요인으로 전체 비만 인구에서 이들이 차지하는 비율은 점차 증가하고 있는 추세이다. 세계보건기구(WHO)의 비만에 대한 문제 인식은 1997년 비만에 관한 회의를 개최하면서 본격적으로 시작되었다. 비만은 질병 발생에 미치는 영향이 너무나 광범위하면서도 경시되어 온 공중보건학적 문제로, WHO는 21세기에 비만이 '흡연' 만큼 중요한 건강문제로 대두될 것이라 예견하였고, 비만 그 자체를 "치료해야 할 질병"으로 정의하고 있다.

표 6-1 비만과 관련된 질환의 상대 위험도

매우 증가됨 (3배 이상)	중정도 증가 (2~3배)	약간 증가됨 (1~2배)
• 제2형 당뇨병 • 담낭질환 • 이상지단백혈증 • 인슐린 저항성 • 무호흡증 • 호흡곤란증	• 관상동맥질환 • 고혈압 • 골관절염 • 고요산혈증 혹은 통풍	• 암(유방암, 자궁내막암, 결장암) • 생식호르몬 이상 • 다낭성 난소 증후군 • 수정능 손상 • 요통 • 마취에 대한 위험도 증가 • 태아 기형(모성 비만)

〈출처〉 이미숙 외, 2010, 『임상영양학』.

우리나라의 경우 2008년 국민건강통계(보건복지부, 2009)에 의하면 우리나라 비만유병율은 31.0%로 이는 미국(NHANES, 만 20세 이상, 체질량지수 30kg/m^2이상)의 비만 유병율 32.2%와 비슷한 수준을 보이고 있다. 남자의 비만유병율은 35.6%, 여자는 26.5%로 남자가 더 높았고, 남자는 40대 유병율이 가장 높은 반면 여자는 연령이 높을수록 증가하여 60대에 가장 높았다.

소아청소년(만 2~18세)의 비만유병율은 남자 13.7%, 여자 7.5%로 남자가 높았다〈표 6-2〉. 그러나 한편 우리나라 2009년 국민건강통계(보건복지부, 2010)를 살펴보면 정상체중을 벗어난 인구수는 약 35%를 나타내며, 이는 연령과 성별에 따라 다소 큰 차이를 보이기도 한다. 예를 들어, 19~29세의 경우, 남성의 경우 저체중에 속하는 경우는 5.3%, 비만에 속하는 비율은 31%인 반면, 여성의 경우는 저체중과 비만이 각각 14.4%와 14.1%로 비슷하게 나타나(표 6-3 참조) 개인에 따라 정상체중을 유지하기 위한 관리 방법은 달라져야 한다.

한편 최근 젊은 층에서의 적정체중에 대한 잘못된 인식도 세계적으로 문제시되고 있는데, 사회적으로 비만에 대한 관심과 날씬함에 대한 압력이 증가되면서 왜곡된 신체상과 부적절한 체중조절 행위가 건강상의 또 다른 위해 요인으로 작용하여 오히려 저체중을 유발하고 건강을 해치고 있는 실정이다. 이러한 저체중의 경우도 정도의 차이는 있으나 여러 가지 건강 문제를 일으키고, 노동생산성을 떨어뜨린다. 특히 가임기 여성의 경우 임신에 여러 가지 문제를 일으키고, 수유에 어려움이 있다는 것은 잘 알려져 있다.

표 6-2 소아청소년 비만 유병률 (단위 : %)

구분	N	정상	과체중	비만
		분율(표준오차)	분율(표준오차)	분율(표준오차)
전체				
2-18세	2,325	80.8 (1.1)	8.4 (0.7)	10.8 (0.8)
연령(세)				
2-5	523	82.9 (2.1)	8.1 (1.3)	9.0 (1.6)
6-11	970	80.1 (1.5)	11.9 (1.1)	8.0 (1.0)
12-18	832	80.4 (1.5)	5.7 (0.9)	13.9 (1.4)
남자				
2-18세	1,216	78.7 (1.4)	7.6 (0.9)	13.7 (1.2)
연령(세)				
2-5	271	84.0 (2.7)	6.8 (1.7)	9.2 (2.2)
6-11	506	77.1 (2.1)	14.0 (1.8)	8.9 (1.4)
12-18	439	77.7 (2.1)	2.7 (0.8)	19.6 (2.1)
여자				
2-18세	1,109	83.2 (1.5)	9.4 (1.0)	7.5 (1.1)
연령(세)				
2-5	252	81.6 (3.0)	9.6 (2.1)	8.7 (2.3)
6-11	464	83.4 (2.0)	9.6 (1.4)	7.0 (1.5)
12-18	393	83.5 (2.0)	9.6 (9.0)	7.4 (1.5)

〈출처〉 보건복지부, 질병관리본부, 2009, 『2008 국민건강통계: 국민건강영양조사 제4기 2차년도』.

표 6-3 비만*유병률(19~29세 성인) (단위 : %)

구분(19~29세)	저체중	정상	비만
남자	5.3	63.7	31
여자	14.4	71.5	14.1

*체질량지수(kg/m²) 기준으로 저체중 18.5미만, 정상 18.5이상 25미만, 비만 25 이상
〈출처〉 보건복지부, 질병관리본부, 2010, 『2009 국민건강통계: 국민건강영양조사 제4기 3차년도』.

2. 비만 obesity

1) 정의

비만이란 비지방조직lean body mass과 비교하여 체지방량body fat이 과도한 상태로 축적된 것을 말한다. 체지방은 에너지 저장원(인체의 총 저장에너지의 85% 차지)으로, 외부에 대한 방어 및 단열제로서 역할을 하지만 그 이상 축적 시에는 대사에 장애를 초래한다. 지방의 축적은 서서히 이루어지기 때문에 정상과 비만을 정확하게 구분하는 것은 어렵다. 일반적으로 성인 체지방량의 정상치는 〈표 6-4〉를 참고로 했을 때, 남자가 8~15%, 여자가 13~23%이고, 체지방량이 남자는 25% 이상, 여자는 33% 이상 초과하는 경우 비만obesity으로 분류한다.

표 6-4 성인의 체지방 측정치의 분류

분 류	남 자	여 자
마른체형(lean)	<8%	<13%
적당한체형(optimal)	8~15%	13~23%
가벼운체지방축적형 (slightly overfat)	16~20%	24~27%
체지방축적형(fat)	21~24%	28~32%
비만형(obese)	≥25%	≥33%

〈출처〉 Nieman DC, 1999, 『Fitness and sports medicine: a health-related approach』.

2) 비만의 판정

비만을 판정하는 방법 중 가장 정확한 방법은, 직접 체지방 함량을 측정하는 것이지만 지방 조직량을 정확하게 측정하는 것은 피하지방 뿐 아니라 장기

내의 지방 조직량도 측정해야 하므로 간단치 않으며, 비용도 많이 소요되어 일반 진료에서는 많이 사용하지 못하고 있다. 일반적으로 비만을 판정하는 방법으로 쉽게 사용되는 것은 신체계측치를 이용하거나 캘리퍼caliper 등을 이용하여 간접적으로 체지방을 측정하는 방법 등이 있다.

(1) 표준체중을 이용하는 방법

각 개인에 맞는 표준체중(ideal body weight)을 산출하여 비교하는 방법으로, 동양인에게 많이 이용되는 공식은 다음과 같다.

표준체중(kg)

- 신장 ≥ 160cm : 표준체중(kg) – [신장(cm) – 100] × 0.6
- 150cm ≤ 신장 < 160cm : 표준체중(kg) = [신장(cm) – 150] × 0.5 – 100
- 신장 < 150cm : 표준체중(kg) = 신장(cm) – 100

그러나 이 방법은 개인의 신장과 체격body frame 조건에 따라 달라질 수 있어, 신장이 너무 크거나 아주 작은 경우에는 적절하지 않은 단점이 있다.

일반적으로는 표준체중의 10% 이상을 초과하면 과체중overweight으로, 20%를 초과하면 비만obesity으로 분류한다. 그러나 운동선수와 같이 근육과 골격이 발달되어 체중이 많이 나가는 경우에는, 실제 체중초과의 원인이 체지방 축적에 의한 것이 아니므로 이런 경우에는 비만이라 하지 않는다.

(2) 비만지수obesity index

표준체중을 이용하여 비만지수를 구함으로써 비만을 판정하는 방법으로 비만지수는 다음과 같은 공식에 의해 구해지며 판정기준은 〈표 6-5〉와 같다.

$$\text{비만지수} = \frac{\text{실제체중(kg)} - \text{표준체중(kg)}}{\text{표준체중(kg)}} \times 100$$

표 6-5 비만지수를 이용한 비만판정기준

비만지수	분류
-20% 이하	수척
-10% 이하	체중미달
±10%	정상
+10% 이상	체중과다
+20% 이상	비만
+30% 이상	심한 비만

(3) 체질량지수 body mass index : BMI, quetlet's index

이 방법은 체지방 함량을 더 정확히 반영하는 것으로 알려져 있으며, 현재의 신장과 체중을 이용하여 아래와 같이 산출하며 비교적 손쉽게 판단기준으로 이용된다.

체질량지수(BMI) = 체중(kg)/신장(m)^2

체질량지수는 질병의 이환율 및 사망률의 상대 위험도를 나타낸다. 즉 BMI가 높을수록 심혈관질환과 암발생 위험이 높고 조기사망 가능성이 높아진다. 우리나라에서는 아시아 성인을 기준으로한 비만지수를 받아들여 한국인의 기준치로 정하였으며 〈표 6-6〉과 같다. 그러나 운동선수나 보디빌더 body builder는 근육 무게가 많이 나가므로 BMI 수치가 실제 비만도보다 높게 나오며, 임신이나 수유 중인 여성, 성장기 어린이, 노인, 신장이 작은 사람 등은 실제 비만도보다 높게 혹은 낮게 나올 수 있다는 제한점이 있다.

표 6-6 한국인에서 BMI와 허리 둘레에 의한 동반 질환 위험도

분류	BMI(kg/m²)	허리둘레	
		≤ 90cm (남)	> 90cm (남)
		≤ 85cm (여)	> 85cm (여)
저체중	〈 18.5	낮다	보통
정상체중	18.5 ~ 22.9	보통	증가
위험 체중	23 ~ 24.9	증가	중등도
1단계 비만	25 ~ 29.9	중등도	고도
2단계 비만	≥ 30	고도	매우 고도

(4) 허리둘레 측정

복부비만은 질병 발생의 독립적인 위험 요인으로 허리둘레는 복부지방량을 반영하는 유용한 지표이다. 허리둘레는 체질량지수보다 질병발생 위험을 더 잘 반영하며, 특히 체질량지수가 25kg/㎡ 미만인 경우에도 허리둘레가 크면 제2형 당뇨병, 고지혈증, 고혈압, 관상동맥질환 등의 질병 발생 위험이 높아지는 것으로 알려져 있다. 허리둘레는 성별, 연령별, 인종별 차이가 크다. WHO에서는 남자의 경우 102㎝(40inch), 여자의 경우 88㎝(35inch) 이상을 복부 비만의 기준으로 제시하고 있으나, 우리 나라의 경우 서구 사람들보다 체격이 작으므로 남자 90㎝, 여자 85㎝ 이상으로 정하는 것이 타당한 것으로 알려지고 있다.

(5) 체지방 측정

직접적인 체지방 측정은 설비나 비용면에서 사용하기 어려우므로 간접적인 측정법들이 이용되고 있다.

① 피부두겹두께skinfold thickness 측정법

피부두겹두께 측정법은 피하지방의 두께를 측정하여 전체 체지방의 정도

를 평가하는 방법으로 캘리퍼caliper라는 기구를 사용한다. 일반적으로 팔 뒷쪽(상완배측부)과 등의 척추 옆쪽(견갑골하부)의 지방층을 집어서 두께를 잰다. 〈그림 6-1〉의 방법은 저렴하고 측정이 쉬우나 잘 훈련된 측정자가 아닐 경우 측정 오차가 클 수 있다. 또한 사람에 따라 지방의 분포가 다르기 때문에 그 정확도가 떨어질 수도 있다.

그림 6-1 피부두겹두께 측정 방법과 측정 부위

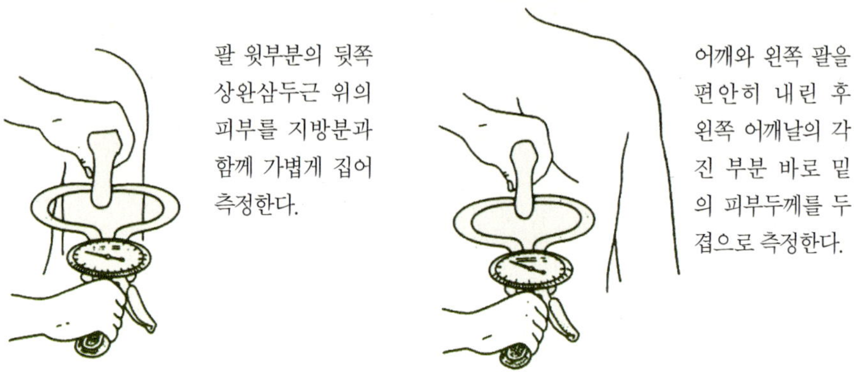

(a) 팔 윗부분 (b) 견갑골 하부

② 생체 전기저항 분석법bioelectrical impedence analysis

생체 전기저항 분석법은 신체계측 등에 의한 방법보다 체내 지방량, 제지방량fat-free-mass, 수분량을 더 정확하게 측정하는 간단하고 안전한 방법으로 손과 발에 전극을 연결하여 전기 저항을 측정하게 된다. 이 방법은 일반적으로 지방조직에는 전류가 잘 흐르지 않고 지방을 제외한 기타 조직에는 전류가 잘 흐르기 때문에, 전기 저항과 체지방량 사이에는 높은 양의 상관관계가 나타나는 원리를 이용한 것이다. 그러나 비만정도가 아주 심한 환자에게는 그 정확도가 떨어진다〈그림 6-2〉.

그림 6-2 생체 전기저항 분석법

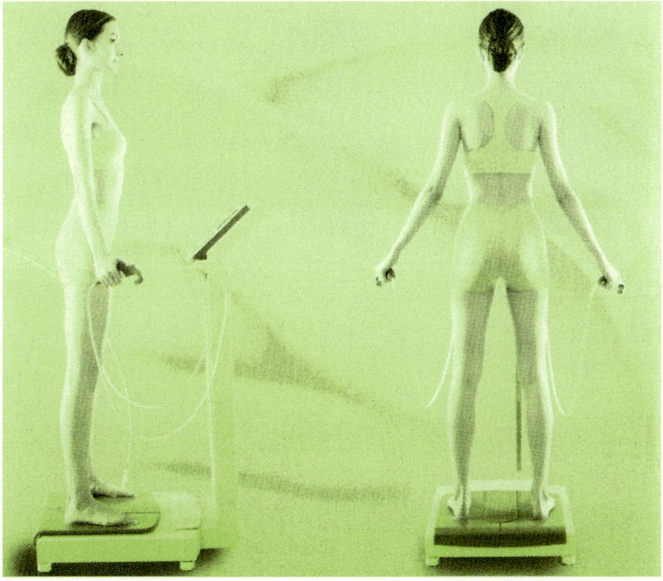

3. 비만의 원인

1) 유전

유전적 요인이 비만의 발생에 어떻게 관여하는가에 대한 정확한 기전은 알려져 있지 않으나, 유전적 요인은 지방세포수를 결정하고 대사과정의 효율을 조절하며, 영양소의 이용과정에 관계하는 중추신경계 각 부분들의 민감도에 영향을 미치는 것으로 알려져 있다. 인체를 대상으로 한 많은 연구들에서, 양쪽 부모 모두가 정상 체중인 경우, 그 자녀들이 비만이 될 가능성은 10% 이하였으며, 한쪽 부모가 비만일 경우에는 50%, 그리고 양쪽 부모 모두가 비만일 경우에는 그 자녀의 80%가 비만이 될 가능성이 있는 것으로 보고되고 있다. 비만이 되기 쉬운 내배엽형endomorphy도 부모로부터 유전되는 것으로 알려져 있다.

그림 6-3 체형에 따른 분류

〈출처〉 손숙미 외, 2010, 『다이어트와 건강』.

2) 정신적 요인

사람들은 피곤하거나 화가 났을 때 과식할 수 있고, 예기치 않은 문제가 발생했을 때도 음식섭취를 통해 그 문제를 보상하거나 도피하려는 경향이 있다. 또 적의와 공격의 상태에서 공격의 대상이 없을 때, 교감신경이 자극되어 고혈압이나 협심증을 일으키고 부교감신경에 영향을 주어 과식, 비만, 기관지천식 등을 일으킨다. 일반적으로 비만자의 섭식 행동은 내적인 감정과 외적인 자극의 영향을 민감하게 받으며, 식사습관에서도 한 번에 섭취하는 음식양은 많고 씹는 횟수는 적어, 결과적으로 식사량이 많아진다.

3) 운동부족

1일 에너지 소모량은 기초대사량BEE : Basal Energy Expenditure 또는 휴식대사량, 활동대사량PAEE : Physical Activity Energy Expenditure, 식이성 발열효과TEF : Thermic Effect of Food로 구성된다. 기초대사량은 인체의 생명, 기능 유지에 필요한 대사량으로 1일 소모에너지의 약 60%를 차지하는데 25세 이후부터 감소하기 시작하고 이와 함께 활동량도 감소한다. 따라서 25세 이후에는 전보다 적은 양의 에너지를 섭취하여 에너지 대사의 균형을 유지해야 하나, 섭취량을 이전 그대로 유지하게 되면 체중의 증가를 가져온다. 특히 비만자의 경우 정상인과 섭취량이 같을지라도 활동량이 정상인보다 적기 때문에 체중 증가폭이 더 클 수 있다. 운동이 부족할 때, 지방이 축적되는 이유에는 인슐린 저항성으로 인슐린 분비가 증가하게 되고, 증가한 인슐린은 지방합성을 억제하지 못하고 지방을 축적하는 대사상태로 된다. 또한 안정시에 소비되는 기초대사량이 저하되어 과잉 에너지 상태가 되며, 간과 지방세포에서 지방합성을 증가시키는 효소가 활성화되기 때문으로 알려져 있다.따라서 비만자의 지속적인 체중감소를 위해서는 계속적인 섭취에너지 제한과 함께 육체적 활동을 증가시키고 꾸준한 운동이 수반되어야 한다.

4) 잘못된 식사행동

비만은 체내의 대사 이상보다는 하루 3끼 식사의 식행동에 의해 더 많은 영향을 받는 것으로 알려져 있다. 예를 들면, 식사를 제한하려고 하루 1끼만의 식사를 하는 경우 지방생성 효소들의 활성이 증가한다. 따라서 식사제한으로 일시적 체중감소가 일어날지라도 다시 정상적인 식사로 돌아왔을 때는 지방합성이 증가되어 급속히 체중이 증가하게 된다. 식사시간 간격이 길어질수록, 즉 식사 횟수가 적을수록 인슐린 분비량은 많아지고 지방생성효소lipoprotein lipase의 활성이 증가하여 지방합성과 저장이 더욱 왕성하여 비만을 초래하게 된다. 또한 식사속도가 빠르고 씹는 횟수가 적을수록, 소화흡수 속도는 느리져 혈당상승 속도도 저하된다. 그러면 뇌 시상하부의 섭식중추는 계속 자극되지만 포만중추는 억제되므로 결국 섭취량이 많아져 과식을 하게 되고 비만을 초래하게 된다. 밤에 야식을 즐기는 경우도 비만이 되기 쉬운데, 이는 인체에는 생명의 유지를 위하여 자율신경계의 작용이 필요하며, 자율신경계의 활동에는 하루의 리듬이 있어, 낮에는 교감신경의 기능이 활발하지만 밤에는 부교감 신경의 기능이 활발해진다. 따라서 소화기계의 기능이 활발한 밤에 과식을 하면 과잉 에너지가 축적되기 쉬운 상태가 되기 때문이다.

5) 인슐린 분비 과잉증(고인슐린혈증)

인슐린은 혈당을 내리는 작용을 하는 호르몬으로 부족할 경우 혈당이 상승하고 당뇨병이 된다. 그러나 과잉으로 분비되는 경우에는 식욕이 증진되며, 간과 지방조직에서 지방 합성을 증가시키고 혈액 내의 지방이 지방조직으로 축적되는 것을 촉진시킨다. 또한 인슐린은 일단 지방 조직에 축적된 지방이 분해되는 것을 억제하므로 인슐린의 분비과잉은 비만의 원인이 될 수 있다. 따라서 인슐린이 과잉 분비되면 식사량이 적어도 비만이 지속되게 된다. 이러한 경우에는 운동량을 늘려 인슐린 과잉 분비를 억제시켜야 식사요법의 효과가 나타난다.

6) 지방세포 증식설fat cell development

체지방의 축적 형태에 따라 지방세포의 크기가 커지는 비대성 비만과 지방세포의 수가 증가하는 증식성 비만이 있다. 비대성은 성인 이후에 발생하고 증식성은 소아기에 발생한다. 즉 태아기, 영아기, 사춘기 등 일생에 3회에 걸쳐서 증식되는데, 일단 이 시기에 지방세포수가 증가되면 일생 감소하지 않는다. 이 시기에 열량이 과잉 섭취되면 지방세포의 분열이 촉진되어서 증식성 비만이 된다.

7) 중추성 요인

뇌의 시상하부에 있는 섭식중추(공복감을 느끼게 함)와 만복감을 느끼게 해주는 포만중추에 종양이나 감염 등으로 조절장애가 생기면 비만의 원인이 되나 사람에게는 드물다.

8) 내분비계 이상

부신피질 자극호르몬ACTH은 뇌하수체 종양이나 지나치게 활성을 띤 뇌하수체 세포들에 의해 과잉분비되면 부신피질을 자극하여 코티솔을 과잉 생성시켜

복부비만을 초래한다. 또 갑상선호르몬이 부족하게 되면, 기초대사율이 저하되어 체내 에너지 소비가 감소하고 체중이 증가하게 되며, 성장호르몬growth hormone이 결핍되었을 경우에도 내장지방이 증가하고 복부비만이 발생될 수 있다.

4. 비만의 유형

1) 원인에 따른 분류

다른 특별한 원인 없이 음식을 과량 섭취하고, 소비에너지는 적을 때 초래되는 단순성(본태성) 비만과 내분비질환이나 시상하부장애 등 어떤 원인으로 인해 비만이 되는 증후성 비만이 있다. 비만자의 95%는 단순성 비만에 속한다.

2) 지방조직 형태에 의한 분류

체지방은 일차적으로 중성지방의 형태로 지방세포에 저장되며 지방세포 크기의 증대, 또는 지방세포 수의 증가에 의해 지방조직이 증가된다. 지방세포 수는 생후 1년간 급속히 증가된 후 정체하다가 사춘기에 집중적으로 증가된 후 성인에 와서 멈춘다. 성인 이후에는 지방세포의 크기가 증대되는데, 비만자의 지방세포당 지방의 양은 20%로 정상인보다 많으며, 그 크기도 어느 정도 커지게 되면 성인기 이후에도 다시 지방세포 수가 증가하기도 한다고 한다.

이와 같이 지방세포 증식성 비만hyperplastic obesity은 어린이에게서 흔하며, 지방세포 비대성 비만hypertrophic obesity은 성인 후에 나타난다. 이 두 가지 형태를 모두 포함하는 심한 비만을 혼합형 비만이라 하며 사춘기에도 나타날 수 있고, 어린 시절의 비만이 성인 후에도 계속되는 고도 비만에서 나타날 수도 있다〈그림 6-4〉.

그림 6-4 지방세포 증식성 비만과 비대성 비만

〈출처〉 김천호, 2001, 『식이요법』.

비만이 된 시기에 따른 분류

① 소아 비만(지방세포 증식형)

- 생후 1년간과 사춘기에 지방세포의 수와 크기는 급격히 증가한다.
- 생후 1년까지 과량의 에너지가 공급되었을 때 : 생후 1년까지는 생리적으로 지방 세포의 무게가 늘어나기 때문에 이 시기의 비만이 꼭 성인 비만으로 연결되지는 않는다.
- 4~11세에 과량의 열량이 공급되었을 때 : 이 시기는 지방세포의 증식기로서, 과량의 열량이 공급되면 지방세포의 수와 크기가 모두 증가되어 성인 비만으로 연결될 가능성이 크다. 증가된 지방세포의 수는 다이어트로도 잘 줄어들지 않고 비만으로 살아야 하는 경우가 많다.

② 성인 비만(지방세포 비대형)

- 나이가 들어가면 기초대사량 저하로 소비되는 에너지가 감소하면서 남자는 35세 이상, 여자는 45세 이상부터 체지방이 축적되기 시작한다.
- 성인이 되어 비만이 된 경우에는 지방세포의 크기가 20배까지 증가한다. 지방세포의 크기만 증가한 경우 다이어트 시에 비교적 체중 감량이 쉽고 재발의 위험성도 적다.
- 성인이 된 후에 비만해져도 체지방량 증가량이 30kg 이상을 넘어서면 지방세포가 커지다 못해 분화되어 지방세포 수도 늘어나는 형태를 보이게 된다.

(3) 지방조직의 체내 분포 상태에 의한 분류

지방조직 체내 분포상태에 따라 상반신 비만(복부비만, 남성형 비만, 사과형 비만)과 하반신 비만(여성형 비만, 서양배형 비만)으로 분류한다. 허리와 엉덩이의 피하지방량을 측정하여 허리의 피하지방량이 엉덩이 부위보다 더 크면 상반신 비만, 그 반대일 때 하반신 비만으로 분류한다. 상반신 비만, 즉 복부비만은 체내 대사 장애를 가져와 성인병 발병(심장형, 관상동맥질환, 뇌졸중, 고혈압, 당뇨병, 고지혈증 등)과 밀접한 관련이 있다. 남성은 여성에 비해 여분의 지방을 저장하려는 경향이 강하므로 체중이 증가하면 아랫배부터 나오는 경향이 있다. 복부에 있는 지방은 몸 안쪽 깊숙이 저장되며, 복강내 장 사이에 존재하는 내장지방 형태의 비만이 되기 쉬운데, 내장 지방은 지방산을 더 많이 분비하여 혈중 콜레스테롤과 중성지방 수치를 올리며 체내 인슐린 활동을 방해한다.

내장지방형 비만

내장지방형 비만은 복부, 특히 복강내 장기 주위(장간막 및 문맥계)에 지방이 과잉 축적된 형태로, 전산화단층촬영(CT)으로 진단할 수 있고 내장지방과 피하지방의 면적비를 구해 그 비가 0.4 이상이면 내장지방형 비만이라 한다. 이 비만은 성인성 비만이며, 만성질환 등의 합병증을 일으키기 쉽다.

하반신 비만은 여성에게 많이 보이는 비만으로 엉덩이와 허벅지에 지방이 많이 분포되어 있으며, 여성은 특징적으로 지방을 몸 아랫쪽에 저장한다. 이는 지방의 체내 분포가 호르몬의 영향을 받기 때문으로, 여성의 경우 폐경 이전에는 여성호르몬의 영향으로 잉여 지방이 주로 둔부와 허벅지, 아랫배, 유방에 위치하다가 폐경 이후에는 여성호르몬의 보호 효과가 사라지면서 남성과 마찬가지로 잉여 지방이 주로 복부에 위치하게 된다.

그림 6-5 상반신 비만과 하반신 비만

〈출처〉 이미숙 외, 2011, 『리빙토픽 영양과 식생활』.

5. 비만의 식사요법

비만 치료의 최종 목적은 건강을 유지할 수 있는 적정 체중에 도달하고 이를 유지하는 것으로, 치료 방법으로는 식사요법, 운동요법, 행동요법, 약물요법, 수술요법 등이 있다. 체중감량의 최종목표는 가족력, 체구성비율, 지방의 분포, 합병증 및 비만으로 진행된 과정등을 고려하여 체지방함량에 목표를 두고 개별적으로 관리되어야 한다. 대부분 5~15% 정도의 체중감량이 비만의 합병증을 예방하고, 치료할 수 있는 현실적인 목표로 받아들여지고 있다. 같은 에너지를 섭취하더라도 체중감량 속도는 개인에 따라 달라질 수 있으며, 남자는 여자에 비해(같은 체중일 때) 제지방량이 많고 기초대사량이 높기 때문에 더 빨리 체중감량을 할 수 있고, 더 비만한 사람이 체중이 적게 나가는 사람에 비해 같은 양의 에너지를 섭취했을 때, 더 빠른 체중감량을 보인다.

일반적으로 가장 중요한 치료 방법은 에너지 섭취량을 감소시키고 소비량을 증가시키는 것으로 에너지 섭취량을 감소시키기 위해서는 식사조절이 무엇보다도 중요하므로, 비만 치료시 식사제한이 가장 보편적으로 시도되고 있다.

식사 제한방법들은 서로 다른 특성을 가지고 있으므로 식사요법이 효과를 거두기 위해서는 개개인에 가장 적합한 방법을 사용하여야 한다. 특히 비만은 만성적인 질환이므로 식사요법 역시 이를 고려하여 체중을 감소시키고, 감소된 체중을 지속적으로 유지하는데 초점을 맞추는 것이 매우 중요하다. 개개인에 적합한 식사요법을 계획하려면 사전에 정확한 영양판정이 이루어져야 하며, 영양판정의 결과는 대상자의 식사요법의 필요성, 시행방법 및 식사계획시 고려사항 등을 결정하는데 중요한 자료로 이용된다.

1) 비만의 영양판정

(1) 비만도 평가

비만도 평가의 방법으로 체질량지수가 많이 이용되고 있다. 체질량지수가 25~29.9kg/m^2(비만) 경우, 다른 건강관련 위험요인(합병증)이 없으면 체중유지와 건강을 위한 식사를, 위험요인이 있으면 식사 및 운동을 통해 24주 이내에 5~10kg을 줄일 것을 제안하고 있다. 체질량지수가 30~34.9kg/m^2인 경우에는 위험요인이 없으면 체중을 5~10% 감소시키고, 합병증 등으로 위험요인이 있으면 식사조절에 있어서 세심한 계획이 필요하다.

(2) 합병증 유무 확인

비만은 여러 가지 질환의 위험요인으로, 일단 개인의 비만정도를 평가한 후에는 비만과 관련된 다른 질병의 이환 유무 및 위험도에 대해 평가해야 한다. 특히 지방대사 이상, 고혈압, 담석증, 심혈관질환, 당뇨병 및 당대사 이상 등의 유무에 대한 확인이 필요하다.

(3) 식사행동 평가

많은 경우에 비만자는 에너지의 섭취량이 많음이 확인되지만, 에너지 섭취량에 비해 소모량이 많지 않은 경우에는 에너지 섭취량이 많지 않다 하더라도 체중이 증가될 수 있다. 따라서 환자의 식사력이나 섭취량을 토대로 환자의 에너

표 6-7 비만 식습관과 식행동 평가의 예

비만도	항상	자주	가끔	전혀
1. 아침 식사를 한다.				
2. 저녁 식사량이 아침이나 점심식사보다 많다.				
3. 일정한 시간에 식사를 한다.				
4. 여러 사람과 함께 식사를 하면, 대부분 내가 제일 먼저 저녁식사를 끝낸다.				
5. 바쁜 경우 다른 일을 하면서 라면, 햄버거나 배달요리로 대충 때우는 경우가 많다.				
6. 배가 고프지 않아도 좋아하는 음식이 있으면 먹는다.				
7. 냉장고를 열면 무언가 하나라도 먹게 된다.				
8. 뷔페식당에서는 모든 음식을 조금씩 맛보는 버릇이 있다.				
9. 갈증이 나면 물보다는 주스나 콜라 같은 것을 마신다.				
10. 맛있는 음식이 있으면 배가 불러도 계속 먹는다.				
	합계(			)점

〈평가〉

▶ 80점 이상 : 좋은 식습관을 가지고 있습니다. 좋은 식습관을 유지할 수 있도록 계속 노력하시기 바랍니다.

▶ 79~60점 : 조금만 노력하신다면 좋은 식습관을 가질 수 있습니다. 당신의 잘못된 식습관을 고칠 수 있도록 노력하세요.

▶ 59점 이하 : 많이 개선되어야 하는 식습관입니다. 좋은 식습관을 가질 수 있도록 열심히 노력하시기 바랍니다. 좋은 식습관은 귀하의 건강 증진에 많은 도움이 됩니다.

〈출처〉 손숙미 외, 2010, 『다이어트와 건강』.

지 섭취상태를 면밀히 검토하는 것이 필요하다. 에너지 및 영양소 섭취상태를 알아보기 위해서는 식사일기, 24시간 회상법, 평소 섭취량 조사법, 식품섭취빈도 조사법, 식품교환단위를 이용한 영양섭취량 계산법 등을 이용할 수 있다(1장 참고). 또, 비만자의 경우 전체 식사섭취량의 조절이 가장 중요하기는 하나 식사습관 자체에 문제가 있는 경우가 많다. 따라서 식사습관 및 생활습관에 대한 정확한 파악은 식사치료 수립에 매우 유용한 도구이다(표 6-7 참조).

(4) 활동량 평가

비만자의 1일 활동량도 식사요법을 수립하는 데 중요한 요소로서, 1일 동안의 활동내용을 시간대별로 구분한 조사와 평가가 필요하다.

2) 비만의 식사요법

(1) 열량

열량의 산출은 ① 현재 체중을 유지하는데 필요한 열량에서 원하는 만큼 감량하는 방법과 ② 목표체중을 구한 다음 목표체중 유지에 필요한 열량을 구하는 방법이 있는데, 개인에 따라 적합한 방법을 이용한다.

① 현재 체중에 필요한 열량에서 원하는 만큼 감량하는 방법

현재 체중을 유지하는데 필요한 열량은 연령, 성별, 기초에너지, 식품의 열발생 에너지, 신체활동수준에 따라 다르다. 일반적으로 가벼운 활동인 경우는 체중 kg당 25~30kcal, 중 정도의 활동은 체중 kg당 30~35kcal을 소모하게 된다(표 6-8 참조). 지방 0.5kg은 원래 4,500kcal에 해당하나 체지방조직은 단백질, 수분, 무기질등을 포함하므로 약 3,500kcal로 환산된다. 따라서 1주일에 약 0.5kg의 체중감소를 위해서는 1주일에 3,500kcal, 즉 1일 500kcal의 에너지 감소가 요구된다. 적당한 체중감소는 1달에 2kg, 또는 1주일에 0.5kg 정도이며 1달에 최대 4kg까지 가능하나 그 이상의 체중감량은 유지하기가 힘들고 부작용도 많이 발생할 수 있다.

[예제] 175cm, 90kg인 남자의 현재 필요한 열량에서 원하는 만큼 감량하는 방법

- 활동에 따른 현재 체중을 유지를 위한 열량필요량

➡ 90×35(중등도 활동) = 3,150kcal
감량하고 싶은 열량(1주일에 0.5kg) :
3,150 - 500 = 2,650kcal, 2,650kcal로 식사구성

➡ 90×25(가벼운 활동) = 2,250kcal
감량하고 싶은 열량(1주일에 0.5kg) :
2,250 - 500=1,750kcal, 1,750kcal로 식사구성

표 6-8 활동에 따른 열량요구량

활동강도	직종	체중당 필요 열량(kcal/kg)
가벼운 활동	일반사무직, 관리직, 기술자, 어린 자녀가 없는 주부	25~30
중등도 활동	제조업, 가공업, 서비스업, 판매직외 어린 자녀가 있는 주부	25~30
심한 활동	농업, 어업, 건설 작업	35~40
아주 심한 활동	농번기의 농사, 임업, 운동선수	40~

② 목표체중을 구하고 목표체중 유지에 필요한 열량을 구하는 방법
목표체중은 체질량지수를 이용하거나, 단계적으로 목표체중을 구하고 실시할 수 있으며 예를 들어 설명하면 다음과 같다.

A. 목표체중을 체질량지수로 구하는 방법(건강한 BMI 범위 18.5~22.9)

목표체중(kg) = 목표 BMI × 신장(m)^2
키 175cm인 남자대학생의 목표 BMI가 22라면
목표체중 : 22×(1.75)^2 = 약 67.4kg

목표체중 유지에 필요한 열량

67.4×30(중등도 활동) = 2,022kcal = 약 2,000kcal

B. 목표체중을 단계별로 구하는 방법

첫 번째 3개월에 현재 체중의 10%를, 6개월 후에(2차) 10%를 더 감량한다면 첫 3개월간의 1차 목표체중 : 90×0.9 = 81kg

1차 목표체중 유지에 필요한 열량

81×30(중등도 활동) = 2,430kcal = 약 2,400kcal

6개월 후 2차 목표체중 : 81×0.9 = 72.9kg = 약 73kg

2차 목표체중 유지에 필요한 열량

73×30(중등도 활동) = 2,190kcal = 약 2,200kcal

(2) 단백질

단백질은 표준체중, 혹은 조정체중 1kg당 1.0~1.5g이 권장된다. 열량을 제한하게 되므로 근육조직의 과다한 손실을 방지하기 위해서는 적정 수준의 단백질 섭취가 필요하다. 특히 에너지 섭취량이 적을수록 단백질 섭취는 더 중요하다. 일반적으로 질소평형유지를 위해서는 에너지 100kcal를 제한할 때, 0.2~0.3g의 질소를 증가시켜야 하며, 이는 1.75g 정도의 단백질에 해당하는 양이다.

(3) 지방

일반적으로 지방섭취량은 총 에너지 섭취량의 20~25%을 넘지 않도록 권장한다. 전체 지방섭취량 중 포화지방산과 다가불포화지방산이 각각 총 지방섭취량의 1/3을 넘지 않도록 하며, 콜레스테롤은 1일 300mg을 초과하지 않도록 한다. 고지혈증이 동반된 환자의 경우에는 별도의 지침에 따라 지방 섭취량을 조절한다.

(4) 당질

단백질 절약, 케톤증 및 심한 수분 손실 예방을 위해서는 1일 최소 50~100g 이상의 당질 섭취가 요구된다. 당질 섭취량이 100g 이하가 되면, 인슐린 분비량이 감소하고 두뇌등 포도당을 에너지원으로 사용하는 조직에 필요한 열량을 공급하기 위해 단백질이 분해되어 포도당으로 전환되게 된다. 대체로 당질은 전체 칼로리의 55~60% 정도가 권장된다. 식이 섬유소는 1일 20~30g 이상을 섭취하도록 권장하는데, 이는 식사의 에너지밀도를 낮추고, 위배출을 지연시킴으로써 공복감을 줄여 주며, 변의 용적을 증가시켜 열량제한시 식사량의 감소로 인한 변비를 방지해 줄 수 있다. 이외에도 혈중 지방 및 혈당을 개선시키는 효과가 있다.

(5) 비타민과 무기질

비타민과 무기질은 1일 권장량을 충족시킬 수 있도록 공급되어야 하는데, 1,200kcal 이하의 식사를 하는 경우 식사만으로는 권장량을 충족시키기 어렵다. 따라서 에너지섭취 수준이 매우 낮을 경우에는 별도의 보충이 필요하다. 감량식사를 하는 경우에는 어육류, 저지방 유제품, 채소 및 과일류가 다양하게 포함되어야 일정량의 비타민과 무기질을 공급받을 수 있다.

또한 비만환자의 경우 산화적 스트레스가 증가된 상태이므로 식사를 통한 항산화 비타민과 무기질 섭취에 주의를 기울여야 한다.

(6) 수분

정상적인 식사를 하는 경우에는 1일 2ℓ 이상의 수분이 요구된다. 저열량 식사를 하는 경우 에너지원의 공급을 위하여 단백질이 분해되면서 생성되는 질소산물이 증가되므로 이를 배설하기 위해서는 충분한 양의 수분이 필요하다. 특히 저당질 식사를 하는 경우 케톤체의 배설을 위해 많은 양의 수분이 요구된다. 일반적으로 1일 2ℓ 이상 혹은 1kcal당 1mℓ 이상의 수분 섭취가 필요하다.

3) 비만 식사요법의 분류

체중조절을 위한 식사요법을 열량 제한 정도에 따라 다음과 같이 분류할 수 있다.

(1) 중정도의 열량제한식moderate low calorie diet

일반적으로 평소 섭취량보다 에너지를 500~600kcal정도 감량한 식사로 환자들이 적응하기 쉬우며, 장기간에 열량섭취량 감소효과를 얻고자 할 때 도움이 된다. 이 방법을 지속적으로 잘 이용하면 열량을 심하게 제한할 때보다 일정 기간 후 체중감소의 효과가 더 크게 나타날 수 있다. 이상적이고 균형된 저에너지 식사는 식품교환표를 이용하여 계획할 수 있다. 환자가 잘 적응할 수 있도록 가능한 환자의 생활 습관과 식품에 대한 선호도를 고려하여 계획하여야 하며, 식사요법 시행시 발생할 수 있는 문제에 대해 사전에 대처할 수 있는 방안을 제시해 주는 것도 매우 중요하다. 중정도의 열량 제한식사는 대부분 일상적인 음식으로 계획하지만, 경우에 따라서 상업적인 조제식을 병용하기도 한다.

(2) 저열량식low calorie diet

저열량식은 체중 1kg당 10~20kcal 정도로 1일 1,000~1,200kcal 정도로 열량 섭취를 제한하는 식사다. 이 식사는 체중감량이 빠른 기간내에 나타나나 당질, 단백질, 지방의 비율에 따라 효과가 달라지며, 부작용이 나타나기도 한다. 즉, 저지방 중당질식과 같은 균형잡힌 저열량식balanced low calorie diet과 저당질 고지방식이나 저당질 고단백식과 같은 불균형저열량식unbalanced low calorie diet이 있다. 이 방법을 적용할 때 주의점은 모든 환자의 열량 필요량이 개인에 따라 다르다는 것과 몇몇 영양소의 결핍이 초래되기 쉽다는 것이다. 일부 연구에서 1,200kcal 이하로 에너지제한을 한 경우, 10~20주간 체중을 15% 정도 감소시킬 수 있다고 보고하고 있으나, 감소된 체중을 유지하는 프로그램이 없을 경우 체중이 쉽게 원상태로 회복되었다. 이 식사의 효과에 대해 1년 이상 연구된 것은 드물며, 환자들의 계속적 참여를 유도할 수 있는 적절한 지원 시스템이 없을 경우 중도 포기율이 매우 높다.

당질, 단백질, 지방 비에 따른 식사

- 저지방 중당질 식사 : 지방열량 비율을 15~20%로 유지하면서 당질의 비를 50~60%로 하고 단백질을 약간 높인 20~25%로 하는 식사 방식이다. 당질 중에서도 전곡, 콩류, 채소, 해조류의 복합당질의 섭취를 유도하여 섬유소 섭취가 늘어나고 지방섭취는 줄어들게 된다. 저당질 고단백 식사에 비해 배고픔은 더 많이 느끼나 물과 섬유소로 섭취를 조절할 수 있다. 지방은 적게 섭취하되 필수지방산이 부족하지 않도록 등푸른생선, 견과류, 올리브유, 콩기름등을 통해서 섭취하도록 한다.
- 저당질 고지방 식사 : 당질은 100g 미만으로 하면서 지방열량비를 55~65%, 나머지는 단백질 열량비(15~25%)로 구성하는 식사로 지나치게 당질이 부족하여극심한 체지방 분해가 이루어진다. 이로 인해 체중은 빨리 감소되나 케톤체 생성이 늘어나고 심혈관질환 위험도도 높아진다. 고지방식이는 혈청 렙틴을 저하시켜 공복감을 자극하고 더 과식하게 만든다.
- 저당질 고단백 식사 : 당질 열량비를 30~40%로 최소한 유지시키면서 계란, 생선, 닭고기등의 육류 위주의 식사를 하거나 상업적인 단백질 formula인 액상단백질을 1일 3~5회 섭취하는 방법이다. 역시 케톤체 생성이 늘어나고 혈중 요산이 증가하여 신장에 부담을 주게 된다.

〈출처〉 손숙미 외, 2006, 『임상영양학』.

(3) 심한 열량제한식very low calorie diet

심한 열량제한 식사는 1일 400~800kcal의 열량을 공급하는 매우 적극적인 방법으로, 열량 소모량보다 훨씬 적은 열량을 섭취함으로써, 부족한 열량을 체지방으로부터 보충하여 단기간에 빠른 체중 감소가 이루어지도록 하는 방법이다. 이 식사는, 열량은 제한하되 케톤혈증ketosis과 질소 및 전해질 손실을 최소화할 수 있도록 당질, 질이 좋은 단백질, 필수지방산이 포함된 최소한의 지방과 권장량을 충족시킬 수 있는 비타민과 무기질이 포함되어 있어야 한다. 이 방법을 사용할 경우 일반적으로 1주일에 1.5~2.5kg 정도, 12~16주 사용 시 20~25kg이 감소된다. 일반적으로 BMI가 30kg/㎡ 이상인 비만환자들이나 BMI 27이상이며 합병증을 동반한 환자들에게 단기간 사용할 수 있다. 심한 열량제한식은 주로 액상 또는 분말상태로 된 상업적인 조제식을 이용하게 되는데, 제품의 영양성분을 충분히 고려하여야 한다. 이 제한식은 단기간에 체중을 감소시키는 효과는 있으나, 심각한 의학적 문제가 발생하기 쉬우므로 전문가의 엄격한 감시와 통제하에 실시되어야 한다.

(4) 저지방식low fat diet

이 식사는 특별히 열량제한을 강조하지 않고 지방섭취를 줄임으로써 1일 총 열량 섭취량을 줄이는 방법이다. 특히 평소 고지방식사를 하는 환자의 경우 적합하다. 지방섭취량을 제한하는 방법은 장기간의 체중유지에 매우 효과적이다. 일부 연구에서는 지방으로 섭취하는 열량을 10% 정도 감소시켰을 때, 5kg 정도 체중을 감량시키는 효과가 있음이 보고되고 있다. 지방제한식은 심혈관계 위험요인이 있는 환자의 경우 상당한 이점이 있으며, 비만 치료 초기에 강도 높게 열량제한의 효과가 있으며, 환자들의 감소된 체중을 장기간 유지할 수 있는 프로그램으로도 사용할 수 있다.

6. 식사와 관련된 행동수정 방법

식사와 관련하여 행동을 수정할 수 있는 방법을 살펴보면 〈표 6-9, 6-10〉과 같으며, 구체적으로 식사일지를 매일 적으면 행동을 수정하는데 도움이 된다.

표 6-9	식사 습관과 관련한 자극 조절

1. 하루에 3끼니를 꼭 먹고, 매 끼니마다 정해진 장소와 시간에 먹는다.
2. 먹는 중에 다른 행동은 금지한다.
3. 항상 음식을 남기도록 하고 남김없이 먹어 치우지 않는다.
4. 입 속에 뭔가를 씹으면서 다른 반찬(음식)에 젓가락질을 하지 않는다.
5. 한 번에 한 가지 음식을 먹고, 숟가락, 젓가락을 놓고 씹는다.
6. 여유를 갖고 식사를 하고 배가 부르게 먹지 않는다.
7. 먹고 나면 곧 바로 식탁에서 일어선다.
8. 음식은 반드시 식당에만 두고 눈에 띄지 않게 한다.
9. 문제가 되는 음식은 구입을 하지 않는다.
10. 식사가 끝나면 식탁을 바로 치우고, 음식은 보이지 않게 멀리 둔다.

표 6-10 자기 관찰의 요령

1. 식생활 습관
   (1) 언제: 배가 고파서, 그냥 먹는지, 아침을 먹는지, 밤에 주로 먹는지 등을 관찰
   (2) 어떤 기분으로: 아무 생각 없이, 기분이 좋은/나쁜 상태로 식사를 하는지 등을 확인
   (3) 어디서: 식탁에서만 먹는지, TV를 보면서 먹는지, 밤에 업무를 하면서 먹는지 확인
   (4) 무엇을 하면서: 식탁에서 신문을 보면서 식사를 하는지, 즉 식사와 관련 없는 작업을 하면서 식사를 하는지 등을 관찰
   (5) 누구와: 친구나 가족 중에 자신의 나쁜 식사 습관을 조장하는 사람은 없는지 확인
   (6) 무엇을: 고지방 음식을 주로 먹는지, 당질 음식을 주로 먹는지 등을 확인

2. 식사 습관
   (1) 씹으면서 먹는가: 씹지 않고 그냥 삼키거나, 현재 먹는 즐거움을 느끼지 않고 무조건 먹는 동작을 하는지 등을 관찰
   (2) 배가 고파서 먹는가, 아니면 배는 고프지 않은데 심심해서 먹는지를 관찰
   (3) 음식을 절대로 남기지 않고 다 먹는 습관이 있는지를 관찰
   (4) 음식을 먹으면서 다른 음식에 손이 가서 자신도 모르게 한 번에 두 가지 음식을 씹는지를 관찰. 한 가지 음식을 삼키기도 전에 다른 음식을 집으려 하는지도 관찰
   (5) 한 번에 두 가지 음식을 입에 씹고 있는지를 관찰
   (6) 함께 식사하는 친구들보다 먼저 식사를 끝내는지를 관찰

3. 영양 상태
   (1) 하루에 섭취하는 총열량 및 성분의 양을 확인하여 계산
   (2) 당질, 지방, 단백질이 균형을 이룬 식사를 하는지를 관찰(특히 지방의 양)
   (3) 야채나 과일 등에 들어 있는 비타민이나 무기질을 골고루 섭취하는지를 관찰

4. 운동 30%를 초과하는지 관찰
   (1) 하루 혹은 1주일 동안의 운동량이 얼마인가?
   (2) 자신이 주로 하는 운동의 종류와 소모되는 열량을 계산

식사 일기에 포함될 내용

① 먹은 음식의 이름과 양

메뉴는 되도록 자세히, 각각의 식품명도 자세히 기록

예 : 비빔밥(갈은고기 20g, 당근, 고사리, 시금치, 계란후라이 1개)

② 식사시간 : 식사 시작 시각과 종료 시각 기록

③ 장소 : 구체적으로 표시(싱크대 앞, 식탁 등)

④ 섭취 상황 : 과자가 식탁에 놓여 있어서, 빵 냄새가 좋아서, 친구가 권해서 등

⑤ 누구와 함께 식사했는가? : 혼자서, 친구와 함께 혹은 가족과 함께

⑥ 음식 섭취 목적

배가 고파서, 친구(또는 가족)와 사교하기 위해, 스트레스 해소를 위해, 심심해서, 음식이 있어서 등

⑦ 동반 행동 : 무엇을 하면서 식사했는가?

식사만 했다, TV나 신문을 보면서 했다, 가족 · 친구와 대화 등

⑧ 먹기 시작할 때의 배고픈 정도 :

배가 매우 고팠다, 배가 조금 고팠다, 배가 고프지 않았다, 배가 조금 불렀다, 배가 매우 불렀다 등

⑨ 음식을 먹을 때의 기분 : 매우 즐거웠다, 그저 그랬다, 우울했다 등

⑩ 개선점

하루 동안의 식생활을 돌아보고 구체적으로 제시

체중부족

체중부족은 표준체중에 비해 15~20% 또는 그 이상이 적은 경우로 -20% 이하일 때는 여러 가지 질병의 원인이 된다. 주요 증상으로는 저항력 감소가 있고, 유년기나 청년기에는 성장지연이 나타나며 쉽게 피로감을 느끼고 소화기계질환, 폐질환 등으로 사망위험이 증가될 수 있다. 여성의 경우에는 호르몬 분비 감소로 무월경 상태가 되며 골밀도의 감소로 골다공증 발병 위험도 높아진다.

1. 원인

1) 단순성 체중부족

지속적인 체중감소 현상은 아니며 일시적으로 보여지는 체중부족을 뜻한다. 특별히 치료대상이 되는 일은 드물지만 원인이 분명치 않은 진행성 체중감소에는 위험한 질병이 발병되는 경우도 있으므로 세심한 주의가 필요하다.

2) 증후성 체중부족

증후성 체중부족증은 여러 가지 원인에 의해서 나타난다.

① 중추성 체중부족
종양이나 시상하부의 기질성 병변에 의해서 섭식중추에 장애가 생겨서 체중감소가 나타난다. 이 경우 아직까지 발생과정에 관한 정확한 기전이 알려져 있지 않다.

② 신경성 식욕부진anorexia nervosa
주로 젊은 여성이나 소녀들에게 나타나며 배고픔에도 불구하고 심한 식사제한 등으로 체중감소가 나타난다. 특징으로는 신경질적인 우울감, 열등의식, 근심, 수면부족, 월경불순, 성욕 감퇴 등이 동반된다.

③ 식습관 이상

편식습관, 종교적 문제, 알코올의 과다 섭취, 흡연, 수면부족에 의해 체중감소 현상이 올 수 있다.

④ 흡수장애에 의한 체중부족

체내의 소화액부족(무산증, 만성 장염, 위절제 등), 영양소 흡수부위의 면적 감소(장절제, 소장염), 위장관의 운동과다(궤양성 대장염, 알레르기성 설사 등), 흡수 이상(악성빈혈 등)이 있는 경우에는 체중감소 현상이 나타난다.

⑤ 대사 이상

간질환, 당뇨병, 갑상선질환, 부신질환 및 뇌하수체 질환이 있는 경우 체중부족 현상이 나타난다.

2. 체중부족의 식사요법

우선적으로 식습관을 정상화하고 일정 범위 내에서 체중을 유지하는 것이 중요하다. 1주일에 1kg의 체중증가를 목표로 하는 것이 이상적이며 심한 체중부족증인 경우 초기에는 위장관의 부담을 최소화하도록 보충제나 정맥주사 또는 튜브를 이용한 영양공급 방법을 실시한다. 기본식사 방침으로 적절한 에너지 섭취와 균형 잡힌 영양을 위해 과일, 채소, 양질의 단백질 식품, 유제품 등을 권장한다.

1) 열량

개인의 하루 총 에너지필요량에 500~1,000kcal 정도를 더하여 책정하는 것이 일반적인 방법이나, 갑작스러운 에너지 증가로 구토, 위장관 장애, 심리적 압박감 등을 받을 수 있으므로 세심한 주의와 점진적인 에너지 섭취 증가가 필요하다. 한꺼번에 에너지섭취 증가가 쉽지 않으므로 위의 부담이 적은 크림수프, 푸딩, 아이스크림, 치즈, 밀크쉐이크, 치즈수프 등의 농축음식을 이용한다.

2) 단백질

단백가가 높은 양질의 단백질을 하루 100g 이상 섭취할 것을 권장하며 총 단백질 섭취량의 50%는 동물성 단백질로 한다. 심한 체중부족이 장기간 진행되었을 때는, 위장관이 많은 단백질 식품을 소화할 수 있는 능력이 저하되어 있으므로 이런 경우에는 결정형 아미노산의 정맥투여가 필요하다.

3) 당질과 지방

체중증가를 위한 좋은 영양원으로 적당량의 지방은 식욕을 촉진시키며 당질은 쉽게 소화된다. 그러나 급격한 과잉섭취는 빠른 흡수로 혈당의 급상승을 초래하므로 식용유나 버터, 마가린, 당질 등을 조리시 소량씩 사용하여 점진적으로 에너지를 증가시키는 것이 효과적이다. 또한 당질 식품은 부피가 커서 식사량이 많아져 환자가 부담을 느끼게 되므로 당질의 의존도를 너무 높아지지 않도록 한다. 당질 공급원으로는 죽 종류, 버터토스트, 크래커와 치즈, 감자음식 등이 좋으며 식물성 기름으로 무치는 나물, 가름 바른 김구이 등은 지방의 좋은 공급원이 될 수 있다.

Chapter 7

심장순환기계 질환

학습목적

심장순환기계의 기능과 주요 심장순환기 질환의 병태생리를 이해하여, 심장순환기계 질환 환자의 영양평가 시행 결과에 따른 식사요법 계획에 적합하게 활용한다.

학습목표

● 고혈압

· 정상 혈압의 기준을 인지한다.

· 나트륨과 칼륨의 섭취를 조절하여 혈압을 조절하는 방법을 학습한다.

● 고지혈증

· 고지혈증의 종류를 알고, 그에 따른 식사요법을 학습한다.

● 동맥경화증

· 동맥경화증의 정의를 안다.

· 동맥경화증 환자의 식사요법을 학습한다.

● 심장질환 및 뇌졸중

· 허혈성 심장질환과 뇌졸중의 정의를 안다.

· 협심증, 울혈성 심부전, 심근경색 등의 심장질환의 특징을 학습한다.

Chapter 7. 심장순환기계 질환

심장 순환기계의 구조와 기능

심장순환기계cardiovascular system는 심장과 혈관으로 구성되어 있으며, 생체의 각 조직에 영양성분이나 산소를 공급하고 이들의 대사산물인 이산화탄소나 그 밖의 노폐물을 각 기관으로부터 받아들이는 기능을 한다. 이와 같은 기능은 혈액순환에 의해 이루어지는데, 심장은 혈액순환의 원동력인 펌프작용을 하고 혈관은 혈액을 운반하는 작용을 한다.

심장은 횡경막 바로 위쪽, 흉골의 좌측에 위치하며, 성인의 경우 약 300g 정도로, 성인 주먹 정도의 크기이다. 심장은 〈그림 7-1〉에서 보는 바와 같이 대동맥, 대정맥, 폐동맥, 폐정맥과 연결되어 있고 심장의 내강은 우심방, 우심실, 좌심방, 좌심실로 구성되며 상하의 심방과 심실 사이에는 판막이 있어 혈액의 역류를 막는다. 심장은 1분에 약 70회의 규칙적인 펌프작용을 하며 1분간에 박출되는 혈액량은 약 3~5ℓ 이다. 혈액순환 경로에는 〈그림 7-2〉와 같이 우심실 → 폐동맥 → 폐정맥 → 좌심방에 이르는 소순환(폐순환)과 좌심실 → 대동맥 → 대정맥 → 우심방에 이르는 대순환(체순환)이 있다.

심장이나 혈관에 이상이 생기면 심장의 펌프기능이 약화되고 각 조직 내의

그림 7-1 심장의 구조

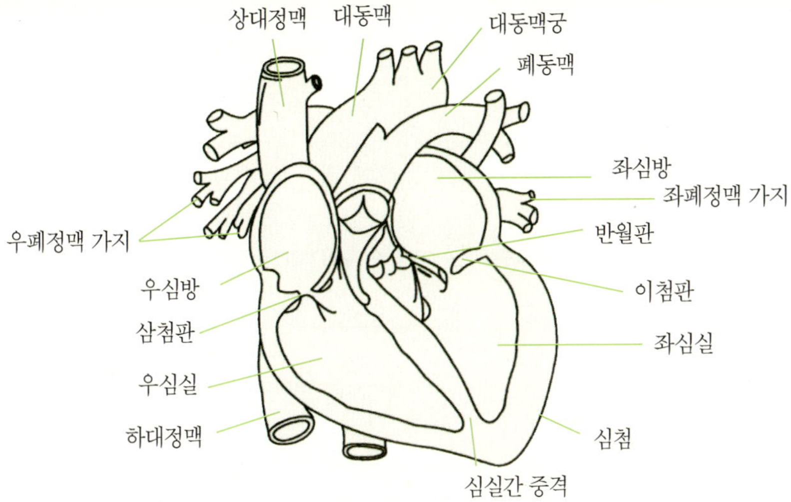

그림 7-2 폐순환과 체순환

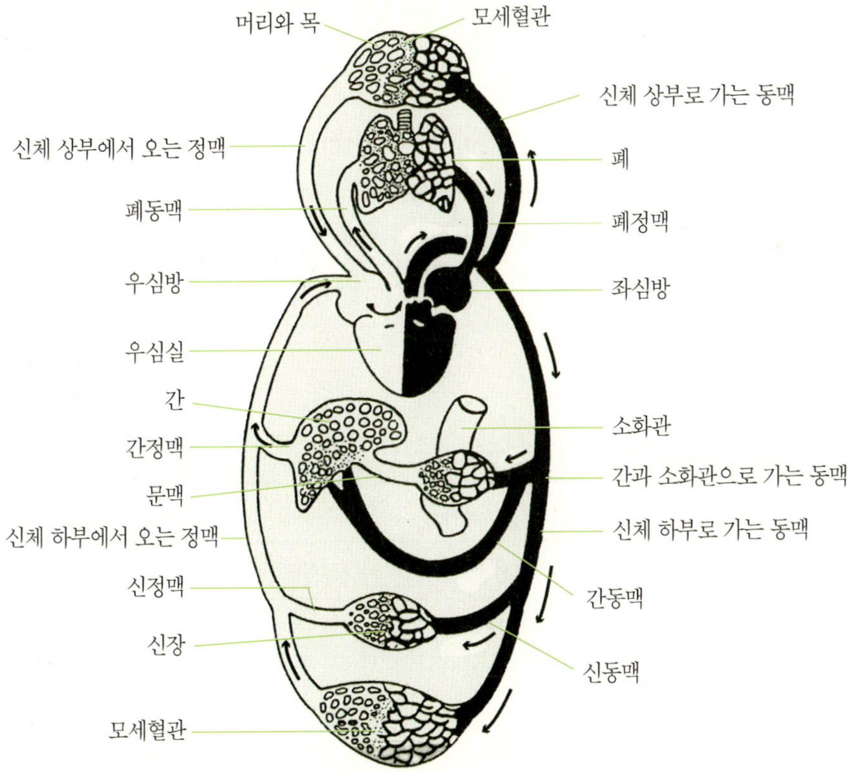

혈류량이 감소하여 영양성분 및 산소의 공급이 충분히 이루어지지 않고 노폐물이 축적되어 심장 대사는 물론 전신의 대사에까지도 이상이 생기게 된다. 심장순환기계 질환은 고혈압, 이상지질혈증, 동맥경화증, 심장질환 등으로 분류된다.

고혈압 hypertension

1. 진단

혈압은 심장의 펌프작용으로 혈액이 동맥 내로 분출될 때 동맥벽이 받는 측압을 체표면에서 측정한 것을 말하며, 심장에서 가까울수록 높고 말초로 갈수록 낮아진다. 혈압은 심장이 수축할 때의 수축기 혈압systolic blood pressure : 최고혈압과 심장이 이완할 때의 확장기 혈압diastolic blood pressure : 최저혈압으로 나타내며, 최고혈압과 최저혈압의 차이를 맥압이라 한다.

혈압은 연령, 성별, 식사, 운동, 감정 등에 의해 영향을 받아서 하루 중에서도 변동이 있지만 일반적으로는 최고혈압 140mmHg, 최저혈압 90mmHg 이내의 범위로 조절되고 있다. 그러나 육체적, 정신적으로 안정되어 있을 때에도 지속적으로 기준 이상으로 혈압이 높아지는 질병을 총칭하여 고혈압high blood pressure 또는 hypertension이라 한다. 대한고혈압학회가 정한 혈압의 진단기준은 〈표 7-1〉과 같다.

표 7-1 혈압의 기준

혈압 분류	수축기 혈압(mmHg)		확장기 혈압(mmHg)
정상	〈 120	그리고	〈 80
고혈압 전단계	120 ~139	또는	80 ~ 89
고혈압 1단계	140 ~ 159	또는	90 ~ 99
고혈압 2단계	≥ 160	또는	≥ 100

2. 분류

고혈압은 원인이 분명하지 않은 본태성 고혈압essential hypertension : 일차성 고혈압과 원인이 비교적 명확한 이차성 고혈압secondary hypertension : 속발성 고혈압으로 분류된다.

1) 본태성 고혈압(또는 일차성 고혈압)

본태성 고혈압은 원인이 불분명한 것으로, 고혈압 환자의 90% 이상을 차지한다. 검사 결과 이차성 고혈압이 아니라고 진단되면 본태성 고혈압이다. 짠 음식을 좋아하는 등의 식습관, 흡연, 비만증, 스트레스, 공격적인 성급한 성격, 유전 등이 복합적으로 본태성 고혈압의 발생에 영향을 미치는 것으로 알려져 있다. 원인 질환이 확실한 이차성 고혈압은 그 질환의 치료로 정상 혈압을 회복할 수 있는 데 비해, 본태성 고혈압은 원인이 불분명하므로 치료가 더 어렵다.

2) 이차성 고혈압(또는 속발성 고혈압)

이차성 고혈압은 신장질환, 내분비계 질환, 심혈관계 질환, 신경계 질환, 임신중독증, 약물복용(경구 피임약, 스테로이드) 등이 원인이며, 이들 원인 중 신장질환에 의한 경우가 가장 많다. 고혈압 환자의 10% 정도가 이차성 고혈압이며 젊은 층에서 발생하기 쉽다. 이차성 고혈압은 원인이 되는 질환을 치료하게 되면 정상혈압으로 되돌아온다.

3. 원인 및 위험인자

1) 유전

부모가 고혈압인 경우 고혈압이 발생될 가능성이 높다는 것이 일반적인 견해이다. 정상인 부모 사이에서 고혈압 환자의 발생비율은 18%인 데 비해서 한쪽 부모가 고혈압일 경우는 34%, 양쪽 부모 모두가 고혈압일 경우에는 46%이다. 고혈압 발생률은 종족, 성별에 따라서도 차이가 있어 백인보다 흑인, 여자보다 남자가 높다.

2) 연령

성인 인구의 고혈압 평균 발생빈도는 15%이지만 60대에는 40%, 70대에는 60%에 이르고 있어 연령 증가에 따라 고혈압 예방에 각별히 신경을 써야 한다.

3) 비만

체중이 증가하면 고혈압이 악화될 수 있는 반면, 고혈압 환자가 10㎏의 체중을 감소시킬 경우 확장기 혈압은 10mmHg, 수축기 혈압은 25mmHg 정도 감소하고 경증 고혈압 환자는 체중 조절로도 혈압의 정상화가 가능하다. 비만인 경우 인슐린 저항성이 증가되어 고인슐린혈증hyperinsulinemia을 유발하는데, 이로 인해 신장에서 나트륨을 보유하여 자율신경계가 자극되고 전해질 운반기능도 변화를 일으켜 고혈압이 초래된다는 의견이 제시되고 있다. 또한 체중 증가시 혈관 내 용적이 증가하며 심박출량이 증가한다는 보고도 있어 비만과 고혈압의 관계를 뒷받침하고 있다.

4) 스트레스

정신이 흥분되거나 심한 스트레스를 받으면 뇌와 자율신경 등의 신경계가 자극을 받아 부신수질에서 아드레날린adrenalin이나 노르아드레날린noradrenalin 등의 호르몬이 분비되어 혈압이 상승한다. 일시적인 상태에서는 그 원인이 사라지면 혈압이 정상으로 되돌아오지만 지속적인 스트레스로 혈압상태가 장기화되면 고혈압으로 진행될 수 있다.

5) 운동

운동량이 적고 주로 앉아서 일을 하는 직업을 가진 사람에게서 고혈압의 발생률이 높다. 심장 및 말초혈관에 부담을 주지 않을 정도의 규칙적인 운동은 체중 감소, 스트레스 해소, 혈압 강하 등에 좋은 효과를 미친다.

6) 흡연과 알코올 섭취

고혈압 환자가 흡연을 하면 동맥경화증의 발생 가능성이 높아진다. 알콜 섭취는 여러 호르몬의 변화, 혈관 긴장상태의 변화 및 압력에 대한 반사민감성에 변화를 주어 혈압에 영향을 미친다. 과량의 알코올 섭취는 혈압을 상승시키고 혈중 중성지방 함량을 증가시켜 동맥경화나 뇌졸중의 발생을 증가시킨다.

7) 지방 섭취

지방의 과잉섭취는 비만, 동맥경화, 고지혈증을 일으켜 혈압에 영향을 미친다. 고혈압 환자의 혈중 콜레스테롤 함량 증가는 동맥경화 유발과 직접적인 관련이 있으므로 고지혈증이 있는 고혈압 환자의 경우 비만을 교정하고 콜레스테롤의 지나친 섭취를 제한하여야 한다. 콜레스테롤은 동물성 지방 식품에 많이 함유되어 있으며, 특히 계란 노른자, 곱창, 간, 오징어, 새우, 게 등에 많다.

8) 식염 섭취

식염 섭취량이 많을수록 고혈압 발생이 증가한다는 것은 많은 역학조사로 잘 알려진 사실이다. 알래스카의 에스키모인들은 하루 식염 섭취량이 4g 정도인데 이곳에 사는 사람들의 고혈압 발생은 거의 없다고 한다. 반면 하루에 10g의 식염을 섭취하는 미국인은 11%, 33g의 식염을 섭취하는 일본 동북부인은 30%의 고혈압 발생률을 나타낸다고 한다. 우리나라 사람들의 식염 섭취량은 15~20g 정도이고 고혈압 발생률은 15~20%로 높은 편이다.

4. 증상 및 합병증

고혈압은 자각증상이 없고 건강진단시 처음 발견되는 경우가 많다. 경증의 고혈압은 자각증상이 없지만 어느 정도 지속되면 두통, 호흡곤란, 어지러움, 경련, 귀울림, 불면증, 시력장애, 피로가 일어나며 가슴이 답답하고 손발이 저린다. 고혈압이 더 진행되어 악화되면 심장, 신장, 간, 비장, 췌장 등의 말초세동맥에 경화가 일어나 심근경색, 심부전, 뇌출혈, 뇌경색, 신부전, 안저출혈 등 생명에 위험을 미치는 합병증을 일으키기도 한다.

5. 고혈압과 식염감수성

본태성 고혈압에는 식염감수성 고혈압salt sensitive hypertension과 식염비감수성 고혈압non salt sensitive hypertension의 두 가지가 있다. 식염감수성 고혈압이란 식염제한이나 식염부하로 혈압이 쉽게 내리거나 높아지는 고혈압을 의미하고, 식염비감수성 고혈압은 식염에 따라 혈압반응이 나타나지 않는 고혈압이다. 따라서 고혈압에 대한 감염식 관리는 환자의 식염감수성을 고려할 필요가 있다. 식염감수성은 젊은층보다 고령층에서 더 높게 나타나며, 신장기능이 저하된 환자에게 높게 나타날 수도 있다. 일반적으로 고령자는 신장의 나트륨 배설능력이 저하되어 식염감수성 고혈압을 나타내는 경우가 많으므로 감염식 관리가 유효하다.

고혈압 환자에서 식염이 나쁜 이유는 식염에 포함된 나트륨 때문인데, 나트륨은 칼륨과 함께 사람의 체액 중 세포외액과 세포내액에 존재하면서 생체 내 삼투압 조절에 관여하여 물질대사에 중요한 역할을 담당한다. 세포외액의 나트륨이 정상 이상으로 저류되면 삼투압이 높아져서 혈장량이 증가하여 부종이 수반된다. 고혈압 환자가 체수분 보유 및 순환되는 혈액량이 많아지면, 그 많아진 혈액을 순환시키기 위해서 혈관은 더 많이 자극 받고 수축하게 되어 혈압이 상승된다. 심장도 많아진 혈액을 순환시켜야 하므로 높은 혈압은 그대로 유지되며, 과잉의 식염은 나트륨을 여과시키는 신장기능을 나쁘게 만들어 신부전증을 유발한다. 따라서 고혈압 환자가 식염섭취량을 줄이면 혈압도 떨어지고 혈관, 심장, 신장의 부담도 줄일 수 있다.

건강인의 하루 식염섭취 권장량은 8~10g이며, 나트륨의 하루 최소필요량은 380mg, 즉 식염으로 환산하면 약 1g에 해당된다. 고혈압 치료에 있어서는 하루 식염섭취량을 5~7g까지 줄이고 경우에 따라서는 이보다 더 줄이기도 한다.

6. 식사요법

고혈압의 식사요법의 목적은 체중을 감량하고 나트륨의 섭취를 제한하여 혈압을 저하시킬 뿐만 아니라 심혈관계 질환의 발생과 진전을 억제하는 데 있다. 고혈압의 식사요법에는 감염요법, 비만 및 이상지질혈증 대책, 기호식품 대책 등이 요구된다.

1) 식염(나트륨) 제한

본태성 고혈압에는 식염감수성과 식염비감수성 고혈압의 두 가지 유형이 있으나, 고혈압 환자의 70% 이상이 식염감수성 고혈압이다. 따라서 고혈압 환자의 식사요법에서 식염의 제한은 매우 중요하다. 다만 어느 정도로 감염을 할 것인가는 고혈압의 정도나 합병증에 따라 다르다.

(1) 나트륨 제한식

나트륨 제한식은 고혈압뿐만 아니라 신장, 간장, 심장순환계 질환 및 부종의 치료에 중요하며, 그 제한 정도는 질병의 정도와 환자의 민감도 등에 따라 달라진다.

① 경저염식mild sodium restricted diet : 4,000mg 나트륨식(소금 9g 첨가)
가벼운 나트륨 제한식사로 조리 중에 소금을 8~9g 사용할 수 있다. 나트륨 함량이 높은 장아찌, 염장식품, 젓갈류, 가공식품을 제외한 일반 모든 식품을 섭취할 수 있다.

② 저염식moderate sodium restricted diet : 2,000mg 나트륨식(소금 4g 첨가)

중정도로 나트륨을 제한하는 식사로 식품 자체에 함유된 나트륨 400~600mg 이외에 조리 중에 소금 3~4g을 사용할 수 있다. 나트륨 함량이 높은 식품은 제한하고 마요네즈나 토마토케첩 등 조미료는 허용된 범위 내에서 사용한다.

③ 극저염식strict sodium restricted diet : 400mg 나트륨식

나트륨을 엄격하게 제한하는 식사로 음식 조리과정이나 식탁에서 소금이나 간장을 전혀 사용하지 않으며 식품 중에서도 나트륨 함량이 높은 식품은 허용하지 않는다.

(2) 나트륨의 급원

나트륨 급원은 다음과 같이 분류할 수 있다.

① 나트륨 함량이 높은 식품

식품 조리시나 식탁에서 사용되는 식염 및 간장, 된장, 고추장 등 나트륨 화합물의 발효식품과 치즈, 베이컨, 햄, 버터, 젓갈, 건어물, 마요네즈, 토마토케첩, 통조림, 감자튀김 등의 가공식품은 나트륨 함량이 높은 식품이다.

② 자연식품에 함유된 나트륨

계란, 우유, 치즈, 고기, 생선 등의 동물성 단백질 식품은 비교적 나트륨 함량이 높다. 이와 같은 식품은 동물성 단백질의 섭취 면에서는 필요하지만, 나트륨 제한식에 있어서는 그 사용에 주의를 기울여야 한다. 과일은 나트륨 함량이 낮은 식품이지만 샐러리, 당근, 무, 근대, 시금치, 갓 등의 채소류, 해조류, 콩류는 비교적 나트륨 함량이 높은 식품이다. 그밖에 식품 중의 나트륨 함량은 〈표 7-2〉와 같다.

③ 나트륨 잠재식품

식품가공 중에 사용되는 나트륨원으로는 식염 외에 베이킹파우더나 중탄산나트륨과 같은 팽창제, 맛을 강화하기 위하여 사용되는

표 7-2 식품 중의 나트륨 함량 (단위: mg/100g)

식품명	나트륨	식품명	나트륨
쌀	미량	토마토주스	230
밀가루	1	토마토케첩	1,300
식빵	557	풋고추	0.6
카스테라	258	완두콩	1
콘푸레이크	660	파슬리	28
계란	81	상추	7
햄	110	샐러리	110
소시지	740	귤	2
닭고기	50	사과	0.2
돼지고기	58	복숭아	0.5
콩팥	210	바나나	0.5
쇠고기	65	수박	0.3
쇠간	110	버터	980
새우	140	콘소메원료 (bouillon cube)	24,000
굴	73		
조개	180	베이킹파우더	9,000
두부	7	간장	7,325
크림치즈	250	소금	39,342
가공치즈	1,500	우유	50
배추	23	양유	34
양배추	26	약식원료	80
시금치	82	정향	210
케이크	110	콜라	1
가지	0.9	껌	22
당근	31	커피	84
애호박	0.2	고춧가루	46
토마토	3	후추	16

MSGmonosodium glutamate, 아이스크림이나 우유에 사용되는 소듐 알지네이트sodium alginate, 방부 및 표백에 사용되는 소듐 설페이트sodium sulfate 등이 있다. 우리나라 가공식품의 경우 가공과정에서 사용된 나트륨의 양이 기록되어 있지 않은 것도 있어 고혈압 환자의 식품 선택시 주의해야 한다. 이와 같은 식품 이외에도 음료수, 항생제, 감기약, 치약 등을 통해서 나트륨이 부수적으로 섭취될 수 있기 때문에 이들을 사용할 때는 사용량에 주의해서 과량 복용하지 않도록 한다.

(3) 감염식의 조리법

감염식은 음식의 맛이 없어 식욕을 저하시킬 뿐 아니라 환자들에게 잘 수용되지 않아 질환을 치료하는 데도 어려움을 준다. 따라서 식품이 원래 가지고 있는 독특한 맛이나 향기를 살리고 조리법도 다양하게 해서 음식의 맛과 모양 및 색깔을 잘 구성하여 환자의 식욕을 촉진시키고 식사에 대한 권태감이 생기지 않도록 하여야 한다. 감염식 조리상의 요령은 다음과 같으며, 감염식사의 허용식품과 제한식품은 〈표 7-3〉과 같다.

표 7-3 감염식사의 허용식품과 제한식품

식 품	허 용 식 품	제 한 식 품
곡류	쌀, 보리, 옥수수, 감자, 고구마, 소금을 넣지 않은 곡류	라면, 스프 등
빵류	제한식품이외의 모든 식품	소금, 베이킹파우더, 소다를 넣고 만든 빵
고기, 생선류	소고기, 돼지고기, 간, 신선한 생선, 소금을 안뿌리고 말린 생선 등	통조림, 소금에 절인 고기나 생선, 베이컨, 햄, 조림, 졸인 생선이나 치즈 등
계란류	제한식품이외의 모든 식품	소금을 넣은 계란요리
채소류	소금을 넣지 않고 조리한 신선한 채소류	김치, 깍두기, 장아찌, 통조림, 해조류
지방류	참기름, 식물성 기름	버터, 마가린
과일류	신선한 과일 모두	과일통조림
수분	생수	국물(찌개, 김치국물, 탕, 국) 스포츠음료
양념류	파, 마늘, 생강, 고추, 후추 등	화학조미료, 카레가루

표 7-4 소금 1g에 해당하는 염분량

식품명	중량(g)	목측량
소금	1	1/3작은술
진간장	5	1작은술
된장	10	1/2큰술
고추장	10	1/2큰술
마요네즈	40	3큰술
토마토케찹	30	2큰술
마가린, 버터	30	2큰술

① 조리 시 소금, 간장, 된장, 고추장 등의 사용량을 줄이고 신맛, 단맛(설탕, 식초, 레몬즙)을 적절히 이용한다. 소금 1g에 해당하는 염분량은 〈표 7-4〉와 같다.

② 허용된 양념(후추, 고추, 마늘, 생강, 양파, 카레가루)을 사용하여 싱거운 맛에 변화를 주도록 한다.

③ 사과, 파인애플, 유자, 레몬, 복숭아 등의 향기가 강한 과일을 조리에 이용한다.

④ 쑥갓, 미나리, 피망, 샐러리, 깻잎 등의 향기가 강한 채소로 음식의 맛을 좋게 한다.

⑤ 신선한 재료를 사용하고 식품 자체가 맛을 내는 다시마, 조개, 버섯 등을 조리에 이용한다.

⑥ 볶음이나 튀김 등의 요리는 기름 맛으로 짠맛을 보완해 주므로 효과적으로 이용할 수 있지만 열량이 높으므로 과식에 주의해야 한다.

⑦ 구이는 굽는 과정에서 생기는 냄새가 식욕을 돋굴 수 있어서 좋다.

⑧ 같은 양의 식염으로 맛을 더 강하게 느끼게 하기 위해서는 식사 전에 바로 첨가하면 짠맛을 더 느낄 수 있다.

⑨ 허용된 식염을 한가지 음식에 집중적으로 하는 것이 좋다. 주로 국에 간을 하면 식사 섭취가 용이하다.

⑩ 생채소를 충분히 섭취하며 소금을 적게 첨가하여 직접 만든 마요네즈나 드레싱을 사용한다.

⑪ 염화칼륨이나 염화암모늄과 같은 소금 대용품을 사용할 경우에는 의사의 처방에 따라 사용하도록 한다.

⑫ 절여서 만드는 장아찌, 젓갈, 장류, 김치 등의 섭취를 줄인다.

2) 칼륨

식염의 과잉섭취가 혈압을 상승시키는 요인이 되는 데 비해, 칼륨은 직접 세동맥을 확장시키고 교감신경의 흥분작용을 완화시키며 레닌 분비를 감소시키고 수분과 나트륨의 배설을 촉진하여 혈압을 저하시킨다. 칼륨은 직접적인 감압작용보다 나트륨의 혈압상승에 대해 길항작용을 하므로 감염효과를 증가시키는 기능이 더 강하다. 칼륨은 본태성 고혈압 환자나 특히 식염감수성 고혈압 환자에게 효과가 더 크다. 따라서 고혈압 환자는 칼륨 섭취를 증가시키는 것이 바람직하다.

칼륨은 과일이나 채소에 많이 함유되어 있으나 조리과정에서 많이 손실되는 점에 주의하며 1일 2~4g 정도 섭취하고 나트륨과 칼륨의 비Na/K를 1 이하로 유지하는 것이 좋다. 칼륨 함량이 많은 식품을 섭취해도 나트륨 함량이 너무 많으면 감압효과는 떨어지므로 칼륨 함량은 많고 나트륨 함량은 적은 두류, 감자, 채소류 등의 식품을 권장한다. 특히 혈압강하제를 사용하는 고혈압 환자는 칼륨이 부족되기 쉬우므로 칼륨이 많은 식품을 섭취해야 하며, 신부전의 합병증이 있는 환자는 칼륨을 과잉 섭취하면 고칼륨혈증을 일으킬 수 있으므로 주의한다.

3) 열량

고혈압 환자 중에는 비만증인 경우가 많으므로 이상적인 체중 유지를 위한 열량 제한이 요구된다. 비만증인 고혈압 환자의 급작스런 체중감소는 호흡곤란 등 부작용이 올 수 있으므로 계획된 저열량 식사로서 서서히 체중을 조절하는 것이 바람직하다.

4) 당질

당질의 과잉섭취는 피하지방이나 혈액 중 중성지방을 높여 비만의 원인이 되거나 2차적으로 혈압을 상승시켜 동맥경화의 요인이 된다. 당질은 총 열량의 55~60% 정도로 하고, 설탕이나 과당과 같은 단순당을 다량 함유한 과자류, 과일류, 기호음료류 등의 섭취를 줄이고 곡류나 감자류 등에서 복합당의 형태로 섭취하도록 한다.

5) 지방

지방과 고혈압은 직접적인 관계는 없으나 지방의 과잉섭취는 동맥경화, 고지혈증, 비만을 촉진시켜 혈압에 영향을 주게 된다. 불포화지방산인 리놀레산linoleic acid은 프로스타글란딘prostaglandin의 전구체로서 혈관 확장 및 나트륨 배설을 촉진시켜 고혈압과 심혈관계질환 예방에 효과적이며, ω-3계 지방산도 혈압을 강하시키는 것으로 알려져 있다. 지방은 총 열량의 15~20%로 하고, P/S비는 1~2, P/M/S비는 1/1/1, ω-6계 지방산과 ω-3계 지방산의 비는 4~10/1, 콜레스테롤은 1일 300mg 이하로 한다. 이를 위해서는 콜레스테롤이나 포화지방산이 많은 동물성 지방을 제한하고 식물성 기름이나 어유의 섭취를 권장한다. 또한 다가불포화지방산polynnsaturated fatty acid : PUFA 함량이 많은 등푸른 생선이나 콩기름, 들기름의 섭취를 늘리고 콜레스테롤 함량이 많은 계란이나 우유 등은 사용량을 제한한다.

6) 단백질

고혈압 환자가 단백질이 부족하면 혈관과 심장근육이 약화되어 뇌졸중이 발생할 수 있으므로 신장기능이 정상으로 유지되는 한 단백질은 충분히 공급한다.

총 열량의 15~20%를 권장하고 양질의 단백질을 공급하되 동물성 단백질 중에 포화지방산이나 콜레스테롤이 다량 함유된 식품은 제한한다. 쇠고기, 돼지고기보다는 껍질을 제거한 닭고기, 콜레스테롤 함량이 적은 생선류, 콩 및 콩제품, 계란(1일 1개 정도), 우유(1일 1컵) 등의 식품을 선택한다.

7) 식이섬유소

식이섬유소 중 특히 과일류나 해조류에 들어 있는 수용성 식이섬유는 체내에서 나트륨을 흡수하여 대변으로 배설시키는 작용이 있다. 이와 같이 식이섬유소의 섭취로 식염에 의한 혈압상승을 어느 정도 억제할 수 있기 때문에 고혈압 환자는 식이섬유소를 충분히 섭취하도록 한다.

8) 수분

과량의 수분 섭취는 체액량을 증가시켜 혈압을 상승시키고 심장에 부담을 준다. 소금의 제한은 수분제한으로 이어지므로 감염식이 잘 이행되고 있을 때는 특별히 수분을 제한할 필요가 없다. 수분 섭취량은 1일 2,000㎖ 정도가 적당하나 심부전이나 신부전과 같은 합병증이 있을 때는 질환의 정도에 따라 수분을 제한해야 한다.

9) 알코올

과음하는 사람은 소량의 알코올을 마시는 사람이나 금주자보다 혈압이 높다는 보고가 있다. 고혈압 치료 초기에는 금주를 권하며 허용시에도 하루 30㎖ 이하가 되도록 한다.

10) 식사 및 생활 지도

식사는 규칙적으로 하고 소량씩 자주 하여 심장의 부담을 줄인다. 과일류, 채소류, 해조류 등 식이섬유가 많이 함유된 식품을 충분히 섭취하여 변비에 걸리지 않도록 하고 특히 저녁식사는 과식하지 않도록 주의한다.

육체적, 정신적 과로나 스트레스는 혈관을 수축하여 혈압을 높이기 때문에 평소 규칙적인 생활습관을 갖고 충분한 휴식을 취하도록 한다. 체중을 조절하여 비만을 예방하고 과로, 스트레스, 한랭을 피하고 음주와 흡연을 금하며 운동을 권한다. 운동은 체중조절뿐 아니라 나트륨이나 수분배설을 촉진시켜 혈압저하에도 효과적이다. 그러나 운동 중에는 혈압이 상승하기 때문에 격심한 운동은 피하고 조깅, 수영, 자전거 타기, 등산, 구기 등 심장에 큰 부담을 주지 않는 것을 선택한다.

11) Kempner rice diet

Kempner rice diet는 1944년 Kempner가 쌀과 과일을 이용하여 저나트륨, 저지방, 저단백질이 되게 고안한 식사로서 고혈압과 신장질환 환자를 위해 도입되었다. 저나트륨, 저지방, 저단백질 식사법으로 식염의 사용은 엄격히 제한되며 조리된 쌀, 설탕, 생과일이나 통조림된 과일로 구성된다. Kempner diet는 장기간 실시할 때 영양결핍이 나타날 수 있으므로 단기간만 시행할 것을 권한다.

DASHdietary approaches to stop hypertension 요법

이 식사는 National Heart, Lung, and Blood InstituteNHLBL에서 연구한 결과를 바탕으로 혈압을 낮추기 위해 제시한 식사요법이며, 포화지방산, 콜레스테롤 및 총지방량을 낮추는 식사계획으로 과일, 채소 그리고 무지방과 저지방우유 및 유제품을 강조한 식사이다. 이 식사에는 전곡류, 생선, 가금류 및 견과류가 포함되어 있으며, 적색의 육류, 당류, 설탕 첨가 및 설탕함유 음료가 전통적인 미국의 식사에 비해 적게 함유되어 있는 것이 특징이라 할 수 있다. 다음은 DASH 요법의 1일 목표 영양기준량(2,100kcal/일 기준)을 제시한 표이다.

총지방량	총열량의 27%	나트륨	2,300mg
포화지방산	총열량의 6%	칼륨	4,700mg
단백질	총열량의 18%	칼슘	1,250mg
당질	총열량의 55%	마그네슘	500mg
콜레스테롤	150mg	섬유소	30g

이상지질혈증hyperlipidemia

1. 정의

이상지질혈증이란 혈중 지방이 비정상적으로 증가된 상태를 말한다. 혈액 중의 지질에는 콜레스테롤, 중성지방, 인지질 및 유리지방산 등이 있으며, 이들 중에서 문제가 되는 것은 콜레스테롤과 중성지방이다. 따라서 이상지질혈증은 고콜레스테롤혈증, 고중성지방혈증 또는 이 두 가지가 겹친 것으로 분류된다.

혈액 중의 지질은 물에 용해되지 않으므로 단백질과 결합하여 지단백질의 형태로 존재한다. 혈중 지질의 증가는 이들 지단백질의 농도증가를 나타내기도 하는데, 혈중 지단백질이 비정상적으로 증가된 상태를 고지단백혈증hyperlipoproteinemia이라고 한다. 일반적으로 혈액 내 콜레스테롤과 중성지방의 농도를 검사결과로 이상지질혈증을 진단하며, 공복시의 혈청 콜레스테롤 값이 240mg/dℓ 이상 또는 중성지방 값이 250mg/dℓ 이상 높은 경우 이상지질혈증으로 진단한다. 〈표 7-5〉에서 보는 바와 같이 종종 지단백질 분석이 추가로 행해질 수 있다. 지단백질은 〈표 7-6〉과 같이 킬로미크론chylomicron, 극저밀도지단백very low density lipoprotein : VLDL, 중간저밀도지단백intermediate density lipoprotein : IDL, 저밀도지단백low density lipoprotein : LDL, 고밀도지단백high density lipoprotein : HDL으로 분류된다. 한국인의 이상지질혈증 진단기준은 〈표 7-7〉에 나타내었다.

표 7-5 혈중 지질과 관상동맥질환과의 관계 (단위: mg/dℓ)

지질의 종류	이상적	경계	
총콜레스테롤	<200	200~239	≥240
저밀도지단백-콜레스테롤(LDL)	<130	130~159	≥160
고밀도지단백-콜레스테롤(HDL)	≥40	35~40	<35
중성지방	<200	200~399	≥400

표 7-6 지단백질의 종류

지단백질	구성성분 (%)			
	단백질	중성지방	콜레스테롤	인지질
킬로미크론	2	80~95*	2~7	3~9
극저밀도지단백	10	55~80*	5~15	10~20
중간저밀도지단백	10	20~50	20~40	15~25
저밀도지단백	25	5~15	40~50*	20~25
고밀도지단백	50*	5~10	15~20	20~30

주 : *주요 구성성분

표 7-7 한국인의 이상지질혈증 진단 기준(단위: mg/dℓ)

지질의 종류	정상	경계치	높음
총콜레스테롤	〈 200	200～229	≧230
LDL 콜레스테롤	100～129	130～149	≧150
HDL 콜레스테롤			≧60
중성지방	〈 150	150～199	≧200

2. 원인 및 증상

1) 원인

이상지질혈증은 원인에 따라 유전인자에 의한 가족성(1차성, 원발성)과 다른 원인질환에 의한 속발성(2차성)으로 나뉜다. 가족성인 경우 유전적 요인으로 지단백분해효소lipoprotein lipase : LPL의 선천적인 결핍이나 부족, 아포단백질의 결손, LDL 수용체의 결핍 또는 감소 등을 들 수 있다. 속발성은 후천적 요인에 의한 것으로 갑상선 기능저하, 당뇨병, 비만, 신부전, 간질환, 췌장염, 요독증, 면역 이상 등의 각종 질병이나 경구피임약, 부신피질 호르몬제, 일부 항고혈압제나 이뇨제 등의 약물이 원인이 된다. 또한 동물성 지방, 콜레스테롤, 당질의 과다섭취와 알코올 섭취 등의 식사성 요인도 고지혈증의 주요 원인이 될 수 있다.

2) 증상 및 합병증

이상지질혈증의 특징적인 소견은 황색종xanthoma으로, 특히 가족성 고지혈증 환자에서는 눈 주위나 팔꿈치, 손등, 무릎, 아킬레스건 등에 나타나거나 간혹 관절부위에 딱딱한 결절상의 종양을 일으킨다. 속발성이나 식이성 이상지질혈증은 일반적으로 자각증상이 없지만 이상지질혈증이 장기간 진행되면 동맥경화증, 심근경색, 신경화, 간질환, 담석증 등을 일으킬 수 있다.

3. 고지단백혈증의 분류

고지단백혈증은 한 종류 이상의 혈중 지단백질이 증가된 것으로 어떤 종류의 지단백질이 상승되어 있느냐에 따라 〈표 7-8〉과 같이 분류되며, 그 유형에 따라 적절한 식사요법이 시행되어야 한다.

표 7-8 고지단백혈증의 분류

유형	증가하는 지단백질	혈중 지질농도			원인	발병연령	유도조건	식사요법
		콜레스테롤	중성지방	C/TG				
I	Chylomicron	↑~	↑↑↑	<0.2	LPL 결핍	10세 이하	고지방식	저지방, 금주
IIa	LDL	↑↑↑	~↑	>1.5	LDL 수용체 이상, LDL 합성항진	30세 전후	고콜레스테롤식, 고포화지방식	저콜레스테롤, 저포화지방식
IIb	LDL, VLDL	↑↑	↑↑	>0.5	LDL 수용체 이상, VLDL · LDL 합성항진	30세 전후	고콜레스테롤식, 고당질식	저콜레스테롤, 저포화지방, 저당질식, 금주
III	IDL	↑↑	↑↑	≒ 1.0	아포단백질 E 이상으로 간에서의 LDL 결합저하	성인	고지방식, 고당질식	저콜레스테롤, 저포화지방, 저당질식, 금주
IV	VLDL	~↑	↑↑	<0.2	VLDL 합성항진, VLDL 처리장애	성인	고당질식	저당질식, 금주
V	Chylomicron, VLDL	↑	↑↑↑	0.15~0.6	VLDL 합성항진, chylomicron · VLDL 처리장애	성인	고지방식, 고당질식	저지방, 저당질식, 금주

1) Type I (고chylomicron혈증)

외인성 고중성지방혈증, 고킬로미크론혈증, 가족성 LPL 결손증 등으로 불린다. LPL이 선천적으로 결손돼 킬로미크론이 혈중에서 제거되지 못해 혈중 중성지방이 증가하고 공복상태에서도 킬로미크론이 존재한다. 이 유형은 극히 드물게 발생하며 어렸을 때부터 나타나고 증상으로는 발진성 황색종eruptive xanthoma, 피부의 지방 축적특히 cholesterol ester 축적, 복통, 재발성 췌장염, 망막성 고지혈증 등이 나타난다. 식사요법으로 지방 및 알코올의 섭취를 제한한다. 지방은 1일 25~35g 이하로 섭취하되 지방 급원으로는 킬로미크론을 형성하지 않고 장에서 흡수되는 중쇄지방산medium chain fatty acids으로 섭취한다.

2) Type Ⅱa (고LDL혈증)

고콜레스테롤혈증, 고LDL혈증, 아포단백 CⅡ 결손증(LDL 수용체 결손증) 등으로 불린다. 혈장 콜레스테롤과 LDL 콜레스테롤이 증가되지만 중성지방은 정상으로 혈장 콜레스테롤이 300~600mg/㎗로 상승한다. 가족성 고콜레스테롤혈증familial hypercholesterolemia으로, 동맥경화증이나 심혈관계질환으로 진행되기 전에 발생한다. 증상으로 황색판xanthelasma, 눈꺼풀에 지방 축적, 황색종xanthoma 등이 나타난다. 식사요법으로 정상 체중을 유지하고 콜레스테롤을 하루에 300mg 이하로 제한하며 포화지방산이 많은 동물성 지방보다 식물성 지방을 섭취하여 P/S를 1~2로 한다. 또한 콜레스테롤의 장내 흡수를 줄이기 위하여 수용성 식이섬유소를 중심으로 한 고섬유소식을 해야 한다.

3) Type Ⅱb (고LDL · VLDL혈증)

혼합형 지단백혈증, 복합형 이상지질혈증으로 불리고 혈장 콜레스테롤과 중성지방, LDL과 VLDL이 증가되며 아포단백 B의 합성항진이 관련된 것으로 알려져 있다. 60세 이전 심혈관계질환자의 5%가 이 유형으로, 비만이 심한 경우도 있으며 동맥경화나 고요산혈증이 있는 경우도 있다. 식사요법은 LDL 합성 저하를 위해 Ⅱa 유형과 같이 P/S를 1~2로 하고 콜레스테롤을 하루에

300mg 이하로 제한한다. VLDL 합성 저하를 위해서는 에너지와 당질 섭취를 줄여 간에서 중성지방 합성을 저하시킨다. 열량은 표준체중을 유지하도록 조절하며 당질은 총 열량의 40~45%로 공급하되 단순당의 섭취는 줄이고 알코올도 제한한다.

4) Type Ⅲ (고IDL혈증)

비교적 드문 유형으로 성인기 초기에 발병한다. IDL은 VLDL과 LDL의 대사중간체로 VLDL이 LDL로 대사되는 과정의 장애로 IDL의 농도가 상승하며 혈청 중성지방과 콜레스테롤 농도가 모두 증가한다. VLDL의 과잉생산, 아포단백 E의 결핍, 간내 중성지방 분해효소의 활성저하, 고지방 및 고당질식이 주된 요인이다. 증상으로는 발바닥과 손바닥에 황색종이 생기고 말초혈관에 동맥경화가 발생된다. 식사요법은 기본적으로 Ⅱb형에 준하며 정상 체중을 유지하고 열량, 지방, 알코올의 섭취를 제한한다.

5) Type Ⅳ (고VLDL혈증)

고중성지방혈증, 탄수화물 기인성, 알코올 기인성 고지혈증으로 불리며, 이상지질혈증 중 가장 일반적인 형태이다. VLDL의 과잉 생성으로 혈장 중성지방이 상승되어 있으며 콜레스테롤은 정상 또는 약간 상승되어 있다. 성인기에 발생하며 주로 비만, 당뇨병과 함께 나타나고 그 외 지방간, 간기능 장애, 담석증, 고요산혈증과 함께 나타난다. 식사요법은 간에서 내인성 중성지방의 합성을 억제하여 VLDL의 생성을 저하시키기 위하여 열량, 당질, 알코올을 엄격히 제한한다

6) Type Ⅴ (고chylomicron · VLDL혈증)

제Ⅰ형과 Ⅳ형이 합쳐진 것으로 매우 드물게 나타난다. 혈액 중 LPL 부족으로 킬로미크론이 대사되지 못하고 VLDL은 간에서의 합성이 항진되는 반면 혈중에서 대사되지 못하여 혈중 킬로미크론과 VLDL, 즉 외인성 중성지방과

내인성 중성지방이 모두 증가한 상태이다. 중성지방은 1,000mg/dℓ 정도로 상승하고 발진성 황색종, 복통, 망막성 이상지질혈증, 고혈당증, 고요산증 등이 나타난다. 식사요법으로 표준체중을 유지하고 열량, 지방, 당질, 알코올의 섭취를 제한한다.

4. 식사요법

이상지질혈증의 식사요법 목표는 혈청 콜레스테롤이나 중성지방 농도를 200mg/dℓ 미만으로 유지하고, 이상지질혈증과 관련된 관상동맥심장질환의 위험도를 감소시키며, 건전한 생활양식을 습득하는 것이다. 이상지질혈증의 식사관리를 위해 여러 가지 방법들이 제시되고 있다. 이상지질혈증 환자의 식사관리시 주의해야 할 사항은 〈표 7-9〉와 같다.

이상지질혈증은 고콜레스테롤혈증과 고중성지방혈증 및 고콜레스테롤혈증과 고중성지방혈증의 복합형의 3가지 유형으로 분류된다. 고콜레스테롤혈증과 고중성지방혈증에 따른 각각의 식사요법을 살펴보면 다음과 같다.

1) 고콜레스테롤혈증

고콜레스테롤혈증은 총 콜레스테롤 및 LDL 콜레스테롤의 상승, HDL 콜레스테롤의 저하, 총콜레스테롤/HDL 콜레스테롤 또는 LDL 콜레스테롤/HDL 콜레스테롤이 상승되어 있는 경우를 말하며, 우리나라에서 제시한 이상지질혈증 식사관리 지침(표 7-10 참조)을 지키도록 한다.

(1) 열량 섭취의 조절

열량섭취를 줄이면 간의 콜레스테롤 합성이 저하되어 간의 콜레스테롤 필요량이 증가하는 동시에 간의 LDL 수용체도 증가하여 혈중 콜레스테롤을 낮출 수 있다. 열량 섭취량은 환자의 표준체중을 산출하여 표준체중 1kg당 25~30kcal로 결정한다. 그러나 비만환자는 체중감량을 위하여 이보다 더 낮게 결정할 수 있다. 비만자가 감량을 하면 총콜레스테롤, LDL 콜레스테롤, 중성지

표 7-9 이상지질혈증 식사관리 실제 적용

1. 쇠고기, 돼지고기 등은 살코기만을 사용하며 눈에 보이는 기름부분은 모두 잘라 버린다.
2. 가공된 고기(베이컨, 소시지, 햄, 핫도그 등)는 지방이 많으므로 먹지 않도록 한다.
3. 닭, 칠면조 등은 껍질과 지방층을 제거한 후 사용한다. 단 조리 시에 튀김은 피하고 기름이 많은 양념은 하지 않는다.
4. 생선은 콜레스테롤을 함유하고 있으나 포화지방산이 적으므로 고기류보다 생선을 자주 섭취하도록 한다.
5. 조개 및 갑각류의 콜레스테롤 함량은 식품 종류에 따라 다양하다. 그러나 콜레스테롤이 많은 새우, 가재 등도 포화지방산은 적기 때문에 가끔 사용이 허용된다.
6. 우유는 가능하면 지방함량이 1% 이하인 탈지우유를 사용한다. 고형 요구르트도 탈지 또는 저지방유로 만든 것을 사용한다.
7. 기름을 사용할 때는 버터나 라드 같은 포화지방산이 많은 식품은 피하고 불포화지방산이 많은 식물성기름으로 사용한다. 그러나 식물성기름 중 코코넛기름이나 야자유(팜유) 등은 포화지방산이 많으므로 주의해야 한다. 코코넛기름과 야자유 등은 제과 및 가공식품, 라면, 팝콘, 커피프림 등에 많이 이용되므로 주의 깊게 표시를 읽어보고 섭취하도록 한다.
8. 계란은 콜레스테롤이 많으므로 되도록 제한하며 노른자 대신에 계란흰자의 사용은 가능하다.
9. 과일과 채소에는 비타민, 섬유소, 무기질 등이 풍부하므로 식사 때마다 충분히 사용하도록 한다. 다만 혈중 중성지방 수치가 높은 사람의 경우는 과일도 지나치게 많이 섭취하지 않도록 주의할 필요가 있다.
10. 밥, 빵, 감자, 고구마 등의 곡류와 콩 등은 당질과 단백질이 풍부하면서 지방은 적으므로 제한할 필요는 없다. 곡류 및 콩에 들어 있는 섬유소는 혈중 지질을 떨어뜨리는 효과가 있으므로 도정이 덜 된 곡류나 콩의 섭취를 권한다. 다만 지나친 섭취로 열량 섭취가 늘어나는 것을 주의한다.
11. 견과류(땅콩, 호두, 잣 등)에는 불포화지방산은 많으나 지방량 및 열량이 많으므로 섭취 시 주의하는 것이 좋다.
12. 간식류
    ① 사탕 및 초콜릿에는 단순당질 및 지방이 많으므로 제한해야 한다.
    ② 대부분 상업적으로 가공된 식품(크래커, 감자칩, 쿠키, 케이크, 파이 등)에는 동물성기름 및 라드 사용이 많아 포화지방산 함량이 높다. 따라서 이러한 식품보다는 빵(토스트), 과일, 채소 등으로 간식을 하는 것이 좋다.
13. 조리방법
    ① 찜, 구이, 조림 등 기름이 적게 쓰이는 조리방법을 택한다.
    ② 조리 시에는 지나친 염분사용을 피한다. 고혈압이나 심장질환이 있는 경우는 물론이고 정상인 경우도 염분사용량은 제한하는 것이 좋다. 한국인은 보통 1일 15~20g의 식염을 섭취하고 있는데 실제로 염분 섭취량은 1일 5~6g이면 충분하다. 따라서 모든 음식을 되도록 싱겁게 조리하고, 소금이 많이 들어 있는 젓갈, 장아찌, 각종 가공식품(인스턴트 식품), 베이킹파우더, 화학조미료 등은 사용을 삼가한다.

표 7-10 한국의 이상지질혈증 식사지침

식사성분	권장량
총 열량	정상체중을 유지하는 범위
총 지방량	총 열량의 15~20%
포화지방산	총 열량의 6% 이하
다불포화지방산	총 열량의 6%
단일불포화지방산	총 열량의 10% 내외
당질	총 열량의 60~65%
단백질	총 열량의 15~20%
콜레스테롤	<100mg/1000kcal(1일 200mg 미만)

방이 저하되지만 너무 갑자기 감량을 하면 HDL 콜레스테롤까지 저하될 수 있으므로 주의해야 한다. 하루의 총열량 섭취량이 적절해도 끼니별 배분이 고르지 못하고 특히 저녁에 편중되면 이상지질혈증 개선에 효과가 없으므로 3끼의 열량배분을 고르게 한다.

(2) 지방 섭취량과 지방산의 종류

열량 섭취량이 결정되면 열량구성비율에 맞춰 당질, 단백질, 지방의 섭취량을 결정하는데, 이상지질혈증 환자에 있어서 가장 중요한 것은 지방의 섭취량이다. 지방섭취는 총열량의 20% 미만으로 감소시키고 포화지방산의 섭취를 줄인다.

일반적으로 포화지방산은 혈청 콜레스테롤을 상승시키며 주로 동물성 식품에 많이 들어 있다. 불포화지방산에는 1가와 다가불포화지방산이 있으며, 1가에는 올레산oleic acid이 있고 올리브유, 채종유, 미강유, 육류 속에 들어 있다. 다가불포화지방산은 2중결합의 위치에 따라 ω-6계와 ω-3계로 분류된다. ω-6계에는 리놀레산linoleic acid, 아라키돈산arachidonic acid 등이 있으며 대두유, 해바라기유, 옥수수유, 면실유, 생선, 계란, 육류에 많이 들어 있다. ω-3계에는 리놀렌산α-linolenic acid, EPAeicosapentaenoic acid, DHAdocosahexaenoic acid 등이 있으며, 등푸른 생선류에 많이 들어 있다.

식사성 불포화지방산과 포화지방산의 비(P/S)를 상승시키면 콜레스테롤 및 콜레스테롤 대사산물인 담즙산의 변으로의 배설이 증가하고 간의 콜레스테롤 합성이 저하되어 고콜레스테롤혈증 환자에게 바람직하다. 그러나 P/S 가 지나치게 높으면 LDL의 저하 뿐만 아니라 HDL까지도 저하될 수 있고 다가불포화지방산의 산화작용에 의해 발암 또는 노화를 촉진시킬 수도 있다. 따라서 LDL 콜레스테롤을 저하시키기 위한 식사성 P/S비는 1~2가 바람직하다. 지방의 급원에 따른 지방산 성분의 차이는 〈표 7-11〉과 같다.

표 7-11 지방의 급원에 따른 지방산 성분 (단위: g/100g)

종 류	지 방	포화지방산	불포화지방산	
			올레산	리놀렌산
식물성				
옥수수기름	100	10	28	58
콩기름	100	15	20	52
면실유	100	25	21	50
낙화생기름	100	18	47	29
마가린	100	18	47	14
올리브유	100	11	76	7
들깨기름	100	—	—	58
참기름	100	15	38	47
고추씨기름	100	—	18	64
동물성				
버터	100	46	27	2
라드	100	38	36	10
쇼트닝	100	43	41	11

(3) 콜레스테롤

고콜레스테롤혈증 환자의 콜레스테롤 1일 섭취량은 200mg 이하로 해야 한다. 〈표 7-12〉에서 보는 바와 같이 콜레스테롤은 난황, 간, 어란, 어류의 내장, 육류, 뱀장어, 오징어, 문어, 낙지, 새우, 조개류, 버터 등에 많다. 그러나 새우, 오징어, 문어, 낙지, 생선, 조개류에는 아미노산의 일종인 타우린taurine이 있어 콜레스테롤을 저하시키는 역할을 하므로 이들 식품을 극단적으로 제한할 필요는 없는 것으로 알려지고 있다.

콜레스테롤이나 포화지방산의 섭취를 줄이기 위해서는 육류나 육류 가공품의 섭취를 제한한다. 육류는 기름을 제거하고 살코기만 사용하며, 특히 동물의 간이나 콩팥과 같은 내장이나 껍질은 피하도록 한다. 우유는 저지방우유나 탈지우유를 사용하고 난황은 콜레스테롤이 많으므로 과잉섭취하지 않도록 주의한다.

표 7-12 식품 중의 콜레스테롤 함량 (단위: mg/100g)

특히 많은 식품 (300mg 이상)		상당히 많은 식품 (150~300mg)		약간 많은 식품 (50~150mg)		적은 식품 (0~50mg)	
난황	1,300	뱅어포	250	작은 새우	125	참치(붉은살)	50
전란	470	돼지고기(간)	250	게살	125	우유	11
메추리알	470	쇠고기(간)	240	크림(고지방)	120	로스햄	40
쇠골	2,000	빙어	190	보리멸	100	요구르트	11
생오징어	300	성게	290	건정어리	100	탈지분유	2.8~3.2
건오징어	630	뱀장어	200	가자미	70	마가린(식물성)	0
쇠고기(콩팥)	310	버터	210	청어	70		
닭고기(간)	370	카스테라	190	전갱이(아지)	70		
연어알젓	510	마요네즈	200	연어	65		
청어알젓	370	큰 새우	200	꽁치	60		
생대구알	340	굴	200	고등어	55		
				치즈(가공)	80		
				소시지	60		
				베이컨	60		
				분말치즈	108		
				버터쿠키	115		
				전지분유	85		
				라드	95		
				돼지고기	70		
				닭고기	60		
				쇠고기	70		

(4) 식이섬유소

식이섬유소는 담즙산과 콜레스테롤을 흡착 배설시킴으로써 혈청 콜레스테롤을 저하시키는 작용을 한다. 식이섬유소 중에서도 채소류에 들어있는 셀룰로오스cellulose, 헤미셀룰로오스hemicellulose 등의 불용성보다 펙틴pectin, 구아검guar gum, 글루코만난glucomannan, 갈락토만난galactomannan, 알긴산alginic acid 등 두류, 해조류, 과일류에 들어있는 수용성 식이섬유소가 혈중 콜레스테롤이나

LDL을 낮추는 데 더 효과적이다.

(5) 생활습관 개선

고콜레스테롤혈증 환자는 혈청 LDL 콜레스테롤을 저하시키는 동시에 동맥경화 촉진작용에 대항하기 위해 HDL 콜레스테롤을 상승시키는 데 유의해야 한다. 스트레스, 흡연, 비만 등은 체내 카테콜아민catecholamine 분비를 촉진시켜 혈청 HDL 콜레스테롤을 저하시키며, 운동은 체내 에너지의 소비를 높여 간의 콜레스테롤 합성을 저하시키고 HDL 콜레스테롤을 상승시킨다. 적정량의 알코올 섭취는 HDL 콜레스테롤을 상승시키나 과량이 되면 HDL 콜레스테롤이 저하된다. 따라서 고콜레스테롤혈증 환자는 올바른 식사관리뿐만 아니라 스트레스 해소, 금연, 과음 주의 및 지속적인 운동관리 등 생활습관을 개선하도록 한다.

2) 고중성지방혈증

고중성지방혈증은 중성지방이 비정상적으로 증가되어 있으며, VLDL이 상승되고 총 콜레스테롤과 LDL 콜레스테롤이 약간 상승되어 있는 상태이다. 고중성지방혈증은 비만 및 고혈당과 관련이 있다. 식사요법은 체중감량과 함께 과다한 열량섭취를 제한하고, 지방 및 콜레스테롤 섭취를 제한한다. 혈중 중성지방이 250mg/dℓ 이상인 경우 알코올 섭취를 제한하고 500mg/dℓ 이상인 경우에는 반드시 섭취를 금해야 한다. 많은 양의 당질 섭취는 간의 중성지방 합성을 자극하여 고중성지방혈증을 악화시킬 수 있다. 이상지질혈증 환자에 대한 당질 섭취 제한에 대해서는 아직 논란이 있기는 하지만 고중성지방혈증을 치료하기 위해서 단순당의 섭취를 제한하고 복합당질과 식이섬유소의 섭취를 강조하고 있다. 중성지방을 낮추기 위해 우리나라에서 제시한 이상지질혈증 식사관리 지침〈표 7-10〉을 실행하는 것이 도움이 된다.

동맥경화증

1. 정의

동맥경화증은 동맥벽이 굳어지며 탄력성이 감소되어 약해지거나 콜레스테롤과 같은 물질이 침착되어 혈관 내강이 좁아지고 때로는 막히는 여러 병태의 총칭이며 그 결과 협심증, 심근경색, 뇌졸중 등의 증세를 나타낸다. 동맥경화는 연령이 증가하면서 누구에게나 나타나는데, 특히 30세 이후에는 혈관의 탄력성이 현저히 감소하고 동맥벽 조직의 성분 및 성상의 변화가 일어난다. 즉 혈관 내막은 두꺼워지고 중막은 탄력섬유가 감소되고 교원섬유와 평활근 세포가 증식됨으로써 동맥경화가 진전된다. 동맥의 구조는 〈그림 7-3〉과 같다.

그림 7-3 동맥의 구조

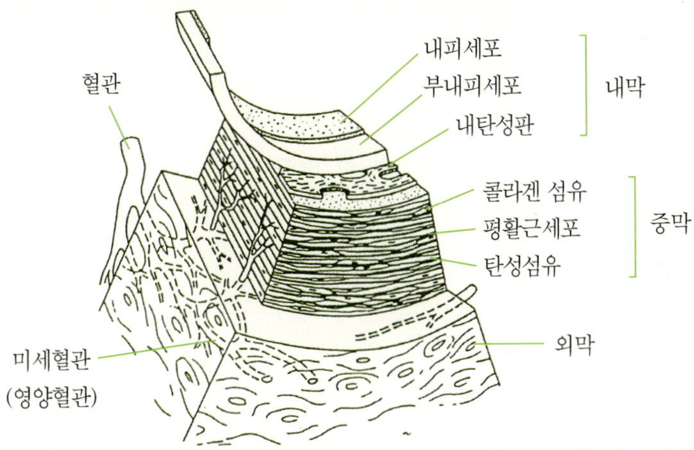

2. 분류 및 특징

1) 내막성동맥경화 atherosclerosis

내막성동맥경화는 대동맥, 관상동맥, 뇌저동맥 등의 비교적 굵은 혈관에서 주로 나타나며, 혈관 내막의 내피세포에 콜레스테롤, 인지질, 중성지방 등의 지방이 침착하거나 섬유성 비후를 일으킨다. 내피세포의 상처의 원인으로는 고혈압과 같은 물리적인 힘, 혈중 LDL이나 콜레스테롤 농도가 높아 내피세포에 축적되는 경우, 혈중 독성물질이 내피세포와 반응하는 경우 또는 유전적 요인을 들 수 있다. 내막성동맥경화를 아테롬atherome성 동맥경화 또는 죽粥상 동맥경화라고도 하며, 동맥경화 가운데 가장 흔한 형태이다.

2) 중막동맥경화mediasclerosis

중막동맥경화는 경동맥 및 사지 등의 말초동맥의 중막에 칼슘이 침착되어 석회화가 일어난다. 주로 당뇨병 환자에게 자주 나타나는 질환으로 석회화된 동맥벽은 약해져서 혈압에 의해 확장되어 동맥류를 만든다. 혈관의 탄력성이 감소하고 최고혈압이 상승하며 죽상경화와 함께 발생하는 경우도 있다.

3) 세동맥경화arterosclerosis

세동맥경화는 가는 소동맥, 특히 신장, 비장, 췌장, 간장 등 내장의 동맥에 경화가 일어나며 소동맥의 내피세포가 증식하고 내막이 비후해지며 중막이 비대해진다. 고혈압의 발생요인이 되며 이 변화가 진행되면 신경화, 뇌출혈, 뇌경색 등을 일으키는 경우도 있다.

3. 식사요법

1) 열량

동맥경화증 발생의 위험인자인 고혈압, 이상지질혈증, 비만, 당뇨병, 통풍 등의 예방과 치료에는 열량 섭취량을 제한하는 것이 중요하다. 따라서 열량은 표준체중을 유지할 정도로 그 섭취량을 조절한다.

2) 단백질

단백질은 신장병 등의 합병증이 없는 한 특별히 제한하지 않는다. 총열량의 15~20%로 하며, 저열량식이라도 단백질의 섭취량이 적으면 저알부민혈증의 원인이 되므로 적어도 1.0~1.5g/kg은 섭취하도록 한다. 혈중 알부민의 감소는 혈관을 약화시켜 같은 고혈압일지라도 정상인보다 뇌졸중에 걸리는 경우가 훨씬 많다. 고혈압의 장애에 대응하는 튼튼한 혈관을 위해 양질의 단백질을 충분히 섭취한다. 육류는 기름기가 없는 살코기만을 사용하고 어육, 난백, 탈지유, 두부 등을 많이 이용한다.

3) 지방

동맥경화의 주원인은 이상지질혈증이므로 동맥경화증 환자의 식사요법에서 지방 섭취조절은 매우 중요하다. 지방섭취량은 총열량의 15~20% 정도로 하고 포화지방산의 섭취를 줄이는 반면 불포화지방산의 섭취를 증가시켜 포화지방산과 불포화지방산의 비율이 1/2가 되도록 한다. 콜레스테롤은 하루 200mg 이하로 제한하며, ω-6계와 ω-3계 지방산의 섭취비율을 4~10/1로 한다. 그러기 위해서는 조리시에 콩기름, 참기름, 들기름 등을 사용하되, 하루에 3~4 작은스푼 (15~20㎖)정도로 제한한다. 튀김이나 전 등 기름진 조리 대신 구이나 조림, 찜, 무침 등의 조리 방법을 이용한다.

육류의 지방이나 버터, 라드 등 동물성 지방의 과잉섭취는 혈중 콜레스테롤을 상승시키고 이것이 동맥경화의 유발요인이 된다. 식물성 기름은 다가불포화지방산이 많고 콜레스테롤의 저하효과가 있으며, 특히 ω-3계 다불포화지방산은 VLDL 합성을 억제함으로써 혈중 중성지방 수준을 감소시키고 혈소판 응집능을 낮추며 혈관을 확장시키는 작용이 있다.

따라서 동물성 지방의 섭취를 줄이고 리놀레산linoleic acid이나 ω-3계 다불포화지방산인 EPA, DHA를 많이 함유하고 있는 콩기름, 들기름, 등푸른생선, 조개류 등을 섭취한다. 또한 콜레스테롤 함량이 많은 난황, 간, 생선의 내장, 어란 등은 제한하는 것이 좋다. 동물성 지방의 섭취를 줄이기 위하여 동물성 식품을 기피하면 양질의 단백질 섭취가 부족해지므로 동물성식품을 완전히 제한하기보다 조리법에 있어서 기름을 제거하는 방법을 이용한다.

4) 당질

당질은 총열량의 50~60% 정도 섭취하도록 하며, 흡수가 빨라 지방으로 쉽게 전환되는 설탕이나 과당 등 단순당의 섭취를 피하고 복합당질의 형태로 섭취한다. 식이섬유소는 콜레스테롤과 담즙산의 흡수를 저해하여 동맥경화를 예방하므로 하루에 20g 정도 섭취하도록 한다. 특히 수용성 섬유소인 펙틴, 만난, 알긴산 등은 콜레스테롤 저하효과가 크므로 과일, 곤약, 마, 토란, 해조류 등을 충분히 섭취한다.

5) 식염

고혈압이나 심장병이 있는 동맥경화증 환자는 식염을 제한해야 한다. 나트륨 섭취량은 질병의 정도에 따라 다르지만 일반적으로 1,000kcal당 1g으로 하여 하루에 총 3~5g을 초과하지 않도록 한다.

심장 질환 및 뇌졸중

1. 허혈성 심장질환 ischemic heart disease

허혈성 심장질환이란 여러 가지 원인으로 인하여 산소 수요의 공급 불균형에 의해 초래되는 심장기능의 이상을 총칭하는 것으로 주된 원인은 관상동맥의 경화이며, 40세 이상의 연령층에서 주로 발생한다. 특징적인 증상은 좌측 흉부통이며, 심장의 펌프기능 저하로 심부전 상태가 되면 호흡곤란, 간의 비대, 부종 등의 증상이 나타난다. 허혈성 심장질환에는 협심증, 심근경색, 부정맥, 심장마비 등이 있다.

1) 분류 및 특징

(1) 협심증

협심증이란 관상동맥의 혈류가 여러 가지 원인으로 일시적으로 나빠지고 심근으로 보내는 산소공급이 부족해서 나타나는 일련의 임상 증후군을 말한다. 전형적인 임상증상으로는 통증이라기보다는 '무거운', '가득 찬', '답답하고 눌리는 듯한' 등의 느낌을 보이며, 증상은 2~5분 정도 지속되기도 하고 길게는 15분 정도까지 느끼기도 한다. 협심증에는 일에 너무 열중하거나 흥분, 긴장 등의 경우에 발생하는 노작협심증(불안정 협심증)과 수면 중이나 안정시에 일어나는 안정협심증이 있다. 협심증의 발작이 일어나면 모든 행동을 중지하고 안정을 취하도록 한다. 일단 협심증의 발작이 일어나 협심증 진단이 내려지면 환자는 재발방지를 위해 동맥경화 위험인자를 제거하는 생활을 해야 한다.

(2) 심근경색

심근경색은 심장에 산소와 영양소를 운반해주는 관상동맥의 혈류가 일부 중단되어 그 부분의 심근에 괴사를 일으키는 것을 말한다. 협심증의 증상과 통증의 분포가 비슷하지만, 통증이 30분 이상 지속되며 강도도 더 세다. 발한, 오심, 저혈압을 수반하며 심한 불안 증세를 보이기도 한다. 심장의 일부가 급격히 썩는 것을 급성 심근경색이라 하며, 이 경우 30% 이상의 환자가 사망하게 되는 중증의 질병이다. 발작이 일어나면 입원 응급치료를 받고 절대 안정을 해야 한다. 심근경색 발병 처음 5일간이 가장 위험한 기간이라 할 수 있으며, 발병 1주일 후에 쇼크, 폐수종, 부정맥 등의 합병증이 없다면 병세가 빨리 회복될 수도 있다.

2) 식사요법

식사요법의 기본적인 목적은 심장의 휴식이다. 발작이 일어나면 식사로 인해 심장에 부담을 주지 않기 위하여 소화가 잘 되는 미음 위주의 유동식으로부터 시작하고 회복에 따라 연식, 회복식, 일반식으로 서서히 이행한다. 회복기의 식사는 동맥경화의 식사요법에 준하며 손상된 심장이 정상적인 기능을 회복할 수 있도록 식사가 조절되어야 한다. 허혈성 심장질환자의 식사요법 내용은 다음과 같다.

(1) 열량

열량의 과잉 섭취는 동맥경화 위험인자인 비만, 고지혈증, 당뇨병을 악화시키는 동시에 심장에 직접 부담을 주게 된다. 따라서 표준체중 1kg당 25~30kcal정도의 저열량식을 하고 소량씩 잦은 식사를 한다.

(2) 단백질

심장근육의 회복을 위하여 양질의 단백질과 심근의 기능에 필요한 비타민과 무기질을 충분히 섭취한다.

(3) 지방

포화지방산과 콜레스테롤의 섭취를 줄이고 다가불포화지방산을 많이 섭취하기 위하여 동물성 지방의 사용을 제한하고 어류나 식물성 기름을 사용한다.

(4) 당질

설탕, 과당 등의 단순당질은 쉽게 지방으로 전환되므로 섭취를 제한한다. 변비는 발작을 유발하기 쉽기 때문에 잡곡밥, 생야채, 생과일 등을 통해 식이섬유소를 충분히 섭취하여 매일 배변을 거르지 않도록 한다.

(5) 식염

고혈압의 합병증이 있는 경우 식염을 3~5g 정도로 제한하여 수분이 체내에 축적되는 것을 막아 심장의 부담을 줄인다.

(6) 카페인 음료, 흡연, 알코올

커피, 홍차와 같은 카페인 음료는 혈중 콜레스테롤에 영향을 미치고 흥분제로 심장부담을 증가시키므로 제한한다. 담배는 위험인자이므로 금연하고 다량의 알코올 섭취도 심장에 부담을 주므로 섭취를 제한한다.

(7) 소화 · 흡수가 잘 되는 음식

일반적으로 식후에는 심박수가 증가하고 혈압도 상승하므로 심근의 산소필요량이 증가하며 심장에 큰 부담이 간다. 이와 같은 식사부담을 줄이기 위해 소화, 흡수가 잘 되는 음식을 준비하고 너무 뜨겁거나 찬 음식은 제한하며 환자가 음식을 천천히 먹도록 한다.

(8) 규칙적인 식사

하루의 섭취열량은 같아도 저녁을 무겁게 하거나 불규칙적인 식사를 하게 되면 심장부담은 커진다. 따라서 비슷한 비율의 아침, 점심, 저녁과 1~2회의 간식으로 규칙적인 식사를 하고 야식은 피하도록 한다.

2. 울혈성 심부전congestive heart failure

1) 정의 및 특징

울혈성 심부전은 심장기능의 손상으로 인해 펌프작용에 장애가 발생하여 신체 여러 기관에 필요한 혈액을 충분히 공급할 수 없는 상태를 심부전이라고 하며, 울혈이란 정맥의 혈액이 비정상적으로 보유된 상태를 말한다. 따라서 울혈성 심부전은 심장의 수축력이 저하되어 전신으로 혈액을 충분히 보내지 못하고 심장에 혈액이 고여있는 상태를 말한다.

심장에서 방출되는 혈액량이 불충분하면 말초기관에서의 혈액순환이 감소하여 세포에서의 물질교환이 제대로 이루어지지 않고, 그 결과 간, 신장, 뇌 등 장기의 기능에도 장애가 일어나게 된다. 울혈성 심부전의 원인질환에는 심장판막증, 심내막염, 심근질환, 허혈성 심장질환, 심낭염, 만성신염, 폐기종, 고혈압 등이 있다. 이와 같은 질환으로 장기간 심장에 부담이 있을 때에 과로, 감염, 임신, 분만 등이 겹치면 발병하기 쉽다. 울혈성 심부전에는 우심장의 순환장애로 대순환계에 울혈이 생기는 우심부전과 좌심장의 순환장애로 폐순환계에 울혈이 나타나는 좌심부전, 좌우 모두에 생기는 양심부전이 있다. 특징적인 증상으로 호흡곤란, 기침, 천식, 부종, 간의 비대, 복수 등을 나타낸다.

2) 식사요법

울혈성 심부전의 치료를 위해서는 우선 원인질환의 치료로 혈액순환을 개선하여 심장의 부담을 경감시키며, 심근의 수축력을 증강시키고 체액의 축적을 방지하여야 한다. 이를 위해서는 심신의 안정과 식사요법이 중요하다. 급성기에는 금식을 하고 수분량을 조절하면서 정맥으로 영양소를 공급한다. 식사를 할 수 있게 되면 소화가 잘 되고 심근에 좋은 영양을 주어 심장의 힘을 증강시킬 수 있는 식사를 공급하며, 식사의 원칙은 저열량식, 감염식으로 한다. 식사의 내용은 원인이 되는 질환 자체에 대한 식사요법을 고려하여 결정하여야 한다.

(1) 열량

비만인 때에는 정상체중인 경우보다 심장의 부담이 더 커지므로 심부전 환자는 저칼로식(1,000~1,200kcal/일)으로 비만이 되지 않도록 해야 한다. 환자가 비만인 경우에는 체중을 줄여서 표준체중보다 약 10% 정도 적은 수준을 유지하도록 열량을 제한한다. 비만이 아닌 경우에는 열량을 제한하지 않으나 비만이 되지 않도록 유의해야 한다. 과식으로 배가 부르면 횡경막을 압박해서 호흡곤란을 일으키므로 매끼의 식사량을 줄이고 식사 횟수를 늘려 심장의 부담을 줄이도록 한다.

(2) 단백질

울혈성 심부전인 경우에는 혈액량 증가에 따른 알부민 농도의 희석, 장내 혈청 알부민의 누출, 간의 알부민 합성장애, 식욕부진에 의한 단백질식품 섭취 감소 등 여러 가지 복합적인 원인으로 저단백질혈증이나 저알부민혈증이 나타나는 경우가 많다. 저알부민혈증은 교질삼투압을 저하시켜 부종을 촉진시킬 뿐만 아니라 심근대사에도 좋지 못한 영향을 준다. 따라서 단백질을 보충하여 심근을 보수, 강화하기 위해서는 필수아미노산이 풍부한 양질의 단백질을 충분히 섭취해야 한다. 표준체중 1kg당 1~1.3g 정도 섭취하도록 하며 육류, 생선, 계란, 두부, 저지방우유 등을 이용한다.

(3) 지방

지방은 열량이 높기 때문에 다량 섭취하면 총열량이 높아져서 비만을 초래하기 쉬우므로 과잉으로 섭취하지 않도록 한다. 심부전 환자는 울혈로 인하여 혈류가 저하되면 혈전이 형성되어 혈관계 질환이 쉽게 유발되므로 포화지방산, 콜레스테롤, 중성지방의 섭취를 줄이고 다불포화지방산의 섭취량을 늘리도록 한다. 육류보다는 어류나 식물성 유지를 사용하며, 여러 번 높은 온도에서 튀겨낸 기름은 피하고 신선한 기름을 사용하도록 한다.

(4) 당질

당질의 과잉섭취는 비만을 초래하여 심장의 부담을 증가시키며, 섬유질이 많은 고구마, 채소 및 과일류 등은 장내에서 가스를 발생하여 심장에 자극을 준다. 따라서 당질은 단순당질보다는 복합당질로 과잉되지 않게 섭취하며 식이섬유소가 지나치게 많은 식품은 피한다.

(5) 식염 및 칼륨

심부전의 경우 신장 순환 혈액량의 저하에 따른 레닌-안지오텐신-알도스테론계의 활성화로 신장에서 나트륨과 수분 배설능력의 저하를 일으켜 부종이 발생한다. 따라서 나트륨의 제한은 울혈성 심부전 식사요법에서 매우 중요하다. 심부전의 정도에 따라서 경증에서는 하루 5~7g, 중등증에서는 3~5g, 중증에서는 3g 이하로 제한한다. 부종을 제거하기 위하여 이뇨제를 사용할 때는 저칼륨혈증을 유발할 수 있으므로 칼륨을 보충하여야 한다. 칼륨은 바나나, 오렌지 주스, 감자, 토마토 등에 다량 함유되어 있다. 수분은 중증인 경우 하루 1,000㎖ 이하로 제한하고 경증인 경우에는 2,000㎖ 정도로 비교적 자유롭다.

(6) 무자극성식

심장에 자극을 주지 않기 위하여 무자극성식을 한다. 카페인이 많은 음료, 탄산음료, 알코올 등의 섭취를 금하며 소화가 잘 되는 담백한 맛의 식품을 선택한다.

3. 뇌졸중 cerebral apoplexy

1) 정의 및 특징

뇌졸중은 뇌동맥경화증으로 혈관에 협착 또는 혈전이 생겨서 뇌조직으로 공급되는 혈류가 갑자기 막혀 산소와 영양소의 공급이 잘 되지 않는 상태를 말한다. 이때는 주로 뇌경색이나 뇌혈전증이 생기며 경우에 따라서는 동맥류가 파열되어 뇌출혈이 일어나기도 한다. 뇌졸중은 가볍고 일시적인 증상부터 반신마비, 실어증, 의식변화 등 광범위하고 회복 불가능한 신경 기능 손상에 이르기까지 다양한 결과를 초래할 수 있다. 뇌졸중의 가장 중요한 위험인자는 고혈압이며, 이외에도 동맥경화증, 협심증, 과로와 스트레스, 흡연 등이 원인이 된다. 뇌졸중이 발작하면 심한 두통과 메스꺼움, 구토 등을 일으켰다가 운동 · 지각 이상, 언어장애, 의식장애를 일으켜 쓰러지게 된다.

2) 식사요법

(1) 뇌졸중 직후 환자

뇌졸중 발작 직후에는 탈수가 생기는 경우가 많으므로 먼저 탈수가 있는지를 살피고 탈수의 정도, 발한, 무기질의 상태에 따라 수액량과 수액내용을 결정한다. 발작일로부터 며칠 경과한 후 메스꺼움과 구토가 사라지면 유동식을 조금씩 주기 시작하고 회복 정도에 따라 연식, 회복식, 일반식으로 이행한다. 그러나 의식장애와 연하장애가 지속되고 경구적 영양섭취가 불가능한 경우에는 발작 며칠 후부터 비강으로 튜브를 넣어 경관영양을 보급한다. 이때 열량은 하루 1,200~1,500kcal정도로 해서 설사나 혈청 총단백질 및 알부민 감소가 일어나지 않도록 주의한다.

(2) 회복기의 뇌졸중 환자

환자가 의식을 회복하면 입으로 먹을 수 있도록 훈련을 시작한다. 먼저 작은 얼음 조각을 입술에 갖다 대어 입을 여는지를 보고 2~3일 동안의 관찰로 얼음 조각의 연하운동이 확인되면 유동식으로 이행한다. 유동식을 시작할 때는 미음을 2~3숟가락 주기 시작해서 연하상태를 보아가면서 서서히 양을 증가하다 죽을 준다. 상태가 호전되면 재발을 막기 위한 식사요법이 중요하다. 고혈압은 뇌졸중의 가장 중요한 원인이므로 식염섭취를 제한하는 감염식을 하며 표준체중을 유지하기 위한 열량 조절, 양질의 단백질 섭취, 식물성 유지의 사용, 변비예방을 위한 채소, 과일, 해조류의 섭취를 권장한다.

(3) 저작 · 연하 곤란이 있는 뇌졸중 환자

뇌졸중으로 저작 · 연하를 지배하는 근육이 마비상태가 되면 저작과 연하를 충분히 못하여 음식을 씹지 못하고 오래 입안에서 굴리고 있거나 삼킬 수가 없어 입으로부터 음식물이 새어 나올 수도 있다. 증세가 심할 때는 유동식(미음)을 주고, 증세가 호전되면 죽, 반숙계란, 계란찜, 연두부, 카스타드 푸딩 등의 연식으로 이행한다. 환자는 천천히 잘 씹어 먹는 연습을 되풀이하면 점차 삼킬 수 있게 되므로 꾸준히 연습하도록 한다. 연하가 곤란하고 자극적인 음식, 너무 뜨겁거나 차가운 음식은 피하도록 한다.

(4) 열량

환자의 체중변화를 확인하면서 필요량을 설정하도록 한다. 체중상태, 활동정도에 따라 25~30kcal/kg 정도가 권장된다. 기초대사량을 이용하는 경우에는 침상에 누워있는 경우 1.2, 약간 움직이는 경우 1.3의 활동계수를 곱하고, 필요에 따라 스트레스 계수를 고려한다.

(5) 단백질

일반적으로 1.2~1.5g/kg의 단백질 섭취가 권장된다. 욕창이나 움직임이 없는 환자, 휠체어나 침대에 누워있는 환자에게는 양의 질소 평형을 위해 추가의 단백질이 필요할 수 있다.

Chapter 8

당뇨병

학습목적

당뇨병의 대사 이상을 이해하고, 당뇨 환자의 영양평가 시행결과에 따른 혈당 조절을 알고, 합병증을 예방할 수 있는 식사요법을 학습한다.

학습목표

● 당뇨병의 원인, 분류 및 진단

· 당뇨병의 정의를 알고, 여러 종류의 당뇨병을 학습한다.

· 췌장 호르몬의 기능과 당뇨병 유발인자를 이해한다.

● 당뇨병의 대사 및 임상적 특징

· 혈당수준의 조절 기전을 이해한다.

· 당뇨병에서 나타나는 당질, 단백질, 지방의 대사 이상을 학습한다.

· 당뇨병의 자각증세와 대표적인 임상적 특징을 안다.

● 당뇨병의 식사요법

· 당뇨병 환자의 식사요법의 기본 원리와 당질의 종류에 따른 혈당의 변화를 안다.

· 식품교환법을 이용한 당뇨병 환자의 식사요법과 저혈당증에 대비한 식사요법, 케톤증에 대처하는 식사요법 등을 학습한다.

Chapter 8. 당뇨병

당뇨병의 정의, 원인, 분류 및 진단

1. 당뇨병의 정의

당뇨병은 포도당의 적절치 못한 이용으로 오는 당질 대사성 질환으로 기원 전부터 그 기록이 있었다. AD 1세기경에 그리스의 아리테우스Aretaeus는 많은 양의 식사를 하고 소변으로 과량의 당을 배출하는 인체의 병폐적 증상을 'diabetes' 라 하였고, 그 후 17~18세기 들어와서 꿀honeysweet의 의미로 'mellitus' 가 덧붙여져 당뇨병을 'diabetes mellitus' 라 명명하게 되었으며 19세기 후반에 들어서서 당뇨병이 췌장과 관계있음이 밝혀져 인슐린과 췌장 기능에 많은 관심을 갖게 되었다.

당뇨병의 발병은 유전적인 요인과 후천적인 환경 요인이 모두 중요하게 작용하며, 비만은 당뇨병과 밀접한 관계를 갖고 있다. 당뇨병을 치료하지 않고 방치해 둘 경우 망막증, 신장 질환, 신경증 등의 합병증을 일으켜서 생명의 위협을 받게 되는데, 당뇨병 환자에서의 심장 질환 발병은 정상인에서보다 2~3배 더 높다.

최근 경제 성장과 식생활 양상의 변화, 운동부족과 관계된 생활습관, 스트레스 등으로 80년대 이후 당뇨병의 발생은 급증하고 있어 심각한 성인병으로 인식되고 있으며, 당뇨병의 발생은 전세계적으로 증가하고 있기 때문에 계속해서 질병에 의한 이환과 사망의 중요한 원인중의 하나가 될 것이다. 특히 당뇨병은 완치되기가 어렵기 때문에 올바른 관리 방법을 이해하고, 실천하여 합병증을 예방하는 것이 무엇보다도 중요하다.

역학적으로 보면, 지난 20년간 당뇨병 환자 수는 1985년 3천만명에서 2000년에는 1억 7,700만 명으로 세계적으로 급속하게 증가해 왔으며, 이런 추세라면 2030년에는 3억 6,000만 명이상의 사람이 당뇨병에 이환될 것이라는 추측이 나온다. 제Ⅰ형 당뇨병과 제Ⅱ형 당뇨병 모두 유병률이 증가하고 있지만, 제Ⅱ형 당뇨병의 유병률은 산업화가 진행됨에 따라 비만의 증가와 활동량의 감소로 인하여 더욱 빠른 속도로 증가할 것으로 예상된다. 우리나라의 경우 만 30세 이상 당뇨병 유병률은 2001년 8.6%에서 2007년 9.6%까지 증가추세였으나, 이후 10% 수준을 유지하고 있다. 국민건강영양조사(2009)결과 만 30세 이상 당뇨병 유병률은 전체 10.0%이고 그 중 남자가 10.9%, 여자는 9.2%로 남자가 더 높았다.

당뇨병 유병률은 전세계 지역적으로도 차이를 보이고 있는데, 제 Ⅰ형 당뇨병의 경우 스칸디나비아(특히 핀란드)가 유병률이 제일 높고, 태평양 주변국인 일본이나 중국은 낮은 편이며, 북유럽과 미국은 중간정도의 당뇨병 유병률을 보이고 있다. 이것은 유전적 요인, 식습관과 환경적 요소에 의한 차이로 같은 나라 안에서도 인종간 유병률이 차이가 난다.

미국의 경우, 2005년에 조사된 바에 의하면 당뇨병의 유병률은 흑인계 미국인에서 15.1%, 라틴계 미국인 9.5%, 미국원주민(인디언원주민, 알래스카원주민)이 15.1%, 비라틴계 미국인이 8.7%인 것으로 보고되었다. 당뇨병 유병률(Ⅰ형, Ⅱ형 모두 포함)이 높은 상위 10개국은 주로 아시아 국가로 인도, 중국, 미국, 인도네시아, 일본, 파키스탄, 러시아, 브라질, 이탈리아, 방글라데시이다.

2. 췌장의 구조와 기능

췌장은 위장의 뒤쪽에 위치하고 있으며 길이는 13~16㎝ 정도이고, 중량은 70~100g 정도로 삼각주 모양을 하고 있다〈그림 8-1〉.

췌장은 호르몬을 분비하는 내분비 기능과 소화액을 분비하는 외분비 기능이 있으며 내분비 세포인 랑겔한스섬islets of langerhans은 α 세포(A cells), β 세포(B cells), δ 세포(D cells)로 구성되어 있다. β 세포는 랑겔한스섬의 60% 정도를 차지하며 인슐린insulin을 분비하고, α 세포는 30% 정도를 차지하며 글루카곤glucagon을 분비한다.

또한 나머지 10%는 소마토스타틴somatostatin을 분비하는 δ세포로 구성되어 있다. 외분비 세포에서는 소화 효소액인 췌액을 분비하는데 단백질 분해효소인 트립신trypsin과 당질 분해효소인 아밀라제amylase, 그리고 지방 분해효소인 리파제lipase 등을 분비하는 기능이 있다.

그림 8-1 췌장과 랑겔한스섬의 구조

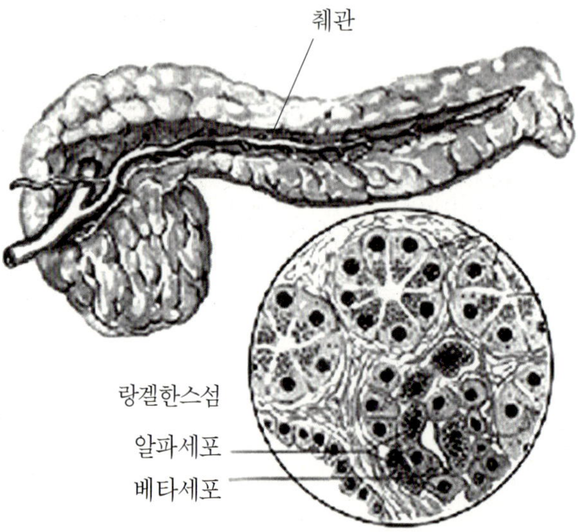

3. 당뇨병의 원인

제Ⅰ형 당뇨병은 췌장의 β 세포 파괴와 인슐린 부족이 원인이고, 제Ⅱ형 당뇨병은 상대적인 인슐린 결핍이 있으면서 인슐린 저항이 우세한 경우와 인슐린 저항성이 있으면서 인슐린 분비 장애가 우세한 경우 등 다양하다,

1) 췌장의 외분비계 질병

췌장염, 췌장 절제술, 종양, 낭종성 섬유종, 혈색소증, 섬유석회성 췌장 질환

2) 내분비장애

말단비대증, 쿠싱증후군, 글루카곤종, 갈색세포종, 갑상선 기능항진증, 소마토스타틴종, 알도스테론종

3) 약물, 화학물질에 의해 유도된 경우

프로세마이드furosemides, 이뇨제, 글루코코르티코이드glucocorticoids, 이뇨제, 펜타미딘pentamidine, 중추신경계, 갑상선 호르몬, 티아자이드thiazide, 이뇨제, 페니토인phenytoin, 신경발작, 알파인터페론α-interferon, 간염치료제, 클로자핀clozapine, 신경정신계

4) 감염

선천성 풍진, 거대세포 바이러스, 콕사키coxsackie 바이러스

5) 환경적 요인

나이가 들면서 내당능glucose tolerance이 감소되고, 인슐린 합성이 감소된다. 실제로 60대 여성이 30대 여성보다 10배나 높은 유병율을 보이며, 정상인보다 비만자의 당뇨병 발생률은 3배나 높다. 비만인 경우 지방조직 증가로 인한

인슐린 저항성insulin resistance이 커지므로 비만은 당뇨병 발생에 밀접한 영향을 미친다. 특히 상체비만upper body obesity의 경우가 하체비만lower body obesity보다 상관성이 높다.

육체적 · 정신적 스트레스는 내당능을 감소시키며 당뇨병 증상을 더욱 악화시킨다.

6) 유전적 요인

당뇨병과 유전적인 관계를 연구한 결과 당뇨병 가계에서 발생 빈도가 높기 때문에 당뇨병을 유전성 질환으로 보고 있다. 부모 중 모두가 당뇨병인 경우는 물론, 부모 중 한 사람이 당뇨병인 경우에도 당뇨병에 걸리기 쉬운 체질을 타고난다고 볼 수 있다.

4. 당뇨병의 분류

1) 인슐린 의존형 당뇨병

Type I, insulin dependent diabetes mellitus : IDDM

인슐린을 분비하는 췌장의 β 세포의 비정상적인 기능으로부터 발생하고, 완전히 인슐린 결핍이거나 부분적 인슐린이 결핍되는 것이 원인이며 유전성을 갖는다. 주로 소아기, 청소년기, 젊은 성인층(30세 이전)에서 많이 발생하며 인슐린 공급이 절대적으로 필요하다. 고혈당, 케톤증ketosis, 심한 갈증, 다뇨, 극심한 피로, 현저한 체중감소 등을 보이며, 이러한 증상은 급진적으로 나타나므로 철저한 식사요법과 인슐린 요법을 필요로 한다. 주로 바이러스나 화학물질이 췌도의 임파구를 손상시켜서 발병될 수 있는데, 그 중에서 유행성 이하선염, 풍진, 뇌염, 수두, 유행성 소아마비의 바이러스 등이 원인이 된다. 당뇨병 환자의 약 20%가 인슐린 의존형 당뇨병에 해당된다.

그림 8-2 제 I 형 당뇨의 발전에 관한 모형

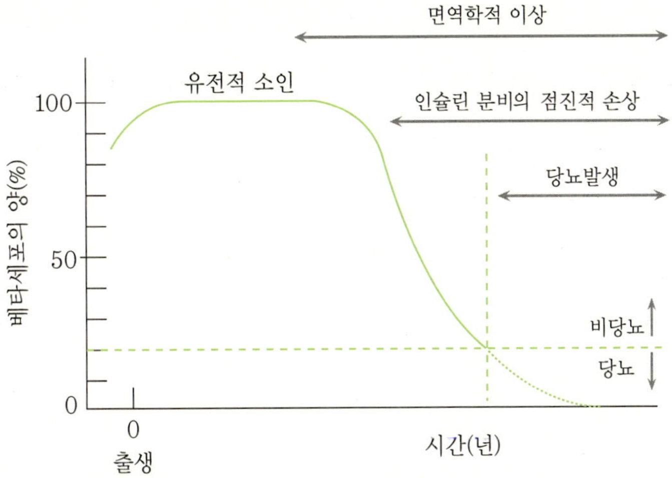

〈출처〉 Modified from American Diabetes Association, 2007

2) 인슐린 비의존형 당뇨병

Type II, non-insulin dependent diabetes mellitus : NIDDM

인슐린저항성 증가, 부적절한 인슐린 분비, 포도당 생산의 증가 등의 다양한 원인에 의해 발생된다. 또한 제Ⅱ형 당뇨병 발생 전에는 공복혈당장애IFG와 내당능 장애IGT로 분류되는 당대사의 항상성 장애 기간이 선행된다. 유전, 연령, 환경적 요인에 의해 영향을 받으며 당뇨병의 가족력이 있는 경우의 자녀는 당뇨병의 발생률이 높다. 인슐린 생성능력은 있으나 인슐린 수용체의 감소로 인슐린이 효과적으로 작용하지 못하는 경우가 많으므로 인슐린 공급이 절대적으로 요구되지는 않지만 혈당 조절을 위해 인슐린 주사가 필요한 경우도 있다.

인슐린 비의존형 당뇨병을 성인형 당뇨병이라고도 하며 당뇨병 환자의 80~90%가 이에 속한다. 40세 이후에 주로 발병하고 증상이 서서히 나타나기 때문에 증상을 느끼지 못하여 오랜 시일 방치하기 쉽고, 그로 인해 관상동맥 심장질환, 뇌졸중, 말초혈관 질환 등을 초래할 수도 있다.

3) 내당능 장애impaired glucose tolerance : IGT

포도당 부하 시험 결과와 공복 혈당치가 당뇨병 환자와 정상인 사이에 포함되는 경우를 말한다. 당뇨병이 발병하기 전 일부 환자에게서 나타날 수 있으며, 내당능 장애가 당뇨병으로 이행되기까지는 사람에 따라 수년 또는 수십년이 걸리기도 하지만 발전되지 않는 경우도 있다.

4) 임신성 당뇨병diabetes in pregnancy

임신중에 내당능 장애가 발생할 수 있으며, 임신 말기에 오는 대사변화에 의한 인슐린 민감성 감소(인슐린 저항성 증가)는 인슐린 필요량을 증가시켜 내당능 장애가 발생할 수도 있다. 대부분 출산후 정상적으로 회복되지만, 후에 당뇨병이 발생할 가능성도 30~60%로 매우 높다.

5. 당뇨병의 진단

인체의 혈당 내성을 나타내는 내당능은 공복시 혈장 포도당 농도에 따라 3가지로 분류된다. 공복시 혈장 포도당 농도가 100mg/dℓ(5.6mmol/L) 미만이면 정상이고, 공복시 혈장 포도당 농도가 100~125mg/dℓ(5.6~6.9mmol/L)이면 공복 혈당장애라 할 수 있다. 그리고 공복시 혈장 포도당 농도가 126mg/dℓ(7.0mmol/L) 이상이면 당뇨병으로 진단한다.

75g의 포도당 섭취(경구 당부하 검사) 2시간 후 혈장 포도당 농도가 140~199mg/dℓ(7.8~11.1mmol/L)이면 내당능 장애로 정의하고, 혈장 포도당 농도가 200mg/dℓ(11.1mmol/L) 이상이면 당뇨병으로 진단한다. 공복 혈당장애와 내당능 장애를 함께 갖고 있는 경우도 있다. 공복 혈당장애나 내당능 장애를 함께 혹은 단독으로 갖고 있는 경우를 미국당뇨병학회ADA에서는 당뇨병 전기로 명한 바 있으며, 추후에 제Ⅱ형 당뇨병(향후 5년내 당뇨병 발생위험 25~40%)과 심혈관질환이 발생할 위험이 증가할 수 있다고 했다. 현재의 당뇨병 진단기준에서 공복시 혈장 포도당 농도는 증상이 없는 당뇨병 환자에

서 신뢰성 있고 편리한 검사로 강조되고 있다. 전형적인 당뇨병 증상인 다식, 다뇨, 다음, 체중 감소 등을 보이고 임의의 혈장 포도당 농도가 200mg/dℓ (11.1mmol/L) 이상이면 당뇨병으로 진단한다. 또한 당화 혈색소가 6.5% 이상인 경우에도 당뇨병으로 진단하게 된다. 경구 내당능 검사는 여전히 당뇨병 진단에 근거 있는 방법이지만 일반적인 선별방법으로 뇨당 검사 및 케톤체 검사, 당화 혈색소 검사 등이 이루어지고 있다.

당뇨병의 임상적 진단기준은 〈표 8-1〉과 같다.

표 8-1 당뇨병의 진단기준 (mg/dℓ)

진단 기준	공복 혈당	식후 2시간
정　　상	100 미만	140 미만
공복혈당장애	100~125	140 미만
내당능장애	126 미만	140~199
당뇨병	126 이상	200 이상

〈출처〉 International Diabetes Center

1) 경구 당부하 검사 oral glucose tolerance test : OGTT

일정량의 포도당을 경구로 투여한 후 시간이 경과함에 따른 포도당 이용 능력을 시험하는 것을 말하며, 경구 당부하 검사 방법은 아래와 같다. 정상인과 당뇨병 환자의 내당능 곡선은 〈그림 8-3〉과 같다.

1. 검사 전 적어도 3일 동안 평상시의 활동을 유지하고 하루 150g 이상의 탄수화물을 섭취한다.
2. 검사 전날 밤부터 10시간 내지 14시간 금식 후 공복 혈장 혈당 측정을 위한 채혈을 한다.
3. 250~300mℓ의 물에 희석한 무수 포도당 75g이나 150mℓ의 상품화된 포도당 용액을 5분 이내에 마신다.
4. 포도당을 마신 2시간 후에 당부하 후 혈장 혈당 측정을 위한 채혈을 한다.(포도당 용액을 마시기 시작한 시간을 0분으로 한다.)
5. 필요한 경우 당부하 후 30분, 60분, 90분 혈장 혈당을 측정할 수 있다.

그림 8-3 당뇨병 환자와 정상인의 내당능곡선

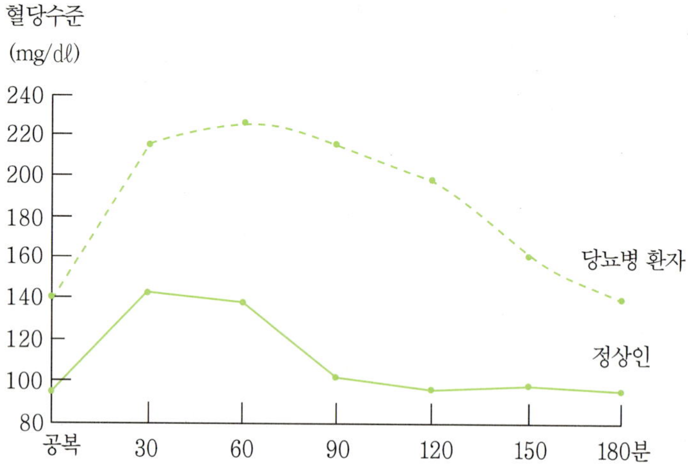

2) 뇨당 검사 및 케톤체 검사

소변의 당검사는 당뇨병 관리에 실제적인 큰 도움이 안 되지만, 케톤체 ketone body 검사는 매우 중요하다. 소변 검사는 아침, 점심, 저녁 식사 전과 취침시간에 한다. 정상인의 경우 소변 중 배설되는 케톤체 함량은 1일 125mg 미만, 혈중 함량은 3mg/dℓ 미만이나, 당뇨병 환자의 경우, 소변 중 함량은 1일 5,000mg, 혈중 함량은 90mg/dℓ까지 상승한다.

3) 당화 혈색소 검사 glycosylated hemoglobin : HbAlc

혈당이 높아지면 헤모글로빈이 혈액 속의 당과 반응하여 생성되는데 이로 인해 헤모글로빈의 산소 결합 능력은 떨어지고 혈관 조기퇴화의 원인이 된다. 최근 2~3개월 동안의 혈당조절능력을 가장 정확하게 반영해 주는 수치이며, 당화 혈색소(HbAlc)가 6.5% 이상일 경우는 당뇨병, 5.7~6.4%에 해당하는 경우는 당뇨병 고위험군으로 진단할 수 있다.

4) C-펩타이드 검사

프로인슐린은 분해되면서 인슐린과 C-펩타이드가 동일한 양으로 생성되고 이중 C-펩타이드는 분해되지 않고 그대로 혈중에 존재하게 되므로 이를 측정하여 인슐린의 분비량을 알 수 있다. 정상치는 공복시 1~2ng/㎖, 당부하검사 2시간 후는 4~6ng/㎖이다.

당뇨병의 대사 및 임상적 특징

1. 혈당조절을 위한 대사

정상적인 혈당 유지는 우리가 식사로부터 섭취하는 당질, 지방, 단백질로부터 포도당을 공급받고, 공복 시에는 간의 글리코겐 분해 작용에 의해 포도당을 공급받는다. 혈당 수준이 정상적이지 못하면 수분대사, 전해질대사가 원활하지 못하고 산·염기 평형이 깨지게 된다. 그러므로 혈당 수준을 정상으로 유지시키는 것이 중요하다.

1) 혈당조절과 췌장호르몬

췌장은 인슐린이라는 호르몬을 혈액으로 분비하는 내분비 기능과 췌장액이라는 소화액을 십이지장으로 외분비하는 기능을 한다.

랑겔한스섬의 β 세포에서 분비되는 인슐린은 혈당을 저하시키며, 당질의 지방에로의 전환을 촉진한다. 한편 α 세포에서 분비되는 글루카곤은 혈당을 상승시키는 작용을 하며 인슐린과 길항작용을 하여 정상 수준의 혈당을 유지시켜 준다.

(1) 인슐린의 작용

① 인슐린은 인슐린 수용체를 통해 세포막을 통과하여 지방조직, 근육조직, 단핵세포로의 포도당 수송을 촉진한다.

② 포도당을 글리코겐 형태로 간에 저장시켜 혈당을 낮추어주며, 지방에로의 전환을 촉진시킨다lipogenesis. 또한 지방 분해lipolysis와 단백질 분해를 억제시키며, 골격 근육으로부터의 아미노산 흡수를 촉진시키고, 단백질 합성을 증가시킨다.

③ 글루코키나제glucokinase에 의한 인산화 과정을 촉진시켜 포도당 산화를 증가시킨다.

④ 비만한 사람들은 인슐린 수용체의 숫자가 정상보다 적은 것으로 알려져 있으며, 운동과 체중 감소는 수용체의 수를 증가시켜 혈당조절에 좋은 영향을 미친다.

⑤ 당뇨병 환자의 경우 인슐린 저항성insulin resistance이 증가한다. 인슐린 저항성은 세포수용체receptor의 수가 감소하거나 수용체의 기능이 활성화되지 않아 혈중 글루코오스-인슐린 결합glucose-insulin binding 물질이 증가하게 되어 결국엔 인슐린의 분비를 감소시키게 되며, 체내에서의 인슐린 필요량을 증가시키는 현상을 말한다. 인슐린 저항성이 높아지면 음식으로 섭취한 혈당의 체내 이용율을 떨어뜨려 에너지 효율을 낮추고, 체내 지방축적 및 동맥경화를 일으킬 뿐만 아니라, 당뇨병, 지방간, 심장병, 고혈압 등 각종 성인병 발생을 촉진시킨다. 비만이나 쿠싱 증후군, 선단거대증, 혈색소증, 흑색 표피증 등에 의해서 인슐린 저항성은 증가될 수 있고, 갑작스럽게 단식을 하여 수용체의 기능이 퇴화되는 것도 인슐린 저항성 증가의 원인이 될 수 있다.

(2) 글루카곤의 작용

글루카곤은 랑겔한스섬의 α 세포에서 분비되며 인슐린과 길항작용을 한다. 혈당저하를 막기 위해 간의 글리코겐 분해와 지방 조직으로의 지방산 유입을 억제하여 혈당을 상승시킨다. 이렇게 해서 인슐린과 함께 글루카곤은, 특히 공복시나 수면시간 동안의 혈당조절에 중요한 역할을 하게 된다. 글루카곤은

그림 8-4 제Ⅱ형 당뇨 발생 시기의 인슐린 분비와 인슐린 민감성과의 관련

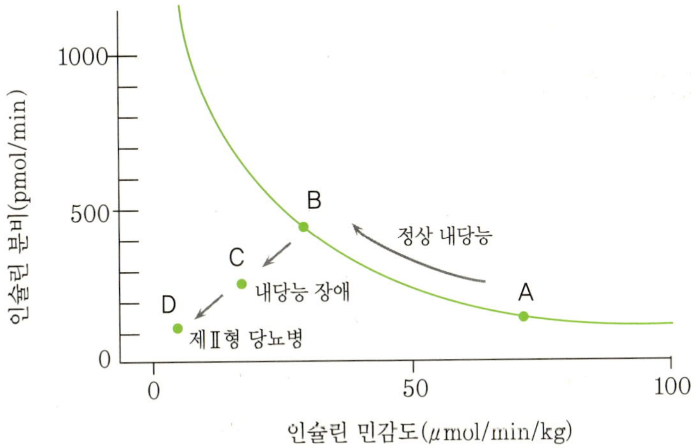

〈출처〉 Modified from American Diabetes Association, 2007

그림 8-5 당뇨 환자의 대사적 변화와 임상증상

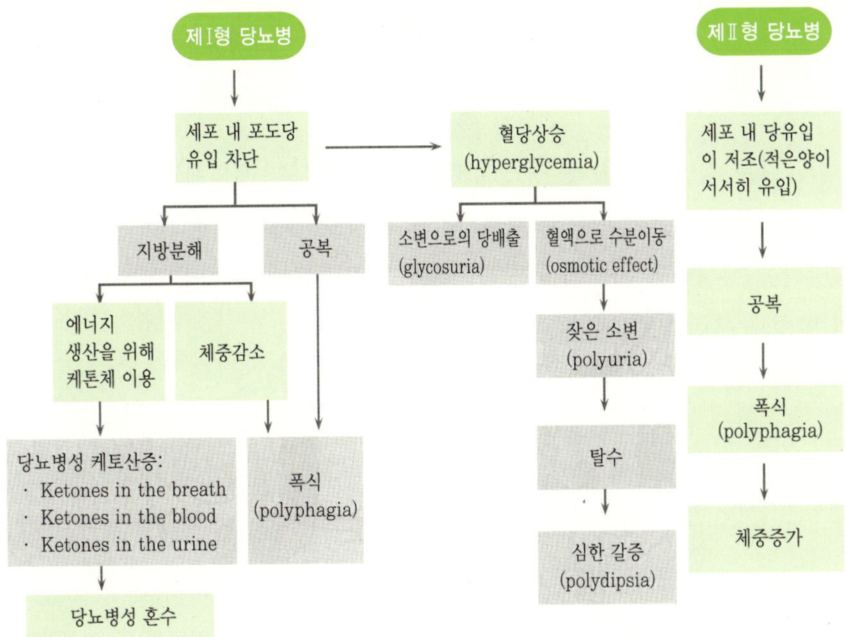

혈당이 저하되었을 때 분비가 촉진되고, 아미노산 농도의 증가, 교감 신경계의 자극 등에 의해서도 분비가 촉진된다.

2. 당뇨병의 영양소 대사 이상

1) 당질 대사 이상

정상인의 공복 시 혈당은 80mg/dℓ 미만을 유지하고 있으며 식후에는 120~130mg/dℓ로 상승하나 식후 2시간이 지나면 거의 정상 수준으로 회복된다. 식후 혈당이 상승되면 인슐린이 분비되어 간, 근육, 지방조직 등 여러 조직으로 포도당의 유입을 증가시켜 혈당을 저하시킨다. 반면에 오랫동안 공복 상태가 지속되어 혈당이 감소되면 글루카곤이 분비되어 혈당을 상승시킨다.

정상인에게서는 필요에 따라 인슐린과 글루카곤이 적절히 분비되나 당뇨병 환자에게서는 인슐린이 결핍된 반면 글루카곤은 과잉으로 분비된다. 당뇨병 환자에게서는 포도당의 말초조직으로의 유입과 이용이 저하되고 저장된 글리코겐 분해가 증가되어 혈당을 상승시켜 고혈당이 된다.

2) 지방 대사 이상

인슐린은 지방산의 합성, 중성지방의 합성과 분해, 케톤체의 생성과 이용에 중요한 역할을 한다. 인슐린이 부족하면 지방조직에 저장된 지방이 분해되어 지방산을 생성하고 지단백질 형성에 관여하는 아포지단백이 부족되어 VLDL의 합성과 분비가 감소된다. 따라서 비정상적으로 많은 중성지방이 간에 축적되어 지방간을 유발하게 된다.

지방조직의 호르몬 민감성 리파제hormone sensitive lipase는 인슐린에 의해 불활성화되는데 인슐린의 부족으로 이 호르몬이 활성화되어 저장된 중성지방의 분해가 촉진되어 유리된 지방산이 혈중으로 다량 유출된다. 따라서 당뇨병에서는 중성지방, 유리지방산이 증가하여 고지혈증을 일으키며 간에서 콜레스테롤의 합성이 증가하여 혈중 콜레스테롤을 상승시켜 동맥경화증을 유발한다.

또한 당뇨병 환자는 지방의 분해가 증가하여 체지방이 축적되지 못해 체중이 감소될 수 있으며 유리된 지방산은 심근이나 골격근 등 많은 조직에서 에너지원으로 사용된다. 반면 간에서는 지방산의 산화로 과량의 아세틸 CoAacetyl-CoA가 생성되고 이로 인하여 옥살로아세테이트oxaloacetate는 부족하게 되어 아세틸 CoA가 TCA 회로로 들어가지 못하고 케톤체(acetone, acetoacetic acid, β-hydroxybutyric acid)를 형성한다(그림 8-6 참조). 형성된 케톤체는 혈액으로 방출되어 조직에서 에너지원으로 사용되기도 하나 생성된 양이 소비되는 양을 초과하면 혈액에 축적되어 케톤증을 유발한다. 혈액 중에서 케톤체는 강한 유기산으로 염기성 물질과 결합하여 산·염기 평형에 이상을 일으켜 케토산증ketoacidosis을 일으킨다.

그림 8-6 케톤체의 형성

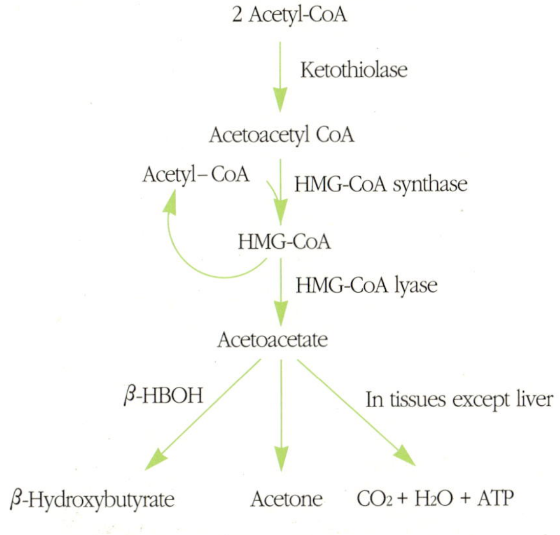

3) 단백질 대사 이상

인슐린은 근육과 지방조직으로 아미노산의 유입을 증가시키고 단백질의 합성을 촉진시키며 분해를 저해한다. 인슐린이 부족하면 근육으로 아미노산의 유입이 저하되는 반면 간으로의 유입은 증가하고 체단백질의 합성도 저하된다. 체단백질이 분해되면 체중이 감소하고 전신이 쇠약해지며 단백질 결핍현상이 나타나 성장이 저해되고 병에 대한 저항력이 약해진다.

4) 수분 · 전해질 대사 이상

당뇨병에서는 혈중 포도당의 농도가 증가하고 삼투압이 높아져 수분이 세포로부터 혈액으로 이동되며 포도당과 케톤체가 소변으로 배설될 때 물과 함께 배설되어 탈수상태에 이른다. 이 때 Na^+, K^+ 등이 함께 배설되므로 전해질대사에도 이상을 초래한다.

3. 당뇨병의 임상증상

인슐린 의존형 당뇨병과 인슐린 비의존형 당뇨병 환자 모두에게서 나타날 수 있는 일반적 임상증상에는 다음과 같은 것들이 있다.

1) 당뇨병 환자에게서 흔히 볼 수 있는 일반적 증상은 갈증으로 인해 물을 많이 마시게 되며, 소변의 횟수와 양의 증가, 대사 장애로 인해 공복감이 느껴지고 식욕이 증진되어 식사량이 증가하게 되는 것이다. 이른바 다음증polydipsia, 다뇨증polyuria, 다식증polyphagia의 삼다 현상이 나타난다.
2) 쉽게 피로를 느끼며 말초 혈관장애가 생겨 팔, 다리 끝의 말초 부분이 저리고 급격한 체중감소가 일어난다.
3) 케톤증(ketosis : 지방이 분해되어 만들어지는 케톤체가 혈액 속에 증가) 상태가 유발되어 체액의 산성증, 탈수, 그리고 혼수coma를 일으키게 된다.
4) 세포의 당 결핍, 신장의 혈당조절 기능손상, 체중감소, 쇠약, 과량의 소변배설로 인한 탈수 증세가 나타난다. 이러한 증상들은 인슐린 의존형 당뇨병 환자에게서 주로 일어나며, 인슐린 비의존형 당뇨병 환자에게선

50% 미만 정도가 이러한 증상을 보인다. 이밖에도 조직 치유 능력의 감소, 피부감염, 시력장애, 외음소양증, 자극에 대한 예민 반응을 나타내기도 한다.

표 8-2 제 I 형과 II형 당뇨병의 특징

	제 I 형 당뇨병(IDDM)	제 II 형 당뇨병(NIDDM)
발병시기	아동기 또는 사춘기, 주로 20세 미만, 평균 연령 12세	35세 이상
발병형태	급작스럽게 발병	서서히 점진적으로 발병
가족력	영향 있음	영향 있음
관련 요인	바이러스 감염, 유전	비만, 유전, 노화
발병시기의 영양상태	영양 결핍	비만
증상	심한 다음증·다뇨증·다식증	다소 가벼움
간질환	종종 있음	별로 없음
혈당의 변화	인슐린, 운동, 감염 등에 의한 혈당반응의 폭이 넓음	혈당변동의 폭이 작음
혈당조절	식사로 혈당조절이 어려움	식사조절이 잘 이루어지면 쉬움
케톤증(ketosis)	흔히 발생	심한 감염이나 스트레스가 없는한 드물게 나타남
혈장 인슐린 함량	0~ 극미량	낮거나 높고, 전혀 없지는 않음
혈관 합병증	5년 경과 후쯤 나타남	흔하게 나타남
인슐린 요구	모든 환자에게 필요(절대적 필요)	환자의 30% 정도만 필요로 함(필요시)
구강약제	적합지 않음	효과가 있음

당뇨병의 관리

1. 약물요법

1) 경구 혈당 강하제

인슐린 비의존형 당뇨병 환자에 있어서 식사 처방으로 혈당조절이 어려운 경우 경구 혈당 강하제oral hypoglycemic agents : OHA로 치료를 받기도 한다. 경구 혈당 강하제는 베타세포로부터 인슐린 분비를 직접 자극하거나, 간에서 포도당 합성을 억제하거나, 장에서 포도당 흡수를 억제하거나, 말초의 인슐린 저항성을 개선하는 기전을 통해 혈당 강하에 기여하고 있다. 경구 혈당 강하제는 각각 다른 작용기전으로 혈당강화 효과를 보이고 있고 약제마다 장점이 서로 다르므로 환자의 특성에 따라 사용한다.

2) 인슐린insulin

당뇨병 환자는 저혈당 상태가 유발되지 않도록 해주면서 혈당조절을 적절히 하는 것이 중요한데, 이를 위해서는 인슐린 주사, 식사관리, 운동 등을 계획적으로 잘 실천해야 한다. 인슐린 의존형 당뇨병 환자는 물론, 인슐린 비의존형 당뇨병 환자도 인슐린 생성능력은 있어도 인슐린 민감성이 감소되어 인슐린이 효과적으로 작용하지 못할 때 정상적인 혈당수준을 유지하기 위해 인슐린을 필요로 한다. 국내에서 유통 중인 인슐린의 종류와 인슐린별 특성은 〈표 8-3〉에 제시하였다.

3) 인슐린의 종류

(1) 속효성 인슐린rapid acting insulins

작용이 빠른 인슐린으로 regular insulin이라고도 하며, 흡수율은 주사부위, 신체적 활동상태, 피부온도, 인슐린 저항인자 등에 의해 영향을 받으며,

표 8-3 국내에서 유통 중인 인슐린의 종류와 인슐린별 특성

인슐린 종류(상품명)	작용시작	최고작용	작용시간
식사 시 인슐린			
속효성인슐린유사체(투명)			
인슐린아스파르트(NovoRapid)	10~15분	1~1.5시간	3~5시간
인슐린리스프로(Humalog)	10~15분	1~2시간	3.5~4.75시간
인슐린글루리진(Apidra)	10~15분	1~1.5시간	3~5시간
속효성인슐린(투명)			
휴물린 R	30분	2~3시간	6.5시간
기저 인슐린			
중간형인슐린(혼탁)			
휴물린 N	1~3시간	5~8시간	18시간까지
장시간형 기저인슐린 유사체(투명) 인슐린 디터미어(Levemir) 인슐린 글라르진(Lantus)	90분	없음	24시간까지 (글라르진 24시간. 디터미어 16~24시간)
혼합형 인슐린			
혼합형 소효성 인슐린 -NPH(혼탁) - 휴물린 30/70 - 이노렛30/70	바이알 또는 펜형 인슐린 안에 고정비율의 인슐린이 섞여 있는 형태 (속효성 인슐린 또는 속효성 인슐린 유사체와 중간형 인슐린)		
혼합형 인슐린 유사체(혼탁) - 노보믹스 30/50 - 휴마로그 믹스 25/50			

혈당수준에 미치는 작용은 1~3시간 후에 최고치에 달하고, 3~6시간 동안 약효가 지속된다.

(2) 중간형 인슐린 intermediate acting insulins

2시간 후에 효과가 나타나기 시작해서 주사 후 8~10시간과 18~24시간 후에 최고치에 달하고, 약 20~29시간 동안 약효가 지속된다.

(3) 지속형 인슐린long acting insulins

중간형인 인슐린보다 효과가 더 길게 지속되며, 혈당조절 효과를 예측하기 어려워 거의 사용되지 않고 있다.

그림 8-7 당뇨병 치료를 위한 인슐린 요법

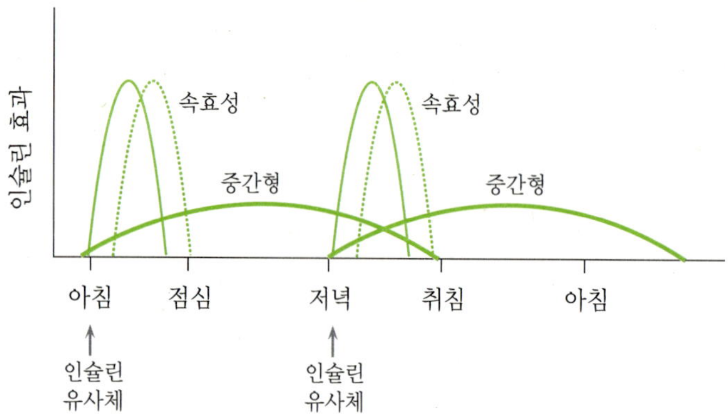

〈출처〉 Fauci A et al., 2008, 『Harrison's Principles of Internal Medicine』.

4) 인슐린 투입시 주의사항

인슐린 주사는 지방과 조직사이에 주사부위를 돌아가며 놓는다. 인슐린은

그림 8-8 일반적인 인슐린 주사부위

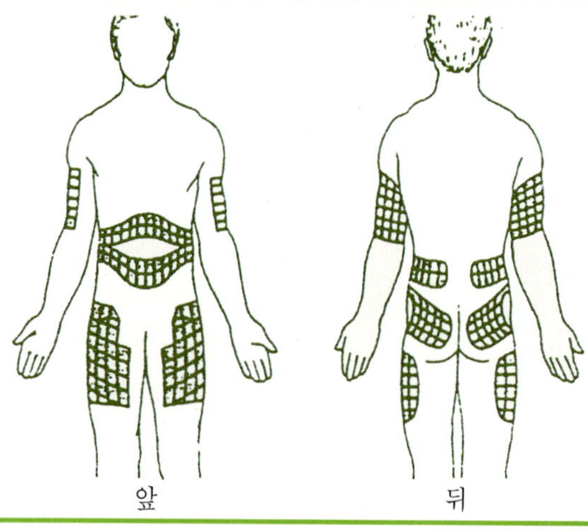

복부와 팔, 허벅지의 바깥쪽에 주사할 수 있으며 자주 사용하는 부위는 〈그림 8-8〉과 같다. 주로 복부를 이용하며 2~3cm 간격을 두고 돌아가며 주사하도록 한다. 복부 이용이 어려운 임산부는 허벅지를 이용한다.

2. 식사요법

당뇨병 환자는 혈당의 정상화를 위해 정상체중의 유지 및 식사조절이 매우 중요하며, 식사요법의 목적은 심장질환, 신장질환, 시력 및 신경장애 등 합병증의 예방 및 지연, 혈중지질의 정상유지, 적절한 영양상태를 유지시키는 데 있다. 당뇨병 치료는 인슐린, 운동, 체중감량과 함께 열량 섭취의 적절한 조절이 필요하다. 1차 예방은 비만 또는 당뇨병전기 고위험군에서 제Ⅱ형 당뇨병의 발생을 막거나 지연시키는 것이 목표이고, 2차 예방은 혈당조절을 호전시켜 당뇨병과 관련된 합병증을 막거나 지연시키는 것이며, 3차 예방은 심혈관질환, 신장질환 등 당뇨병 환자의 합병증을 관리하는데 목표를 두고 있다. 주로 식품으로는 콩, 두부, 저지방 우유 등 단백질 식품과 현미, 과일, 채소 등 비타민, 무기질, 식이섬유 함유식품을 권장한다.

당뇨병 환자의 식사관리에서 가장 중요한 것은 적절한 열량공급이다. 당뇨병 환자의 식사계획은 정상인이 필요로 하는 영양소 요구량에 그 기본 바탕을 두고 이루어지되 총 열량 필요량의 산정, 당질, 단백질, 지방으로부터의 적절한 열량공급, 비타민, 무기질 섭취 등을 위한 다양한 식품 선택 등이 중요하다. 인슐린 의존형 당뇨병은 평균 발병 연령이 11살 정도이므로 정상적인 성장과 발육, 이상적인 골격유지와 체중유지를 고려하여 열량필요량을 정해야 하고 체중과 신장의 발육상태를 계속 확인해야 한다.

당뇨병 환자의 식사계획에서 당질, 단백질, 지방의 섭취는 한국인 영양 섭취기준을 참고로 하되, 심장질환 등의 당뇨병 합병증 예방을 위해서 과량의 지방섭취는 피하도록 하고, 혈당조절을 위해 당질의 종류와 양이 고려되어야 한다.

인슐린 의존형 당뇨병(Type I)의 경우 혈당 조절을 위해 인슐린의 투여가 필요하므로 식사요법은 혈당조절, 특히 저혈당 예방을 위해 규칙적인 식사와 일정한 식사량의 유지가 우선적으로 요구되며, 투여하는 인슐린의 종류에 따라 간식을 포함하는 식사의 배분에도 중점을 두어야 한다. 인슐린 비의존형 당뇨병(Type Ⅱ)에서는 비만인 경우 체중조절을 위해 에너지 섭취량을 제한하며, 고지혈증 예방 및 혈압조절에 중점을 두어야 한다.

1) 식사와 당지수glycemic index

식품 섭취 후 나타나는 혈당반응을 식품별로 비교하여 나타낸 것으로 식품의 당지수는 순수포도당이나 흰빵과 같은 비교의 기준이 되는 식품섭취 후 혈당수치를 100으로 했을 때, 각 식품섭취 후의 혈당반응을 단순히 숫자적으로 비교한 것이다. 포도당 50g을 섭취한 후 2~3시간 동안 주기적으로 혈당을 측정하여 혈당반응 곡선을 그린 후 이를 기준하여 다른 탄수화물 식품의 상대적 수치(%)를 구한 값이다. 예를 들어, 설탕, 과자, 케이크, 구운 감자와 같이 70 이상의 당지수를 갖는 식품은 높은 당지수의 식품으로 소화되는 과정에서 빠르게 포도당으로 흡수되어 혈당을 높이고 인슐린 분비를 지나치게 증가시킨다. 반대로 강낭콩, 보리, 토마토, 탈지유 등과 같은 55이하의 당지수를 갖는 식품은 당지수가 낮은 식품으로 급격한 혈당상승을 막아주며 제Ⅱ형 당뇨병, 심장혈관질환 등 만성질환의 발생위험을 감소시킨다. 그렇지만 식품의 당지수는 탄수화물의 형태, 지방과 단백질함유정도, 조리방법, 섬유소의 형태와 양, 점성, 가공과정, 숙성정도와 식품첨가물에 따라서도 달라진다. 일반적으로 복합당질은 단순당질보다 당지수가 낮고, 감자, 정제된 시리얼 식품, 흰빵, 백미는 높은 당지수를 나타낸다. 도정이 적게 된 곡류나 섬유소가 많은 탄수화물 식품은 소화와 흡수가 느리기 때문에 혈당지수가 낮다. 그러나, 당지수가 100인 포도당 1g을 먹을 경우와 당지수가 41인 스파게티 200g을 먹었을 경우를 비교해 볼 때, 당 지수가 낮은 스파게티 200g을 먹는 것이 당지수가 높은 포도당 1g을 먹는 것보다 더 혈당을 올리게 된다. 그래서 나온 개념이 당부하지수이다(표 8-4 참조).

당부하지수glycemic load = (당지수 × 섭취한 탄수화물의 양)/100

[예 1] 삶은 당근의 1회 섭취분량은 1컵이고, 이중 탄수화물함량은 16g이며, 당근의 당지수(GI)는 49이라고 할 때 당근의 당부하지수(GL)는 (49×16)/100 = 7.84이다.

[예 2] 강낭콩 1회 섭취분량은 1컵이고 이 중 탄수화물함량은 38g이며, 강낭콩의 당지수(GI)는 27이라고 할 때 강낭콩의 당부하지수(GL)는 (27×38)/100 = 10.26이다.

그림 8-9 식품의 당 지수에 따른 혈당의 변화

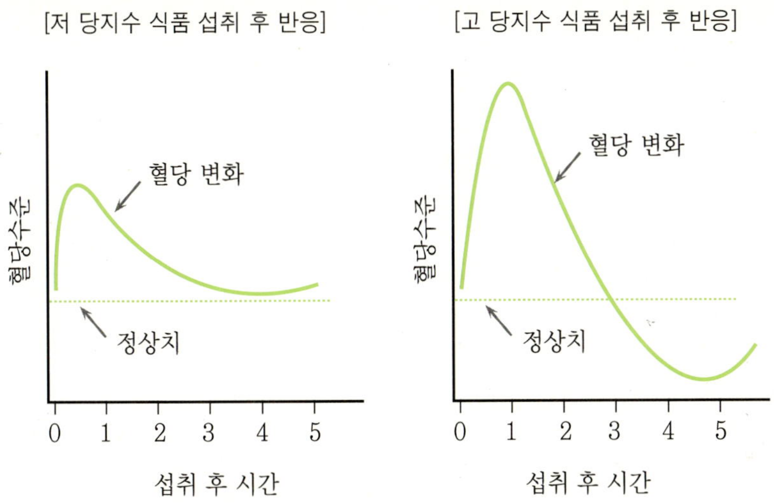

물론 어떤 식품을 선택하느냐와 조리법에 따라 당지수와 당부하지수는 달라질 수 있으며, 해조류, 콩식품, 채소류와 같은 섬유소가 풍부한 식품, 그리고 도정이 적게 된 현미, 통밀, 우유나 치즈 같은 유제품도 혈당을 낮추는데 효과가 있다.

당지수glycemic index는 일정량의 어떤 음식을 먹었을 때 혈당의 식후 상승의 척도를 의미하며, 낮은 당지수의 음식을 섭취할 경우 식후 혈당의 상승을 감소시키고, 혈당조절을 향상시킬 수 있다.

표 8-4 식품의 당지수(GI)와 당부하지수(GL)

기준식품 섭취후 혈당 = 100

저 당지수(low GI) : <55
중 당지수(medium GI) : 55~70
고 당지수(high GI) : ≧70

저 당부하지수(low GL) : 〈15
중 당부하지수(medium GL) : 15~20
고 당부하지수(high GL) : ≧20

	1회 분량(g)	당지수(GI)	탄수화물 함량(g)	당부하지수 (GL)
파스타/곡류				
현미	1 cup	55	46	25
백미(길쭉한 것)	1 cup	56	45	25
백미(짧은 것)	1 cup	72	53	38
스파게티	1 cup	41	40	16
옥수수	1 small	48	16	8
채소류				
삶은 당근	1 cup	49	16	8
스위트 콘	1 cup	55	39	21
구운감자	1 cup	85	57	48
삶은 붉은감자	1 cup	62	29	18
감자튀김	1 cup	75	29	22
유제품류				
전유	1 cup	27	11	3
탈지유	1 cup	32	12	4
저지방 요거트	1 cup	33	17	6
아이스크림	1 cup	61	31	19
콩과류				
구운콩	1 cup	48	54	26
상낭콩	1 cup	27	38	10
렌즈콩	1 cup	30	40	12
흰강낭콩(네이비콩)	1 cup	38	54	21
당류				
꿀	1 tsp	73	6	4
설탕	1 tsp	65	5	3
과당	1 tsp	23	5	1
유당	1 tsp	46	5	2

빵류				
베이글	1 small	72	30	22
흰통밀빵	1 slice	69	13	9
흰 빵	1 slice	70	10	7
크로와상	1 small	67	26	17
엔젤케이크	1 slice	67	29	19
과일류				
사과	1 medium	38	22	8
바나나	1 medium	55	29	16
포도	1 medium	25	32	8
오렌지	1 medium	44	15	7
음료				
사과주스	1 cup	40	29	12
오렌지주스	1 cup	46	26	13
토마토주스	1 cup	38	9	3
게토레이	1 cup	78	15	12
코카콜라	1 cup	63	26	16
스낵류				
감자칩	1 oz	54	15	8
바닐라 와퍼	5 cookies	77	15	12
초콜렛	1 oz	49	18	9
젤리빈	1 oz	80	26	21
팝콘	1 cup	54	11	6
크래커	10 cookies	48	26	12

〈출처〉 Foster-Powell K et al., 2002, *Am J Clin Nutr* 76:5-56

2) 당뇨병 환자를 위한 열량 및 영양소 필요량 계산

(1) 열량

방법 1. Harris-Benedict formular에 의한 열량 계산방법

① 기초대사를 위한 열량: 연령, 성별, 체중에 따른 하루 24시간 동안의 기초 소비열량을 말하며 정상 체중인 경우 1kcal/kg/hr×24로 계산한다.

② 활동 에너지: 활동량에 따라 기초 대사량의 각 %만큼이 활동 에너지에 해당된다.

주로 앉아 있기 : 20% → 기초대사량 $\times \frac{20}{100}$

가벼운 활동 : 30% → 기초대사량 $\times \frac{30}{100}$

적극적인 활동 : 50~70% → 기초대사량 $\times \frac{50\sim70}{100}$

③ 특이동적 에너지: 기초 대사량과 활동 에너지 총량의 10%를 가산한다.

※총 열량 필요량total energy requirement = ① + ② + ③

방법 2. 하루에 섭취하여야 할 총 열량을 환자의 표준체중과 활동 정도에 따라 간단히 계산하는 방법(활동 정도를 기준으로 표준체중 kg당 필요한 에너지를 곱하여 산정하는 방법)

표준체중 구하는 공식

남자: 표중체중(kg) = 키(m)의 제곱 × 22
여자: 표중체중(kg) = 키(m)의 제곱 × 21

육체적 활동이 거의 없는 환자(가벼운 활동) : 표준체중 × 25~30(kcal/day)
보통의 활동을 하는 환자(보통 활동) : 표준체중 × 30~35(kcal/day)
심한 육체활동을 하는 환자(심한 활동) : 표준체중 × 35~40(kcal/day)

열량은 운동량이 증가하면 함께 증가시키고, 비만인 사람은 현재의 체중에 근거하여 하루 열량 필요량에서 500~800kcal를 뺀 값이 필요 열량이 된다. 이렇게 하면 4주에 2kg 정도의 체중감량 효과를 볼 수 있다. 하루에 1,000kcal 이상의 열량을 줄여 급작스럽게 체중을 줄이는 것은 저혈당을 유발할 수 있고, 체내 대사율의 감소로 인해 다시 체중이 증가하는 현상이 생길 수 있으며, 전해질, 무기질, 비타민 등의 결핍을 초래할 수 있어 위험하다.

표 8-5 활동 정도에 따른 표준체중 kg당 에너지 필요량(kcal/kg)

활동 정도	저체중	정상	비만
가벼운 활동 앉아서 하는 일, 운전, 타이핑, 연주, 설거지, 의사, 교사, 사무원, 판매원, 서비스업	35	30	20~25
보통 활동 보통 속도로 걷기, 마루닦기, 빨래, 청소, 아이보기, 학생, 경공업, 어부, 가사노동	40	35	30
힘든 활동 격심한 운동, 등산, 빠르게 달리기, 무거운 짐 운반, 농사일, 광산, 운동선수, 철강공	45	40	35~40

표 8-6 열량 영양소의 권장 배분율

	한국인영양섭취기준	제 II 형 당뇨병환자 섭취기준	제 I 형 당뇨병
당질	55-70%	55~60%	45~60%
단백질	7~20%	10~20%	15~20%
지방	15-25%	20~25%	〈 35%

〈출처〉 대한당뇨병학회, 2010, 『당뇨병 식품교환표 활용지침』.

(2) 3대 영양소

① 당질carbohydrate

환자의 혈당 반응, 혈청지질 수준, 개인의 식사형태에 따라 공급되는 당질의 양과 형태가 달라진다. 보통 당뇨병 환자의 당질 섭취량은 55~60% 정도를 권장하며, 혈당 반응의 민감성을 고려하여 복합당질로 1일 150~300g 정도를 공급하도록 한다. 예를 들면 빵이나 감자는 높은 혈당 반응을 나타내는 식품이지만, 옥수수나 쌀전분은 급속한 혈당의 상승을 억제하고 인슐린 분비를 조절하므로 섬유질 함량이 많은 곡류를 섭취하도록 하며, 다음과 같은 사항을 고려하여 식사계획을 하는 것이 바람직하다.

- 복합당질 : 하루 섭취 당질의 대부분은 소화흡수가 느리고 급격한 혈당 상승을 막아주는 복합당질로 공급하는 것이 바람직하다.
- 섬유소 : 채소나 잡곡 등의 섭취는 섬유소 섭취를 위해 매우 중요하며, 특히 수용성 식이 섬유는 공복감을 지연시키고, 장의 통과시간transit time을 짧게 하여 갑작스런 혈당 상승을 막아주는 역할을 한다. 한편 고섬유 식사가 무기질 흡수에 부정적인 영향을 줄 수 있으며 특히 폐경기 이후의 여성, 어린이, 노년층에서는 칼슘과 미량 원소의 보충이 필요할 수도 있다. 당뇨병 환자의 식이섬유소 섭취는 정상적인 식사에 각종 나물류 1.5 교환단위, 김치 60g 정도, 귤 1개 정도를 더 첨가하면 충분하다. 오트밀, 보리, 과일, 콩 등의 수용성 섬유소 섭취는 식후 혈장 포도당 농도를 낮추어 주기 때문에 당뇨병 환자의 혈당조절에 매우 효과적이다. 한국인 영양섭취기준(2010)에서 섬유소의 충분섭취량은 성인 남자 25g/일, 여자 20g/일로 정하고 있다. 우리나라 사람들이 즐겨먹는 식품 중 식이섬유 함량이 높은 것으로 가식부 100g당 현미 2.7g, 통밀 2.5g, 통보리 2.9g, 검정깨 4.1g, 검정팥 7.6g, 쑥 4.7g, 미역 4.4g, 꽈리고추 1.1g, 우엉 1.3g 등이 있다.
- 단순당질 : 총 열량 섭취량 중 단순당질은 10% 이내에서 허용되나 섭취 시 급격한 혈당 상승의 원인이 될 수 있으므로 과량의 섭취는 제한한다.
- 과당 : 과당 대사물인 프락토오스-1-포스페이트fructose-1-phosphate는 대

표 8-7 고섬유식사의 장 · 단점

장 점	· 영양소 소화흡수 속도 지연 · 식후 혈당상승 지연 · 조직의 인슐린 민감성 증가 · 체내 포도당 이용증가 · 간에서의 포도당 방출 억제	· 길항성 호르몬 분비감소(예. 글루카곤) · 혈청 콜레스테롤 감소 · 공복 시 또는 식후 혈청의 중성지질 감소 · 간에서의 콜레스테롤 합성을 감소시킴 · 식사와 식사 사이에 만복감 증가
단 점	· 장내 가스 생성 증가 · 일시적으로 복부 팽만감 및 위장의 불편함을 느낌	· 특정 약품의 약리학적 기능을 변경시킬 수 있음

사시 인슐린의 영향을 받지 않으므로 섭취 후 설탕에 비해 혈당을 빠르게 상승시키지 않고, 당뇨병 환자의 혈액에서 정상속도로 감소된다. 그러나 당뇨병 환자가 장기간 과량의 과당을 섭취할 경우 혈청지질의 농도를 상승시킬 수 있으므로 총열량 섭취량 중 당질 섭취량에 포함시켜서 식사량을 조절하는 것이 바람직하다.

• 당지수glycemic index : 식품의 형태, 조리방법, 식품의 혼합사용 등 여러 가지 조건 때문에 당지수를 정확하게 예측하기 어려운 점도 있으나, 당지수가 낮은 식품의 선택은 당뇨병 식사계획에서 고려해야 할 사항이다. 그렇다고 해서 당지수가 낮은 식품만을 권장하는 것은 바람직하지 않고, 어떤 당질을 섭취하느냐보다는 어떤 종류의 당질을 어떻게 조리해서 먹느냐하는 문제와 당질 총섭취량에 관심을 두어 식사계획을 하는 것이 중요하다.

② 단백질

전체 필요 열량의 10~20%이 되도록 배분한다. 단 고혈압, 신장병 등 합병증이 있는 경우는 단백질 섭취를 제한한다.

③ 지방

당뇨병 환자의 지방 공급량은 우리나라의 경우엔 총열량의 20~25%를 권장하고, 미국의 경우엔 30% 이하를 섭취하도록 권장하고 있다. 다불포화 지방산과 포화지방산, 단일불포화지방산의 공급비는 1 : 1 : 1이 적당하며, 콜레스테롤 섭취는 하루 300mg 미만이 되도록 한다. 고지혈증 환자인 경우엔 총열량의 7%가 되도록 포화지방산의 섭취를 감소시켜야 하며, 콜레스테롤 섭취도 하루 200mg 미만이 되도록 한다

지방섭취 기준

Ⅱ형 당뇨병 환자 섭취기준 : 총 섭취 칼로리의 20~25%
Ⅰ형 당뇨병 환자 섭취기준 : 총 섭취 칼로리의 35% 미만
포화 지방산 (총칼로리의 7%, 식이 콜레스테롤 200mg/일 미만)
트랜스지방 소비 최소화(1%미만)
주2회 이상의 어류 섭취로 오메가3 불포화 지방산 공급

④ 기타

- 비타민과 무기질 : 비타민과 무기질은 충분히 공급해주며, 특히 크롬Cr, 티아민thiamin, 니아신niacin 등은 당질과 지방 대사에 필요한 성분이다. 이뇨제를 사용하는 환자에게는 마그네슘 공급이, 괴저gangrene 부위의 치료에는 아연이 효과가 있는 것으로 보고되고 있다.
- 알코올 : 알코올은 1g당 7kcal의 열량을 내기 때문에 체중감소를 해야 할 경우 특히 제한해야 하며 혈청의 중성지방을 상승시키고, 알코올 분해 효소인 ADHalcohol dehydrogenase는 당신생을 방해하고 저혈당을 유발한다. 최대 허용량은 1주에 1~2회 정도, 1회 양은 1~2단위 정도이다. 1단위의 양은 맥주 360㎖, 포도주 150㎖, 소주 50㎖이다. 특히 알코올 1단위는 지방군 2단위(90kcal)와 같은 열량을 내므로 술을 마시게 되면 그만큼 지방 섭취를 제한해야 지방간이나 고중성지방혈증 등을 막을 수 있다.

표 8-8 술의 열량

NO	식품목록	1단위 양	단위당 영양소			포장단위당 영양소			
			열량 (kcal)	알코올 (g)	당질 (g)	포장단위 (cc/병)	열량 (kcal)	당질 (g)	알코올 농도(%)
1	막걸리	1컵(200cc)	92	9.4	3.6	750/병	345	13.5	6
2	맥주, 라이트, 일반맥주	1컵(200cc)	58	7.1	3.3	500/병	145	8.3	4.5
3	맥주, 생맥주	1/2잔(250cc)	93	8.2	7.8	500/잔	185	15.5	4.2
4	맥주, 일반맥주	1컵(200cc)	74	7.1	5.6	500/병	185	14	4.5
5	맥주, 흑맥주(스타우트)	1컵(200cc)	92	6.6	7.2	330/병	152	11.9	4.2
6	안동소주	2/3잔(30cc)	74	10.6		400/병	1,000		45
7	샴페인	1잔(100cc)	44	4.7	0.5	640/병	280	3.2	6
8	소주	1잔(50cc)	71	9.8	0	360/병	510	0	25
9	소주(순한소주)	1잔(50cc)	55	7.9	0	360/병	400	0	20
10	오가피주	1잔(50cc)	8	5.1	1.0	300/병	50	6.0	13
11	와인, 테이블용, 레드	1잔(100cc)	85	10.2	2.6	750/병	638	19.5	13
12	와인, 테이블용, 화이트	1잔(100cc)	83	10.2	2.6	750/병	623	19.5	13
13	위스키(패스포트)	1잔(30cc)	95	12.6	0	360/병	1,140	0	40
14	이강주	1잔(50cc)	69	9.8		750/병	1,035		25
15	청주	1잔(50cc)	76	9.0	3	300/병	390	12.6	16
16	포도주, 단포도주	1잔(100cc)	123	11.0	12.2	750/병	925	91.5	14
17	포도주, 백포도주	1잔(100cc)	74	9.4	2.4	750/병	555	18	12
18	포도주, 적포도주	1잔(100cc)	70	9.4	4.8	750/병	525	36	12
19	매실주	1잔(50cc)	78	5.6	10.4				13
20	피나콜라다(칵테일)	1잔(100cc)	174	7.8	22.7				9.9

〈출처〉 대한당뇨병학회, 2010, 『당뇨병 식품교환표 활용지침』.

3) 식사요법의 시행

(1) 식품교환표를 이용한 당뇨병 환자의 식단작성

당뇨병의 식사요법 시행시에는 식품교환표를 이용한다(제2장 참조).

식사계획은 다음과 같은 것들을 고려하여 순서대로 계획한다.

① 표준체중을 구한다.

② 하루 필요 열량을 구한다.

③ 각 식품군별 교환 단위수를 결정한다.

④ 끼니별로 교환 단위수를 배분한다.

⑤ 식품교환표를 이용하여 식단을 작성한다.

⑥ 실제 섭취한 식품의 양을 계산한다.

(2) 식사 계획 및 조리시 주의사항

당뇨병 환자의 식사요법의 목표는 혈당과 혈중 지방의 정상화, 적당한 체중 유지, 합병증의 지연 및 예방 그리고 균형잡힌 영양 상태를 유지하는 것이다. 당뇨병 환자를 위한 식사는 다음과 같은 사항을 염두에 두고 계획하는 것이 바람직하다.

① 연령, 성별, 체중, 당뇨 증상의 정도, 합병증, 활동량 등의 정도에 따라 환자에게 필요한 열량 및 각 영양소량을 결정하고 다양한 식품의 선택으로 환자가 식사에 지루함을 느끼지 않도록 하여 꾸준히 실천할 수 있게 한다.

② 불규칙한 식사시간은 혈당조절에 어려움을 가져오므로 1일 식사량을 아침, 점심, 저녁으로 3등분하고, 간식은 2회 정도로 하여 하루 5~6회로 나누어 섭취하는 것을 원칙으로 한다.

③ 육류는 기름 부위를 제거하고, 특히 닭고기는 껍질을 벗긴 후 조리하여 지방섭취를 줄인다. 설탕이나 소금, 간장 등을 적게 사용하고, 될 수 있으면 식초, 겨자, 생강, 후추 등의 향신료를 사용하여 음식맛을 좋게 하는 것이 바람직하며, 채소는 삶아 익힌 것보다는 신선한 생채소를 그대

로 이용하는 것이 좋다.

④ 지방, 특히 동물성 포화지방산과 콜레스테롤의 섭취를 제한하고, 염분이 많은 장아찌나 젓갈류, 염장어, 기타 짠 음식 등은 피하고, 단순 당류의 섭취를 제한한다.

⑤ 튀김요리는 자주 먹지 않도록 하고, 조리시에 동물성 기름보다는 식물성 기름을 사용하고, 가공식품보다는 제철에 나는 신선한 식품을 이용한다.

⑥ 잡곡류, 생과일류, 생채소 같이 섬유소가 많이 들어 있는 식품을 선택한다.

⑦ 조리하기 전에 식품의 무게를 달아보는 습관을 길러서 1교환 단위의 양에 익숙해지도록 한다.

⑧ 식품구입 시에는 제조일, 식품내용 및 성분을 확인하도록 하며, 음식의 단맛을 내기 위해 아스파탐(그린스위트, 화인스위트 등)을 사용할 때는 높은 온도에서 단맛이 감소하므로 식은 후에 넣도록 한다.

(3) 감미료sweeteners의 사용

열량을 내지 않는 사카린saccharin과 아스파탐aspartame은 당뇨병 환자에게 허용되며, 아스파탐은 페닐알라닌phenylalanine과 아스팔틱산aspartic acid으로부터 만들어지며, 감미도가 높아 소량씩 사용되기 때문에 열량은 무시해도 된다. 가열시 감미가 소실되기 때문에 굽거나 가열하지 않는 식품에만 사용하도록 한다. 사카린은 가장 오랜 기간 동안 사용해 온 감미료로 1879년에 개발되었고, 설탕의 300배의 단맛을 갖고 있다. 과당fructose이나 솔비톨sorbitol은 열량을 내는 감미료이기 때문에 식사 계획에서 고려되어야만 하고, 당뇨병 환자 중에는 설사를 일으키는 솔비톨 불내성인 환자가 있을 수도 있다. 모든 감미료에는 포도당이 소량씩은 들어 있기 때문에 많은 양의 사용은 바람직하지 않다. 과당은 하루 30g 정도 섭취해도 무방하나 대신에 당질 총 섭취량을 감소해야만 한다. 솔비톨, 만니톨, 자일리톨 등은 설탕보다 느리게 흡수되나 결국에 포도당으로 대사되기 때문에 식사 계획시 고려되어야만 하며, 하루 10g 이상 섭취하면 가스가 생기며 삼투성 설사를 초래할 수 있다.

표 8-9 감미료의 종류와 특성

종 류	특 성
솔비톨 (sorbitol) 만니톨 (mannitol)	1g당 3.5kcal의 열량을 내는 당알코올로 자연계에도 널리 존재하며, 과당과 같은 대사경로를 거쳐 대사된다. 과일에 1~2%, 해조류에 13% 정도 함유되어 있으며 장 내에서의 흡수가 느려 급작스런 혈당상승을 막을 수 있고 비타민 B_1의 소모 또한 적다. 과량 섭취시 삼투압성 설사를 유발할 수 있으며 무가당껌이나 사탕 등에 사용되기도 한다.
사카린 (saccharin)	동물실험에서 방광암 발생과 관련이 있다고 보고된 적이 있어 한때 FDA(미국 식약청)에서 승인을 받지 못했으나 사람에게 사용하는 정도의 소량 사용은 암발생에 영향을 주지 않기 때문에 설탕 대신 당뇨병 환자에게 이용하는 것은 허용되고 있다. 열량은 없으면서 설탕의 300~400배의 단맛을 내는데, 뒷맛은 쓰고 안전성에 대한 논란이 있기 때문에 가능하면 소량씩 섭취하도록 한다. 특히 임산부가 사용하는 것은 조심할 필요가 있다.
아스파탐 (aspartame)	아미노산으로 단백질과 같이 1g당 4kcal의 열량을 내나, 설탕보다 200배의 단맛을 내며, 혈당상승에 영향을 주지 않기 때문에 국내에서 가장 많이 사용되고 있다. 아주 드물게 두통과 신경계 부작용이 있을 수 있으나, 일반인들이나 당뇨 환자의 소량 사용은 안전하다. 열량은 있지만 소량 사용으로 감미를 낼 수 있기 때문에 열량 계산시에는 무시하여도 무방하다.
아세설팜 (acesulfame)	설탕보다 단맛이 200배 강하고, 사카린과 구조가 비슷하다. 과즙음료에 설탕 대신 사용할 경우 90% 이상 열량을 감소시킬 수 있어 다이어트 식품에 많이 이용되기도 한다. 부작용이 없고 가열하여도 변하지 않는다.
수크랄로스 (sucralose)	FDA의 공인을 받은 인공 감미료로 설탕보다 600배 정도 달고 열에 안정하여, 빵, 껌, 소스, 유제품 등에 광범위하게 첨가되어 있으며, 열량은 없고 어린이, 임산부, 당뇨병 환자에게 안전하며, 우리나라에서도 사용이 허가된 감미료이다.

3. 운동요법

운동은 당질 섭취 후 혈당 상승을 느리게 하고, 인슐린 민감성을 증가시킨다. 그러나 인슐린 의존형 당뇨병 환자에게는 여러 가지 문제를 발생시킬 수 있는데, 예를 들면 간의 당신생이 증가하여 고혈압 유발과 케톤체ketone body 형성을 촉진하므로 운동 전에 적절한 혈당조절이 먼저 이루어져야 한다. 한편 정상인에 있어서 운동은 인슐린 저항성 감소, 간에서의 당신생 조절, 근육의 당흡수 조절 능력을 증가시켜 혈당유지에 좋은 영향을 미친다.

제 I 형 당뇨병인 사람은 운동 중 저혈당증을 피하기 위해 운동 전 · 후로 혈당을 검사하고 혈당이 250mg/dℓ 이상 이거나 케톤증이 있으면 운동을 삼가야한다. 또한 혈당이 100mg/dℓ 미만이면 운동전에 탄수화물을 섭취해야하고, 여러 종류의 운동에 따른 개인의 혈당반응상태를 체크해서 운동의 강도와 시간을 조절한다. 제Ⅱ형 당뇨병인 사람은 운동과 관련한 저혈당 증세는 덜 하지만 인슐린 투여 또는 인슐린 분비제를 복용하는 경우엔 저혈당증이 일어날 수도 있다.

1) 안전한 운동지침

(1) 운동은 매일 같은 시각에 하고, 운동 전에 섭취하는 음식의 양을 혈당수준에 따라 조절한다.
(2) 혈당이 높거나 낮은 상태에서의 운동은 피한다.
(3) 인슐린 작용이 최고치에 달했을 때의 운동은 저혈당을 유발할 수 있으므로 피하는 것이 좋다.
(4) 인슐린 주사직후 운동은 흡수시간에 영향을 줄 수 있으므로 시간 간격을 두는 것이 바람직하다.
(5) 운동 전에 식사를 하여 저혈당을 예방하고, 식사와 운동에 적응하기 위한 적절한 인슐린 투여가 필요하다.
(6) 심한 운동은 오히려 산증, 신경증, 망막증, 혈압상승 등으로 당뇨병을 악화시킬 수 있으므로 적당한 운동을 꾸준히 하도록 한다. 일반적인 운동으로 식후 30분쯤 지나서 30분 정도의 걷기, 그리고 수영, 천천히 달리기 등 유산소 운동이 적합하다.

표 8-10 제 Ⅱ형 당뇨병 관리 원칙

혈당조절	동반질환의 치료	당뇨병 합병증 관리를 위한 스크리닝
• 식이요법/생활양식 • 혈당의 자가모니터링 • 당화 혈색소 테스트 • 운동 • 약물 복용	• 고지혈증 • 고혈압 • 비만 • 관상동맥 질환	• 망막증 • 심혈관 질환 • 신증 • 신경증 • 다른 합병증

4. 당뇨병의 합병증과 관리

1) 급성 대사성 합병증

(1) 저혈당증hypoglycemia

혈당과 인슐린의 불균형, 그리고 경구혈당강하제OHA, oral hypoglycemic agents 사용에 의해서 저혈당증이 유발될 수 있으며, 평상시보다 많은 양의 운동을 했거나, 식사의 지연, 결식, 과량의 인슐린주사, 체중감소, 고섬유소 식사 등이 원인이 된다.

- **증상**

  초조해지고, 가슴이 두근거리며, 발한, 창백, 허기를 느끼고, 두통을 호소하며, 시력이 약해진다.

- **관리**

  과일주스, 캔디, 설탕 등의 당질 식품을 섭취시키거나 글루카곤을 주사하여 혈당을 회복시킨다. 혈당이 70mg/dℓ 이하이면 15g의 포도당을 섭취시키고, 15분 후에 다시 측정하여 혈당수준이 70mg/dℓ가 될 때까지 계속 섭취시킨다.

(2) 당뇨병성 혼수(당뇨병성 케톤산증)

혈액의 산성화acidosis는 곧 혼수coma로 연관되어진다. 특히 인슐린 의존형 당뇨병의 경우 인슐린 공급이 중단되면 급작스럽게 혈당이 상승하면서 케토시스ketosis 상태가 되어 혼수에 빠지고 심하면 사망에 이르기도 한다. 극단적으로, 절식을 하거나 포도당 공급이 중단되면 지방세포에 저장되어있는 지방이 분해되어 열량원으로 사용되면서 소변과 혈액에 케톤체ketone body가 증가할 경우에도 케톤산증이 발생한다. 정상인의 경우 하루 소변 중 케톤체 함량은 ≤125mg/24h, 혈액 중 함량은 <3mg/100mℓ이나, 당뇨병성 케토산증의 경우 소변 중 케톤체 함량은 5,000mg/24h, 혈액 중 함량은 90mg/100mℓ까지

상승한다.

• **증상**

가슴이 두근거리며 얼굴이 붉어지고 졸음이 오며, 메스꺼움, 구토, 복통을 호소한다. 다리 통증, 산성호흡acid breath, 쿠스마울 호흡kussmaul breath 등이 일어나며 심근경색, 급성 췌장염, 위장염, 패혈증, 감염 등의 증세가 촉진된다.

• **관리**

인슐린 공급, 전해질 공급, 수분공급을 하고, 고혈당증과 뇨당증이 호전되었을 때 5% 포도당을 첨가해 주며, 혼수시 24시간 동안 구강으로 음식 섭취를 금지시킨다.

표 8-11 당뇨병성 케톤산증의 임상증상과 원인

임상증상	원 인
• 오심, 구토 • 갈증, 다뇨 • 호흡이 짧아짐 • 빈맥 • 탈수, 저혈압 • Kussmaul 호흡, 호흡곤란 • 복부 통증 • 기면, 둔화, 뇌부종, 혼수	• 부적절한 인슐린 복용 • 감염(폐렴, 요로감염, 위장염, 패혈증) • 경색(뇌, 관상동맥, 장간막, 말초) • 약물(코카인) • 임신

2) 만성적인 합병증

(1) 망막증

혈관 장애의 하나인 당뇨병성 망막증은 눈의 망막에 산소와 영양분을 공급하는 모세 혈관 장애로 일어나는 질병이다. 당뇨병 발생 후 5~10년 경과했을 때 생기기 쉬우며 세심하게 관리하고 치료하면 예방이 가능하다. 세포 내 포

도당이 폴리올 패스웨이polyol pathway에 의해 솔비톨sorbitol이나 과당fructose으로 전이되면 세포 내 농도 증가로 삼투압에 의한 수분의 축적이 일어나고, 팽창(swelling)과 세포의 역기능 현상이 생기는데, 특히 망막에서 이런 현상이 일어난다.

- 증상

정맥확장, 출혈, 망막부종 등의 초기변화가 있으며, 출혈이 된 것 중 일부는 흡수되지만 나머지는 변화하여 흰 반점이 생기고, 망막박리가 일어나며 심하면 실명을 하게 된다.

- 관리

세심한 혈당조절은 망막증과 같은 합병증의 악화를 예방할 수 있으므로 당뇨병의 조기진단과 관리가 매우 중요하다. 뇌하수체 절제술과 같은 수술요법은 단시간내 효과를 볼 수는 있으나 수술후의 관리가 복잡하고 여러 가지 합병증 유발과 관련이 있어 실제적인 적용은 어려운 실정에 있다.

(2) 신장질환

① 요로감염

당뇨병 환자는 면역기능이 감소되어 감염성 질환의 발생 가능성이 높다. 당뇨병 환자의 요로에 세균 감염이 발생하면, 비당뇨병 환자보다 증세가 더욱 심하게 나타나며 패혈증으로까지 발전하여 치명적일 수도 있다. 정상 혈당 유지에 각별히 신경을 써야하며 혈당을 자주 측정하고 필요시 인슐린 주사도 병행한다. 대부분의 요로감염은 빈뇨, 급뇨 등과 같은 배뇨장애가 있을 경우에 의심해 보아야 한다.

② 당뇨병성 신증

고혈당과 고혈압에 의한 사구체의 모세혈관압 상승, 혈액 점조도의 증가로 인한 미세혈관 장애, 과량의 단백질과 염분 섭취, 요로 감염증으로 인한 합병증 발생 등이 원인이 될 수 있다. 사구체의 미세혈관 장애로 인해 생기는 질병으로 당뇨병 환자의 주된 사망원인이 되기도 한다.

• 증상

신사구체에 결절이나 비후가 생겨 신사구체가 경화되고, 그로 인해 부종, 요독증이 발생하여 생명유지를 어렵게 한다.

• 관리

고혈당이 당뇨병성 신증의 원인이 되기 때문에 혈당관리가 매우 중요하며, 혈압을 정상적으로 유지시키도록 노력한다. 염분은 1일 5g 정도로 제한하고, 수분 섭취를 감소시킨다. 자극이 강한 향신료와 알코올을 제한하고, 단백질은 체중 1kg당 0.5~0.8g 정도로 증세에 따라 제한하며 부족한 열량은 당질과 지방에서 보충하도록 한다. 꿀, 잼, 설탕과 같은 단순당질이 이용될 수 있으며 단순당질 사용시에는 혈당에 대한 영향을 최소화할 수 있도록 골고루 배분되어야 하고 혈당에 대한 세심한 검토가 필요하다. 동물성 지방은 피하는 것이 바람직하고 수영 등 적극적 운동은 피하고 산책 정도의 가벼운 걷기 운동을 권장한다.

표 8-12 당뇨병의 만성 합병증

미세혈관	대혈관	그 외
• 눈 -망막병증(비식성/증식성) -황반 부종 • 신경병증 -감각, 운동 (단발성/다발성 신경병증) -자율신경 • 신증	• 관상동맥질환 • 말초혈관질환 • 뇌혈관질환	• 위장관(위마비, 설사) • 비뇨생식기 (배뇨장애/성기능 장애) • 피부과적 질환, 감염성 질환 • 백내장, 녹내장, 치주병 등

(3) 신경질환

신경질환으로 인한 신경계 합병증은 다발성 말초 신경증으로 신경세포 자체나 슈반세포Schwann cell의 대사장애 또는 미세혈관 순환장애로 발생한다. 신경질환의 임상적 특징은 유통성 신경장애로 화상을 입은 듯 화끈거리면서 지각신경에 이상이 생기고, 통증은 양쪽 하지에 주로 있고 심하면 흉부까지 통증이 느껴지기도 한다.

세계보건기구WHO의 신경질환 분류를 보면 다음과 같다.

① 당뇨병성 자율 신경장애 : 심혈관 및 폐의 기능장애, 저혈당 지각 증상 결여, 체온조절 기능 이상, 소화관 장애, 비뇨 · 생식기 장애
② 당뇨병성 말초 신경장애 : 원위 다발성 신경장애, 근위 신경장애, 자율 신경장애, 단일성 및 다발성 신경장애

(4) 심장질환

당뇨병 환자에게서 심장질환과 뇌혈관 장애가 주로 발생하며 사망의 주된 요인이 되기도 한다. 정상인에 비해 고혈압 발생률이 2배 이상 높고 당뇨병 환자의 1/3에서 고혈압이 발생한다.

• 증상

창상과 감염이 있을 경우엔 혈액 공급이 빈약하기 때문에 회복이 더디고 괴저gangrene 상태를 유발하게 된다. 심장 질환으로는 협심증, 심근경색, 심부전, 고혈압 등의 증상이 있고 뇌혈관 장애로는 뇌경색과 뇌출혈로 인한 일과성 뇌허혈 발작 증상이 나타나며, 동맥경화증은 비가역적 만성질환으로 발병 후 치료가 어려우므로 예방에 각별히 신경을 써야한다.

• 관리

고지방, 고콜레스테롤 식품을 피하고 당질과 에너지량을 제한하며 체중

과 혈당을 조절한다. 고혈압이 있는 경우 염분 섭취는 5~10g/day로 줄이고 많이 섭취하는 식품중 염분 함량이 높은 것은 주의하도록 한다. 알맞은 운동을 하여 혈액순환을 좋게 하고 극심한 운동은 오히려 위험하므로 피하는 것이 좋다. 커피와 담배, 알코올은 금하는 것이 좋고 규칙적인 생활과 정신적으로 편안한 생활을 하도록 노력한다.

5. 소아 당뇨병

인슐린 의존형 당뇨병의 경우 8~15세에서 당뇨 증세가 가장 많이 나타난다. 소아 당뇨병 환자의 경우에는 어린이가 정상적으로 성장할 수 있도록 열량과 필요 영양소를 공급하면서 비만과 심혈관계 질환 등 합병증 발생을 예방하는 것이 중요하다. 어린이들은 쉽게 배우고 받아들이기 때문에 식사계획에 대해 수용적이고, 10세 정도만 되어도 자기 스스로 인슐린 주사를 할 수 있으므로 독립적으로 자기 관리를 할 수 있는 능력을 길러 주는 것이 필요하다. 어린이는 열량 필요량이 계속 변하기 때문에 4개월 마다 다시 체크해야 하며, 일반적인 열량 필요량은 정상적인 어린이에 준하여 결정한다.

1) 당질

총열량 섭취량 중 당질 섭취는 체내 혈당 수준 및 지방함량 수준에 따라 조절하여야 하나 대략 총열량의 45~60%에 해당하는 양을 권장한다. 지나친 설탕 섭취는 충치를 유발하고 혈중 지방 농도를 높일 수 있으므로 제한하고, 단과자, 도넛, 단음료 등은 인슐린 저항성을 악화시킬 수가 있으므로 피한다.

2) 단백질

성장발달을 위해 충분한 단백질 섭취가 필요하다. 성별, 연령별, 체중별 영양섭취기준을 참고로 하며 총열량 섭취량의 15~20% 정도가 적당하다.

3) 지방

소아 당뇨병 환자는 동맥경화증 등의 합병증이 발생될 가능성이 높기 때문에 지방 섭취에도 각별히 신경을 써야 한다. 총열량 섭취량 중 35% 미만의 지방을 섭취하는 것이 바람직하며, 포화지방산 : 단일불포화지방산 : 다가불포화지방산의 비가 1 : 1 : 1이 되도록 하고, 콜레스테롤은 열량 1,000kcal당 100mg으로 제한한다.

6. 임신성 당뇨병gestational diabetes : GDM

임신 기간 중에는 임신을 유지하는 데 에스트로겐estrogen, 프로게스테론progesteron, 태반 락토겐placental lactogen이 인슐린의 내성을 증가시킨다. 전체 임신부의 3% 정도가 임신성 당뇨증상을 보인다. 임신성 당뇨병의 위험인자로는 전에 GDM 병력이 있던 사람, 뇨당, 고혈당 등의 다른 당뇨증상이 있는 자, 공복혈당이 120mg/dℓ 이상인 자, 임신 전 BMI가 27 이상인 비만한 자, 4.1kg 이상의 거대아를 출산한 경험이 있는 자, 양수과다 증상이 있었던 자, 고혈압이 있는 사람, 가족 중에 당뇨병 환자가 있는 경우, 사산, 선천성 결함, 재발성 요도감염에 의한 조산경험이 있는 자 등이 포함된다. 임신 24~28주에 2시간 75g 경구 당부하 검사를 시행하여 공복혈당이 92mg/dℓ 이상, 당부하 1시간 후의 혈장 혈당이 180mg/dℓ, 2시간 후의 혈장 혈당이 153mg/dℓ 이상이면 임신성 당뇨병으로 진단한다. 또한 100g 경구 당부하 검사를 시행한 경우는 다음 기준 중 2가지 이상을 만족하는 경우 임신성 당뇨병으로 진단하게 된다.

1) 공복 혈장 혈당 95mg/dℓ 이상
2) 당부하 1시간 후 혈장 혈당 180mg/dℓ 이상
3) 당부하 2시간 후 혈장 혈당 155mg/dℓ 이상
4) 당부하 3시간 후 혈장 혈당 140mg/dℓ 이상

임신성 당뇨를 잘 조절하지 않으면 자궁 내 성장지체, 선천성 기형, 조산, 신생아 저혈당 등의 부작용이 유발된다. 임신성 당뇨는 인슐린요법, 식사요법, 운동요법으로 조절해야 하며 경구용 혈당강하제는 사용하지 않는다. 식사요법으로 총 에너지의 45%를 당질로, 20~25%는 단백질, 나머지는 지방으로 섭취한다. 또한 소량을 자주 섭취한다.

임신성 당뇨병을 가진 임신부 중 30~40%는 5~10년 후에 인슐린 비의존형 당뇨병이 발생하나 나머지는 출산 후 정상으로 돌아간다.

Chapter 9

비뇨기계 질환

학습목적

신장의 기능과 주요 신장질환의 병태생리를 이해하고, 신장질환 환자의 영양평가 시행결과에 따른 식사요법 계획을 학습한다.

학습목표

- **신장의 구조, 기능 및 신장질환의 일반적 증상**
  - 네프론의 구조와 기능을 인지하고, 요의 형성과정을 이해한다.
  - 신장질환 시 나타나는 부종, 단백뇨, 고혈압 등의 임상 증상의 원인과 특징을 학습한다.

- **신장질환의 식사요법**
  - 신장질환 환자의 식사요법의 목적을 안다.
  - 신부전의 발생 기전과 증상을 알고, 급성 신부전과 만성 신부전의 식사요법에 관해서 학습한다.
  - 혈액투석 환자, 복막투석 환자의 식사요법을 공부한다.
  - 요독증, 사구체신염, 신증후군, 신결석 등 주요 신장질환의 원인과 증상, 식사요법 등을 학습한다.

Chapter 9. 비뇨기계 질환

신장의 구조와 기능

1. 신장의 구조

신장은 후 복막강에 척추를 중심으로 좌우에 위치하는 강낭콩 모양의 한 쌍의 장기로 크기는 자기 주먹만 하며 하나의 무게는 약 150g 정도이다. 네프론은 신장의 기능적 단위로서 한쪽 신장에 약 100만 개가 존재한다. 네프론은 사구체glomerulus와 보우만 주머니bowman's capsule로 이루어진 신소체, 근위세뇨관, 헨레고리, 원위세뇨관, 그리고 집합관 등 다섯 부위로 구성된다〈그림 9-1〉. 신장 내부는 외측의 피질과 내측의 수질로 구분되는데, 네프론은 피질 부위에서 수질 쪽으로 배열되어 있다. 사구체는 신소동맥이 보우만주머니 속에서 다수의 모세혈관으로 갈라져 형성된 모세혈관뭉치로서, 혈액을 여과시키는 장치이다. 세뇨관은 매우 가는 튜브로서 여과된 혈액이 농축되고 필요한 성분은 재흡수되고, 일부는 분비되어서 소변을 만든 후에 신우라는 소변의 집합부위로 운반하는 기능을 한다. 사구체에서 여과된 액체는 보우만주머니, 근위세뇨관, 원위세뇨관, 집합관, 수뇨관, 방광을 거쳐 소변으로 배설된다. 신장과 네프론의 구조 및 기능은 〈그림 9-2〉와 같다.

신장으로의 혈액 흐름은 복부의 대동맥에서 갈라진 신동맥을 통해 혈액이 들어온 후 여러 개의 작은 혈관으로 분지되다가 결국 사구체로 연결되는데, 사구체로 들어오는 소동맥을 수입세동맥이라 한다. 사구체를 거쳐 나온 모세혈관들은 다시 모여 수출세동맥이 되어 보우만주머니를 빠져 나온 후 모세혈관망을 형성하여 근위세뇨관, 원위세뇨관, 헨레고리 및 집합관 주위를 둘러싸고 이들과 물질교환을 한후 신정맥을 통해 신장을 떠난다.

그림 9-1 네프론의 구조

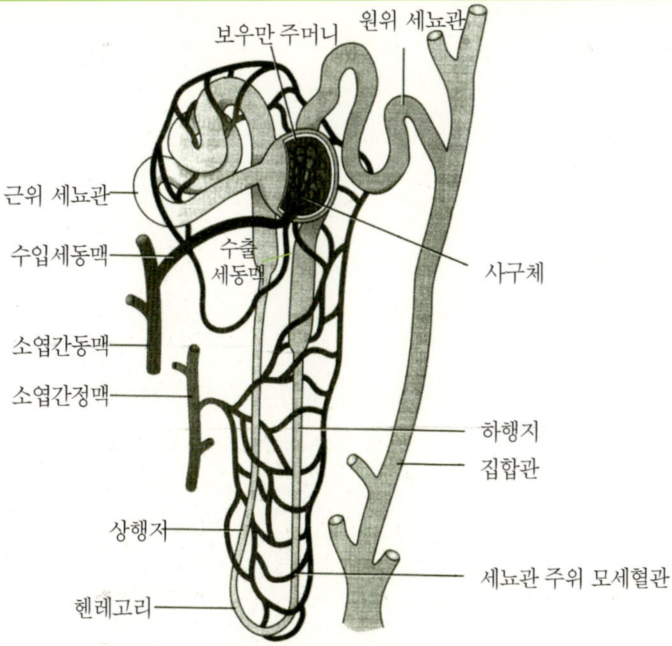

그림 9-2 신장과 네프론의 구조 및 기능

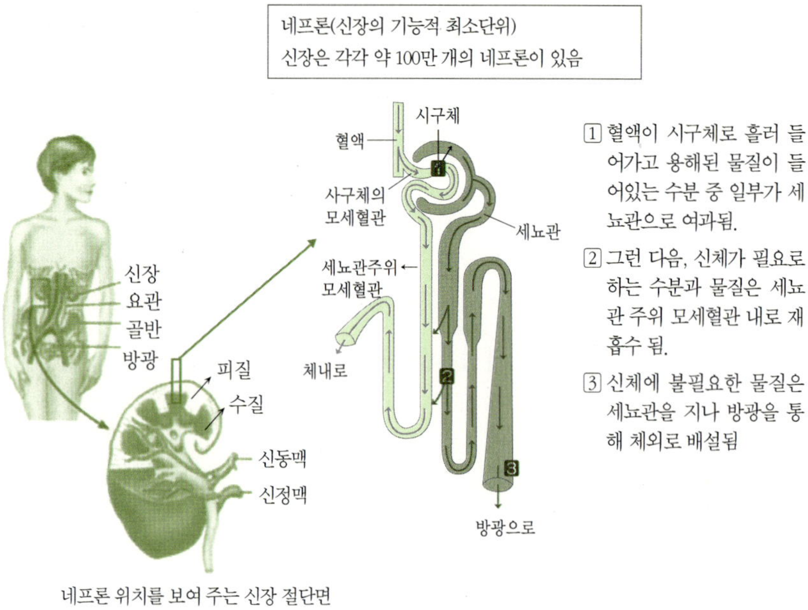

〈출처〉 DeBruyne LK et al., 2008, 『Nutrition and Diet Therapy: Principles and Practice』.

2. 신장의 기능

신장의 주요기능은 체내의 화학적 항상성을 유지하는 것이다. 신장은 요를 형성하고 노폐물을 제거하는 과정에서 체액, 전해질, 그리고 산-염기 평형을 조절한다. 또한 호르몬을 분비하여 혈압과 조혈기능에 관여하는 등 다양한 기능을 가지고 있다.

1) 요형성

요는 사구체 여과, 세뇨관 분비, 그리고 세뇨관 재흡수의 세가지 기본적인 과정을 거쳐 형성되고 그 과정에서 체액의 조성을 조절하고 대사 노폐물을 제거한다. 혈액이 사구체를 지나는 동안 혈구나 단백질 이외의 성분은 사구체의 모세혈관벽을 통해 보우만 주머니로 여과되는데, 이 여과액이 원뇨이다. 원뇨가 세뇨관을 통해 이동될 때 체내에 필요한 물질은 재흡수되며 불필요한 물질은 배설된다. 원뇨의 생성은 하루에 대략 180ℓ 이나 이 중 99%는 재흡수되고 최종 요 배설량은 1.5ℓ 정도이다. 네프론에 의해 1분간에 형성되는 여과액의 양을 사구체 여과율glomerular filtration rate : GFR이라 하며 이는 신기능의 주요한 지표로 이용된다. 정상적인 사구체 여과율은 분당 125㎖이다.

2) 배설기능

단백질 대사산물인 요소, 요산, 크레아티닌 등을 배설하고 신체에 유해한 독성물질이나 약물도 제거한다. 소변의 생성과 배설을 통해 전해질의 항상성을 유지한다.

3) 체액의 양, 삼투압조절

신장은 체내수분 상태에 따라 요를 농축하거나 희석시켜 농도나 양을 조절함으로써 체액을 일정하게 유지한다.

또한 나트륨의 재흡수를 조절하여 체액의 삼투압을 정상으로 유지한다. 삼투압은 항이뇨호르몬ADH, 체액량은 알도스테론aldosterone에 의해 조절된다.

4) 산-염기 평형

신장은 수소, 중탄산이온bicarbonate, 암모니움, 인 이온들의 재흡수와 분비를 적절히 하여 수소이온의 항상성을 유지시켜 산-염기 평형에 기여한다. 신장은 특히 단백질과 근육활동으로 인해 생성되는 대사성 산을 제거하는 데 중요한 역할을 한다.

5) 내분비 기능

신장은 혈압도 조절하는 데 레닌을 합성하여 레닌-안지오텐신계renin-angiotensin system에 작용하여 혈압을 상승시키는 반면 프로스타글란딘도 생성하여 말초혈관을 확장시켜 혈압을 강하시킨다.

신장은 또한 적혈구의 조혈인자인 에리쓰로포에틴erythropoeitin을 분비한다. 만성신부전에서 이 에리쓰로포에틴 결핍은 심한 빈혈이 발생하는 요인이다.

비타민 D를 활성형인 1-25$(OH)_2D_3$로 전환시켜 칼슘의 흡수를 증진하는 데도 관여한다. 따라서 신부전시 비타민 D의 활성저해와 혈액내 인 제거가 감소됨에 따른 부갑성선호르몬 항진증으로 인해 골격계 질환인 신성골이양증이 나타나게 되는 것이다.

6) 대사기능

인슐린, 글루카곤, 부갑상선 호르몬, 칼시토닌 등 여러 호르몬을 분해하거나 대사시키는 역할을 한다.

3. 신장질환의 일반적인 증상 및 식사요법의 원칙

1) 일반적인 증상

(1) 부종

신증후군에서는 소변으로 단백질이 다량 배설되면서 혈중 알부민이 감소되는데 이는 혈관 내 교질 삼투압의 저하를 일으켜 부종이 나타나는 요인이 된다. 또한 급성사구체 신염의 경우에는 사구체기능이 저하되어 여과율이 감소됨에 따라 나트륨과 수분이 체내에 저류하면서 부종이 발생하게 된다.

(2) 단백뇨

정상적으로 신장을 통과해 소변으로 빠져 나가는 단백질은 극히 일부로써 하루에 150mg 이상을 넘지 않는다. 하루 300mg 이상의 단백질이 소변으로 배출되는 것을 단백뇨라고 하며 소변검사에서 발견된다. 자각증세로는 소변위에 거품이 뜨게 되고, 다량의 단백질이 소변으로 유실되어 전신부종을 동반할 수 있다. 단백뇨는 사구체신염에서와 같이 사구체 모세혈관이 손상되어 단백질이 유실되어 나오는 경우가 주된 원인이고, 그 외 세뇨관의 손상도 원인이 되며, 심한 운동 후나 발열 등에서도 나타난다.

(3) 고혈압

신장의 이상으로 인한 신성고혈압의 발생원인은 두 가지로 신장염에 의한 수분과 염분의 저류로 인한 경우와 신동맥의 협착으로 인한 호르몬의 과잉생산으로 인한 경우이다. 반면에 고혈압이 신장병의 원인이 되기도 하는데, 고혈압이 지속되면 신장의 소동맥에 동맥경화가 일어나 신혈류량이 적어지고 신장기능이 저하되어 신경화증이 발생하기도 한다.

(4) 혈뇨, 핍뇨, 다뇨

신질환 시 혈뇨, 핍뇨, 다뇨 증상이 나타나기도 한다. 혈뇨란 비정상적인 양의 적혈구가 요에 나타나는 것이고, 핍뇨란 하루에 400㎖ 이하의 요가 배설되는 것이며, 다뇨란 세뇨관의 뇨 농축력이 저하되어 하루 3ℓ 이상의 요를 배설하는 것을 의미한다.

(5) 고질소혈증azotemia과 요독증uremia

고질소혈증은 신부전시 요독증의 임상증상 없이 혈액 내에 단백질 대사물인 질소노폐물이 존재하는 것이며, 요독증은 혈액 내에 요소가 과다하게 축적되어 독성증세를 나타내는 것으로 전신 장기에 걸쳐 나타나며, 그 증상으로는 피로감, 권태감, 집중력 저하, 근육경련, 식욕부진, 메스꺼움, 구토, 고혈압, 호흡곤란, 빈혈, 골격계 이상 등이 있다.

2) 식사요법의 기본원칙

신장질환 식사요법의 기본원칙은 손상된 신장에 부담을 감소시키고 손실되는 영양소를 보충하여 좋은 영양상태를 유지하는 것이다. 특히 신장질환에서 문제가 되는 영양소들은 단백질, 칼로리, 수분, 나트륨, 칼륨, 칼슘, 인, 철,

비타민 등이다.

(1) 단백질

단백질은 신장의 기능에 따라 섭취량을 조절하게 되는데, 신장의 부담을 감소시키기 위해 일반적으로 저단백 식사가 처방된다. 그러나 신장병중 소변으로 단백질이 유출되는 네프로제 증후군이나 투석액으로 단백질이 손실되는 신장 대체 요법(혈액투석, 복막투석)을 사용하는 경우에는 적절한 양의 단백질 보충이 필요하다.

저단백 식사에서는 대사노폐물을 최소화하고, 체단백 소모로 인한 영양불량이 나타나지 않도록 하기 위해 생물가가 높은 양질의 동물성 단백질 식품을 필요량만큼 적절하게 섭취하는 것이 중요하다.

(2) 에너지

에너지는 저단백 식사로 인한 체내 단백질 분해를 방지하고 섭취한 단백질이 에너지원으로 대사되지 않도록 충분히 섭취한다. 당질과 지방으로부터 에너지를 확보하되 단백질을 많이 함유하지 않은 당질식품을 선택하도록 한다.

신장병과 당뇨병의 합병증으로 인한 고지혈증, 동맥경화나 심장질환 등, 동반하고 있는 질환이 있을 경우 지방의 총섭취량과 포화지방산, 콜레스테롤 섭취가 높지 않도록 조절할 필요가 있다.

(3) 나트륨

부종과 고혈압이 있을 경우 나트륨 제한이 필요하다. 핍뇨가 나타나 수분을 제한해야 할 경우에도 나트륨을 제한하면 갈증을 막아 수분섭취를 줄일 수 있다. 반면에 이뇨제를 사용하거나 세뇨관에서 나트륨 재흡수가 감소되는 신장질환이 있을 경우에는 엄격한 나트륨 제한식은 오히려 나트륨 고갈을 초래할 수 있으므로 혈중 나트륨 상태에 따라 적정수준을 섭취해야 한다.

(4) 수분

소변량이 적고 부종이 심하면서 복수가 있으면 수분을 엄격히 제한 한다. 전날의 소변량에 500㎖ 정도를 더하여 섭취하도록 한다. 그러나 이뇨제를 사용할 경우나 다뇨기에는 탈수상태가 되지 않도록 수분공급에 신경을 써야 한다.

(5) 칼륨

칼륨은 주로 소변으로 배설되므로 소변량에 따라 칼륨의 섭취량을 조절하게 된다. 신장기능이 저하되어, 고칼륨혈증이 있을 때는 칼륨섭취를 제한한다. 그러나 혈압강하제나 부신피질호르몬제를 사용하는 경우에는 저칼륨혈증이 나타날 수 있으므로 칼륨이 부족하지 않도록 한다.

식사요인 이외에 몸이 스트레스 상태(수술, 외상, 열발생 질환 등)에 있을 때 체단백 분해가 증가되어 칼륨 방출이 상승되고, 이로 인해 고칼륨혈증이 나타나기도 한다. 식사로 칼륨이 조절되지 않을 경우 칼륨결합제를 사용하기도 한다.

(6) 칼슘과 인

부갑상선 기능 항진을 최소화 하기 위해 인의 섭취를 조절해야 한다. 인은 체내에서 칼슘과 결합하여 뼈와 치아 등을 구성하는 무기질이다. 신부전 시 신장에서 배설되는 인의 양이 감소하게 되어 고인산혈증이 된다. 이로 인해 뼈에서 칼슘이 용출되면서 부갑상선 기능 항진을 초래하게 된다. 또한 신부전 시 비타민 D의 활성화가 이루어지지 않아 칼슘의 흡수도 저해되어 신성골이양증이 발생한다. 따라서 혈액 내의 인의 양을 조절하기 위해 인이 다량 함유된 식품섭취를 제한하고 칼슘의 공급에 유의해야 한다. 식사로 조절되지 않을 경우 인결합제를 사용하기도 한다.

4. 신장질환 진단검사

가장 기본적인 검사는 요검사로 단백뇨, 혈뇨, 요비중, 24시간 소변 중 단백질을 측정할 수 있고 적혈구, 백혈구, 원주체 유무를 확인할 수 있다. 혈액검사로는 혈중 요소 질소blood urea nitroten, BUN, 혈청 크레아티닌으로 이는 신장 기능평가와 손상 진행정도를 알 수 있다. 또한 혈청 총 단백질, 혈청 알부민, 혈청 칼륨, 혈청 나트륨, 혈청 염소, 혈청 칼슘, 혈청 인, 헤모글로빈Hb, 헤마토크릿Hct, 백혈구, 적혈구, 혈소판, 혈청 철serum iron, 철 결합 단백질TIBC 검사도 필요할 수 있다.

크레아티닌청소율(제거율) 측정은 신장이 혈액 내의 크레아티닌을 얼마나 효율적으로 제거하는가를 나타내 주는 것이다. 방사선 검사와 초음파 촬영으로는 신결석, 신장의 크기 및 형태를 알아 볼 수 있다

신장질환

1. 사구체신염glomerulonephritis

사구체신염은 신장의 여과 부위인 사구체에 염증반응이 생겨 발생하는 신장질환을 지칭하며 신장염 혹은 신염이라고도 한다.

1) 급성사구체신염acute glomerulonephritis

(1) 원인과 증상

사구체 질환은 인체 면역시스템의 이상반응으루 생기는 것이다. 용혈성 세균감염으로 인한 것이 가장 많고, 바이러스, 신독성 약물도 원인이 된다. 편도선염이나 인후염 후에 1~3주의 잠복기를 거친 뒤에 급격한 요량의 감소, 부종, 혈뇨, 고혈압 등이 나타나고 때로는 단백뇨, 핍뇨, 무뇨anuria도 보인다. 치료는 사구체 염증과 부종, 고혈압이 가라앉을 때까지 안정을 취하고 식사요법을 병행하는 것이다.

(2) 식사요법

식사요법은 증세에 따라 고려되어야 할 영양소의 공급수준을 조절하여 신장에 작업부담을 가볍게 해주면서 충분한 영양보충을 통해 손상된 신장을 보호하고 병의 회복을 빠르게 하는 데 있다.

① 단백질은 증상이 심한 초기에는 25~30g로 제한하고, 부종이 사라지고 소변량이 증가함에 따라 단백질량도 점차 증가시켜나간다. 회복기에는 체중 1kg당 1g을 공급해 준다.
② 저염식을 하여 염분섭취를 제한한다. 중증일 때 무염식을 한다. 부종이나 고혈압이 악화되지 않도록 하기 위해, 염분은 1일 1g으로 제한한다. 부종, 고혈압이 내려가면 3~5g, 증상이 사라지면 7~8g으로 늘려간다. 염분 섭취량은 보통 정상인의 2/3 가량을 유지하는 것이 바람직하다.
③ 단백질을 제한하는 동안 칼로리는 충분히(35~40kcal/kg) 공급한다.
④ 수분은 부종, 핍뇨가 있을 때는 전날 소변량 +500㎖ 정도로 제한한다. 증상이 사라지면 수분의 양을 차차 늘려간다.
⑤ 칼륨은 핍뇨시 고칼륨혈증이 나타나면 제한한다.

2) 만성사구체신염chronic glomerulonephritis

(1) 원인과 증상

1년 이상 단백뇨와 혈뇨가 계속되는 경우로 급성 사구체신염의 만성화, 치료에 반응하지 않는 신증후군에서 신손상이 진행되어 발생될 수도 있다. 초기에는 혈뇨, 단백뇨 등의 이상만 있다가 신기능이 감소함에 따라 부종, 고혈압 증상과 함께 혈청 크레아티닌이 증가(>1.5mg/dℓ)된다. 신기능의 감소가 진행되어 만성신부전이 되면 식욕불량, 메스꺼움 및 구토, 쉽게 피로하고 심한 전신 쇠약감, 수면장애, 근육경련 등의 요독 증상이 나타난다.

(2) 식사요법

식사요법은 최적 영양상태를 유지하고 신장 손상의 진행을 지연시키는 것을 목표로 한다. 급성사구체 신염에 비해 소변량도 많고 질소 노폐물의 배설도 원활한 편이기 때문에 과도한 식사제한은 불필요하나 증세에 따라 조절되어야 하고 만성신염 말기에는 단백질, 나트륨, 칼륨, 인, 수분 등의 제한이 필요할 수도 있다.

① 단백질은 체중 kg당 1g 수준으로 공급한다. 질병 진행 중 네프로제 증후군이 있어 단백뇨가 있을 때는 손실되는 단백질양을 보충해 주는 동시에 단백질 대사 노폐물이 최소화되도록 계획해야 한다. 만성신염말기 식욕부진이나 구토로 식품섭취가 저조할 때 정맥으로 적절한 영양소를 공급한다.

② 에너지는 영양권장량 수준으로 충분히 공급하도록 한다.

③ 부종을 감소시키고 칼륨 균형을 유지하기 위해 증세에 따라 나트륨과 칼륨이 조절되어야 한다.

④ 수분은 부종이 있을 때 제한하고 체내 수분상태에 따라 가감한다.

2. 네프로제 증후군 신증후군, nephrotic syndrome

1) 원인과 증상

네프로제 증후군은 사구체 모세혈관 기저막의 손상으로 사구체 투과도가 증가하면서 혈장 단백질이 소변으로 빠져나가는 질환이다. 신증후군은 특히 당뇨환자에서 합병증으로 인한 신질환의 초기에서 나타나는 증세이기도 한다. 이외에 사구체신염, 감염, 신정맥 혈전증, 약물이 원인이 되어 나타나기도 한다. 신사구체 내에 매우 미세한 구조적 변화를 보이는 미세변화신증후군 minimal change nephrotic syndrome, lipoid nephrosis은 소아나 젊은 연령층에서 주로 발생하는데 스테로이드제에 잘 반응하여 단백뇨가 줄어든다.

신증후군은 과량의 단백뇨와 이로 인한 혈중 알부민 감소, 혈중 지질증가, 부종 및 고혈압의 특징적인 임상증상을 보인다. 부종은 압력이 낮은 부위인 눈 주위에 잘 나타나며 얼굴, 발, 발목, 복부 등에서도 발견된다.

신증후군에서 요로 단백질이 손실될 때 나타나는 결과를 〈그림 9-3〉에 요약하였다. 혈장 단백질이 요로 손실되면 혈액 단백질이 급격히 저하된다. 주요 혈장 단백질인 알부민이 또한 요로 손실되면서 교질삼투압저하로 인한 부종이 나타난다. 혈액 단백질 중 트랜스페린, 철결합단백질, 그리고 면역글로불린도 손실되는데 이는 빈혈 발생과 감염에 대한 저항력을 약화시키는 요인으로 작용한다. 단백질 손실을 대체하지 않을 경우 영양불량이 되고 근육이 소실되고 약해진다. 혈액지질도 변화를 보여 콜레스테롤, 중성지방, LDL-콜레스테롤, VLDL-콜레스테롤이 증가하고, HDL-콜레스테롤은 저하되는데 원인은 아직 밝혀지지 않았다. 이러한 변화는 심혈관질환 위험성을 증가시킬 수도 있다. 또한 비타민 D와 결합하는 혈장단백질이 요로 배설되면 비타민 D의 손실이 초래되는데, 이러한 비타민 D결핍은 결과적으로 저칼슘혈증을 유발하게 된다. 칼슘 흡수만 손상되는 것이 아니라 요에서 알부민과 함께 칼슘도 손실된다. 이러한 결과는 특히 어린이에서 구루병을 발생하는 요인이 된다.

그림 9-3 네프로제 증후군에서 단백뇨 손실에 따른 결과

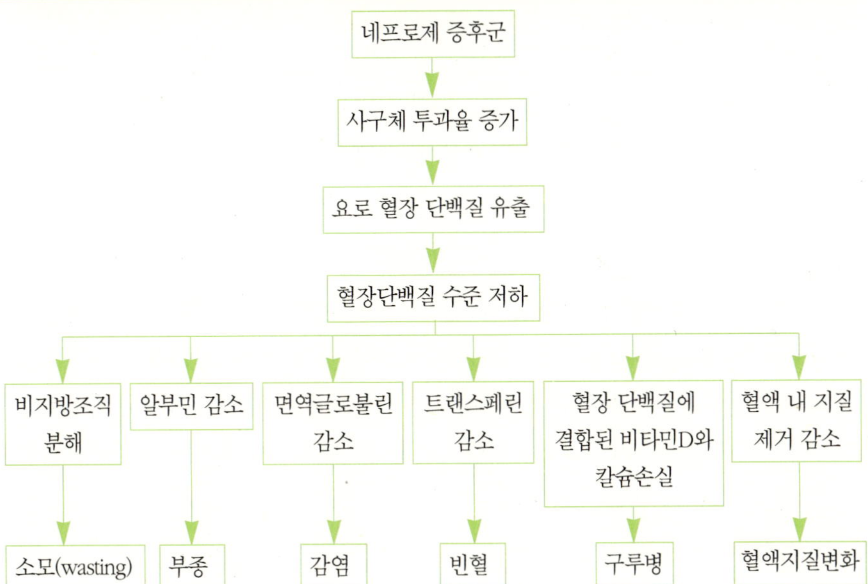

2) 식사요법

단백질 영양불량을 방지하고 부종을 완화하는데 주안점을 두며, 식사요법의 원칙은 다음과 같다. 또한 신증후군시 영양기준량과 식품구성의 예에 대해 〈표 9-1〉과 〈표 9-2〉에 제시하였다.

표 9-1 영양기준량

칼로리(kcal)	당질(g)	지방(g)	단백질(g)	나트륨(mg)	*칼륨(mg)	**수분(㎖)	탄:단:지
2,100	350	50	70	2,000	제한없음	제한없음	66:13:21

주 : *, ** : 혈청 칼륨 수준이 정상이고 1일 소변량이 1,000㎖ 이상인 경우에는 제한하지 않는다.

표 9-2 1일 식품구성의 예(신장질환 환자를 위한 식품교환표)

식사종류	곡류군	어육류군	채소군	지방군	우유군	과일군	칼로리보충식품
2,100kcal, 단백질 70g	9	5	6	4	1	3	3

① 에너지는 체중유지와 단백질 절약을 위해 1일 체중 kg당 35kcal 수준으로 충분히 공급한다. 체중손실, 감염이나 열이 있을 때는 여분의 에너지가 추가되어야 한다. 비만의 경우에는 혈중지질수준을 조절하기 위해 에너지 섭취를 감소하는 것이 바람직하다.

② 과거에는 고단백식사(하루에 약 120g)가 단백질 손실을 보충하기 위해 처방되었다. 그러나 실제로 단백질은 과다하게 섭취하면 오히려 요로 알부민 배설이 증가하고 신기능 저하를 촉진하게 된다는 견해가 있어 현재 단백질 공급은 1일 체중 kg당 0.9~1.0g 수준으로 섭취하는 추세이다.

③ 네프로제 증후군으로 인한 지방이상을 조절하기 위해서는 저지방 식사가 도움이 될 수 있다. 총 지방량은 총 칼로리의 30% 이하, 포화지방산과 콜레스테롤의 섭취는 줄인다. 그러나 식사만으로 조절되지 않으면 약물이 처방되어야 한다.

④ 나트륨은 일반적으로 1일 1,500~2,000mg(소금 5g)으로 제한한다. 부종이 심한 경우에는 수분의 섭취도 조절한다. 부종은 일반적으로 알부민이 많이 배설될수록 심해져 2~3일 동안 체중이 5~6kg 이상 증가하여 배와 폐까지 수분이 차기도 한다. 이러한 경우 체내 단백질이 정상으로 되면 부종은 사라지면서 혈압이 낮아지기도 한다.

3. 신부전renal failure

신부전은 신장이 손상되거나 질병으로 인해 신기능이 점차로 저하된 상태를 말하며, 급성 신부전과 만성 신부전으로 나눌 수 있다.

1) 급성 신부전acute renal failure

(1) 원인과 증상

급성 신부전은 유행성 출혈열, 급성세뇨관 괴사, 외상, 약물부작용 등이 원인이고 급격히 발병해서 위험한 상태로 되지만 이때 적절히 치료하면 회복이 가능하다.

급격한 신장기능 저하로 체내 질소 노폐물이 축적되어 요독증이 나타나거나 핍뇨oliguria로 체내 수분과 염분이 과다 축적되어 부종이 발생하기도 하며 무뇨증이 있을수 있다. 핍뇨기는 1~2주 지속되고, 하루 소변량이 400mℓ 이하로 감소하는 경우가 많아 고질소요소, 고크레아티닌혈증, 산혈증, 고칼륨혈증, 고인산혈증, 저칼슘혈증이 나타난다. 상태가 심각하면 투석치료가 요구된다. 핍뇨기를 거쳐 이뇨기에 접어들면 소변량은 3ℓ 정도로 늘어나면서 다량의 수분과 전해질이 손실된다. 그 후 회복기에 들어와 소변량이 정상이 되면서 수개월에 걸쳐 서서히 회복된다.

(2) 식사요법

안정과 식사요법이 치료의 기본이 되는데, 식사요법은 투석요법실시 여부, 핍뇨기, 이뇨기, 환자가 구강으로 음식 섭취가 가능한지 등을 고려해서 계획해야 한다. 영양관리는 체내의 화학적 성분을 가능한 정상에 가깝게 유지시키면서 신장기능이 정상으로 회복될 때까지 체단백을 보유시키는 것이 목적이다.

① 급성 신부전의 초기에 설사, 구토 등으로 식사 섭취량이 떨어질 때에는 중심정맥영양이 고려되어야 한다. 투석 전의 심한 이화 상태가 아닌 경우 단백질은 체중 kg당 0.5~0.6g의 고생물가 단백질이 필요하다. 그러나 혈액투석을 시행하게 되면 체중 kg당 1.0~1.4g의 단백질이 필요하다. 신장기능이 점차 정상으로 돌아오고 안정상태가 되면 단백질 요구량은 체중 kg당 0.8~1.0g으로 섭취하도록 한다.

② 단백질을 제한하는 만큼 칼로리 섭취는 충분히 해야 하며 보통 체중 kg당 35~50kcal의 열량이 필요하다. 칼로리는 주로 지방과 당질을 통해 섭취하고, 비타민도 공급한다.

③ 체내 수분량의 평가가 중요하며, 수분과 전해질의 섭취는 체외 배설량과 균형을 이루어야 한다. 갑작스러운 체중증가는 수분축적을 의미한다. 초기 핍뇨기에는 수분 섭취량은 전일 소변량에 500㎖를 추가한 양만큼 공급한다. 나트륨은 1,100~3,300mg(소금 3~8g), 칼륨 1,500~2,000mg 정도로 제한한다. 단 투석요법 실시 중에는 나트륨 제한을 완화한다. 이뇨기에는 수분, 나트륨, 칼륨의 배설량이 증가할 수 있으므로 소변량, 혈청 칼륨치, 나트륨 및 칼륨의 배설량 등에 따라 보충이 필요하다.

2) 만성 신부전chronic renal failure

(1) 원인과 증상

만성 신부전은 급성 신부전 후 신장기능이 정상으로 회복되지 못했을 때와 네프론이 점진적으로 퇴화되어 나타나며, 급성 신부전과는 달리 회복 불능인 경우가 보통이다. 대표적인 원인 질환으로는 당뇨병, 고혈압, 만성 신장염 등이 있으며 이외에도 사구체신염, 루푸스, 신결석, 요로폐쇄, 네프로제 증후군, 신혈관질환 등 다양하다.

만성신부전이 되면 부종, 고혈압, 대사성산증, 고칼륨혈증, 고인산혈증, 저칼슘혈증, 심부전, 영양장애, 빈혈, 식욕부진, 메스꺼움, 구토, 피로감, 근육쇠약, 혼수, 가려움, 골관절이상 등 전신에 걸쳐서 다양한 증상을 나타낸다. 신부전으로 인한 증상은 신장의 75% 이상이 손실되어야 나타나기 때문에 증상이 나타난 후 발견하게 되면 치료에 어려움이 있다. 신부전이 진행되어 말기 신부전으로 진행되는 과정은 신장기능 장애의 정도에 따라 4기로 분류하기도 한다.

① 제1기 : 신 예비력 저하시기

신장기능이 정상 배설기능의 50% 정도로 신장의 예비 기능이 감소되어 있으나, 대사 능력은 충분하여 체액의 항상성 유지에 지장이 없고, 혈청 화학상의 이상이 확인되지 않는 시기다.

② 제2기 : 신기능 부전시기

신기능이 30~50%로 요 농축력이 저하된 경우로 경증의 질소혈증과 경증 빈혈이 보일수도 있다. 수술이나 스트레스 상황하에서 신기능이 감소되는 상태이다.

③ 제3기: 신부전

신기능이 5~30%로 혈액 검사상 고질소혈증, 산혈증, 혈청 인 상승, 혈청 칼슘 저하, 빈혈 등을 보이는 시기다. 스트레스 시 요독증이 나타난다.

④ 제4기: 요독증의 시기

신기능이 5% 이하이고 신부전의 결과로 요독 증상이 존재하며, 방치하면 사망할 수 있다. 손상은 비가역적이며, 투석과 신장이식이 필수적이다.

일반적으로 만성 신부전이란 3기 이상의 장애가 계속되는 것으로 혈청 크레아티닌치가 3mg/dℓ 이상 지속될 때이다. 말기 신부전end stage renal disease : ESRD이란 신부전의 마지막 상태이며 신장이 거의 제 기능을 수행할 수 없기 때문에 투석이나 신이식등을 실시하지 않을 경우 사망까지 이를 수 있는 상태이다.

(2) 식사요법

식사요법의 3대 목표는 신부전의 진행을 지연시키고, 최적의 영양상태를 유지하며, 신부전의 대사 이상이나 요독증상을 완화, 개선하는 것이다. 만성 신부전 시 고려해야할 중요한 영양소로는 나트륨, 단백질, 칼로리, 수분, 칼륨, 칼슘, 인, 비타민 등을 들 수 있다. 신부전 환자를 위한 영양기준량과 식품구성의 예는 〈표 9-3〉과 〈표 9-4〉에 제시하였다.

표 9-3 영양기준량

칼로리(kcal)	당질(g)	지방(g)	단백질(g)	나트륨(mg)	*칼륨(mg)	**수분(㎖)	탄:단:지
1,900	345	40	30	2,000	2,000	제한 없음	74:06:20
2,000	345	45	40				71:08:21
2,100	350	50	50				68:09:23

주: *, **: 혈청 칼륨 수준이 정상이고 1일 소변량이 1,000㎖ 이상인 경우에는 제한하지 않는다.

표 9-4 1일 식품구성의 예(신장질환 환자를 위한 식품교환표)

식사종류	곡류군	어육류군	채소군	지방군	우유군	과일군	칼로리보충식품
1,900kcal, 단백질 30g	8	1	6	6	0.5	3	4
2,000kcal, 단백질 40g	8	2	6	6	0.5	3	4
2,100kcal, 단백질 50g	8	3	6	6	1	3	4

① 단백질 양은 질소노폐물 축적으로 인한 요독증 독성은 피하면서 불충분한 단백질섭취로 영양불량에 빠지지 않는 수준에서 결정한다. 중등도의 단백질 제한이 신장 손상을 지연시키는 데 효율적인 것으로 알려져 있다. 단백질 섭취량은 사구체 여과율에 따라 결정하는 데 단백질 제한은 사구체여과율이 25㎖/min 이하일 때 개시한다(표 9-3 참조).

② 주로 당질과 지방으로 충분한 칼로리를 공급한다. 총 칼로리 섭취는 하루에 체중 kg당 35kcal가 권장된다. 공급되는 당질은 단백질 함량에 의해 평가되어야 한다. 칼로리 급원식품으로는 꿀, 사탕, 설탕, 젤리, 푸딩, 캐러멜, 양갱, 엿, 물엿, 잼과 같은 당질식품, 들기름, 참기름, 옥수수기

름 등 식품성 기름, 무염버터, 무염 마가린 등과 같은 지방식품이 권장된다.

③ 나트륨은 부종과 고혈압 정도에 따라 조절한다. 부종과 고혈압이 있는 경우 하루에 2,000~3,000mg 정도를 권장하며, 부종이 심하면 이뇨제와 함께 1,000mg의 엄격한 나트륨 제한식사가 권장된다.

④ 일반적으로 수분을 지나치게 제한할 필요는 없으며, 갈증을 해소하는 정도의 수분은 허용된다. 그러나 소변이 줄어들고 부종이 심하거나 복수가 생기면 수분을 제한 하는것이 좋다. 수분섭취량은 전날 소변량 +500~700㎖가 되도록 섭취한다.

⑤ 칼륨의 섭취는 소변량에 따라 조절한다. 하루 소변량이 1ℓ 이상이면 칼륨을 제한하지 않는다. 신부전 말기 핍뇨가 수반될 때 칼륨조절이 필요하다. 칼륨이 많이 함유된 식품은 식사에서 제한하고, 조리법에 따라서도 칼륨섭취량을 조절할 수 있다. 고칼륨혈증은 식사로 인한 경우도 있으나 출혈, 산혈증, 수혈, 수술이나 화상과 같은 이화학적 스트레스가 존재할 때 발생할 수도 있다. 소금대용품 사용이나 칼륨보유 약물복용도 원인이 될 수 있다. 식사요법만으로 혈액 내 칼륨이 조절되지 않는 경우에는 약을 복용해야 할 때도 있다.

⑥ 만성 신부전 환자는 신성골이양증을 방지하기 위해 혈액 중의 인 수치를 정상으로 유지하는 것이 중요하다. 부갑상선 호르몬 농도의 증가없이 칼슘과 인의 바람직한 수준을 유지하도록 한다. 혈장 크레아티닌이 3mg/dℓ 초과시 인이 보유되므로 인이 많이 함유된 식품은 제한하도록 한다. 혈장 인이 낮은 혹은 정상수준인 2.0~3.0g/dℓ가 되도록 유지하기 위해 인 섭취는 하루에 600~1,200mg 정도로 감소해야 한다. 인은 단백질이 많은 식품에 주로 함유되어 있기 때문에 단백질 섭취를 줄이게 되면 인의 섭취도 자연히 줄어들게 된다. 식사요법만으로 조절되지 않을 경우에는 인결합제가 처방되기도 한다. 혈장 인 수준이 정상수준 내에 도달하면 칼슘 보충calcium carbonate을 시작할 수 있다. 적은 양의 칼시트리올calcitriol, 비타민 D의 활성형과 충분한 양의 칼슘섭취는 혈장 칼슘 수준이 정상으로 만들고 인대사를 개선하여 골이양증을 개선할 것이다.

⑦ 환자는 요독증으로 인해 식욕이 저하되고, 단백질 및 채소류 등을 제한하므로 비타민의 섭취가 부족되기 쉽다. 비타민 B, C 등의 수용성 비타민과 빈혈치료를 위해 철, 엽산 등의 보충이 필요하다

(3) 식단계획

환자의 여러 영양소 요구는 단백질, 에너지, 나트륨, 칼륨, 수분이 동시에 고려되어야 한다. 따라서 식사의 계산이 복잡해진다. 계산을 간단히 하기 위해 단백질, 나트륨, 칼륨 함량에 따라 분류한 식품교환표가 1997년 대한영양사회 병원 분과와 대한신장학회 공동으로 개발되었다(부록 Ⅲ 참조).

교환표를 이용한 식단은 아래와 같은 단계로 작성한다.

① 필요한 고생물가 단백질 양을 계산한다.
② 식품교환표를 사용해서 고생물가 단백질 공급을 위해 필요한 우유, 육류, 계란의 교환수를 결정한다.
③ 식품교환표로부터 저생물가 단백질, 나트륨, 칼륨, 수분공급과 필요한 에너지를 공급할 곡류, 야채, 과일의 교환수를 결정한다.
④ 결정된 교환수로부터 총단백, 나트륨, 칼륨, 수분과 에너지를 합한다. 계산된 수치가 처방보다 과다 혹은 부족하면 3번으로 되돌아가서 필요한 조정을 거친다
⑤ 지방과 당질로부터 여분의 칼로리 급원을 첨가한다.
⑥ 필요하다면 처방된 나트륨 섭취에 도달하도록 소금을 첨가한다. 이는 나트륨 고갈환자에서 필요할 수도 있기 때문이다.
⑦ 만약 가능하다면 수분 처방한도 내에서 음료수를 첨가한다.

4. 투석dialysis

만성 신부전이 진행되면 신장 기능을 대신해 주는 대체요법이 없이는 생명을 유지하기가 힘들다. 대체요법으로는 인공신장기를 이용한 혈액투석, 복막의 반투막을 이용한 복막투석, 신장이식 방법 등이 있다.

1) 혈액투석hemodialysis

혈액투석은 환자의 동맥으로부터 관을 통해 혈액을 체외로 배출시켜 투석기 내의 반투막에 의해 노폐물을 걸러서 정맥으로 다시 넣어주는 것이다(그림 9-4 참조). 이는 혈액과 투석액 사이에 반투막을 통한 확산작용으로 노폐물을 제거하고 전해질 농도를 정상화 시키며 막간의 정수압의 차이로 수분과 염분을 여과하여 제거시킨다. 투석액은 세포외액과 성분이 거의 비슷하나 칼륨은 적고 요소와 크레아티닌은 제거한 것이다. 투석을 시작하는 시기는 신장기능이 정상의 5%가 될 때로 크레아티닌 제거율이 5~10ml/min이거나 혈중 크레아티닌이 10mg/dl 일 때이다. 소아나 당뇨병 환자의 경우에는 좀더 일찍 투석을 실시 할 것을 권장하고 있다. 혈액투석은 주 2~3회 실시되며 매회에 소요되는 시간은 3~6시간이다. 단점은 심혈관계에 부담을 줄 수 있다는 것과 호르몬 분비기능은 대체하지 못한다는 것이다. 또한 이 방법은 투석을 받는 동안만 신장 기능을 대신하기 때문에 투석과 투석 사이에는 노폐물, 수분, 나트륨 등이 축적되므로 환자들은 식사가 자유롭지 못하고 제한적인 식생활이 요구된다.

그림 9-4 혈액투석, 1주일에 3회, 3~6시간 정도 소요

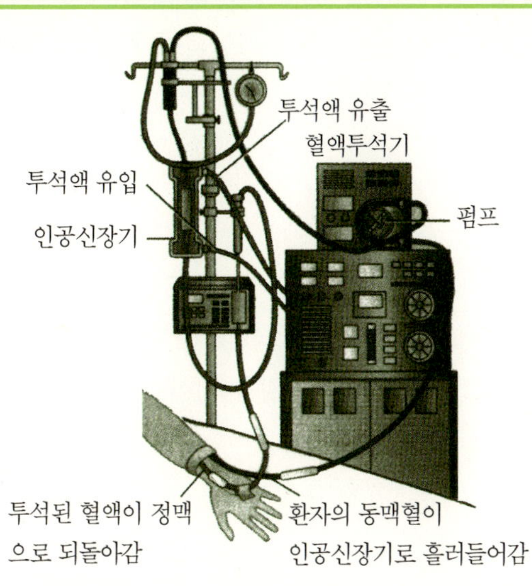

〈출처〉 Modified from Mahan LK, Escott-Stump S, 2008, 『Krause's Food, Nutrition, and Diet therapy』.

(1) 식사요법

식사요법의 목적은 좋은 영양상태를 유지하여 영양불량을 막고 체내 화학적 항상성을 유지할수 있도록 하는 데 있다. 혈액투석은 복막투석보다는 더욱 철저한 식사제한이 필요하다. 식사에 대한 거부감, 빈번한 합병증, 심리적 요인 등이 음식섭취를 제한하므로 영양관리가 중요하다. 혈액투석시의 영양기준량과 식품구성의 예는 〈표 9-5〉와 〈표 9-6〉에 제시하였다.

(2) 단백질

만성적인 혈액투석은 이화적 과정으로 영양불량이 지속적인 문제점이다. 대략 10~13g의 단백질이 투석액으로 손실되고 또한 혈액과 투석기 막 사이의 상호작용으로 인해 단백질 이화작용이 증가되기 때문에 단백질은 충분히 보충해 주어야 한다. 단백질은 체중 kg당 1.0~1.2g이 권장된다.

(3) 에너지

에너지는 표준체중 kg당 30~35kcal를 권장한다. 당질이 주 에너지원으로 충분히 공급되어야 한다. 복합당질은 생물가가 낮은 단백질을 함유하기 때문에 저단백식사에서는 적당한 양을 사용하도록 한다. 지방도 에너지원으로 중요하며, 지방량은 혈중지질수준에 따라 조절되어야 한다. 혈액투석환자는 흔히 중성지방 수준이 증가되는데 그 이유는 확실하지 않으나 카르니틴carnitine의 부족이 제시되었다.

(4) 칼륨

고칼륨혈증을 방지하기 위해 칼륨제한은 필수적이다. 칼륨은 일반적으로 하루에 2,000~3,000mg으로 제한한다. 칼륨의 섭취량은 또한 투석액의 농도에 따라 조정되어야 한다.

(5) 나트륨과 수분

수분은 소변량 +1,000㎖로 제한한다. 수분량은 식품 속에 함유된 수분뿐 아니라 대사수와 변으로 손실되는 수분도 포함하여야 한다. 이러한 제한에도 불구하고 투석 사이에 450g 정도의 체중증가와 함께 경증의 수분 보유가 나타나기도 한다. 나트륨은 수분 보유와 고혈압을 조절하기 위해 하루에 2,000~3,000mg(2~5g)으로 제한한다. 나트륨 제한은 과다한 수분으로 인한 폐부종과 울혈성 심부전을 방지하는 데 도움이 된다.

(6) 인

혈액투석시에도 고인혈증이 나타날 수 있다. 신성골이양증을 방지하기 위해 혈액중의 인을 정상으로 유지하는 것이 중요하다. 따라서 인이 높은 경우에는 인을 많이 함유한 식품을 제한한다.

(7) 비타민과 무기질

투석치료 동안 수용성비타민이 손실될 수 있다. 따라서 1mg의 엽산, 5~10mg의 피리독신, 100mg의 비타민 C, 그리고 영양권장량에 준하는 다른 수용성 비타민이 공급되어야 한다. 빈혈예방을 위해 충분한 철공급과 함께 합성 에리쓰로포에틴을 투여한다.

표 9-5 영양기준량

칼로리(kcal)	당질(g)	지방(g)	단백질(g)	나트륨(mg)	칼륨(mg)	수분(㎖)	탄:단:지
2,100	350	50	60	2,000	2,000	1일 소변량+(500-750)	67:11:22
2,200	350	50	70				66:13:21

표 9-6 1일 식품구성의 예 (신장질환 환자를 위한 식품교환표)

식사종류	곡류군	어육류군	채소군	지방군	우유군	과일군	칼로리보충식품
2,100kcal, 단백질 60g	9	4	6	5	1	3	3
2,200kcal, 단백질 70g	9	5	6	4	1	3	3

2) 복막투석peritoneal dialysis

복막투석은 복강 내에 삽입관을 꽂고 투석액을 규칙적으로 교환해 줌으로써 복막을 통하여 노폐물이 투석에 의해 녹아 나오게 하는 방법이다. 이에는 지속적 외래 복막투석continuous ambulatory perotoneal dialysis : CAPD과 자동화 복막투석automated peritoneal dialysis : APD이 있다. 지속적 외래 복막투석(그림 9-5 참조)은 환자 자신이 직접 1일 3~4회 투석액을 교환하여 일상생활에 지장이 없으나 복막에 투석액이 항상 들어 있어 복부 팽만감이 있을 수 있다. 자동화 복막투석은 밤중에 기계로 자동적으로 투석액을 여러번 교환해 주는 방법이다.

복막투석은 혈액투석과 달리 24시간 지속적으로 진행되기 때문에 요독증이 낮게 나타나는 빈도가 낮고 전해질과 혈압의 조절이 비교적 쉽다. 그러나 체내의 단백질, 수용성 비타민이 투석액으로 많이 빠져 나가고, 합병증으로 복막염이나 고지혈증이 나타날 수 있기 때문에 음식섭취시 주의해야 한다. 복막투석 시의 영양권장량은 환자의 체격 및 신장기능과 함께 투석액의 교환 횟수, 투석액의 양, 투석액의 농도를 고려하여 결정한다.

그림 9-5 지속적 외래복막투석: 20분 정도가 소요되며 하루에 4~5회 시행

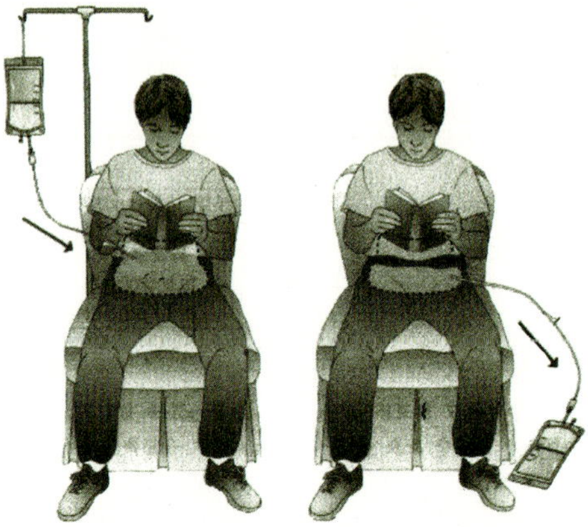

투석액을 복막에 주입시킴

20분 후에 투석교환액을 백으로 유출시킴

〈출처〉 Modified from Mahan LK, Escott-Stump S, 2008, 『Krause's Food, Nutrition, and Diet therapy』.

(1) 식사요법

식사요법의 목표는 좋은 영양상태를 유지하고, 복막투석 환자에서 나타날 수 있는 고지혈증과 같은 증상을 최소화하며, 복막염과 같은 합병증의 위험을 줄이는 것이다. 복막투석시의 영양기준량과 식품구성의 예는 〈표 9-7〉과 〈표 9-8〉에 제시하였다.

(2) 에너지

복막투석 환자가 하루에 필요한 칼로리는 투석 이전이나, 혈액투석 시와 같다. 그러나 복막투석 시에는 투석액 중에 포함되어 있는 당이 흡수되어 체내 칼로리 공급이 증가하기 때문에 음식섭취에 주의해야 한다. 복막투석 환자에게 나타나는 비만이나 고지혈증은 그 이유가 정확하지 않지만, 투석액으로부터 흡수된 당이 주요 원인이라고 알려져 있다. 비만과 고지혈증을 예방하기 위해서는 칼로리 섭취를 조절하고 지방 및 단순당의 섭취를 줄이고, 알코올을 제한한다. 체중 감량이 필요한 경우에는 보통 주당 0.5kg 내외의 감량이 권장되며, 이를 위해 평소보다 500kcal 정도를 줄여 식사한다. 덱스트로즈dextrose를 함유한 투석액 농도는 1.5%, 2.5%, 4.25%로 1,500~2,000mℓ 백에 공급된다.

(3) 단백질

단백질의 손실은 혈액투석보다 많으며 1일 4~15g(평균 7.3g) 정도의 단백질이 투석액으로 유출된다. 따라서 손실되는 단백질을 보충하기 위해서 단백질은 체중 kg당 1.2~1.5g 으로 충분히 섭취하여야 한다. 특히 단백질 영양결핍이거나 복막염이 있는 환자는 단백질 섭취량을 체중 kg당 1.5g(고생물가)으로 증가시켜야 한다. 복막염이 있을 경우 더 많은 양의 단백질이 투석액으로 배출되기 때문이다. 단백질 손실 정도는 환자의 혈중 단백질 수치, 복막의 투과성, 투석액의 성분, 복막염 등 다양한 요인에 따라 달라진다.

(4) 나트륨

나트륨은 1일 2,000~4,000mg(소금 5~10g) 정도로 제한한다. 그러나 투석액의 농도에 따라 수분 조절이 가능하기 때문에 고농도(4.25%) 투석액을 사용하면 체내 수분을 많이 배출시킬 수 있다. 따라서 혈액투석에 비해 나트륨 섭취가 비교적 자유롭다. 그러나 고농도의 투석액을 장시간 사용하게 되면 칼로리 흡수가 증가되어 체중증가 및 고지혈증이 초래될 수 있으므로, 부종이 있고 체중이 급격히 증가하거나 혈압이 높아지는 경우에는 적극적으로 나트륨 섭취를 제한하여야 한다.

(5) 칼륨

복막투석을 하는 경우 칼륨은 비교적 정상으로 유지될 수 있다. 그러나 과식하거나 고단백식품을 많이 섭취하면 고칼륨혈증이 나타날 수 있다. 칼륨이 많은 식품을 섭취할 때는 주의하여야 하며, 칼륨을 줄일 수 있는 방법으로 조리한다.

(6) 인

복막투석 시에도 고인혈증이 나타날 수 있다. 복막투석 시에는 고단백 식사를 하게 되므로 인의 섭취량이 많아질 수 있기 때문에 인의 함량이 높은 식품은 가급적 선택하지 않는다.

(7) 비타민

혈액투석 시와 비슷하게 공급해 준다.

표 9-7 영양기준량

칼로리(kcal)	당질(g)	지방(g)	단백질(g)	나트륨(mg)	칼륨(mg)	*수분(㎖)	탄:단:지
1,800	260	40	75	4,000~6,000	제한없음	제한 없음	64:16:20
2,000	280	50	90				61:16:23

주: * 부종이 있는 경우에만 제한한다

표 9-8 1일 식품구성의 예(당뇨병 환자를 위한 식품교환표)

식사종류	곡류군	어육류군	채소군	지방군	우유군	과일군
1,800kcal, 단백질 75g	8	6(저지방: 4, 중지방: 2)	7	4	2	2
2,000kcal, 단백질 90g	9	7(저지방: 4, 중지방: 3)	7	4	2	2

5. 신장이식

신장이식은 면역기능이 유사한 타인의 신장을 제공받아 수술로 환자의 몸에 이식시켜주는 방법이다. 신장이식을 받으면 신장기능은 거의 정상으로 회복된다. 그러나 이식받은 신장이 본인의 신체와는 다른 조직형을 가지기 때문에 거부반응이 나타날 수도 있는데, 이를 방지하기 위해서 면역억제제를 사용하게 된다. 면역억제제를 사용하면 다른 미생물에 대한 면역까지 저하되어 감염되기 쉽다. 이러한 현상은 특히 수술 후 초기에 나타나므로 이식 후 1달 정도의 기간 중에는 모든 음식을 완전히 익혀 섭취하는 것이 좋다

신장이식 후 환자의 식사요법은 신부전 환자나 투석환자에 비해 비교적 자유롭지만 고혈압, 고지혈증, 동맥경화증, 비만, 당뇨병, 골다공증 등과 같은 합병증과 이식 후 사용하는 약물로 인해 고칼륨혈증과 같은 부작용을 줄이기 위해 식사요법을 적절히 시행한다.

1) 식사요법

좋은 영양상태를 유지하고 신장이식 후 나타날 수 있는 고혈압, 고지혈증과 같은 증상을 최소화 하는 것이다. 고려되어야 할 영양소로는 칼로리, 단백질, 당질과 지방, 무기질, 비타민 등이다.

(1) 에너지

신장이식 직후에는 수술로 인한 스트레스와 체력회복을 위해 칼로리 필요량이 증가되므로 체중 kg당 30~35kcal, 수술 후 6~7주 후에는 필요량이 감소

되어 이상 체중에 도달하여 정상체중을 유지하도록 한다.

(2) 단백질

수술 직후에는 단백질 필요량이 증가되므로 체중 kg당 1.5~2.0g을 공급한다. 그러나 6~7주 후에는 신장 기능이 안정되고 혈중 노폐물의 수치가 정상인에 비해 약간 높게 유지되는 경우가 많으므로 이식된 신장의 기능을 보존하기 위해 단백질 섭취량은 kg당 1g 정도로 조절한다.

(3) 당질과 지방

혈중 지질 상승을 방지하기 위해 설탕, 꿀 등의 단순당과 지방이 많은 식품을 과식하거나 자주 먹지 않는다.

(4) 나트륨과 수분

이식 직후에는 신장기능이 회복될 때까지 혈압을 엄격하게 조절하여야 하므로 나트륨의 섭취량을 하루 2,000~4,000mg 정도로 제한한다. 이식후 일정기간(4~5주)이 지나, 혈압이 정상이고 부종이 없으면 나트륨의 섭취량을 증가시킬 수 있다. 그러나 소변량이 감소하고 체중이 증가할 경우에는 나트륨을 1일 2,000mg 이하로 제한하고, 이와 함께 수분제한이 필요하다

(5) 칼륨

면역억제제를 사용하게 되면 혈중 칼륨 농도가 일정하게 유지되지 않아 고칼륨혈증이나 저칼륨혈증이 나타날 수 있어 칼륨의 섭취를 조절해야 한다.

(6) 칼슘

신장 이식 후에는 면역억제제의 사용으로 인하여 골다공증이 유발될 수 있으므로 검사 결과에 따라 칼슘의 섭취량을 증가시켜야 할 경우가 있다.

〈표 9-9〉는 신장질환 환자의 치료 방법에 따른 식사지침을 제시하였다.

표 9-9 신장질환 환자의 치료 방법에 따른 식사지침

요법	에너지	단백질	수분
손상된 신기능 (투석전)	30~40kcal/kg[1)]	0.6~0.8g/kg 체중	자유롭게
혈액투석	35kcal/kg	1~1.2g/kg 체중 (보충이 필요시: 1.2~1.5kcal/kg)	1,000㎖/일 + 소변량
간헐적복막투석	30kcal/kg (보충이 필요시: 40~50kcal/kg)	1.2g/kg 체중 (보충이 필요시: 1.5kcal/kg)	1,000㎖/일 + 소변량
지속적외래복막투석	25kcal/kg (보충이 필요시: 40~50kcal/kg)	1.2g/kg 체중 (보충이 필요시: 1.5kcal/kg)	자유롭게 (최소 2,000㎖/일 + 소변량)
당뇨병 혈액투석, 간헐적복막투석, 지속적외래복막투석	35kcal/kg (보충이 필요시: 40~50kcal/kg)	1.5kcal/kg 체중	혈액투석, 간헐적복막투석, 지속적외래복막투석과 비슷(갈증, 혈당, 체중변화를 모니터)
신장이식 후 4~6주 후	30~35kcal/kg	1.5~2kcal/kg 체중	자유롭게
신장이식 후 6주 혹은 그 이상[2)]	이상체중도달 유지할 수 있도록	1g/kg 체중	자유롭게

요법	나트륨	칼륨	인
손상된 신기능 (투석전)	상태에 따라 조절 2,000~3,000mg/일	상태에 따라 조절 대체로 자유롭게 혹은 이뇨제로 손실되는 것을 보충하기 위해 증가	1,000~1,,200mg/일
혈액투석	2,000~3,000mg/일	2,000~3,000mg/일	1,000~1,200mg/일
간헐적복막투석	2,000~3,000mg/일	2,000~3,000mg/일	1,000~1,200mg/일
지속적외래복막투석	6,000~8,000mg/일	3,000~4,000mg/일	1,500~2,000mg/일
당뇨병 혈액투석, 간헐적복막투석, 지속적외래복막투석		혈액투석, 간헐적 복막투석, 지속적 외래복막투석시와 동일	1,000~1,200mg/일
신장이식 후 4~6주 후	상태에 따라 조절	상태에 따라 조절 cyclosporine요법으로 인한 고칼륨 혈증시 칼륨제한 필요	1,200mg/일 칼슘 1,200mg/일
신장이식 후 6주 혹은 그 이상[2)]	상태에 따라 조절	상태에 따라 조절	칼슘 1,200mg/일

주: 1) 이상체중
2) 당질은 단순당제한, 지방은 총칼로리의 35% 이하, 콜레스테롤은 하루에 400mg 이하 불포화지방산/포화지방산 비율 >1.0

〈출처〉 Mahan LK, Escott-Stump S, 2008, 『Krause's Food, Nutrition, and Diet therapy』.

6. 신결석renal calculi

신결석은 흔히 발견되는 비뇨기계 질환으로 신장뿐 아니라 요관, 방광, 요도 등에서 발견되며 요로결석이라고도 한다. 활동적인 20~40세에 빈발하고 여자보다 남자에게서 2배 정도 많이 발생한다.

요로결석은 정상적으로 소변에 함유되어 있는 성분 중에서 특정 성분의 농도가 높아져서 소변에 더이상 녹지 못하여 작은 결정으로 변하고 여기에 소변의 무기 성분이 계속적으로 합쳐지면서 생성된다. 결석 형성을 촉진시키는 인자로는 탈수가 되는 상황, 결석 원인 성분이 많이 함유된 음식물이나 약물의 과잉 섭취, 소변 속의 신결석 형성을 억제하는 물질이 감소되는 경우를 들 수 있다. 또한 부갑상선 기능항진증, 신세뇨관성 산증, 다발성 골수종과 같이 체내 신진대사나 질병등에 의하여 칼슘이 소변으로 많이 배설되는 경우 칼슘결석이 생길 수 있고, 통풍환자에게서 요산결석이 많이 발생하며, 유전성 질환에 의해 시스틴 결석이 발생할 수 있다. 요로 감염이 있는 경우에는 감염석이 생기기도 하며, 장기간 병상 생활을 하는 환자에서도 결석이 잘 발생된다.

결석이 신우나 요관에 있을때는 극심한 옆구리 통증을 호소하고, 방광이나 요로에 있을때는 소변을 볼때 심한 통증과 배뇨곤란을 일으키며 혈뇨를 보인다. 대개는 열이 나지 않으나 세균감염이 동반되면 고열이 나기도 한다. 신결석 또는 요관결석에 의한 부분적 또는 완전요로폐색은 신장의 배설능력을 점차 감소시키고 요로감염 동반시 신우염을 일으킨다.

요로결석에는 화학적 성분에 따라 수산칼슘, 인산칼슘, 요산, 시스틴, 마그네슘-암모늄-인산 결석 등이 있으며 그 중에서 수산칼슘 결석이 가장 흔하다. 결석성분에 따라 요의 산성도가 다른데, 요산석과 시스틴석은 보통 산성뇨를 보이며 인산-마그네슘-암모늄석은 알칼리성 뇨를 보인다.

1) 칼슘결석

신결석중 칼슘결석이 3/4 정도로 가장 높은 비율을 차지한다. 칼슘결석은 장기간에 걸친 많은 양의 우유섭취, 위궤양환자에서 알칼리요법, 경수 사용으로 인해 과량의 칼슘부하가 생길 때 형성되기 쉽다. 과량의 비타민 D 섭취, 장기간에 걸친 부동상태, 부갑상선 기능항진증이 원인이 되기도 한다. 칼슘 신세뇨관 산혈증에서 암모니아 형성 결함에 의한 칼슘의 과다한 배설, 수산 처리에 대사적 이상이 있을 때, 과량의 동물성 단백질 섭취시에 칼슘결석이 생길 수 있다.

수산칼슘결석 환자의 1/2은 정상뇨칼슘, 나머지 1/2이 원인을 알 수 없는, 즉 특발성고칼슘뇨증idopathic calciumurolithiasis을 보인다. 특발성고칼슘뇨증 중 혈중 칼슘치는 정상이나 신장의 칼슘 누출로 인한 것을 신성과칼슘뇨증renal hypercalciuria이라 한다. 이들 환자는 식사요법으로도 소변중 칼슘치는 감소하지 않고, 칼슘을 과량섭취하면 더욱 증가할 수 있다. 반면 칼슘이 장으로부터 많이 흡수되어 소변에서 칼슘이 비정상적으로 많이 배출되는 흡수성 과칼슘뇨증환자absorptive hypercalciuria는 칼슘섭취를 하루에 400mg 이하로 제한하여야 한다. 동물성단백질도 과칼슘뇨증의 원인으로 알려져 있으므로 섭취를 제한하고 섬유질 섭취는 증가시켜 칼슘의 흡수를 억제시킨다. 그러나 흡수성 과칼슘뇨증 환자중 일부는 저칼슘식사에도 불구하고 과칼슘뇨증을 보이는 경우도 있는데 이때에는 800mg 정도로 제한하도록 한다.

(1) 인산칼슘결석의 식사요법

다량의 수분섭취는 요관에서 크기가 작은 결석을 배출시키는데 도움이 되므로 하루에 3ℓ 정도의 수분을 섭취하도록 노력한다. 칼슘과 인 함량이 높은 식품을 한꺼번에 많이 섭취하면 인산칼슘결석 생성의 원인이 될 수 있으므로 주의한다. 하지만 칼슘을 400mg 이하로 제한할 경우 음의 칼슘평형이 되어 골밀도 저하 등의 문제가 발생할 수 있으므로 400~600mg 정도로 제한하는 것이 이상적이다. 따라서 칼슘이 많이 함유된 우유 및 유제품, 치즈, 멸치, 뱅어포 등은 과량섭취를 피하는 것이 좋다.

표 9-10 인 함량이 높은 식품

구분	식품	중량(g)	어림치	인함량(mg)
우유류	우유	100	1/2컵	85
	치즈	30	1/2장	184
	아이스크림	80	1/2컵	96
	연유	40	1/5컵	93
	전지분유	10	1 1/2큰스푼	81
	두유	100	1/2컵	40
채소류	배추	100	1 1/2컵	63
	느타리버섯	50	1/4컵	49
	표고	80	1/3컵	46
	열무	70	1/2컵	32
	무	100	1컵	29
과일류	배	100	중 1/3개	35
	감	80	중 1/2개	29
	곶감	30	중1개	32
	건포도	25	50알	23
곡류	쌀	20	2큰스푼	29
	팥	20	1 1/2큰스푼	83
	녹두	10	1큰스푼	47
	감자	60	1 1/2개	35
	밀가루	15	2 1/2큰스푼	33
	녹두묵	100		230
	메밀묵	100		156
	오트밀	20		72
어육류	쇠고기	30	호두알 크기	43
	돼지간	35	호두알 크기	225
	쇠간	35	호두알 크기	129
	닭고기	35	호두알 크기	106
	돼지고기	35	호두알 크기	76
	생선류	40	소 1토막	33
	멸치(건)	10	국멸치 6개	199
	낙지	60	1/4컵	185
	동태	50	소 1토막	143
	홍합	50	1/3컵	100
	유부	30	긴유부 7개	92

구분	식품	중량(g)	어림치	인함량(mg)
어패류 및 난류	굴	60	1/4컵	79
	달걀	50	중 1개	132
	메추리알	50	5개	122
	생멸치	35		259
	양미리	10		293
	빙어	40		176
	아나고	60		223
	재치조개	60		136
	복어	40		148
	연어알	30		237
콩류 및 가공품	연두부	150	1/2개	108
	검정콩	20	1 1/2큰스푼	102
	두부	80	1/5모	75

〈출처〉 대한영양사협회, 2008, 『임상영양관리지침서 3판』.

(2) 수산칼슘결석의 식사요법

식품 속의 수산(옥살산, oxalic acid)염은 위장관에서의 흡수가 2.3~12%로 적기 때문에 소변에서 발견되는 대부분의 수산염은 인체 내에서 대사산물로 생성된 것이다. 따라서 수산이 많이 함유된 식품의 섭취를 억제한다고 해서 혈중 및 요중 수산치를 감소시키는 데 크게 도움이 되지는 않으나 수산함량이 높은 식품섭취는 제한하는 것이 좋다. 과수산요증은 드물게 열성유전에 의해 선천적으로 발생하며 소아에게서 결석이 재발하는 원인이 될 수 있다. 비타민 B_6의 섭취가 과수산요증을 방지하는데 도움이 된다는 연구결과도 있다. 또한 수산은 아스코르빈산의 최종대사산물로 아스코르빈산을 하루 5mg 이상 과량 섭취하면 과수산뇨증의 원인이 되므로 섭취량을 줄여야 한다. 소변에 요산량이 증가하면 요산결석뿐만 아니라 수산칼슘결석의 발생빈도도 증가하게 되므로 원인을 찾아 조절하여야 한다.

수산칼슘결석에는 칼슘과 수산이 많은 식품을 제한한다. 수산함량이 높은 아스파라거스, 초콜릿, 시금치, 코코아, 커피, 무화과, 젤라틴, 자두, 후추, 홍차의 섭취는 제한한다. 일상적으로 흔히 섭취하는 오렌지, 양배추, 파인애플, 감자, 딸기, 토마토, 콩류 등의 식품은 하루 식사에서 1끼 이상 먹지 않도록 자제한다.

표 9-11 식품 중의 수산 함량(100g당)

식품명	적은 식품(2mg이하)	보통 식품(2~10mg)	많은 식품(10 mg이상)
음료	병맥주, 콜라, 위스키, 껍질제거한 레몬수, 백포도주, 적포도주	커피(1일 2잔 이하)	생맥주, 차, 코코아
우유	버터밀크, 전유, 저지방우유, 탈지우유, 허용된 과일이 함유된 요쿠르트	-	-
육류 및 육가공품	달걀, 치즈, 쇠고기, 양고기, 돼지고기, 가금류, 생선, 조개류	정어리	토마토소스가 첨가된 구운 육류요리, 땅콩버터, 두부
채소류	알양배추, 콜리플라워, 버섯, 양파, 완두콩(생,냉동), 감자, 무	아스파라거스, 브로콜리, 당근, 옥수수, 오이, 완도콩 통조림, 라마콩, 양상추, 토마토(소 1개 또는 주스 120ml)	콩, 겨자, 사탕무, 오크라, 셀러리, 파슬리, 실파, 부추, 가지, 꽃상추, 근대, 케일, 물냉이, 고구마, 시금치, 호박
과일류 및 주스류	사과주스, 아보카도, 바나나, 체리(Bing), 자몽, 자몽주스, 청포도, 망고, 멜론, 수박, 포도, 복숭아, 파인애플 주스, 서양오얏(녹,황)	사과, 이플리코, 건포도, 체리(red sout), 크렌베리주스, 오렌지, 오렌지주스, 복숭아, 배, 파인애플, 플럼, 말린자두	블랙베리, 블루베리, 프루트 칵테일, 포도, 구즈베리, 레몬껍질, 라임껍질, 오렌지껍질, 딸기, 귤, 위의 과일로 만든 주스
빵 및 전분류	마카로니, 국수, 밥, 스파게티, 빵	옥수수빵, 스폰지케이크, 스파게티(토마토소스가 든 통조림)	프루트 케이크, 옥수수, 밀의 배아
유지류	베이컨, 마요네즈, 샐러드 드레싱, 식물성유, 버터, 마가린	-	견과류, 땅콩, 아몬드, 캐슈넛, 호두
기타	코코넛, 젤리, 잼(허용된 과일로 제조) 레몬, 라임주스, 소금, 후추(1일 1작은술), 수프(혀용된 재료로 제조), 설탕	-	초콜릿, 코코아, 식물성 수프, 토마토 수프, 마멀레이드

*동일 식품의 경우라도 수산 함량에 차이가 있음

*성장상태, 식물의 나이, 생체내 이용도, 위장관 질병 등이 수산 흡수에 영향을 미치므로 수산의 정확한 함량보다는 저, 중, 고 수산군으로 분류하였음.

〈출처〉 대한영양사협회, 2008, 『임상영양관리지침서 3판』.

2) 요산결석

통풍환자의 1/3은 요산결석을 갖게 되며 요산결석은 정상인보다 통풍환자에게 발생위험이 훨씬 높다. 또한 소모성 질환에서 빠른 조직분해로 인해 발생하기도 한다. 따라서 요산이 과다배출되는 환자는 결석을 예방하기 위해서 과요산뇨증의 원인질환이 있으면 이를 치료하여야 한다. 소변 중의 뇨산은 핵단백질대사에서 생긴 퓨린에서 (퓨린 함량이 높은 음식은 통풍환자의 식사요법을 참조) 유도된 것이므로 단백질과 퓨린의 섭취를 제한하고 수분을 많이 섭취해야 한다. 요산결석은 산성뇨에서 형성되기 쉬우므로 알칼리성 식품 섭취를 증가시키거나 중탄산칼륨을 경구투여하여 뇨를 중화시켜야 한다. 식사요법으로 조절이 안되면 알로퓨리놀allopurinol이란 약제를 투여하여 소변중 요산치를 감소시켜야 한다. 당뇨병환자 역시 요산결석이 발생할 수도 있지만 만성요로감염에 의해 감염결석이 발생할 수도 있으므로 요로감염을 치료 및 예방하여야 한다.

3) 시스틴결석

과시스틴뇨증은 열성유전에 의해 선천적으로 발생하는 비교적 드문 대사장애로서 환자의 83%가 시스틴결석을 형성한다. 과시스틴뇨증환자는 충분한 수분을 섭취하며, 소변 중 시스틴은 알칼리성에 잘 용해되므로 중탄산소다를 투여하여 소변의 산도를 7.5 이상의 알칼리성으로 유지시켜야 한다. 식사요법으로 해결되지 않으면 페니실라민penicillamine을 경구투여하여 소변 중 시스틴 배출을 감소시킬 수 있으며 기존 시스틴결석을 용해시킬 수도 있다.

선천적인 아미노산 대사장애로 인한 것이며 단백질, 특히 메티오닌 함량이 높은 식품의 지나친 섭취를 자제하는 것이 바람직하다.

4) 감염결석struvite stones

칼슘결석 외에 흔히 발견되는 것이 감염결석으로, 이는 마그네슘-암모늄-인산으로 구성되어 있다. 흔히 요로감염과 관련되어 있기 때문에 감염결석이라 부른다. 감염체는 프로테우스 미라빌리스proteus mirabilis로 요소분해효소urease를 함유하고 있고, 이 효소는 요소를 암모니아로 가수분해한다. 따라서 뇨의 pH를 알칼리화하고 암모늄이 많은 감염결석을 형성한다. 일반적으로 수술로 결석을 제거한다.

신결석의 치료는 충분한 수분섭취, 결석의 요인이 되는 식사성분의 조절, 뇨의 pH 조정이 필요하며 결석성분의 흡수를 저해하는 결합제를 사용하는 경우도 있다. 보통 산성뇨에서 발견되는 요산결석, 시스틴결석에는 야채류, 과일류, 우유, 유지류 등의 알칼리성 식품 섭취를 증가시켜 뇨의 pH를 높이도록 한다.

Chapter 10 감염 및 호흡기 질환

학습목적

영양과 면역성의 관계, 호흡기의 기능과 주요 감염성 질환 및 호흡기 질환의 병태생리를 이해하고 이들 질환 환자의 영양평가 시행 결과에 따른 식사요법 계획을 활용한다.

학습목표

- **감염과 영양**
  - 영양과 면역성과의 관계를 설명한다.
  - 감염성 질환의 종류를 열거한다.
  - 감염성 질환의 증상을 설명한다.
  - 감염성 질환의 일반적인 식사요법을 제안한다.

- **호흡기의 구조와 기능**
  - 호흡기의 구조를 인지한다.
  - 호흡기의 중요성을 설명한다.
  - 호흡기의 기능을 설명한다.
  - 호흡운동을 설명한다.
  - 호흡과정을 설명한다.

- **호흡기 질환의 식사요법**
  - 감기, 폐렴, 폐결핵, 만성 폐기종, 폐암, 기관지 천식의 증상을 설명한다.
  - 감기, 폐렴, 폐결핵, 만성 폐기종, 폐암, 기관지 천식의 식사요법을 제안한다.

Chapter 10. 감염 및 호흡기 질환

감염과 영양

세균이나 바이러스, 곰팡이, 원생동물 같은 수많은 감염원들이 인체 내로 침입하여 신체가 이들 감염원이나 그 독소에 의해 오염된 상태를 감염이라 하고, 감염된 뒤 건강에 해를 끼치지 않으면 무증상감염이라 하며, 해를 끼치면 감염성 질환이라고 한다.

20세기 이전에는 천연두, 결핵, 인플루엔자, 백일해, 장티푸스, 디프테리아, 파상풍 등의 감염성 질환이 사망의 원인이 되기도 했으나, 20세기 후반에 들어서면서 공중위생의 개선, 항생제 치료의 보급, 예방접종으로 인하여 이들 질환으로 인한 사망은 많이 감소되었다. 그러나 오늘날은 또 다른 종류의 감염성 질환들이 전 세계인을 위협하고 있다.

감염성 질병을 일으키는 병원체 종류와 이로 인해 발생하는 대표적인 질병들은 〈표 10-1〉과 같다.

감염을 연결고리 형태로 설명할 수 있다(그림 10-1 참조). 감염의 연결고리 chain of infection로는 병원체가 전염성 질병을 전파하게 되는 과정을 이해하는데 기초가 된다. 이 연결고리는 깨어질 수 있기 때문에 언제나 동일한 방향으

표 10-1 병원체의 종류와 감염성 질환

병원체	특 징	대표적인 질병
바이러스	가장 작은 병원체, 단백질에 둘러싸여 있는 DNA	홍역, 볼거리, 수두, 풍진, 인플루엔자, 감기, 대상포진, 에이즈 등
박테리아	강력한 단세포미생물, 뚜렷한 세포막; 세 가지 형태; 구형, 막대형, 나선형	파상풍, 패혈성 인두염, 성홍열, 임질, 매독, 박테리아성 폐렴, 디프테리아, 식중독, 림프질환 등
곰팡이	식물 같은 미생물, 사상균과 효모	무좀, 부스럼 등
원생동물	가장 단순한 동물, 단세포로 유기체	말라리아, 아메바성 이질, 트리코모나스증, 질염 등

로 이동되는 것은 아니다. 즉 병원체의 존재는 질병발생의 잠재력일 뿐이다. 이론적으로는 모든 사람이 감염성 질병에 걸릴 위험이 있다. 그러나 실제로는 개인적인 건강·위생관리, 면역강화 등 숙주의 감수성과 환경요인관리 등에 따라서 감염성 질병의 예방, 지연 및 발병에 영향을 끼치게 된다.

그림 10-1 감염의 연결고리

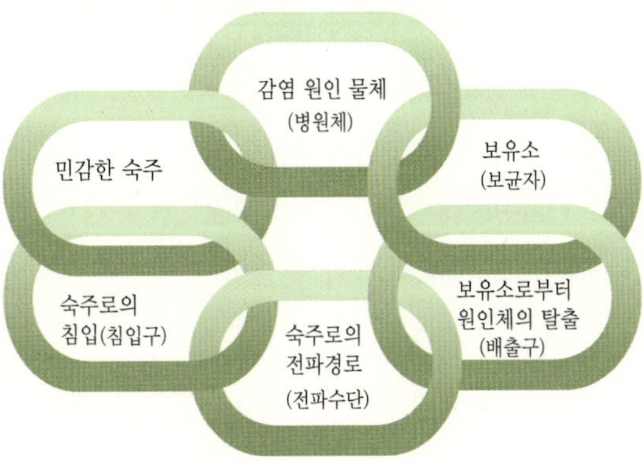

1. 영양과 면역성과의 관계

건강한 사람은 외부에서 병원성 미생물이나 여러 가지 이물질들의 침입에 대한 방어메커니즘을 갖추고 있다. 외부에서 침입한 이물질은 항원antigen이라 하고, 이 항원에 대한 생체 방어 반응을 면역immunity이라고 한다.

영양불량은 어린 동물에서 계면활성제 생산 감소, 항산화제의 방어적 기전 손상, 면역반응 감소 등을 초래한다. 또한 영양불량은 폐의 선세포 조직의 기능을 감퇴시켜 호흡근육이 소모되며 환기능력을 약화시킨다. 즉 영양부족 상태에서는 생체 방어기능이 저하되며, 생체방어기능의 저하는 감염을 용이하게 한다.

면역기능 향상을 위한 특별한 영양소나 식품이 따로 있다고 볼 수는 없지만 규칙적으로 골고루 식사함으로써 건강과 영양상태가 양호해지면 면역 증진에 도움이 된다.

일반적으로 열량과 단백질 결핍은 흉선, 비장 등의 면역기관을 위축시키고 면역물질의 합성도 감소시키므로 생체 방어기능에 가장 크게 영향을 준다. 무기질 중 인 섭취량 감소는 저산소 상태에서 환기능력을 감퇴시키고, 마그네슘 부족은 호흡근육을 피로하게 하며, 나트륨 부족은 식욕저하와 환기능력을 감퇴시키며, 철 결핍은 급성 폐질환을 일으킬 수 있다. 비타민 A의 결핍은 점액 분비를 억제시키고 감염에 대한 저항력을 감소시키며, 비타민 B는 세포성 면역이나 항체생산에 필요하고, 비타민 C 결핍은 점액 분비를 억제시킨다. 따라서 영양불량 상태는 생체 방어기능의 저하를 일으킨다. 이와 같이 영양불량이 반복된다면 감염-사망이라는 악순환이 될 수도 있다. 그러나 열량섭취나 지방섭취가 너무 과다해도 면역능력이 감소되므로 균형 잡힌 식사를 통해 적정 체중과 좋은 영양상태를 유지하는 것이 중요하다 하겠다. 신체의 생체 방어기전의 설명은 다음과 같다.

1) 비특이적 방어기전

신체는 작은 미생물부터 커다란 기생충에 이르기까지 살아있는 침입자는 물론이고 물리적 상해, 화상, 동상, 부식성 화학 물질 접촉 등 모든 손상에 대해 방어작용을 나타낸다. 비특이적 신체방어에는 물리적인 방어와 세포방어(면역계)가 있다(그림 10-2 참조). 물리적 방어란 체외 병원균 등의 외부환경과 신체를 분리함으로서 신체를 보호하는 방법을 말한다. 즉 피부 및 점막은 세균의 침입을 방어하고, 땀샘이나 피지선의 분비물은 피부의 pH를 낮추어 세균 증식을 억제한다. 두 번째 신체방어기전인 세포면역계는 물리적인 방어보다 조금 더 특수적인 방어시스템으로서, 체내로 침입한 병원균이나 질병을 일으킬 수 있는 자기 세포를 공격한다.

혈청에 존재하는 보체계complement인 항원-항체 복합체antigen-antibody complex에 의한 방어가 있고, 백혈구의 식작용과 보체 자체에 의해서 세포를 파괴하고 이물질을 공격하며, 임파구를 자극하여 항체 생산을 자극한다. 이와 같이 생체에 이물질이 침입하면 보체계는 급성 염증반응을 일으키고, 골수에서 만들어진 식세포phagocyte는 감염이나 염증 부분에 모여들어 세포 표면에 흡착된 세균을 세포 내로 끌어들인 후 리소좀lysosome에서 소화시켜 식균작용을 한다.

그림 10-2 신체 방어(비특이적 방어기전)

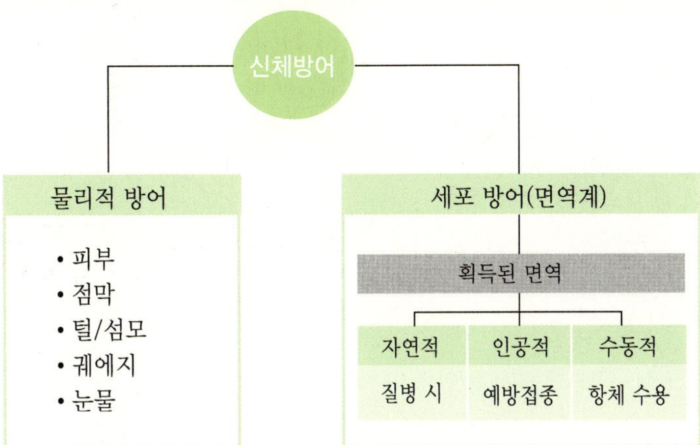

2) 특이적 방어기전

특이적 방어기전은 좁은 의미의 면역 또는 후천성 면역acquired immunity이라고 한다. 생체는 특정 항원에 대하여 특정 항체를 생산하여 반응 · 결합시킴으로써 항원을 배제시키는 방어작용이 있다. 즉 생체는 자기self와 비자기non-self를 식별하는 능력이 있으며, 비자기(항원, 이물질)를 배제시키는 작용을 한다. 후천성 면역에는 세포매개성 면역과 체액성 면역이 있는데 세포매개성 반응은 항원자극에 의하여 활성화된 T-세포T-cell가 림포카인lymphokine 같은 단백질

그림 10-3 신체 방어(특이적 방어기전)

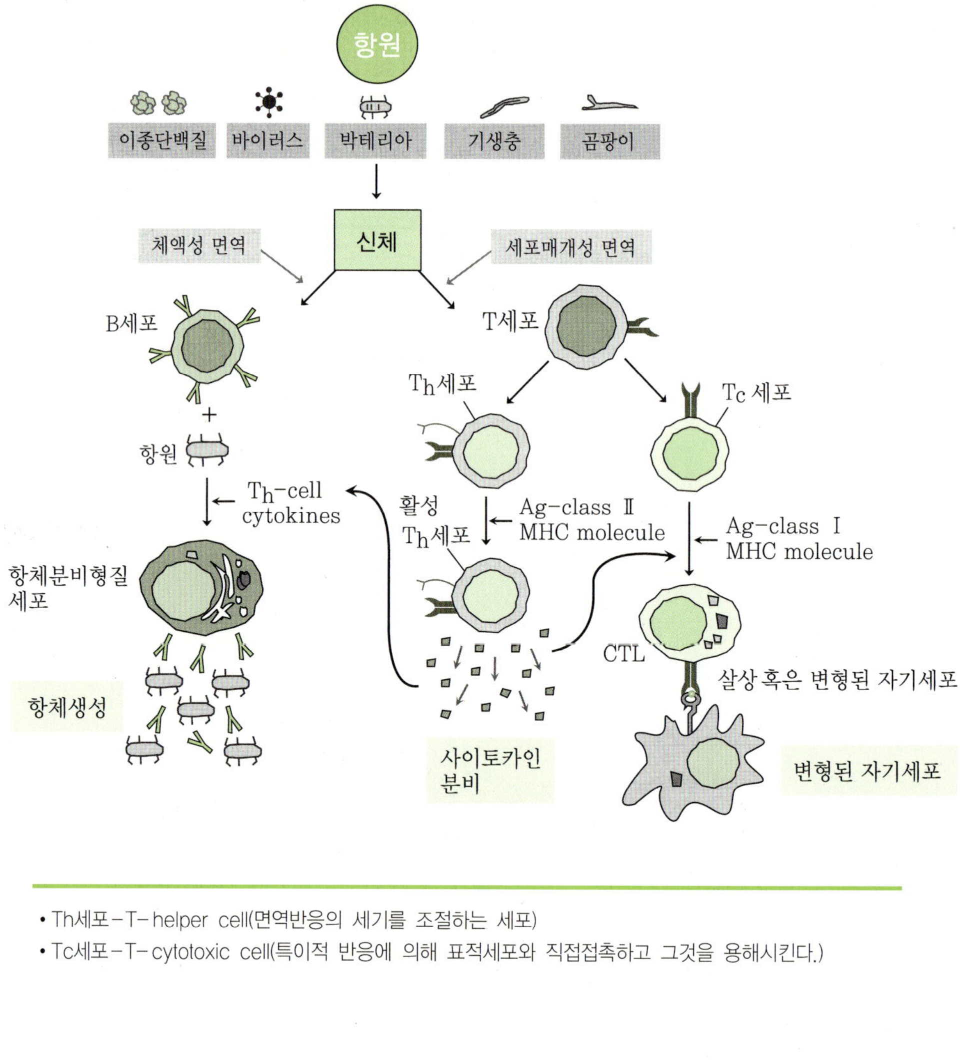

• Th세포 - T- helper cell(면역반응의 세기를 조절하는 세포)
• Tc세포 - T- cytotoxic cell(특이적 반응에 의해 표적세포와 직접접촉하고 그것을 용해시킨다.)

성 인자를 방출하여 대식세포를 활성화시켜 살균능력을 부여하는 반응이다. 체액성 면역은 이물질의 침입에 대응하여 B-세포B-cell에서 만들어진 항체가 항원에 작용하여 이물질을 배제시키는 반응을 말한다.

2. 감염성 질환의 증상 및 체내대사변화

1) 발열

발열은 감염성 질환의 대표적인 증상으로 심한 감염 시에는 열 발생 기능이 열 방출 기능보다 커지면서 열 발생과 열 방출과의 균형이 깨져 체온이 상승된다. 체온이 1℃ 상승하면 기초대사량은 13% 정도 증가한다. 감염 초기에는 성장호르몬, 글루카곤, 당질 코티코이드 반응이 증가되어 글리코겐 분해와 당신생을 촉진하므로 체내 글리코겐 저장량은 감소되고 혈당은 상승되어 에너지원으로 쓰이므로 당질대사가 항진된다. 회복기에는 호르몬이 정상화되어 혈당은 떨어지고, 혈액의 케톤체는 상승하며 질소 배설량은 감소하게 된다.

2) 체단백 분해

급성 감염시는 에너지 필요량이 증가되므로 체지방이 분해되고, 단백질 대사가 항진되며 골격근이 분해되어 아미노산을 에너지원으로 이용한다. 감염 중에는 스트레스로 인해 단백질 이용률이 감소되어 단백질의 분해가 촉진되므로 질소 손실이 증가되고 이에 비례적으로 마그네슘, 칼륨, 인, 아연, 유황 등의 무기질 손실이 증가한다. 한편 간에서는 단백질 합성 증가와 식세포와 림프계 세포의 증식이 일어난다.

3) 탈수

감염시에는 발열로 인한 발한량 증가, 토사, 설사 등을 통해 각종 영양소와 수분, 염분과 칼륨 등의 전해질 손실이 증가하여 갈증이 나고 소변량은 감소한다.

3. 감염성 질환의 일반적인 영양관리

1) 에너지

Du Bois등은 체온이 1℃ 상승하면 기초대사량은 약 13% 증가한다고 보고한 바 있다. 에너지 필요량은 환자의 체중, 발열유무, 활동 정도에 따라 10~30% 증가시킨다. 급성 감염시 성인은 30~40kcal/kg, 어린이는 100~150kcal/kg 정도로 고열량식을 섭취한다. 발열이 심한 경우 음식 섭취량과 소화 흡수율이 저하되고 구토, 헛배 부름, 가스 등이 있으므로 농축에너지 식품을 유동식이나 연식 형태로 자주 공급해야 한다. 설탕 대신 유당에 크림을 첨가하여 에너지 보충식으로 사용한다.

2) 단백질

단백질은 감염시 음의 질소평형을 나타내므로 감염정도에 따라 환자의 면역강화와 손실된 체세포량을 회복하기 위하여 양질의 단백질을 체중 1kg당 매일 1.2~2.0g정도로 충분히 섭취해야 한다.

3) 수분

수분은 발한, 토사, 설사 등으로 인해 유실된 수분을 공급하고, 체내 분해산물을 배설하기 위해 하루 3~4ℓ 정도 충분히 공급하도록 한다. 보리차, 엷은 차, 과즙 등의 형태로 공급하며, 구강으로 필요량을 제공하지 못할 때는 정맥주사를 이용하여 공급하기도 한다. 당분이 많이 함유된 탄산음료는 가스를 발생시켜 위장장애와 복부팽창을 일으키므로 바람직하지 않다.

4) 당질

당질은 감염시 감소된 글리코겐과 혈당저하 등을 보충하고 단백질 절약작용과 케톤증을 방지할 뿐만 아니라 발열시 소화흡수력이 저하되어있는 환자에게 적절한 주된 에너지원이므로 열량의 50~60% 정도를 당질로 충분히 공급하도록 한다.

5) 지질

지질은 발열로 소화액의 분비가 저하되고, 그로 인해 소화흡수력이 저하된 감염성 질환 환자에게 고열량식을 효과적으로 제공할 수 있는 농축열량영양소로서, 소화력을 고려하여 버터, 크림 등의 유화지방형태로 충분히 섭취한다.

6) 비타민과 무기질

비타민은 감염과 괴사 정도에 따라 필요량이 다르지만 에너지 대사에 조효소로 관여하는 비타민 B 복합체와 조직 재생 및 분화에 필요한 비타민 C는 평소보다 2~3배 가량 충분히 보충하도록 한다.

무기질 중에서는 감염시 발열, 발한, 토사 등으로 손실이 증가된 나트륨, 이화작용으로 체세포 분해시 손실된 칼륨, 마그네슘, 인, 질소, 그리고 글로불린의 활성과 손상된 조직보수를 위해 아연 등을 충분히 공급한다. 무기질 공급원으로는 과즙, 레몬즙, 우유, 고깃국물 등이 이용된다.

호흡기의 구조와 기능

사람 몸에 있는 세포들은 생존하기 위해서 지속적으로 산소를 공급받고 노폐물인 이산화탄소는 배출해야 한다. 호흡기계는 순환기계와 협동작용을 통하여 온몸의 세포에 산소를 공급하고, 세포와 조직에서 생산된 유해 이산화탄소를 모아서 다시 폐를 통해 제거해준다.

1. 호흡기의 구조

호흡기계는 〈그림 10-4〉에서 보는 바와 같이 코와 인두, 후두, 기관, 기관지와 폐로 구성된다. 사람의 폐는 골격과 근육(늑간근, 복부, 횡경막 근육들)이 보호하고 있으며, 이 모든 조직에는 신경, 혈액 및 림프가 분포되어 있다. 공기 중의 산소는 호흡기의 외부와 연결된 코를 통해 들어와 인두, 후두, 기관, 기관지를 지나 세기관지, 폐포관을 거쳐 폐포에 이른다. 폐에는 약 3억 개의 폐포가 있고, 각 폐포는 상피세포로 싸여 있으며, 들여 마신 공기 중의 산소는 이 상피세포로 확산되어 폐포를 둘러싸고 있는 모세혈관망으로 들어간다. 반대로 이산화탄소는 모세혈관으로부터 폐포의 상피세포를 지나 폐포로 들어가 내쉬는 공기로 배출된다. 전체 폐의 면적은 체표면적보다 40배 정도 넓기 때문에 모든 혈액이 1분에 한 번씩 폐를 통과하더라도 혈액 속의 산소와 이산화탄소 교환이 매우 효율적으로 이루어질 수 있다. 폐혈관계는 소순환계

그림 10-1 사람의 호흡계

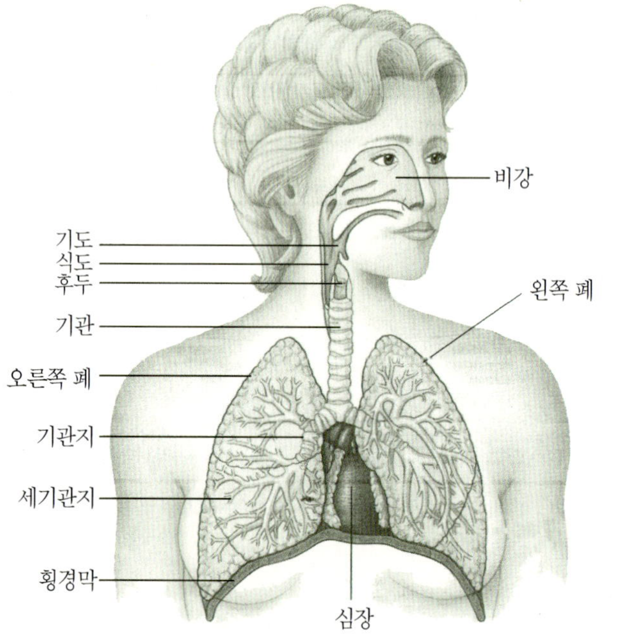

인 폐동맥에서 폐모세혈관, 폐정맥으로 이어지는 혈관계와, 대순환계에 속하는 기관지 동맥과 기관지 정맥으로 이어지는 혈관계로 이루어지며, 전자는 주로 가스교환에 관여하는 혈관이고, 후자는 영양을 공급하는 혈관계이다.

2. 호흡기의 기능

1) 가스교환

호흡기의 가장 중요한 기능은 산소공급과 이산화탄소 배출이다. 호흡기의 호흡과정은 폐환기, 외호흡, 내호흡으로 이루어진다. 폐환기는 외부와 기도의 가스 교환이고, 외호흡은 폐포 내의 공기와 혈액 사이의 가스교환과 혈액에 의한 산소와 이산화탄소의 운반이며, 내호흡은 혈액과 조직세포 사이의 가스 교환과 조직세포의 산소 이용과 이산화탄소 생산으로 세 단계를 거쳐서 이루어진다. 호흡 시 가스교환의 첫 단계는 산소공급과 이산화탄소 배출이다. 두 번째 단계는 순환기계를 통해 산소는 헤모글로빈과 결합하여 폐에서 혈관으로 확산되어 몸의 각 부분으로 운반된다. 세 번째 단계는 체세포가 혈액으로부터 산소를 받아들이고 이산화탄소를 내보내는 단계이다. 이렇게 이동된 산소를 이용하여 섭취한 음식물이 가지고 있는 에너지를 체세포가 이용하게 된다.

2) 체액의 산 · 염기 평형

세포호흡을 통해 체내에서 끊임없이 생산되는 탄산을 호흡을 통해 배출함으로써 체액의 pH를 7.1~7.4 범위로 산 · 염기 평형을 유지하는 기능을 한다.

3) 수분과 열 방출

호흡을 통한 수분의 불감손실량은 1일 400~500㎖정도이며, 이러한 수분 방출은 피부를 통한 발한과 함께 체온조절에 중요하다.

4) 면역기능

흡기에는 여러 가지 입자와 미생물이 함께 들어온다. 기도점막은 기도의 수분을 유지하고 흡기를 통해 들어온 각종 입자와 미생물들의 배출구 역할을 한다. 기도 즉 기관, 기관지 및 세기관지의 일련의 세포들은 대부분은 섬모를 가지고 있다. 흡기는 끊임없이 섬모와 부딪치면서 기관지를 향하여 휩쓸어 지나간다. 이런 과정을 거쳐 오염된 입자와 미생물은 점막에서 소화기계로 들어간다. 또한 폐포 상피세포 내의 마크로파지는 식작용을 통해 화학작용이 없는 물질이나 미생물을 깊게 빨아들이고 소화해 버린다.

5) 기타

기타 기능으로 발성이 가능하게 하며, 계면활성제, 점질다당류, 면역글로불린, 콜라겐, 엘라스틴을 합성하고, 안지오텐신 I angiotensin I 을 안지오텐신 II angiotensin II 로 전환하며, 거대핵세포와 비만세포를 저장하는 기능이 있다.

3. 호흡기계 질환과 영양

영양불량은 폐의 구조, 탄력성 및 기능(호흡근의 강도 및 지구력), 폐의 면역기전 및 호흡조절에 영향을 미치기 때문에 호흡기 질환과 상호관련성이 높다.

에너지 섭취부족인 체중감소는 폐질환과 직접적인 상관관계는 작지만, 면역소immunity place가 손상된 영양불량 환자는 호흡기 감염의 위험도가 높다. 또한 영양불량환자의 이환율과 사망률의 증가로 인하여 호흡기 질환으로 인한 입원률이 증가하고, 입원기간이 길어진다.

단백질 부족시에는 교질삼투압 감소 때문에 폐부종이 나타나고, 체액은 세포간질interstial space쪽으로 이동한다. 단백질과 인지질로부터 합성되는 계면활성제의 수준이 저하되면 폐포는 허탈상태가 되어 숨이 가빠진다. 단백질과 철이 부족하면 헤모글로빈 수치가 낮아지고, 혈액에서 산소운반 능력이 저하된다. 또한 칼슘, 마그네슘, 인 및 칼륨의 저하는 세포 수준에서 호흡근의 기능을 손상시킨다.

폐를 지지하는 결합조직은 콜라겐으로 구성되어 있는데, 이 콜라겐 합성에는 비타민 C가 필요하고, 정상적인 기도점막을 위해서는 수분, 당단백질 및 전해질 등이 필요하다.

호흡기 질환의 식사요법

호흡기 장애에 의한 질환에는 급성 감염성 질환으로 감기, 폐렴, 장티푸스 등이 있고, 만성 감염성 질환으로는 폐결핵, 폐암, 기관지 천식, 만성 폐기종, 만성 폐쇄성 폐질환 등이 있다.

1. 급성 감염성 질환

1) 감기

(1) 원인 및 증상

감기는 각종 바이러스, 세균, 기타 미생물에 의한 감염성 질환이다. 알레르기성, 물리화학적 작용 등 비감염성인 경우도 있다. 특히 과로하거나 만성 질환을 앓고 있어 허약한 상태로 저항력이 떨어진 경우, 급격한 기후 변화로 일교차가 심해지거나 건조한 상태가 오래가서 코 속의 점막이 마른 경우, 상기도에 바이러스가 염증을 일으켰을 때 감기가 발생하기 쉽다.

상기도(코, 인두, 후두)에 염증을 동반하며, 콧물, 인후통, 두통, 전신권태, 식욕감퇴, 관절통, 발열 등이다. 이런 증세는 감기 바이러스 종류나 건강상태, 연령 등에 따라 다르게 나타난다. 나이가 어릴수록 감기 증상은 빠르게 진행되어 부비동염(축농증), 중이염, 기관지염이나 폐렴 등의 합병 증세를 나타내기도 한다.

(2) 식사요법

합병증이 없는 감기의 일반적인 치료는 일반적인 주의 사항을 잘 지키고 증상에 따라 치료하는 대증요법에 의한다.

감기 환자는 고열량, 고단백, 고비타민식을 섭취한다. 특히 비타민 C를 충분히 섭취할 것을 권장한다. 유자차, 귤차, 맑은 콩나물국을 공급하고 비타민 B 복합체 섭취도 증가시킨다. 감기 환자는 몸을 보온하고 냉온의 음료나 음식을 피한다. 우유는 데워서 마시고 식욕부진이 있을 때는 환자가 먹고 싶어 하는 식품을 사용하여 다양한 조리법으로 식단을 구성한다.

열이 심할 때는 우유, 과즙과 동시에 유동식이나 연식을 사용한다. 유지류는 버터, 계란 노른자 등 소화가 쉬우면서 농축된 열량공급원으로 유화지방을 적절히 이용한다. 발열은 비타민 A, B 복합체의 필요량을 증가시키므로 비타민 보충제가 필요하다. 수분은 하루 3,000~3,500㎖ 정도 공급하고, 염분은 하루 15~20g을 공급하여야 한다.

2) 폐렴

(1) 원인 및 증상

폐렴은 폐렴구균, 각종 감염바이러스 등의 감염으로 폐에 염증이 생겨서 폐포가 액체와 혈구로 가득 차 있는 상태이다. 감기증세가 악화되어 발생하는 경우도 있다.

급성 폐렴의 증상은 폐세포의 염증으로 인한 폐충혈, 오한, 고열로 시작하고, 식욕부진, 기침, 가래, 숨 가쁨, 호흡곤란, 빈번한 흉통 등을 동반하고 출혈로 적갈색의 가래를 보인다. 폐포가 감염된 후 폐동맥 세포막이 감염되고, 감염된 세포막에 구멍이 뚫려서 액체와 적혈구, 백혈구 세포가 혈액에서 폐포로 들어가면 감염된 폐포는 점차 액체와 혈구 세포로 차게 된다. 감염된 폐포가 증가하면 파괴되어 폐낭을 이루고 액체와 혈구로 차게 되어 폐포가 산소를 충분히 저장하지 못하므로 호흡이 곤란하게 된다.

(2) 식사요법

폐렴환자는 고열로 체온이 상승하여 신진대사는 증가되나 식욕부진으로 음식물 섭취가 불충분하여 체중이 감소된다. 심장기능을 보호하기 위하여 안정시키고, 적절한 항생물질을 투여하여 세균의 증식을 억제하며, 영양을 충분히 공급하여 병변의 회복을 시도하는 것이 치료 원칙이다.

급성기에는 호흡곤란과 식욕부진으로 음식섭취가 어려우므로 정맥영양을 통해 영양을 공급하고, 증세가 완화되면 유동식으로 시작하여 점차 연식, 회복식, 상식으로 이행한다. 고열과 함께 신진대사가 평상시의 20~50%까지 항진되므로, 고열량식, 고단백식, 고비타민식, 고무기질식을 공급해야하며, 특히 발열에 의한 수분증발로 인한 수분공급과 나트륨 및 전해질의 상실로 인해 무기질 보충이 필요하다. 음식은 부담되지 않는 범위 내에서 2~3시간 간격으로 자주 공급하도록 한다.

2. 만성 감염성 질환

1) 폐결핵

우리나라에서는 보건의료수준의 향상과 사회경제적 발전으로 인해 결핵환자수가 많이 줄어들기는 했지만, 여전히 우리나라에서 가장 중요한 전염병으로 남아있다. 2009년 한 해 동안 새로 발견되어 보고된 결핵환자 수는 대략 국민 1,000명 당 1명꼴인 3만 5,845명, 2008년 결핵으로 인한 사망자 수는 2323명으로 OECD 가입국 중 가장 높은 수준을 보이고 있다. 전체 국민의 1/3이 이미 결핵에 감염되어 있는 실정이고, 결핵균은 우리 몸의 면역기능이 강할 때에는 조용히 잠재되어 있다가 면역기능이 약해지면 본격적으로 우리 몸을 공격하므로 지속적인 관심이 필요하다.

폐결핵은 전통적으로는 사회경제적으로 빈곤층이나 폐쇄된 장소에 거주하는 사람들에게 많이 발병했으나, 최근에는 인구팽창, 자동차 매연, 공기오염 등의 환경요인과 함께 다제내성균의 출현과 다른 사람과의 접촉이 많은 20~30대 젊은 층에 결핵환자가 많다는 것 때문에 결핵이 다시 주목받고 있다.

(1) 원인 및 증상

폐결핵은 결핵균mycobacterium tuberculosis complex에 의한 만성 감염성 질환으로, 주로 전염성이 있는 폐결핵 환자가 말을 하거나 기침 또는 재채기를 할 때 결핵균이 포함된 미세한 가래 방울이 공기 중으로 나와 공중으로 떠돌아다니다가 주위에 있는 사람들이 숨을 들이쉴 때 공기와 함께 폐 속으로 들어가 증식을 함으로써 감염이 된다. 즉 과로나 장기적인 영양실조로 인하여 저항력이 약화되고 오염된 환경일 때 호흡기를 통해 결핵균이 침입해서 폐를 감염시켜 육아성 염증을 일으키는 질병이다.

결핵은 폐와 신장, 신경, 뼈 등 우리 몸 속 거의 대부분의 조직이나 장기에서 병을 일으킬 수 있지만, 결핵균이 폐 조직에 감염을 일으키는 폐결핵이 대부분이기 때문에 일반적으로 사용되는 결핵이라는 말은 폐결핵을 가리키는 말로 사용되기도 한다. 그러나 몸의 저항력이 저하되고, 과로, 스트레스, 영양부족이 되면 폐에서 결핵균이 후두, 장, 골, 관절, 신장, 림프선, 뇌척수막 등으로 전이되어 결핵이 발생하는 경우도 있다.

초기에는 자각증세가 별로 없으며, 진행이 되면서 점차적으로 피로감, 권태감, 식욕감퇴, 체중감소, 기침, 가래, 혈담, 각혈, 발열 등의 증상을 보인다. 급성단계에서는 급격한 체온 상승과 피로감이 계속되고 체중감소와 기침, 쇠약상태가 나타나는 소모성 질환이며, 호흡곤란과 기침이 심하면 말기 증세로 본다.

(2) 식사요법

폐결핵은 치료를 위해 항결핵제를 꾸준히 복용한다. 항결핵제인 이소니아지드isoniazid, 스트렙토마이신 등의 사용은 약물-식품-영양소 간에 상호작용이 있다. 이소니아지드는 비타민 B_6를 급속히 배설시킬 뿐만 아니라 이소니아지드로 인하여 식품의 흡수가 저하되므로 식전 1시간이나 식후 2시간에 복용하는 것이 좋다.

폐결핵은 체조직 소모가 심한 질환인데 비해 환자는 식욕부진으로 영양결핍이 되기 쉬우므로 기호에 맞는 균형식과 다양한 조리법을 이용하여 밝고 청결

한 분위기에서 식사하도록 한다.

급성기에는 유동식으로 시작하여 점차 연식, 회복식, 상식으로 이행하며, 고열량, 고단백, 고지방, 고비타민 식사를 선택할 것을 권장한다.

열량은 정상 체중을 유지할 정도로 섭취하고, 열이 있으면 2,000~3,000kcal 정도 섭취하며, 당질은 총열량의 50% 이상 섭취한다.

단백질은 체조직 재생을 위해 체중 kg당 1.5g 이상으로, 하루에 약 75~100g을 섭취한다. 열이 있으면 체중 kg당 2g 정도로 하루에 100~150g 섭취하도록 한다.

지방은 소화되기 쉬운 유화지방인 버터, 마요네즈 소스 등을 이용한다.

비타민은 이소니아지드가 비타민 B_6를 급속히 배설시키므로 비타민 B_6를 충분히 섭취한다. 비타민 B_6 부족은 비타민 D대사를 방해하여 칼슘과 인의 흡수가 감소될 수 있다. 따라서 비타민 B_6와 D, 그리고 비타민 A와 C도 충분히 보충하도록 한다.

무기질 중 칼슘은 결핵 병소를 석회화하여 결핵균의 활동을 억제하므로 우유, 유제품, 멸치, 뼈째 먹는 생선, 계란 등을 충분히 공급한다. 폐결핵으로 인한 각혈, 소화관 궤양, 철결합 능력감소, 골수의 적혈구 생산 감소 등으로 빈혈이 초래될 수 있으므로 조혈작용이 있는 철분과 구리를 공급하기 위하여 철 급원식품인 간, 계란, 육류, 굴, 콩, 김, 엽채류 등을, 구리 급원식품으로는 어패류, 김 등을 충분히 공급하여야 한다.

2) 폐암lung cancer

폐암은 20세기 들어 흡연이 보편화되면서 급격히 발병이 증가하기 시작하였고, 우리나라에서도 급격히 발생이 증가하는 추세에 있다. 2008년도 우리나라사람들의 주요 암 발생 현황을 살펴보면 폐암은 위 → 갑상선 → 대장에 이어 4번째로 많이 발생하고 있는 암이지만, 65세 이상 인구 중에서는 발생률이 1위인 암이다. 또한 암 발생률에 있어서는 1위가 아니지만, 다른 암에 비해서 치료가 잘 되지 않으므로 암 중에서는 폐암으로 사망자의 수가 가장 많아서 암종별 사망률로는 1위에 해당하는 암이다.

(1) 원인 및 증상

폐암은 원발성 폐암과 전이성 폐암으로 분류된다. 원발성 폐암은 폐조직에서 발생하는 악성종양이고, 전이성 폐암은 몸의 다른 부위에 발생한 악성 종양이 폐조직으로 전이된 경우이다. 폐조직에서 종양이 발생하는 원발성 폐암은 주된 사망원인이며, 50~70세 사이에 가장 많이 발생하며, 남성에게 더 흔하지만 여성들도 점차 증가하는 추세이다. 폐암발생의 원인은 대부분 흡연(직접 흡연 85~87%, 간접 흡연 3~5%)이고, 유전적 요인(전체 폐암환자의 약 11%), 우라늄, 공장 매연, 공해, 석면 등이 원인이 될 수 있다.

전이성 폐암이란 악성 종양이 다른 부위에서 폐 조직으로 전이된 경우로서, 대부분의 혈액이 폐를 통과하기 때문에 폐조직은 가장 흔하게 전이되는 곳이다. 50~70세 사이에 가장 흔히 나타나며, 여성에게 더 많이 발병한다. 폐로 전이가 잘되는 악성종양은 유방암, 대장암, 전립선암, 신장암 등이 있다.

폐암의 증상으로는 식욕부진, 지속적인 기침, 객담, 혈담, 가슴에 통증, 폐렴, 기관지염 등이 있다. 이차성 폐암은 증상이 나타나지 않을 수 있으나 전이된 부분이 넓다면 호흡곤란을 일으키게 된다.

(2) 식사요법

일반적으로 폐암의 치료에는 수술요법, 방사선 치료, 항암화학요법과 표적치료가 이용되며, 폐암의 종류, 병기, 환자의 전신상태(환자의 나이, 운동수행능력 및 체중감소의 유무 등)를 고려하여 치료방법이 선택된다. 물론 이들 치료방법은 암세포들을 표적으로 삼지만, 우리 몸의 정상세포들도 손상을 입힐 수 있으며, 이로 인해 암 환자의 영양상태도 영향을 받는다. 영양상태는 치료효과, 사망률, 그리고 궁극적으로는 삶의 질에도 영향을 미치게 되므로 좋은 영양상태를 유지하는 것이 암 환자에게 매우 중요하다.

폐암을 치료하는 특별한 식품이나 영양소는 없다고 하더라도 균형 잡힌 식사로 좋은 영양상태를 유지하는 것은 암 환자에게 중요하다. 즉 균형 잡힌 식사를 통한 고른 영양 섭취는 체내 대사 작용을 활성화하여 신체 회복 기능을 활성화시킴으로써, 비정상적인 암세포의 빠른 성장을 억제해주고, 수술이나 방사선치료 및 항암화학요법 등 치료과정에서 수반되는 여러 부작용 등을 최소화하며 손상된 세포를 빨리 재생시키고 감염의 위험을 감소시켜준다. 그러기 위해서는 열량과 단백질, 비타민 및 무기질을 충분히 공급할 수 있는 식사를 섭취해야 하며, 이는 여러 가지 음식을 골고루 먹음으로써 가능하다. 그러나 폐암 환자들은 영양소 필요량은 증가하지만, 폐의 압박으로 심한 통증, 호흡곤란 및 소화불량이 생기고, 여러 가지 치료를 받는 과정에서 메스꺼움, 구토, 식욕부진, 입맛 변화와 동시에 통증, 근심, 두려움, 우울증 등으로 음식 섭취가 감소하므로 영양결핍 상태에 빠지기 쉽다. 그러므로 음식섭취가 치료의 한 방법이라는 적극적인 생각으로 환자와 가족이 함께 계획을 세워서 관리하도록 한다.

식사는 규칙적으로 골고루 섭취하도록 한다. 곡류 및 전분류를 매끼 적당량 섭취하되 과식을 피하도록 하고, 매끼마다 고기나 생선, 계란, 두부, 콩, 치즈 등 단백질 반찬을 충분히 섭취한다. 씹기 힘든 경우나 삼키기 힘든 경우에는 다지거나 갈아서 먹도록 한다. 고기는 기름이 적은 부위를 선택하고, 닭고기는 껍질을 제거한 후 이용하며 튀김보다는 끓이거나 삶는 조리법을 이용하도록 한다. 만약 과체중이라면 식사에서 지방의 양을 줄이고 활동량을 늘리는 방법으로 체중을 줄이는 것도 고려해야 한다. 신선한 채소류와 해조류를 이용한 반찬을 매끼 2가지 이상 충분히 섭취하고, 한 가지 이상의 과일을 하루 1~2번 정도 섭취하도록 한다. 대체로 비타민 A, C, E는 발암물질의 분해 및 해독 작용으로 암 예방과 치료에 효과가 있으므로 채소나 과일을 충분히 섭취할 것을 권장한다. 우유 및 유제품은 하루 1컵 이상 마시며, 우유가 맞지 않은 경우에는 대체품으로 요구르트, 두유, 치즈 등을 선택할 수 있다. 양념과 조미료는 적당히 사용하되 맵고 짜지 않게 조리하도록 한다.

3) 기관지 천식Asthma

(1) 원인

기관지 천식은 간헐적으로 기도가 가역적으로 좁아져서 발생하는 호흡기 장애로 원인은 아직 알려져 있지 않다. 공기 중에 있는 외부물질에 대한 기관지의 예민성 때문에 찬 공기, 자극적인 냄새, 담배 연기, 매연 등의 자극에 노출시 기관지가 수축하면서 천식 증상이 나타나는 질병으로 유전, 면역요인 및 환경요인 등의 복합적인 상호반응으로 나타난다.

천식은 생활환경에서 흡입되는 알레르겐(알레르기 원인물질)때문에 생기는 외인성 천식, 외부에서 특별한 원인 알레르겐은 찾을 수 없으나 천식이 생기는 내인성 천식과 특정작업장에서 노출되는 물질에 의해 천식이 발생하는 직업성 천식이 있다. 원인이 무엇이든지간에 천식이 생기면 기관지에 알레르기성 염증반응이 생기고, 기관지는 정상인에 비해 예민한 상태가 되어 기관지가 좁아지면서 천식 증상이 심해지게 된다. 이렇게 천식을 처음 생기게 하는 외부 물질들을 원인 알레르겐이라고 하며, 우리나라에서는 집먼지, 진드기, 꽃가루, 곰팡이, 애완동물의 털과 비듬, 바퀴벌레 따위 등과 같이 호흡기를 통해 흡입되는 것들이 대표적이다. 그리고 일단 천식이 생긴 환자들은 찬 공기, 저기압, 자극적인 냄새, 담배 연기, 매연, 음식물 첨가제, 특정 약물, 스트레스 등의 악화인자에 의해 증상이 악화된다.

(2) 증상

알레르기를 일으키는 사람은 IgE 항체를 형성하는 경향이 있다. 이 항체는 여러 가지 물질을 생성하게 되고, 그 중에는 과민성 물질인 히스타민과 브라다키닌도 있다. 이들은 폐포 벽을 붓게 하고, 폐포강에는 점성물질을 분비하며 폐포의 연근육을 강직시킨다. 천식의 일반적인 증상은 호흡곤란, 천명 및 발작적인 기침 등 있다. 이러한 증상들은 재발이 반복되는 것이 특징이다. 또한 폐 안에 남아 있는 공기량이 많아져서 천식이 지속되면 가슴이 커진다.

(3) 식사요법

기관지 천식의 치료 목표는 만성적이고도 재발이 반복되는 질환이므로, 증상을 잘 조절하고 폐기능을 정상화해서 정상적인 생활을 유지하도록 하는 한편, 치료방법에 의한 부작용을 최소화 하는 것이다. 기관지천식의 치료를 위해서는 약물 요법, 환경 요법, 면역 요법이 이용된다. 절대금연과 천식을 일으키는 물질과 접촉을 피하고 항히스타민제 등을 복용한다. 충분한 영양섭취가 중요하며 특히 무기질, 비타민 공급이 중요하다. 알레르기는 건강상태가 나쁠 때나 과로 후에 나타나므로 건강상태를 좋게 유지하고 과로하지 않도록 하는 생활습관도 중요하다. 오메가-3와 오메가-6 지방산, 항산화 영양소(산화적 스트레스로부터 기도 보호), 마그네슘(평활근 이완제와 항염증제) 등은 천식의 병인이나 치료법과 관련하여 널리 알려진 영양소로서 충분히 섭취한다.

대한천식 및 알레르기학회에서는 알레르기 질환의 예방을 위해 깨끗한 실내 환경 유지, 실내에서 동물 기르지 않기, 금연, 산모를 건강하게, 모유먹이기, 대기오염 예방, 자연 환경보존 등 7가지 사항을 권장하고 있다.

4) 만성 폐기종

폐포(허파꽈리)에 비정상적으로 공기가 찬 상태를 폐기종이라고 한다. 공기가 점점 더 많이 차면 폐포가 확장되고 폐포 사이의 벽들이 파괴되어 탄성을 잃게 되어 영구적으로 폐포가 확장되는 질환이다.

(1) 원인 및 증상

만성 폐기종은 주로 흡연에 의해서 발생되고, 대기 오염, 유해성 작업환경 등에 의해서도 발병할 수 있으며, 호흡기 감염이 있으면 진행 속도가 더욱 빨라지게 된다. 이들에게는 두 가지 병리적 현상이 나타난다. 첫째, 세기관지에 여러 가지 물질이 막혀서 공기 유통이 안 된다. 둘째, 폐포벽이 얇아지고 공기가 많은 부분이 흐트러지고 파멸된다. 이러한 만성 폐기종 환자들은 폐포의 손상으로 공기를 저장하지 못하고, 가슴의 압박으로 공기통로가 좁아져서 공기가 새어 나가게 되며, 점차 폐포가 파멸되지만, 한번 파괴된 조직은 다시 회복되지 않는다.

폐기종 환자는 초기에는 아무런 증상이 없을 수도 있지만, 점차 질병이 진행되면 숨찬 증상이 주된 증상으로 나타나게 되며 마른기침을 많이 하게 된다. 활동시 심한 호흡곤란, 팔다리가 붓고, 가슴이 답답해지며 숨 쉴 때 쌕쌕거리는 소리가 나고, 청색증을 나타내기도 한다. 폐기종 환자는 숨이 차고 음식물을 씹고 삼키는 것이 어렵기 때문에 체중감소, 조직의 소모, 영양불량, 복부의 통증, 위궤양 등이 자주 발생한다. 폐의 산소 확산능력이 감소되어 혈액의 산소공급과 탄산가스 제거 능력이 감소되므로 폐는 일부분의 공기 유통이 단절되어 조직이 사멸된다. 폐동맥의 수가 감소되어 폐순환 혈관의 저항력이 증가되며, 폐동맥의 고혈압이 나타난다. 이러한 현상은 오른쪽 심장의 부담을 증가시키고 우심장부전의 원인이 된다. 폐기종은 수년간 서서히 진행되며 계속적으로 진행되면 사망에 이르게 된다.

(2) 식사요법

폐기종은 완치되지 않는 질병으로 증상의 악화를 막기 위해 지속적으로 치료해야 한다. 일단 폐기종이 발병하면 금연, 충분한 영양섭취 등의 일반요법, 기관지 확장제나 항생제 등의 약물요법, 산소요법, 호흡재활치료 등으로 치료한다. 흡연을 중단하는 것이 무엇보다 중요하며 그 외에도 대기 오염 물질이나 공장 오염 물질 등의 흡입도 가능하면 피하면서, 폐실질 조직의 보수와 재생을 위하여 고열량, 고단백식 및 연식을 제공한다. 섬유질이 많고 질긴 음식은 피하고 부드럽게 조리한다.

5) 만성 폐쇄성 폐질환chronic obstructive lung disease : COLD

만성기관지염, 만성폐쇄성기관지염, 천식성 기관지염, 폐기종을 통틀어 만성 폐쇄성 폐질환이라고 한다. 이 질환들은 기도가 좁아져 공기가 드나드는 속도가 감소하는 공통적인 특징이 있다. 공해와 흡연 인구 증가, 노인 인구 증가 등으로 우리나라에서도 환자가 급격히 늘어나는 추세이다.

(1) 원인 및 증상

만성 폐쇄성폐질환의 확실한 원인은 아직 알 수 없지만, 흡연이 가장 큰 원인으로 추정되며, 도시화와 공해, 호흡기감염증 및 폐를 보호해주는 효소인 α 1-antitrypsin의 선천적 결핍 등의 여러 가지 요인들이 복합적으로 관여하는 것으로 보인다. 폐기종, 만성기관지염 등으로 기도폐쇄가 점진적으로 진행되어 폐의 내부와 외부의 공기흐름이 만성적인 폐색을 일으키는 질환으로 만성 폐쇄성 폐질환은 대개 40대에서 만성적 기침, 호흡기 질환의 재발 등으로 나타나기 시작한다.

만성 폐쇄성 폐질환의 주된 증상은 피로, 호흡곤란, 빈번한 저산소증, 숨가쁨, 폐포 모세혈관의 파괴, 복부 불편감, 위궤양, 식욕저하, 영양결핍, 만성적 체중감소, 저체중 등이 나타난다. 방사선검사와 폐기능검사 등으로 진단할 수 있다.

(2) 식사요법

폐기능 회복을 돕고 감염에 대한 저항력을 높이기 위한 영양을 공급하며, 호흡근육의 손실을 최소화하기 위해 영양결핍이 되지 않도록 관리한다. 과식을 예방하고 표준체중 유지하도록 하며, 소량씩 자주 공급하도록 하며, 수분 균형을 적절하게 유지한다. 호흡곤란이 있을 경우에는 열량은 적정량 공급하고 대사에 의해 CO_2가 많이 발생하는 당질은 자제하며, 지방과 단백질은 증가시킨다. 항염증의 효과를 통해 폐 보호에 도움이 되는 오메가-3 지방산 섭취를 권장한다.

Chapter 11

수술과 화상

학습목적

수술 전후의 영양의 중요성과 화상에 따른 생리적 변화를 이해하고, 수술환자 및 화상 환자의 식사요법을 학습한다.

학습목표

● **수술과 영양**

· 수술 전의 영양상태가 수술 결과에 미치는 영향과 중요성을 이해한다.

· 수술 전의 영양관리에 대해 학습한다.

● **수술 후의 식사요법**

· 수술 직후의 영양공급 방법과 주의점을 안다.

· 수술 전후 환자의 일반적인 식사요법에 대해 안다.

· 각 수술에 따른 식사요법에 관하여 학습한다.

● **화상 후의 식사요법**

· 화상 후의 생리적 변화를 안다.

· 화상환자의 일반적인 영양공급 방법을 이해한다.

Chapter 11. 수술과 화상

수술과 영양

1. 수술이 체내 대사에 미치는 영향

수술 환자는 수술 전의 검사로 인한 금식, 식욕부진, 수술 자체가 가져오는 병리적인 원인에 의해서 영양불량을 초래하기 쉽다. 영양상태가 좋지 못한 환자들은 수술로 인한 후유증이 길고 상처회복이 지연된다. 따라서 환자의 영양상태를 양호하게 유지함으로써 수술 후의 합병증을 최소화하고 회복 촉진과 체력 향상을 위해 수술 전후의 영양관리는 매우 중요하다.

수술은 신경 내분비계를 자극함으로써 부신에서 글루코코르티코이드 glucocorticoid, 에피네프린epinephrine, 노르에피네프린norepinephrine 등의 카테콜아민catecholamine 분비를 촉진하며, 그에 따라 다음과 같은 체내 영양소 대사의 변화를 초래한다.

1) 단백질

글루코코르티코이드와 수술 직후의 호르몬 변화로 이화작용catabolism이 급격히 항진되어 체단백 분해는 촉진됨과 동시에 단백질 합성은 억제되며, 혈청 단백질 농도는 저하되고 소변을 통한 질소의 배설이 증가하면서 음negative의 질소평형을 가져온다. 체단백 분해는 주로 근육층에서 일어나며 내장 단백질은 최대한 보유되는 것으로 알려져 있다. 이와 같은 단백질 대사의 변화는 수술 후 약 1주일간 지속되며, 그 후에는 수술 전의 상태로 되돌아온다.

2) 당질

카테콜아민은 인슐린의 분비를 방해함과 동시에 인슐린에 대한 저항성을 증가시켜 간에 저장된 글리코겐의 분해와 더불어 당의 신생합성을 촉진한다. 이에 따라 간으로부터 당의 유출이 증가함으로써 수술 직후의 환자들에게 당뇨병과 비슷한 고혈당 증세가 나타나게 된다.

3) 지방

수술 후의 호르몬 변화는 지방 조직으로부터 지방산을 유리시켜, 간이나 조직에서의 에너지원으로 쓰이게 되므로 저장지방 및 체지방이 급속히 감소한다.

4) 비타민

수술시 비타민 B 복합체의 장기 내 함량이 감소하고, 간기능의 저하로 활성화 또한 감소한다. 비타민 C는 콜라겐 합성의 기능으로 인해 상처 치유와 밀접한 관계가 있으며, 수술 시에는 혈중 농도가 감소한다.

5) 수분과 전해질

수술 후 항이뇨호르몬의 분비로 인해 소변과 나트륨의 배설은 감소되고, 체단백 분해로 인한 칼륨, 황, 인의 배설이 증가된다.

2. 수술 전의 영양상태

위궤양으로 인한 위 절제 수술 이후 발생한 사망률이 수술 중의 체중 감소와 높은 상관관계가 있음이 보고되면서 수술 전 환자의 영양상태가 수술 결과에 많은 영향을 미칠 수 있음이 인지되었다. 영양상태가 좋은 환자는 영양불량인 환자보다 수술을 잘 견디어낼 수 있으나, 영양불량이 있으면 수술 후 여러 가지 합병증을 일으키기 쉽고 사망하게 되는 경우도 많다. 따라서 수술 전 환자의 영양상태가 수술 결과에 미치는 영향을 파악하고 영양불량인 환자들을 선별하는 것은 수술 전후 영양관리의 첫 단계라 할 수 있다. 수술 전의 영양상태는 탈모, 피부 창백, 복수, 부종 등의 외형적인 변화로도 파악이 되지만 신체계측이나 생화학적 검사치로도 파악할 수 있다.

1) 영양상태가 수술 결과에 미치는 영향

수술 전 영양상태가 불량한 환자, 특히 혈청 알부민이 3~3.5g/dℓ 이하인 환자는 수술 봉합 부위의 부종으로 인해 봉합의 안전을 기하기 어렵고 수술부위에 염증이 나타날 가능성이 많아지게 된다. 이러한 환자들에게 정맥주사를 투여하면 수술 부위의 염증이 감소되며, 패혈증이나 사망률도 감소한다. 과체중이나 비만증 환자는 수술시 위험하므로 수술 전에 체중을 감소시킬 필요가 있다. 그러나 단기간 동안 10% 이상의 체단백lean body mass의 손실은 치료를 지연시키므로, 체중의 감량 속도와 감소되는 체중의 조성에 대해서는 특별한 주의가 필요하다.

2) 수술 위험도가 높은 환자의 선별

수술 전 환자의 영양상태는 식사섭취조사, 신체계측조사, 임상조사, 생화학적 조사를 통해 파악할 수 있다. 다양한 평가 방법 중 수술 위험도가 높은 환자들을 선별하는 지표들은 〈표 11-1〉과 같다. 알부민albumin과 트랜스페린transferrin을 단백질 결핍지표로 하여 다음과 같이 분류하기도 한다. 정상 영양상태를 100%로 할 때, 가벼운 저영양상태는 정상 영양상태의 80~90%로 albumin 3.0~3.5g/dℓ, transferrin 150~190mg/dℓ 수준, 중등도 영양상태는 정상 영양상태의 60~80%로 albumin 2.1~3.0g/dℓ, transferrin 100~150mg/dℓ 수준, 심각한 저영양상태는 정상 영양상태의 60%로 albumin 2.1g/dℓ 미만과 transferrin 100mg/dℓ 미만의 수준을 의미할 수 있다.

표 11-1 수술 위험도가 높은 환자의 선별지표

	지 표	기 준 치
나이		≥73세
체격지수	체중감소율	>10%(최근 6개월)
	BMI	<15 percentile
	삼두근 피부 두겹두께	<15 percentile
	상완근육둘레	<15 percentile
기능지수	악력(grip strength)	남자 <64kpa
		여자 <47kpa
	알부민	<3.5g/dℓ
	트랜스페린	<174mg/dℓ
	프리 알부민	<12mg/dℓ

3. 수술 전의 영양관리

1) 열량과 단백질

수술 전 저영양상태인 환자는 평상시보다 30~50%가 더 추가된 열량과 단백질의 공급이 필요하다. 수술시 충분한 양의 당질 공급, 특히 포도당 공급은 체내 단백질을 절약시켜주며, 수술 후 케톤증 예방과 구토방지에 도움을 준다. 또한 간에 글리코겐 저장량을 증가시켜 간 기능을 보호해 줄 수 있다.

체내의 단백질 대사 상태는 수술시 위험을 감소시키는 데 매우 중요하다. 체내의 질소평형이 양의 상태이고, 내장 단백질 상태 또는 면역상태가 양호하면 수술 후의 충격에 대해서 보호의 기능을 해줄 수 있다. 혈청 단백질 이외에 헤모글로빈, 적혈구 수도 정상 수준으로 올려야 한다. 또한 수술 전 혈청 단백질 수준은 최저 6.0~6.5g/dℓ 이상이 되도록 한다.

2) 비타민과 무기질

비타민 중 비타민 C는 콜라겐 합성 과정에 관여하고 면역기능을 한다. 비타민 K는 프로트롬빈과 기타 다른 혈액응고인자의 합성에 필수적으므로 이들 비타민을 수술 전 충분히 공급하여야 하며, 에너비 및 단백질 섭취증가에 따라 비타민 B 복합체의 섭취도 증가시키도록 한다. 또한 수술시 체액 유지, 지혈 및 출혈로 인한 빈혈을 예방하기 위하여 칼슘, 철, 아연, 구리, 엽산이 함유된 식품을 충분히 공급한다.

3) 수분

환자가 탈수되었을 때는 수술을 하지 않는 것이 환자의 안전을 위해 중요하다. 응급시 구강으로 수분을 투여할 시간이 없거나 환자가 구강 섭취가 불가능한 상태일 때에는 정맥주사를 통해 충분한 양의 전해질과 수분을 공급하여야 한다. 수술시 심한 출혈이 있을 경우에는 수혈을 하며, 특정 영양소가 손실되었을 때에는 정맥 주사로 보충해 준다.

4) 수술 전 음식섭취

수술 8시간 전부터는 금식을 하여 수술 시에 위가 비어 있도록 해야 한다. 만약 위에 음식물이 남아 있으면 마취가 될 때와 풀릴 때에 토하거나 음식 찌꺼기가 기도를 막아 호흡곤란의 위험이 있다. 보통 수술 전날 저녁에 가벼운 음식을 주고, 밤 12시 이후에는 금식을 시킨다. 응급수술의 경우나 수술 8시간 전 음식을 경구로 섭취한 경우에는 마취 전에 위 내용물을 세척시킨 후 수술에 들어가야 한다.

위장관 수술을 하는 환자가 영양불량인 경우에는 수술 전 7~14일 정도 영양지원을 한다. 또한 복부와 결장 수술시에는 수술 후 염증이나 감염을 방지하기 위해 장관 내 잔여물이 제거되어야 한다. 이는 음식찌꺼기가 적을수록 감염을 일으키는 장내 세균이 감소하며, 또한 수술 후 가스로 인한 복부 팽만감도 막을 수 있기 때문이다. 따라서 수술 2~3일 전부터 저섬유소식사, 또는 최소 잔사식이나 유동식을 공급하고 수술하기 수 시간 전에 관장시켜 장을 비우도록 한다.

수술 후의 식사요법

1. 수술 후의 영양공급 방법

수술 후 24~48시간은 입으로 아무 것도 주지 않는 NPOnon per oral intake 기간이며, 이때는 정맥주사로 물과 전해질, 영양소를 공급하게 된다. 그러나 정맥을 통하여 체내 단백질이나 다른 영양소의 결핍을 일으키지 않을 정도로 영양을 공급하는 것이 단기간은 가능하지만 가능한 빨리 구강으로의 음식 섭취를 시작하여야만 한다. 일반적인 수술 후 식사는 맑은 유동식, 일반 유동식, 연식, 일반식으로 이행되며, 그 이행 속도는 수술의 종류 및 환자의 반응 정도에 따라 달라진다. 유동식의 섭취는 위장이 정상적으로 기능을 하는 것이 의사에 의해 판단되면 시작할 수 있다. 장의 연동운동의 소리가 들리고 가스의 배출이 있을 때 식사가 가능하다. 어떠한 경우에라도 복부 팽만, 경련 혹은 다른 이상 증세가 있다면 식사의 공급을 중단하거나 그 이전의 단계로 돌아가야만 한다. 또한 극심하게 쇠약하거나 영양불량인 환자 혹은 장기간 동안 충분량의 식사를 못한 환자들을 위해서는 영양지원을 고려하도록 한다.

2. 수술 환자의 일반적인 식사요법

1) 열량과 단백질

수술 후에는 이화작용이 항진되므로 합병증을 예방하고 수술 후의 경과를 양호하게 하기 위해서는 충분한 열량과 단백질이 필요하다. 열량은 정상 필요량의 10% 정도를 증가시켜 공급하며 외상수술이나 복합골절인 경우에는 10~25% 더 증가시켜야 한다. 〈표 11-2〉에는 이화작용에 따른 열량 필요량이 제시되어 있으며, 일반적으로 수술 후 공급되는 열량은 체중 1kg당 35~45kcal이다. 이와 같이 증가된 열량 필요량을 당질과 지방으로 충분히 공급하지 않는다면 단백질이 대신 손실될 수 있어 상처의 회복은 지연될 수 있다.

수술 후 체단백이 분해되어 소변으로 질소 배설이 증가하면서 질소평형은 음의 상태가 된다. 또한 출혈과 상처로 인해 혈중 단백질이 유실되고 혈액의 양이 저하되면 산소공급이 부족하여 쇼크 상태와 부종을 초래할 수 있으므로 단백질이 충분히 공급되어야 한다. 상처의 회복, 출혈로 손실된 혈구의 회복, 빈혈 예방, 항원, 효소 등의 생성을 위해 필요한 단백질은 체중 1kg 당 1~2g 정도이다.

표 11-2 이화작용에 따른 열량 필요량

임상상태	이화작용의 정도	소변 중 질소 (g/day)	기초대사율 상승도(%)	총 열량필요량 (kcal)
침대에 누워 있는 경우	1도(정 상)	<5	없음	1,800
간단한 수술	2도(가벼움)	5~10	0~20	1,800~2,200
복잡한 부상	3도(중정도)	10~15	20~50	2,200~2,700
급성 감염 또는 화상	4도(심 함)	>15	50~125	2,700~4,000 또는 그 이상

2) 비타민과 무기질

양호한 영양상태의 환자가 간단한 수술을 받은 경우에는 비타민·무기질 보충이 필요하지 않으나 큰 수술을 한 경우, 장기간 질병으로 인해 쇠약해져 있는 경우, 수술 전후 장기간 동안 단식을 한 경우에는 권장되는 양의 2~3배 정도로 많은 양을 공급해야 한다.

비타민 C는 상처의 치료에 효과적이며, 상피조직 구성에 필요한 비타민 A도 상처회복에 좋은 역할을 한다. 비타민 K의 결핍은 프로트롬빈 생성을 감소시켜 혈액응고에 지장을 주므로 수술시에 특별히 유의하여야 한다. 비타민 B_1, 비타민 B_2, 니아신과 같은 비타민 B 복합체는 당질과 단백질 대사의 조효소로서 필요량이 더욱 증가하므로 식사시 충분히 공급한다. 무기질 중에는 체조직 분해로 인해 칼륨과 인이 많이 유실되고, 이밖에 체액 손실에 따른 나트륨과 염소 등의 유실, 출혈로 인한 철의 유실이 일어나기 쉬우므로 이러한 무기질이 결핍되지 않도록 주의해야 한다.

3) 수분

수술 후에는 출혈, 구토, 상처에서의 분비물, 열, 땀 등에 의해 다량의 수분과 전해질이 유실된다. 수술 합병증이 없는 경우에는 하루 2,000~3,000㎖, 체온상승이나 신장손상, 패혈증 등의 합병증이 있을 때는 3,000~4,000㎖의 수분공급이 필요하다. 수술 후 구강섭취가 불가능하면 정맥주사, 피하주사 또는 직장 주입법으로 수분을 공급한다.

4) 수술 전후에 사용되는 최소 잔사식

수술 전후 또는 염증성 장질환, 궤양성 대장염, 게실염, 부분적 장폐쇄의 증상이 있을 때에는 배설량을 최소한으로 할 수 있는 최소 잔사식을 공급한다. 이 식사는 환자가 음식을 섭취하면서도 변의 잔사량을 최소화시킴으로써 장에 휴식을 주기 위한 것이다. 섬유소가 적은 식품으로 구성되며, 섬유소 이외에도 지방, 우유나 고기의 결체조직 등 대변량을 증가시킬 수 있는 식품은 제한된다. 최소 잔사식에 허용되는 식품과 금지해야 할 식품은 〈표 11-3〉과 같다.

표 11-3 최소 잔사식의 허용식품과 금지식품

식품군	허용식품	금지식품
음 료	커피, 홍차, 탄산수, 곡류 음료	
육 류	육류, 생선, 가금류, 계란, 커티지 치즈, 마일드 치즈, 크림상의 땅콩버터	튀긴 것, 육류, 조개류의 힘줄이 질긴 것, 허용된 이외의 치즈
지 방	금지된 것 이외로 하루 1/4~1/2컵 이하	아보카도, 올리브, 견과류, 양념을 많이 한 샐러드 드레싱
우 유	하루 1/2컵 이하	
곡 류	정제된 곡류로 조리된 것, 흰밥, 마카로니, 국수, 스파게티	전곡, 밀기울, 씨, 전곡 낟알, 밀겨, 감자, 전곡쌀, 건조 두류, 옥수수, 완두콩, 풋콩, 팝콘
채소류	연한 향의 채소 주스	모든 채소
과 일	거른 과일 주스	모든 과일
수 프	맑은 국물	
후식류	케이크, 과자, 젤라틴, 샤베트, 아이스크림, 푸딩	코코넛, 코코넛 사탕, 과일로 만든 것, 마멀레이드
기 타	소금, 식초, 초콜릿	마늘, 종실 조미료, 피클, 코코아, 튀긴 음식, 향신료를 많이 넣은 음식

3. 각 수술에 따른 식사요법

1) 편도선 수술

편도선 수술 후에는 목이 예민하므로 화학적, 기계적으로 자극이 없으며 체온에 가까운 온도의 음식을 제공해야 한다. 수술 후 첫 24시간 동안은 수술 부위의 출혈을 막기 위하여 물, 우유, 과일넥타, 젤라틴 등이 허용된다. 수술 후 2일째부터 미지근한 유동식에서 시작하여 회복 과정에 따라 차츰 따뜻하고 부드러운 음식으로 이행한다. 우유, 토스트, 계란찜, 반숙란, 흰죽, 으깬 감자 등을 공급하며 7~10일 내에 점차적으로 정상 식사를 제공한다.

2) 담낭 수술

담낭염이나 담석증이 심할 경우 담낭을 제거하는 수술을 받게 된다. 담낭

제거로 인해 담즙 분비가 충분하지 못하므로 식사에서 지방을 조절하는 것이 상처의 치유 및 환자의 안정에 중요하다. 단백질을 필요량만큼 확보하고 당질을 중심으로 하며 지방이 적은 식품으로 자극이 적고 소화흡수가 쉬운 식사를 준비한다. 장기간 지방을 제한하면 필수지방산과 지용성 비타민의 결핍이 일어날 수 있으므로, 간으로부터 담즙산이 지방의 소화를 위해 충분히 나올 때까지 환자의 적응도에 따라 점차 지방의 양을 늘려간다.

3) 위 수술

(1) 덤핑증후군

악성종양, 출혈, 궤양 등으로 부분적 또는 전체적으로 위절제 수술을 받은 환자의 20~40%는 덤핑증후군으로 고통을 받는다. 일반적으로 음식물은 위에서 소량씩 천천히 소장으로 들어가는 것이 정상이나, 위절제 수술로 인해 음식물이 식후 10~15분에 십이지장과 공장으로 한꺼번에 쏟아져 들어가게 되는 것을 덤핑이라 하며, 덤핑증후군의 증상, 특징 및 식사요법은 3장을 참고로 한다.

(2) 흡수불량

위절제 환자가 수술 몇 개월 후 흡수불량이 있는지, 식사제한으로 인해 역효과가 생기지 않았는지를 알아보기 위해 지속적으로 영양상태를 평가해 보아야 한다. 위절제 수술 후에 가장 흔히 발견되는 것으로 경미한 빈혈을 들 수 있다. 그 원인은 위장관 출혈, 섭취량 부족 등 여러 가지가 있을 수 있으므로 혈청 철, 비타민 B_{12}, 엽산의 수치를 통해 평가한다. 혈청 알부민 수치를 검사하여 단백질의 소화흡수불량 또는 불충분한 단백질 섭취로 인한 단백질 영양불량이 생기지 않았는지 확인하여 식사에 반영하도록 한다.

4) 장 수술

소장이나 대장의 절제수술은 암, 게실염, 국부성 장염, 크론병, 누공, 천공,

협착증 등의 치료를 위해 이루어진다. 장의 절제가 영양소의 흡수에 미치는 영향은 절제한 부위와 길이에 따라 다른데, 일반적으로 소장이나 대장의 2/3 이상을 제거하면 심한 흡수장애와 영양결핍이 일어난다. 소장을 절제하면 위산의 이용률이 저하되어 초과된 위산에 의해 영양소 흡수가 저하되고, 췌장 리파아제와 트립신이 비활성화되어 지방과 단백질의 흡수불량으로 설사를 하게 된다. 또한 절제 부위에 따라 소장 상부는 무기질 및 수용성 비타민, 중간부는 지방, 단백질 및 지용성 비타민, 하부는 담즙산 및 비타민 B_{12} 등의 흡수장애가 일어나며, 그 외 나트륨과 칼륨 등 전해질과 수분 흡수 능력이 저하된다. 췌장이 절제되면 담즙산염과 지방산의 흡수가 감소되어 설사가 일어나며, 대장을 절제했을 경우에는 물과 무기염류의 흡수부족으로 탈수, 저칼륨혈증 hypokalemia, 저마그네슘혈증hypomagnesemia 등이 나타난다.

수술 후 정맥주사를 통하여 영양과 체액을 유지시킨 다음 구강으로 급식이 가능해지면 유동식부터 시작하여 점차 고단백식, 저지방식, 저잔사식의 식사를 공급한다. 새로운 식품 한 가지를 선정하여 1주일 동안 적응시켜 급식하고 소화에 부담이 없는 음식을 소량씩 섭취시킨 후 부작용이 없으면 정상식사로 이행한다. 지나치게 뜨겁거나 찬 음식, 강한 향신료, 알코올, 카페인, 가스발생 식품 등은 장의 운동을 자극하므로 주의한다.

화상 후의 식사요법

1. 화상 후의 생리적 변화

화상은 신체가 받을 수 있는 가장 심각한 외상 중의 하나이다. 화상 환자는 피부 보호막의 손상으로 인해 감염의 위험이 높을 뿐만 아니라 체액, 전해질, 혈청 단백질 등의 손실에 따른 영양결핍을 초래하기 쉽다. 또한 대사항진으로 인해 체단백질 분해가 일어나고 장폐색과 식욕부진이 자주 발생하므로 환자가 안정되는 즉시 적극적인 영양지원이 이루어져야 한다.

열, 전기 또는 화학물질과의 접촉으로 피부조직이 손상된 것을 화상이라고 말하며, 손상된 피부조직의 깊이에 따라 〈그림 11-1〉과 같이 4단계로 구분된다. 1도 화상에서는 상피세포로부터 새로운 조직을 만들어낼 수 있으며, 피부 표면이 빨갛게 되고 통증은 있으나 쉽게 회복된다. 2도 화상은 개방된 상처가 있는 매우 통증이 심한 화상이고, 3도 화상은 상피와 진피가 파괴된 것이며, 4도 화상은 피부 전체가 파괴되어 근육, 기관, 뼈까지 손상을 입은 것이다. 2도 이상 화상에서는 회복에 필요한 충분한 피부를 가지고 있지 않으므로, 표피의 전층이 화상을 당한 심한 경우 피부이식이 필요하다.

그림 11-1 활동계수, 상해계수 및 스트레스 계수

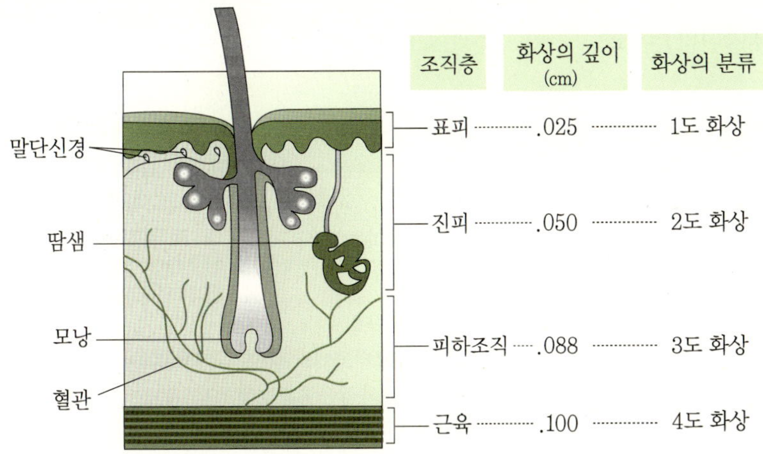

〈출처〉 Mahan LK, Escott-Stump S, 2008, 『Krause's Food, Nutrition, and Diet therapy』.

화상을 입은 후에는 〈표 11-4〉와 같이 2단계의 대사적 변화가 일어난다. 1단계는 화상 직후부터 3~5일 정도 지속되는 초기단계 혹은 감퇴기ebb phase로서 이 시기에는 다량의 수분 손실을 보충하기 위한 수분 공급이 이루어져야 한다. 이 때 일어나는 쇼크는 지속적인 염증 반응의 결과로 수분의 이동, 축적, 상처로부터의 수분 손실, 혈액량 감소, 혈액 인슐린 감소 등과 함께 나타나고 대사율이 감소하며 고혈당, 산소 소비량 감소, 심박출량 감소, 혈압 저하, 체온 등의 증상을 보인다. 이후 순환 혈액량이 보충되면서 2단계인 유출기flow phase로 들어간다. 이 시기에는 카테콜아민catecholamine, 글루카곤glucagon 등의 이화 호르몬catabolic hormone의 분비가 증가되고 대사율이 항진되면서 호흡율 증가, 심박출량 증가, 당신생, 지방분해, 단백질 분해 등 영양소의 분해turnover가 증가되는 증상을 보인다. 이와 같은 변화는 화상 후 7~12일째 최고조에 달하다가 상처가 회복되고 피부조직이 정상화되면서 점차 대사율과 체내 이화작용이 감소된다.

호르몬 대사 변화 외에도 화상 후 과대사 상태를 일으키는 요인이 몇 가지 있다. 우선 상처를 통한 수분 손실 증가로 인해 열손실이 일어나며 체온 유지를 위한 열생산이 증가하므로 열량 요구량이 증가하게 된다. 또한 소아 환자의 경우에는 특히 수면장애 현상이 자주 나타나고 수면장애로 인해 과대사상태가 유발된다.

표 11-4 화상 후의 대사적 변화

	감퇴기 반응(ebb response)	유출기 반응(flow response)	
		급성기(acute phase)	적응기(adaptive phase)
주요 요인	· 혈액량 감소로 인한 쇼크 · 혈액 인슐린 수준 저하	· 카테콜아민 상승 · 글루카곤 상승 · 글루코코르티코이드 상승 · 인슐린 수준의 상승 혹은 정상 · 글루카곤/인슐린 상승	· 스트레스 호르몬 반응 감소
증상	· 고혈당 · 산소소비량 감소 · 휴식 칼로리소비량(resting energy expenditure) 감소 · 혈압 저하 · 심박출량 감소 · 체온 저하	· 이화상태(catabolism) · 고혈당 · 호흡률 증가 · 산소소비량 증가 · 과대사(hypermetabolism) · 심박출량 증가 · 아연, 철과 같은 다가양이온의 재분포 · 질소, 황, 마그네슘, 인, 칼륨 등의 소변배설 증가 · 당신생합성 증가	· 동화상태(anabolism) · 정상혈당상태 유지 · 칼로리 전이(turnover) 감소 · 회복기

2. 화상 후의 식사요법

식사요법의 목표는 신체의 손상을 회복시킬 수 있도록 화상으로 인한 영양소 손실을 보충시켜줄 뿐 아니라 회복을 촉진시키고 정상적인 성장이 가능하도록 열량 및 질소평형 개선에 필요한 충분한 영양을 공급해주는 데 있다.

1) 수분과 전해질

화상 직후에는 많은 양의 수분과 전해질이 손실되며, 이 손실을 보상하기 위해 혈관벽의 투과성이 커지면서 혈장과 알부민이 세포외액으로 빠져 나오게 되므로 혈액량의 감소로 인해 갑작스런 쇼크가 발생할 수 있다. 따라서 치료 시 가장 먼저 고려해야 하는 것은 수분과 전해질의 보충이다. 필요한 수분의 양은 환자의 나이, 체중, 화상 정도에 따라 다르며, 특히 소아는 성인에 비해 체중당 체표면적이 커서 불감 수분 손실량이 많으므로 체표면적당 성인보다 더 많은 양의 충분한 수분 보충이 이루어져야 한다. 수분보충용 수액으로는 생리적 식염수와 같이 전해질 조성이 세포외액과 비슷한 링거ringer 용액이 많이 사용된다. 또한 화상을 입은 면적을 측정하여 상처의 정도를 평가하고 수분을 처방하는 기준이 되므로 수분 필요량 계산시 표면화상면적total body surface area : TBSA가 사용된다(그림 11-2 참조).

그림 11-2 총 신체표면 면적(%)

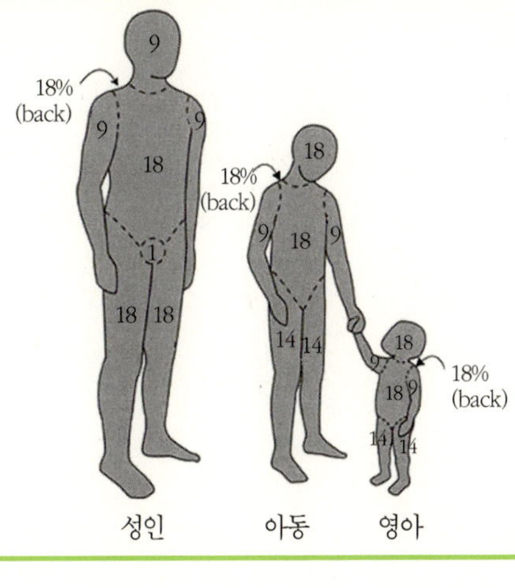

2) 열량

화상시에는 에너지 대사의 항진이 일어나므로 증가된 에너지 요구량을 충족시킬 뿐만 아니라 조직 재생에 필요한 단백질을 절약하기 위해서는 충분한 열량이 공급되어야 한다. 일반적으로 상처관리와 치료를 위해 20~30% 정도의 열량 증가가 필요하며, 환자에게 필요한 열량은 표 11-5에 제시한 몇 가지 공식에 의해 결정할 수 있다. 이러한 공식들은 연령, 체표면적, 화상면적 및 기초대사율 등의 여러 요인들을 고려하여 결정되어진 것이며, Curreri 및 Ireton-Jone 등의 공식이 많이 이용되고 있다. Curreri 공식을 이용하여 산출한 열량 필요량은 간접 열량 측정기에 의해 측정된 열량보다 높다고 알려졌으며, 화상의 정도가 심할 때에도 총 필요 열량이 휴식대사량의 2배를 넘지 않도록 해야 한다. Curreri 공식을 이용하여 화상환자의 열량 필요량을 계산한 예는 다음과 같다.

예) 체중 75kg의 30세 남자가 화재로 체표면적 20%의 화상을 입었다면 열량 필요량은 얼마인가?

열량필요량 = (25kcal/kg × 75kg) + (40kcal × 20)
= 1875kcal+800kcal
= 2675kcal/day

이 공식으로 산출된 열량 이외에 부가적인 열량이 발열, 패혈증, 외상, 수술, 체중부족시 체중을 증가시키기 위해 요구되어질 수 있다. 체중이 많이 나가는 환자는 화상 치료가 완료될 때까지는 체중을 유지해야 한다. 심한 체중 감소는 생명의 위험을 가져오므로 화상 전의 체중보다 감소율이 10% 이상 초과되지 않도록 한다.

표 11-5 화상 환자의 열량 요구량 결정 공식

연령	Curreri
〈1세	기초량* + (15 × % 화상부위 체표면적(TBSA))
1~3세	기초량* + (25 × % 화상부위 체표면적(TBSA))
4~15세	기초량* + (40 × % 화상부위 체표면적(TBSA))
16~59세	25kcal × 일상체중(kg) + 40kcal × % 화상부위 체표면적(TBSA)
〉60세	기초량* + (65 × % 화상부위 체표면적(TBSA))
	Ireton-Jone

EEE = 1784 - 11(A) + 5(W) + 244(G) + 239(T) + 804(B)

EEE = Estimated energy expenditure (kcal/kg)

A = Age

W = Weight(kg)

G = Gender (female = 0, male = 1)

T = Diagnosis of trauma (absent = 0, present =1)

B = Diagnosis of burn (absent = 0, present =1)

〈출처〉 Curreri PW. 1979, *J Trauma* 19 : 906-908
Ireton-Jones CS et al., 1992, *J Burn Care Rehabil* 13 : 330-333

3) 단백질

화상환자는 스트레스 반응으로 인해 일어나는 체조직의 분해와 상처로부터 흘러나오는 분비물, 혈액으로 인해 많은 양의 단백질을 잃게 되므로 고단백질 식사를 해야 한다. 단백질 권장량은 아직 확실하게 정해져 있지는 않지만, 100~150kcal당 1g의 질소, 전체 에너지의 20~25% 또는 체중 1kg당 2.5~3g의 단백질을 권장하고 있다. 체표면적의 30% 이상을 화상 입은 환자는 에너지 : 질소 비율을 100 : 1에 가깝게 하여 더 많은 양의 단백질을 공급한다. 어린이의 경우에는 권장량의 약 2~4배 정도의 단백질이 필요하며, 어린이 화상환자의 단백질 내성 능력은 신장기능 및 진해질 균형 정도에 의존한다. 또한 아르기닌의 경우 세포 매개성 면역과 상처 회복에 도움을 주고, 동화작용에 관여하는 호르몬의 생성에 도움을 줄 수 있다. 고단백식을 공급받는 화상

환자의 경우 혈중요소질소, 혈중 크레아티닌 및 탈수에 대한 모니터링이 요구되기도 한다.

4) 당질과 지방

당질과 지방은 비단백질 에너지의 급원이며, 당질은 지방보다 단백질 절약효과가 더 좋다. 화상환자가 산화시킬 수 있는 최대 포도당량은 6~7mg/kg/min 정도이며, 이는 전체 열량 필요량의 약 60%가 된다. 만약 그 이상 공급되면 고혈당, 삼투적 이뇨, 탈수 또는 간기능 저하가 오므로 당질은 전체 열량 필요량의 50~60% 정도 공급한다.

화상 환자에게 지방은 농축된 에너지 급원이 될 수도 있으나 많은 양의 지방은 면역작용을 방해하여 감염 기회를 높이게 된다. 그러나 ω-3계 지방산의 함량이 많은 식사는 면역저해 성질을 가지는 프로스타글란딘 E_2와 루코트리엔 생성을 방해하여 면역반응을 향상시켜 주는 동시에 관급식 내성을 유지시켜 주므로 지방의 구성이 중요하며, 지방으로 공급하는 열량은 비단백 열량의 약 12~15% 정도로 시작하며 면역기능, 식사상태, 혈청 중성지방 농도 등을 고려하여 조절한다.

5) 비타민과 무기질

비타민과 무기질은 조효소로서 에너지와 단백질이 더 효과적으로 이용될 수 있게 하는 역할을 할 뿐만 아니라 상처회복과 면역력 증가에 필수적이다. 상처를 통한 손실과 대사상의 변화로 인해 화상 환자의 비타민과 무기질 요구량이 증가될 수 있으므로 비다민 A, 비다민 C, 아연 등이 보충된 복합 비타민제를 매일 충분히 공급하는 것이 바람직하다. 심한 화상 후에는 전해질의 불균형이 자주 유발되므로 나트륨, 칼륨, 염소, 인, 칼슘, 마그네슘 공급에 주의한다. 특히 30% 이상의 표면화상면적TBSA을 가진 환자에서 혈청 칼슘이 낮아지게 된다. 또한 마그네슘은 화상 상처를 통한 손실이 커질 수 있으므로, 이들 무기질에 대한 관찰과 보충이 필요하다.

3. 화상 환자의 영양공급 방법

화상 부위가 체표면적의 20% 미만인 경우에는 대체로 경구섭취가 가능하다. 체표면적의 20% 이상이거나 얼굴에 화상을 입어 저작이 어려운 경우, 인공호흡기 사용으로 경구섭취가 불가능한 경우, 심한 식욕부진의 경우에는 경관급식이나 정맥영양이 필요하다. 일반적으로 화상으로는 소화기능에 이상이 초래되지 않으므로 정맥영양보다 가격이 저렴하고 안전하며 합병증이 적은 이유로 경관급식이 먼저 시도된다. 그러나 체표면적의 60% 이상 심한 화상을 입은 아동은 소화기능이 저하되어 충분한 용량을 수용하지 못하므로 정맥영양의 병행이 필요하다. 또한 패혈증이 동반되는 경우 장마비 현상paralytic ileus이 종종 나타나서 구강이나 장관을 통한 영양공급이 어려울 수 있으므로 이런 경우에는 정맥영양을 실시한다.

Chapter 12

근골격계 질환

학습목적

근골격계의 구조와 대사를 이해하고, 근골격계 질환의 식사요법을 학습한다.

학습목표

· 근골격계의 구조 및 대사
· 근골격의 구조와 신체에서 골격의 기능을 안다.
· 근골격계의 일반적인 대사를 안다.
· 골다공증의 임상적 특징 및 식사요법
· 골다공증의 정의, 위험요인, 증상과 진단방법을 안다.
· 골다공증의 식사요법을 안다.
· 관절염의 종류, 임상적 특징 및 식사요법
· 골관절염의 임상적 특징 및 식사요법을 안다.
· 류마티스 관절염의 임상적 특징 및 식사요법을 안다.
· 통풍의 임상적 특징 및 식사요법을 안다.

Chapter 12. 근골격계 질환

근골격계의 구조 및 대사

근골격계는 연골cartilage, 인대ligaments, 힘줄tendon, 뼈bone로 이루어져 있으며, 신체를 강하게 지지하면서도, 움직일 수 있는 틀을 가지고 있다. 골격계는 고정되어 있는 것처럼 보이지만, 대사적으로 수많은 활성을 띈 세포와 조직으로 구성되어 있고, 다른 조직과 상호작용을 하면서 평생 동안 변화를 거듭하고 있다.

연골은 유연하면서도 단단한 결합조직으로 세포와 물, 그리고 프로테오글리칸proteoglycans이라고 하는 단백질-당질결합체로 구성된 겔로 둘러싸여진 콜라겐 섬유로 이루어져 있다. 연골의 프로테오글리칸에서 발견되는 가장 흔한 다당류가 황산 콘드로이틴chondroitin sulfate이다.

뼈는 우리 몸을 지지하고 내장 등의 기관을 보호하며, 끊임없이 그 조직을 생성하고 분해하는 활발한 기관이다. 뼈조직은 결합조직으로 유기물 기질matrix에 무기질이 침착되어 있다. 유기물 기질의 90% 정도가 콜라겐 단백질로 이루어져 있고, 뼈 건조 무게의 1/3 정도를 차지하는 뼈 유기물질의 함량은 뼈의 유연성을 좌우한다. 뼈조직의 무기물질은 약 85%가 칼슘과 인의 결정체인 히드록시아파타이트hydroxyapatite이며, 10%가 탄산칼슘이고 미량의 마그네슘, 나트륨, 칼륨, 불소, 황 등으로 이루어져 있다. 뼈를 구성하는 뼈세포osteocyte는 뼈를 생성하는 조골세포osteoblast, 뼈를 분해하는 파골세포osteoclast로 구성되어 있다. 뼈의 생성에는 단백질, 무기질(칼슘, 인, 마그네슘, 칼륨, 구리, 아연, 불소, 보론 등) 및 비타민(A, C, D, K 등)이 필요하다. 성장기에는 조골세포의 기능이 활발하고 성장이 멈춘 후 여러 요인에 의해 파골세포의

그림 12-1 골격의 구조

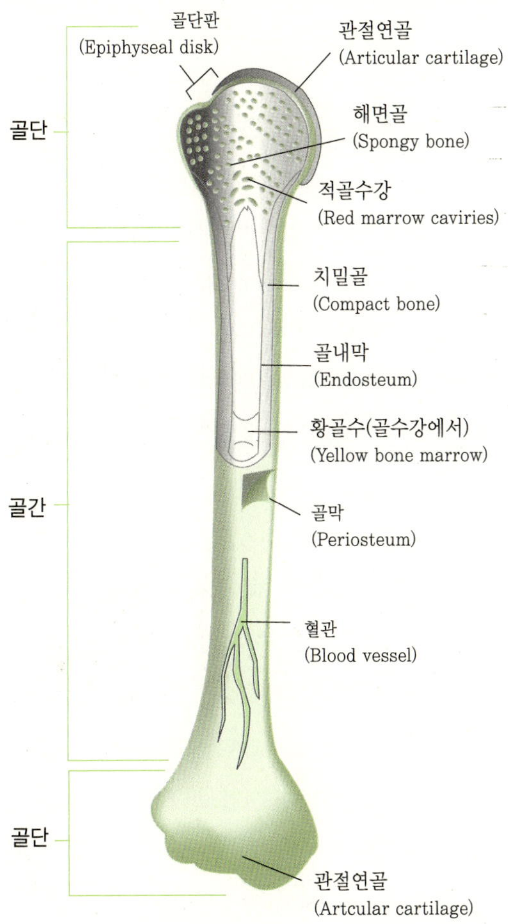

기능이 활발해지면서 골손실bone loss에 의한 골질량bone mass 감소를 초래하게 된다.

골격은 치밀골cortical bone과 소주골trabecular bone로 구성되며, 각각 약 75%와 25%의 비율을 보인다. 치밀골은 모든 뼈의 표면 부분을 형성하고 있고, 단단하며 치밀한 구조를 가지고 있다. 소주골은 구멍이 많이 있는 해면과 같은 구조를 가지고 있으며, 긴 뼈의 양쪽 끝 부분에서 발견된다.

근골격계질환에는 골다공증osteoporosis, 파젯병Paget's disease, 구루병rickets, 골연화증osteomalacia, 골관절염osteoarthritis, 류마티스 관절염rheumatoid arthritis와 통풍 등이 있으며, 본장에서는 우리나라에서 흔히 나타나는 골다공증, 골관절염, 류마티스 관절염, 통풍의 식사요법에 대하여 살펴보도록 하겠다.

골다공증

골다공증osteoporosis은 "골량의 감소와 미세구조의 이상을 특징으로 하는 전신적인 골격계질환으로, 결과적으로 뼈가 약해져서 부러지기 쉬운 상태가 되는 질환"을 말한다(WHO). 생애주기에 따른 골량의 변화를 살펴보면 이십대 중반에서 삼십대 초반에 일생 중 최대 골량이 형성되고 그 이후는 연령 증가에 따라 골소실이 진행된다. 최대 골량이 형성되기 이전에는 골형성이 골흡수보다 많아 전체적인 골량이 증가되며, 최대 골량 형성후 50대까지는 대체로 골량이 유지되거나 소량이 감소한다. 여성의 경우 폐경 이후 에스트로겐 결핍으로 인해 급격한 골소실이 진행된다. 폐경기 이후 여성의 경우 뼈로부터 칼슘의 손실이 무려 15%에서 50% 정도가 된다고 한다. 이후 노화로 골형성 기능이 점차 감소되어 골 소실이 지속된다〈그림 12-2〉.

2009 국민건강영양조사에 나타난 우리나라의 50세 이상 성인의 골다공증 유병률은 23.1%(여자 38.7%, 남자 8.1%)였고, 65세 이상을 기준으로 할 경우 42.0%(여자 62.7%, 남자 15.5%)로 노인기 이후 주요 질환임을 알 수 있다.

골질량은 서서히 감소되므로 골절이 발생할 때까지 증상이 없어 많은 골다공증 환자들이 효과적인 치료시기를 상실하게 되는 경우가 많다. 또한 이미

그림 12-2 연령에 따른 골량의 변화

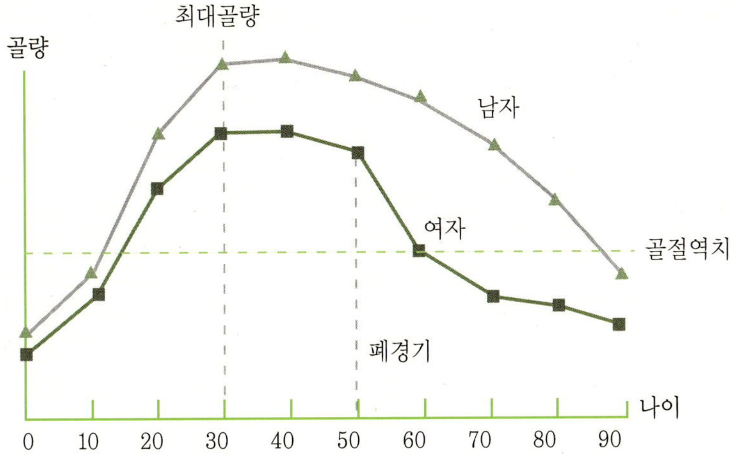

골다공증이 발병한 후에는 아직 안전하고 확실한 치료법이 없기 때문에 예방과 지속적인 식사관리가 매우 중요한 질병이다.

1. 위험인자

골다공증의 중요한 위험인자는 청장년기 동안의 낮게 형성된 최대골량과 노화 및 폐경으로 인한 빠른 골소실이다. 최대 골량의 형성은 유전적 인자와 환경적 인자에 의하여 결정된다. 골손실의 주된 요인은 폐경뿐만 아니라 난소적출, 마른 체형과 같은 신체적 요인, 운동부족과 흡연과 같은 생활습관 요인, 질병 또는 약제의 영향이 있고, 저칼슘, 고단백질, 인, 비타민 D 결핍, 비타민 K 결핍, 나트륨의 과잉 섭취, 알코올, 탄산음료 및 카페인의 과다섭취 등의 식이적 요인이 있다<표 12-1>. 골다공증과 관련된 식이요인을 항목별로 살펴보면 다음과 같다.

표 12-1 골다공증의 위험인자

유전적 요인	생활습관	식이 요인	질병	약제
• 인종(백인 또는 아시아인) • 어머니의 골밀도 또는 골절병력 • 작은 체구 • 45세 이하의 조기폐경	• 흡연 • 비활동성 • 지속적인 활동 부족 • 이차 무월경의 지속	• 칼슘 부족 • 비타민 D 결핍 • 단백질 과잉 • 인, 나트륨 과잉 • 미량 영양소 부족 • 과도한 알코올 섭취 • 과도한 카페인 섭취 • 저체중	• 신경성 식욕부진증 • 소화흡수장애 • 부갑상선기능 항진증 • 갑상선기능 항진증 • 성선기능저하증 • 골형성부전증 • 류마티스 관절염 • 만성 신경장애 • 만성 신부전 • 당뇨병	• 글루코코르티코이드 • 갑상선 호르몬 과다 사용 • 항응고제 • 항암제 • 항전간제 • 인산 결합 제산제

1) 칼슘섭취 부족

성장기와 성인 초기의 부적절한 칼슘섭취는 최대 골질량에 이르지 못하게 되어 장·노년기의 골다공증 위험을 높일 수 있다. 칼슘의 섭취량과 골질량과의 관계를 보면, 성인기에는 최대 골질량에 달할 때까지는 칼슘을 충분히 섭취함으로써 골질량이 증가된다. 북아메리카와 유럽에서의 연구결과에 의하면 칼슘의 섭취량이 400mg/일 이하인 경우 골다공증과 골절의 위험을 증가시키는 것으로 나타났다.

우리나라의 경우 2007~2009 국민영양조사결과에 따르면 성인의 일일 평균 칼슘의 섭취량은 영양섭취기준의 67%에 미치고 있고, 그 동안의 국민영양조사에서 항상 권장량에 미달하는 것으로 보고되어 왔다.

2) 단백질의 과잉 섭취

적절한 단백질의 섭취는 뼈건강에 필수적인 요소이나, 지나친 고단백질 식이는 소변 중으로 칼슘의 배설을 증가시키며, 특히 동물성 단백질은 식물성 단백질보다 칼슘의 배설을 더 증가시킨다. 뼈는 염기성 염으로서 산성 환경에 반응한다. 동물성 단백질이 풍부한 식이일수록 소변은 산성화된다. 또한 동물성 단백질은 함유황 아미노산과 인산 함량이 높으며 이는 신장에서 칼슘의 재흡수를 방해하는 역할을 하고 소변에서의 칼슘 배설 증가뿐만 아니라 대변에서의 배설도 증가시킨다.

3) 비타민 D 부족

자외선 노출의 감소와 비타민 D의 섭취 부족은 장에서 칼슘 흡수를 돕는 활성형 비타민 D25-hydroxy-cholecalcoferol, 1,25-dihydroxycholecalcoferol의 감소를 초래한다. 장에서의 칼슘 흡수 감소로 혈청 칼슘 농도가 낮아지게 되면 뼈의 칼슘 용해가 증가된다. 따라서 노년기에 야외 활동량 감소는 골다공증의 위험 요인이 될 수 있다.

4) 비타민 K 부족

비타민 K는 뼈세포의 단백질 합성에 필요하다. 보스턴의 연구에서 72,000여명의 여성을 비타민 K의 섭취량에 따라 5개 군으로 나누어 비교한 결과 비타민 K 섭취량이 높은 군의 엉덩이 골절 위험율이 낮게 섭취하는 군의 70%에 불과한 것으로 나타났다. 특히 비타민 K의 급원식품인 상추를 하루에 한번 이상 섭취하는 여성은 1주일에 한번 이하로 섭취하는 여성에 비하여 엉덩이 골절 위험율이 42% 감소되었다.

5) 인의 과잉 섭취

대부분의 식품은 인이 풍부하기 때문에 일반적으로 인의 섭취량이 칼슘보다 높다. 과량의 인은 칼슘의 흡수를 저해하여 혈청 칼슘 농도의 감소를 초래하고 이는 부갑상선 호르몬의 분비를 자극시켜 뼈의 칼슘 용해를 초래하게 된다. 최근의 연구보고에 의하면 인의 함량이 높은 탄산음료의 섭취가 골다공증의 위험을 증가시키는 것으로 나타났다.

6) 마그네슘 섭취 부족

마그네슘의 인체 저장량의 반 이상은 뼈조직에 함유되어 있으며, 마그네슘의 섭취 제한시 골용해가 증가되고 골 생성이 감소되는 것으로 나타났다. 한편, 지나치게 과다한 칼슘의 섭취는 마그네슘의 흡수를 방해할 수 있으므로 칼슘보충제 등을 과량으로 복용하는 것은 주의해야 한다. 미국인의 식사에서 칼슘과 마그네슘의 비율은 3 : 1 또는 4 : 1인데, 마그네슘의 흡수를 위해서는 2 : 1 정도의 비율을 권장하고 있다.

7) 나트륨의 과잉섭취

우리나라는 젓갈, 김치, 장류 등의 발효식품이 발달하여 일상 식이 중 나트륨의 섭취량이 많아서 골다공증의 위험이 높아질 것으로 생각된다. 나트륨의 과량 섭취는 소변 중의 칼슘 배설을 증가시키는데, 이때 배설되는 칼슘은 뼈에서부터 용해되어 나온 것이다. 특히, 칼슘의 섭취가 부족한 노인에 있어서 나트륨의 과량 섭취로 인한 소변 중 칼슘의 배설효과는 크다고 보여진다. 나트륨 섭취량이 500mg 증가될 때 소변을 통한 칼슘의 배설량이 약 10mg 가량 증가된다.

8) 불소의 결핍 또는 과잉

불소는 일반적으로 식수를 통하여 섭취하게 되는데, 골격 표면의 견고성을 증가시킨다. 골다공증 환자에게 고농도의 불소를 공급하였을 때 척추골의 밀도는 증가되었으나 골절에 대한 효과는 명확치 않다. 반면 지나친 불소의 섭취는 뼈의 화학구조 자체는 견고하게 하나 뼈의 힘을 감소시켜 골절율을 증가시킬 수 있다.

9) 기타 미량영양소의 섭취 부족

철, 구리, 망간, 아연, 붕소는 골격조직에서 주요한 효소의 보조인자로, 식이를 통한 섭취부족시 뼈의 건강에 영향을 줄 수 있다. 폐경기 여성에게 칼슘 단독의 보충보다는 아연, 구리, 망간을 조합하여 보충하였을 때 척추 뼈의 골질량 증가에 효과가 있었다. 또한 철과 비타민 C는 뼈의 구조가 되는 콜라겐 형성과정에서 필수적이다. 비타민 B_6, 비타민 A, 엽산, 비타민 B_{12}, 베타카로틴 등도 골대사에서 중요한 역할을 한다. 따라서 노년기에 불균형한 식사섭취로 미량영양소 결핍시 골다공증의 위험이 증가될 수 있다.

10) 알코올

중정도의 알코올 섭취가 골격건강에 미치는 영향에 대해서는 연구결과가 일치하고 않고 있으나, 만성 알코올 중독과 같은 과량의 알코올 섭취는 뼈의 생성을 억제하고, 소장의 칼슘 흡수를 저해하여 소변 중 칼슘 배설량을 증가시킴으로써 골다공증의 위험을 증가시킨다.

11) 카페인

카페인은 칼슘의 흡수량을 감소시키고 소변을 통한 배설량을 증가시킨다. 카페인의 섭취시 단기적인 칼슘 배설량 증가는 칼슘의 균형에 작은 영향을 주는 요소이기는 하지만, 칼슘의 섭취가 부족한 사람에 있어서는 위험 요소가 될 수 있다.

커피 섭취와 골밀도

Harris와 Dawson-Hughes의 폐경 후 여성을 대상으로 한 연구결과에 의하며, 칼슘의 섭취가 낮은 여성의 경우 고카페인을 섭취하는 여성의 연간 골밀도 변화률이 중정도의 카페인을 섭취하는 여성에 비하여 유의적으로 크게 나타난 반면, 칼슘의 섭취가 높은 여성의 경우 카페인의 섭취수준에 따른 골밀도의 변화에 차이를 보이지 않았다〈그림 12-3〉.

〈그림 12-3〉 칼슘 섭취 수준과 카페인 섭취량에 따른 폐경 후 여성의 연간 골밀도의 변화율

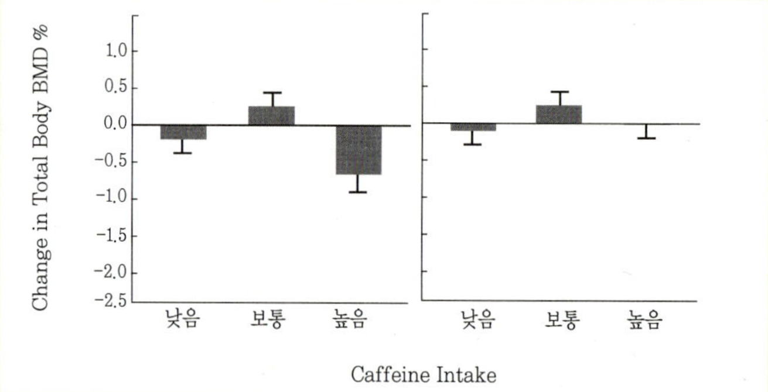

[저칼슘섭취군] [고칼슘섭취군]

〈출처〉 Harris SS, Dawson-Hughes B, 1994, *Am J Clin Nutr* 60 : 573-578

2. 분류, 증상 및 진단

1) 분류

골다공증은 일차성과 이차성으로 분류된다. 일차성 골다공증 또는 원발성 골다공증은 폐경으로 인한 제1형 골다공증과 노화로 인한 제2형 골다공증으

로 분류된다. 그러나 유사한 시기에 병합되어 진행되므로 분류하기 어렵다.

이차성 골다공증은 특정 질병이나 수술, 약물복용 등에 의해 최대골량의 형성에 장애가 있거나 골소실이 증가되어 발생한다.

2) 증상

골다공증은 골질량이 서서히 감소되므로 골절이 발생할 때까지 증상이 없어 많은 골다공증 환자들이 효과적인 치료시기를 상실하게 되는 경우가 많다. 골다공증은 병리적으로 신체내의 절대적인 골질량이 감소되어 구조가 치밀하지 못하고 거칠며 작은 구멍이 생겨 작은 충격에도 견디지 못해 결국은 골절을 유발한다. 주로 나타나는 부위는 척추, 요골의 하단, 고관절 등이다. 또 뼈의 변형이 생기며 이러한 변형은 주변의 신경조직과 근육조직에 영향을 주어 통증이 생긴다. 장기간으로는 척추뼈는 눌려 등이 굽어지고, 키가 작아지게 된다〈그림 12-4〉.

그림 12-4 골다공증의 진행에 따른 척추형태의 변화

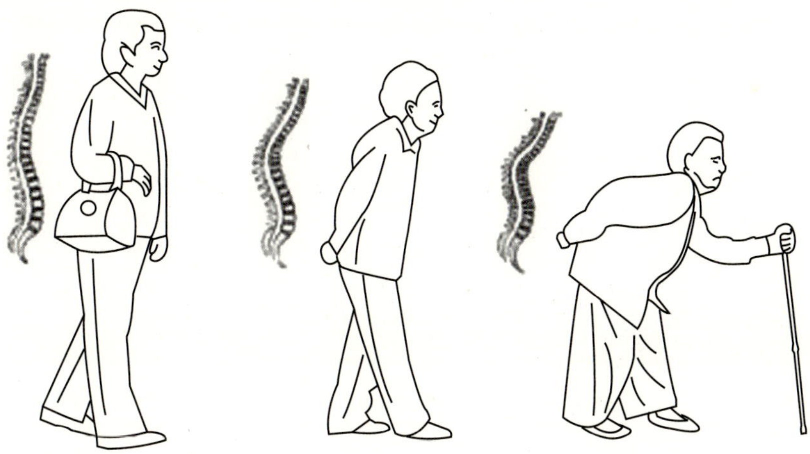

3) 진단

골다공증을 진단하는데 있어 현재 임상에서 가장 널리 사용되는 검사법이 골밀도 측정이다. 골밀도는 단위 면적 또는 체적당 골량bone mass을 표시하며 골밀도가 골강도의 약 60~80%를 대변하고 골절의 발생과 밀접한 연관이 있다. 최근의 골밀도 측정 기기들은 비교적 초기의 미세한 변화도 감지할 수 있으므로 이의 임상 적용이 급증하고 있다. 측정 방법은 방사선 흡수계측법, 단일X선 흡수계측법SXA : single energey X-ray absorptiometry 또는 단일광자 흡수계측법SPA : single photon absorptiometry, 이중에너지 X선 흡수계측법DXA : dual energey X-ray absorptiometry 또는 양광자 흡수계측법DPA: dual photon absorptiometry, 정량적 전산화단층촬영법QCT : quantiative computed tomography, 정량적 초음파법QUS : quantiative ultrasonography 등이 있으며 이 중에서 가격은 비싸나 비교적 정밀도가 좋고 신체의 모든 부위를 측정할 수 있는 DXA가 많이 이용되고 있다.

골밀도 측정부위는 골절이 빈번히 발생하는 요추부, 대퇴경부, 요골(전완) 등이다. 골밀도 측정시 사용되는 용어로 Z 값Z score은 동일한 성별에서 연령이 비슷한 집단의 평균 골밀도와 비교하여 표준편차로 나눈 값이다. Z 값이 양의 값이면 평균보다 골밀도가 높음을 의미하고 음의 값이면 평균보다 골밀도가 낮음을 의미한다. T값T score은 동일한 성별에서 젊은 성인 집단의 평균 골밀도와 비교하여 표준편차로 나눈 값이다. T값이 -2이면 젊은 성인 집단의 평균 골밀도보다 '2 표준편차' 가 낮음을 의미한다. WHO 기준에 의하면 골밀도의 T값이 -1이 넘으면 정상, -1이하 -2.5초과시 골감소증, -2.5이하시 골다공증으로 진단한다〈표 12-2〉.

표 12-2 골밀도에 대한 WHO의 진단기준

분류	T 값
정상 골밀도	T 값≥-1.0
골감소증	-1.0 〉T 값 〉 -2.5
골다공증	T 값 ≤ -2.5
심한 골다공증	T 값 ≤ -2.5 + 골다공증 골절

〈출처〉 WHO and International Society for Clinical Densitometry

3. 식사요법

1) 식사요법 목표

골다공증 치료에서 영양 관리의 목표는 더 이상의 골격손실을 완화 또는 방지함으로써 골절의 가능성을 감소시키는 것이다.

2) 식사요법 원칙

① 균형 있는 식사로 정상체중을 유지한다.

골밀도의 유지에는 여러 영양소가 복합적으로 관여하게 되므로, 다양한 식품을 골고루 이용하고 규칙적인 식습관으로 균형식을 섭취하며, 정상체중을 유지하는 것이 필요하다.

② 칼슘의 섭취가 충분하도록 한다.

골다공증 환자이거나 골다공증으로 진행할 위험이 있는 사람에게는 영양적으로 충분한 식사가 지속적으로 공급되어야 한다. 골다공증의 위험이 있거나, 골다공증인 여성은 하루 1,000~1,500mg 또는 의사의 처방에 따라서 그 이상의 칼슘을 섭취해야 한다. 이를 충족시키기 위해서는 칼슘이 풍부한 우유와 유제품, 뼈째 먹는 생선류, 해조류, 두류, 곡류, 녹색채소류 등을 충분히 공급하도록 한다. 또한 유당불내증 등으로 유제품의 섭취가 곤란한 경우에는 우유 대신 요구르트나 치즈를 섭취하고 그 이외에도 녹색채소, 두유 등의 칼슘 급원 식품을 충분히 섭취한다. 칼슘이 풍부한 급원식품과 섭취 방안은 〈표 12-3〉, 〈표 12-4〉와 같다.

③ 비타민 D를 충분히 섭취한다.

칼슘의 흡수와 이용을 돕는 비타민 D를 충분히 섭취하고, 옥외 활동을 통하여 피부를 자외선에 노출시켜 비타민 D가 합성될 수 있도록 한다. 한국인 영양섭취기준에서 50세 미만의 성인은 1일 5㎍, 50세 이상의 경우 1일 10㎍의 비타민 D의 섭취를 권장한다. 비타민 D를 많이 함유하고 있는 식품에는 버섯, 동물의 피부조직, 버터, 생선, 간유 및 달걀 등이 있다. 비타민 D 함량이 낮은 우유, 시리얼 등의 식품에 비타민 D를 보강해 준 비타민 D 강화식품도 좋은 급원이 될 수 있다. 경우에 따라 비타민 D의 보충제의 투여가 필요하며, 활성형 비타민 D의 투여시에는 일일 칼슘 섭취량이 600~800mg이 넘지 않도록 칼슘의 섭취를 조절해야한다.

④ 적정량의 단백질을 섭취한다.

단백질은 골격의 주요 구성성분으로, 골다공증의 예방 및 치료를 위하여 권장량 수준의 단백질의 섭취가 필요하다. 그러나 과도한 단백질 동물성 단백질의 섭취는 골손실을 유도할 수 있으므로 주의가 필요하다.

표 12-3 칼슘의 급원식품

분류	식품명	목측량	중량(g)	칼슘(mg)
곡류 및 전분류	메밀국수(건면 익힌 것)	1대접	90	152
	우유식빵	3쪽	100	56
	고구마	중1개	240	58
콩류 및 종실류	두유	1컵	200	50
	순두부	1컵	200	96
	두부	1/6모	80	127
	검정콩(말린 것)	5큰술	50	71.5
	호두	1컵	100	92
	검정깨	1큰술	10	106
고기, 생선, 계란	멸치(대. 말린 것)	1/4컵	20	381
	멸치(소. 말린 것)	1/4컵	20	180
	새우(중. 말린 것)	1/4컵	20	553
	계란(난황)	2개(대)	100	139
채소 및 과일류	들깻잎	1/2컵	70	139
	튀각	1/2컵	50	396
	케일	1/2컵	70	224
	돌나물	1/3컵	70	180
우유 및 유제품	우유	1컵	200	210
	체다치즈	2장	30	222
	요구르트(액상)	1병	150	59
	요구르트(호상)	1팩	100	105

⑤ 콩 및 콩제품을 충분히 섭취하도록 한다.

콩 특히 대두에 함유되어 있는 이소플라본은 에스트로겐과 유사구조를 가진 식물성 에스트로겐으로서 폐경 후 여성에서 뼈의 보호 작용을 하고 뼈로부터의 칼슘 배설을 증가시키지 않는 것으로 보고되고 있다. 이소플라본을 함유하고 있는 식품은 대두를 비롯하여 대두를 이용하여 만든 두부, 두유, 된장, 쌈장, 청국장, 콩나물 등이 있다.

⑥ 짠 음식을 제한하고 음식을 가능한 싱겁게 섭취한다.

⑦ 과다한 탄산음료, 카페인, 알코올의 섭취를 피한다.

표 12-4 칼슘의 충분한 섭취를 위한 지침

하루에 2번 이상 섭취해야 할 식품	하루에 1번 이상 섭취해야 할 식품	그 외 칼슘보충을 위해 하루에 1번 정도 섭취해야 할 식품
우유 1컵	잔멸치 2큰술	중새우 4마리
액상 요구르트 작은 것 2개	뱅어포 1장	꽃게 1/2마리
호상 요구르트 1팩	순두부 1컵	굴 1/3컵
치즈 1장	동태 1도막	청어 1토막
두부 1/6모	고등어 조림 1토막	장어 1 토막
	꽁치통조림 1토막	정어리 1토막
	달래(익힌 것) 1/3컵	근대(익힌 것) 1/3컵
	고춧잎(익힌 것) 1/3컵	무(익힌 것) 1/3컵
	무청(생것) 1/2컵	쑥갓(생것) 2/3컵
	무청(익힌 것) 1/4컵	쑥갓(익힌 것) 1/3컵
	깻잎(생것) 1/2컵	냉이(생것) 1/3컵
	깻잎(익힌 것) 1/4컵	냉이(익힌 것) 1/3컵
	갓(익힌 것) 1/3컵	더덕(익힌 것) 1/3컵
	비름(익힌 것) 1/3컵	고구마순(익힌 것)1/3컵
	물 미역(생것) 2/3컵	아욱(익힌 것) 1/3컵
	물 미역(익힌 것) 1/3컵	우엉(익힌 것) 1/3컵
	케일(생것) 1/2컵	두유 1컵
	귤 1개	호두 대 3개
	아이스크림 1/2컵	아몬드 15알

4. 약물 치료 및 운동 요법

1) 약물요법

골다공증의 예방과 치료를 위해 현재 국내에 소개되어 골다공증 치료약제로 승인된 약제에는 에스트로겐, SERMsselective estrogen receptor modulators, 칼시토닌, 비스포스포네이트bisphosphonate, 부갑상선호르몬, 활성형 비타민 D, 이프리플라본 등이 있다. 이러한 약물들이 골다공증의 예방과 치료효과를 가지고 있다고 하더라도 기본적인 식사에서 칼슘과 비타민 D의 섭취가 충분하도록 하고, 골다공증의 위험요인은 제거하여야 한다.

2) 운동요법

골다공증의 예방과 치료에 규칙적인 꾸준한 운동은 필수적이다. 하루에 30분~1시간 정도 옥외에서 햇빛을 보면서 운동하는 것은 비타민 D의 합성에도 효과적이다. 몸에 하중을 주는 운동이 골밀도를 향상시키므로 몸에 무리가 가지 않는 범위에서 가벼운 아령운동, 팔벌려 뛰기, 줄넘기, 걷기 등이 효과가 있다.

관절염

1. 관절염의 분류

관절은 압축성과 탄성을 가지며 표면에 윤활제를 분비하여 골의 연결시 마찰을 방지하고 자연스럽게 운동할 수 있는 구조물이다. 관절염은 관절에 염증이 생겨 부은 것을 말한다. 노화에 따른 체단백질, 체액 그리고 골밀도의 감소와 체지방의 증가와 같은 체성분의 변화는 신경 내분비 조절, 면역계 조절 그리고 대사에 영향을 주어 염증이 발생하게 되고, 관절염을 더욱 진전시키는 것으로 보고되고 있다. 관절염에는 골관절염, 류마티스 관절염, 통풍 등이 있다.

그림 12-5 관절의 구조

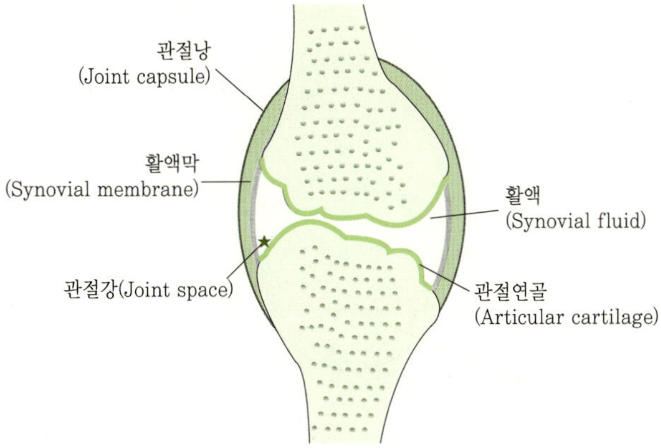

2. 골관절염

골관절염osteoarthritis은 관절 내의 연골이 퇴행되어 나타나는 병으로 관절의 통증과 경직을 일으키는 비염증성 관절염이다. 이 질환은 퇴행성 관절염, 관절증arthrosis, 골관절증 등으로 불리기도 하며, 주로 고관절hip, 슬관절knee, 척추spine 등의 부위에서 많이 발병된다.

2009년 국민건강영양조사에 의하여 우리나라 만 50세 이상 성인과 노인에서의 골관절염의 유병률은 24.2%(여자 32.5%, 남자 14.7%)로 높게 나타나고 있다.

1) 위험요인

골관절염의 위험을 증가시키는 요인으로는 연령, 여성, 가족력, 지속적인 관절 연골의 마찰과 손상, 비만 등이 있다. 또한 특정 직업은 지속적으로 지속적인 관절 연골의 마찰과 손상을 일으킬 수 있어 위험요인이 될 수 있다.

그림 12-6 골관절염 환자의 관절

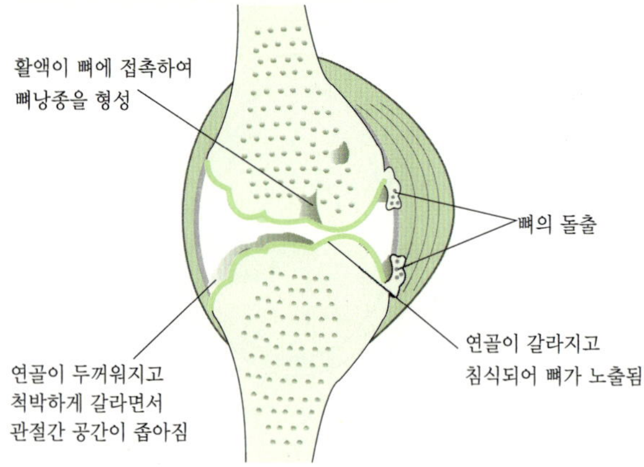

2) 치료

골관절염 치료의 핵심은 관절의 염증과 통증을 감소시키고, 관절의 불능을 최소화하는 것이다. 비약물적 치료로는 신체자세교정, 적당한 신발의 착용, 체중감소, 온열치료, 염증이 있는 관절의 휴식, 운동요법, 식사요법 등이 있다. 운동은 근력을 증가시켜 관절의 통증과 부동성을 감소시키고, 삶의 질과 심혈관기능의 향상에도 기여하는 것으로 보고되고 있다. 약물치료에 사용되는 약물에는 비스테로이드계의 아스피린, 아세토아미노펜acetaminophen, 인도메타신indomethacin, 이부프로펜ibuprofen 등과 스테로이드제재, 엽산, 비타민 B_{12} 등이 있다. 글루코사민과 콘드로이틴은 골관절염의 치료를 위해 널리 사용되고 있는 영양보충제이다.

글루코사민과 콘드로이틴은 무엇일까?

- 글루코사민 : 골관절염의 치료을 위해 널리 사용되고 있는 영양보충제중의 하나로 연골의 중요한 구성성분인 글루코사이노글리칸glycosaminoglycan과 프로테오글리칸을 합성하는데 쓰이는 아미노당이다.
- 콘드로이틴 : 골관절염의 치료에 쓰이는 영양보충제로 연골에서 발견되는 특정한 글루코사이노글리칸이다.

글루코사민과 콘드로이틴의 보충과 골관절염의 개선효과는?

세포실험과 동물실험에서는 두 물질 모두 항염증, 연골대사의 향상, 항관절염효과 등이 있는 것으로 보고되었다. 인체실험에서도 골관절염의 진행을 막았다는 보고가 있었다. Reginster 등(2001)은 3년간 212명의 골관절염 환자를 대상으로 위약 대조군 연구를 수행한 결과 3년간 글루코사민 1500mg을 복용한 환자군에서 통증이 20~25% 호전되었고, 슬관절의 관절 간격 감소는 더 이상 진행되지 않았다. 반면, 위약군에서는 슬관절염의 증상이 악화되었고, 관절 간격 감소도 나타나 글루코사민이 증상의 호전뿐 아니라 퇴행성 관절염의 진행을 억제하는 역할이 있는 것 같다고 하였다.

여러 연구자들의 연구를 모아 메타분석을 실시한 결과에서도 글루코사민이 통증을 감소시키는 효과가 있는 것으로 나타나고 있다. 그러나, 최근에 시행한 Hughes와 Carr의 연구(2002)에서는 골관절염이 심하고 통증이나 장애 정도가 큰 환자들을 대상으로 6개월 간 글루코사민 1500mg을 복용한 환자군과 위약군의 통증 감소가 차이가 없는 것으로 나타났다. 2006년 Clegg 등은 글루코사민과 콘드로이친 각각 이 둘의 복합물 그리고 위약의 보충효과를 알아본 결과 모든 환자군에서 복용 24주 후 복용전에 비하여 20%의 무릎관절 통증 감소효과를 보였다. 글루코사민과 콘드로이친 단독과 복합물의 통증 감소 효과는 위약군과 차이를 보이지 않은 것으로 나타났다. 따라서 글루코사민과 콘드로이친 보충이 골관절염 개선에 미치는 인체내 효과에 대해서는 추가적인 연구가 필요하다고 볼 수 있다.

3) 식사요법

골관절염의 식사관리의 기본은 관절의 부담을 감소시키기 위해 표준체중을 유지할 수 있도록 열량 섭취를 조절하면서, 비타민, 무기질, 항산화영양소가 충분한 식사를 하는 것이다. 항산화 영양소인 비타민 C, 비타민 E, 베타카로틴, 셀레늄 등을 보충하였을 때 일부 환자군에서 효과가 있음이 보고되었다.

① 체중 조절을 통해 표준체중을 유지한다.

체중의 감소는 관절의 부담을 감소시킨다.

② 식사를 통해 비타민 B_6, B_{12},엽산을 충분히 섭취한다.

골관절염 환자의 경우 체내 비타민 B_6가 부족한 것으로 나타났다. 일부 연구에 의하면 퇴행성 관절염 환자군에게 엽산 6400㎍과 비타민 B_{12} 20㎍을 보충한 결과 손을 쥐는 힘이 좋아졌다는 보고가 있다.

③ 권장섭취량에 맞추어 칼슘과 비타민 D를 섭취한다.

골관절염 환자의 경우 비타민 D와 칼슘 섭취가 부족하고, 혈청의 비타민 D 수준도 낮은 것으로 나타나고 있다.

④ 글루코사민, 콘드로이틴, 캡사이신 등을 보충한다.

⑤ 항산화제, 비타민 C, 베타카로틴, 셀레늄이 많이 들어 있는 식품을 섭취하거나 보충제를 복용한다.

3. 류마티스 관절염

류마티스 관절염은 골관절염 다음으로 많은 관절 질환으로서 관절의 활막에 원인이 잘 알려지지 않는 만성염증이 시작되어 전신에 분포되어 있는 결합조직에 이어지는, 전신적인 근골격계 증후군이다. 류마티스 관절염의 발병율은 전체 인구의 0.5~1% 정도이며, 남자보다 여자에게서 3~5배 더 많이 발생하고, 30~40대의 연령에서 발병률이 높다.

1) 원인과 증상

류마티스 관절염은 각종 감염, 비타민 결핍, 호르몬의 부조화, 면역학적 인체 반응, 염증 등이 원인이 될 수 있는 것으로 알려져 있다. 류마티스 관절염은 처음에 활막의 활동성 만성 염증으로 인해 손발이 뻣뻣해지고 관절 부위에 통증 증상 및 변형이 일어나다가 무릎, 손가락 등에 피하 결절까지 나타나고, 결국 관절의 기능을 잃기 때문에 초기에 관절염 진행을 억제하는 것이 중요하다. 그러나 류마티스 관절염의 확실한 원인과 치료가 확립되어 있지 않기 때문에 약물 치료, 물리 치료, 의학적 치료, 영양관리 모두가 매우 중요하다.

그림 12-7 류마티스 관절염 환자의 관절

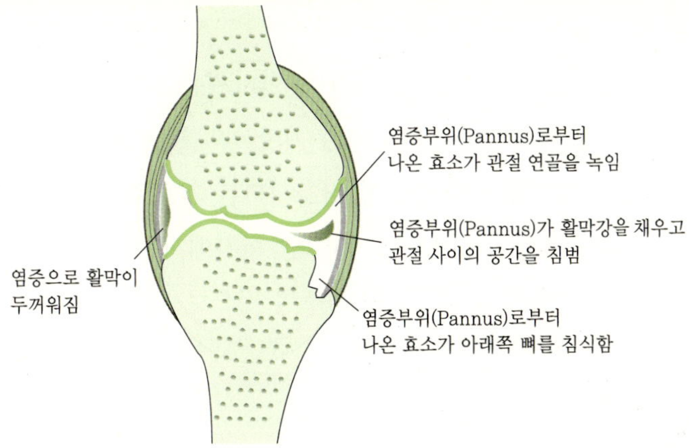

2) 치료

류마티스 관절염의 치료를 위해 일차적으로는 항염과 진통소염제NSAIDS인 살리신산salicylates, 항말라리아제, Gold salts, 페니실라인D-Penicillamine, 스테로이드제, 면역억제제, 메토트렉세이트methotrexate, 엽산 등을 이용하고 만성화되거나 전신 증상이 발생할 경우 항류마티스제제나 면역억제제 등을 사용한다.

3) 식사요법

① 에너지 섭취 조절을 통해 정상체중을 유지한다.

류마티스 관절염 환자는 에너지 섭취와 대사가 변화되어 비만인 경우가 많으므로 정상체중을 유지하는 것이 중요하다. 일부 연구에 의하면 비만인 류마티스 관절염 환자의 경우 체중감소시 증세가 호전되었다는 보고가 있다.

② 균형된 식사섭취를 한다.

③ 채소와 과일을 충분히 섭취한다.

각종 항산화 영양소와 비타민, 무기질을 함유하고 있는 채소와 과일의 섭취가 부족한 경우 류마티스 관절염의 위험이 높아지는 것으로 보고되고 있다.

④ 오메가-3 지방산이 든 생선 기름, 아마씨유flaxseed oil 등을 섭취한다.

DHA와 EPA과 같은 오메가-3 지방산은 관절의 염증과 연골의 분해를 촉진하는 화학물질의 합성을 감소시키는 것으로 보고되었다. 또한 DHA와 EPA를 복용한 류마티스 관절염 환자에서 아침에 관절이 뻣뻣해지는 증상이나 진통제의 필요량이 감소한 것으로 나타났다.

4. 통풍

통풍은 퓨린purine 대사 이상으로 인하여 고요산혈증이 되어 관절내에 요산나트륨의 결정이 생겨서 이것을 백혈구가 탐식해서 염증을 일으켜 급성 관절염 발작을 일으키는 질환이다.

1) 원인

통풍의 원인은 관절 내에 요산나트륨의 결정이 생겨서 이것을 백혈구가 탐식해서 염증을 일으키기 때문이다. 탐식에 의해서 백혈구의 대사를 항진시켜 다량의 요산이 생성되므로 pH는 산성으로 기울어서 세포가 결국 파괴되어 통풍이 발생된다. 건강한 사람의 경우는 하루에 생성되는 요산이 약 750mg인데 이 가운데 2/3은 요중에, 나머지 1/3은 장내로 배설된다. 이와 같은 대사에 있어 요산의 과잉생성과 배설장애가 나타날 경우 통풍이 일어난다.

2) 증상

과잉의 요산이 혈액을 통하여 연골 관절 주위 조직에 침착되고 질병이 진행됨에 따라 신장에까지 축적된다. 통풍의 진행과정은 초기에는 고요산혈증 hyperuricemia이 유발되고 관절염 증상과 비슷한 발작 증세를 일으키는 심한 통증을 느끼게 된다. 통풍의 발작은 야간에 갑자기 일어나고 한쪽 발가락 관절에 격통을 일으켜서 붉게 되고 부어오르며 발열이 수반된다.

3) 진단

요산의 정상적인 혈청 농도는 연령과 성에 따라 다르다. 일반적으로 정상치는 3~6mg/dℓ이고, 사춘기 남성은 약 5mg/dℓ, 성인 여성과 남성의 상한치는 각각 6mg/dℓ, 7mg/dℓ이다. 혈중의 요산 농도가 7~8mg/dℓ 또는 10mg/dℓ 이상인 경우 고요산혈증으로 진단한다.

그림 12-8 통풍환자의 관절

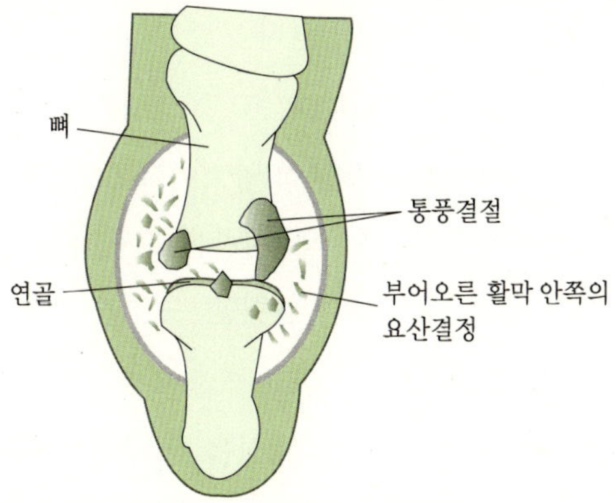

4) 식사요법

통풍은 제왕의 병, 사치병으로 일컬어지는 것처럼 상류사회의 미식가, 비만인에게 많은 것으로 미루어 보아 식생활과 관련이 깊은 것으로 알려져 있다. 그리하여 통풍치료에는 식사요법이 중요하다.

① 퓨린의 섭취를 제한한다.

정상적인 경우는 하루 평균 600~1,000mg 정도의 퓨린이 함유된 식사를 하지만 통풍 환자는 100~150mg 정도로 제한하는 것이 바람직하다. 육류는 퓨린의 함량이 높은 식품으로 섭취를 제한해야 하며, 특히 내장고기의 경우 퓨린 함량이 높아, 내장육을 섭취하는 한국인의 식사에서 주의가 필요하다. 식품중 퓨린 함량은 〈표 12-5〉에 제시되 있다.

식품을 조리할 때 식품의 퓨린체는 끓인 국물에 용출해 나오므로 같은 식품이면 충분히 끓인 후에 국물을 제외시키는 것이 좋다. 또 육류나 어육류국물에 조리한 야채 등에는 퓨린체가 베어들므로 주의한다.

② 적정 체중을 유지할 수 있도록 에너지 섭취를 조절한다.

통풍 환자는 비만인이 많은데 적정체중을 유지하는 것이 바람직하다. 비만자는 1일 1,000~1,600kcal 정도의 에너지를 권장하며 주로 전분류 형태의 당질로 공급한다. 설탕, 사탕 등의 농축당은 중성지방 증가와 관련되어 비만을 조장하는 요인이 되므로 피한다. 극단적인 감식(600kcal 이하)은 체지방의 이용항진으로 ketosis를 일으켜서 세뇨관에서의 요산 분비를 억제하므로 바람직하지 않다.

③ 과량의 단백질 섭취를 피한다.

단백질은 인체 내에 필수적인 영양소이나 요산 생성에 관여하므로 과량의 섭취는 피해야 하며, 우유와 계란은 고단백질 식품이면서도 퓨린량이 극히 적으므로 통풍 환자들이 섭취할 수 있는 식품이다.

④ 지방의 섭취를 줄인다.

고지방식은 신장에서의 요산 배설을 억제해서 고요산혈증을 초래하고, 통풍의 합병증인 고혈압, 심장병, 고지혈증, 비만 등과도 관련되므로 과

표 12-5 식품 중의 퓨린 함량

퓨린 함량이 적은 식품 (0-15mg)	퓨린 함량이 중간인 식품 (50-150mg)	퓨린 함량이 많은 식품 (150-800mg)
달걀, 치즈, 우유	고기류, 가금류, 생선류, 조개류	내장부위(심장, 간, 지라, 신장, 뇌, 혀) 육즙, 거위, 생선류(정어리, 청어, 멸치, 고등어, 가리비, 조개)
곡류(오트밀, 전곡 제외), 빵	콩류(강남콩, 잠두류, 완두콩, 편두류)	
채소류(나머지)	채소류 (시금치, 버섯, 아스파라거스)	
과실류, 설탕		
제한 없이 섭취할 수 있음	회복정도에 따라 소량 섭취할 수 있음	급성기인 경우, 증세가 심할 때 섭취할 수 없음

〈출처〉 대한영양사협회, 2008, 『임상영양관리지침서 3판』.

량의 지방 섭취는 피한다.

⑤ 당질 섭취를 조절한다.

고당질식은 신장에서의 요산 배설을 촉진시킨다. 그러나 통풍 환자는 내당능력이 저하되어 있는 경우가 많아서 과잉섭취는 피한다. 당질의 섭취는 하루 250~350g 정도로 하고 비만이나 고지혈증이 있을때는 100~150g으로 제한해야 한다. 특히 과당은 요산합성을 촉진하는 것으로 알려져 있으므로 과잉섭취는 특히 주의한다.

⑥ 수분을 충분히 섭취한다.

통풍 환자에 있어서 다량의 수분 공급은 신장의 결석 형성 및 약제 사용으로 인한 탈수현상을 방지하고 혈중 요산 농도 희석 및 요산 배설을 촉진시키므로 신장질환이나 심장병이 없으면 하루에 3ℓ 가량의 수분을 공급하는 것이 바람직하다.

⑦ 알코올의 섭취를 제한한다.

알코올은 혈중의 요산 함량을 증가시킬 수 있으므로 섭취를 제한하여야 한다.

Chapter 13

빈혈

학습목적

빈혈의 원인과 종류 및 각종 빈혈의 병태생리를 이해하고,
빈혈 환자의 영양평가 시행 결과에 따른 식사요법을 학습한다.

학습목표

- **혈액의 성분 및 빈혈의 종류**
  - · 혈액의 조성을 안다.
  - · 헤모글로빈, 혈소판 등 혈액 조성분의 역할과 특성을 학습한다.
  - · 빈혈의 진단기준을 알고, 빈혈의 분류기준에 따른 빈혈의 종류와 그 특징을 학습한다.
- **빈혈의 식사요법**
  - · 철결핍성 빈혈의 원인과 특징, 식사요법을 학습한다.
  - · 악성빈혈 예방에 관련되는 엽산과 비타민이 많은 식품들을 안다.

Chapter 13. 빈혈

혈액의 성분 및 빈혈의 종류

1. 혈액의 조성과 역할

혈액은 골수에서 만들어진 후 심장의 박동에 의해 동맥, 모세혈관, 정맥을 끊임없이 순환하면서 소화 흡수한 영양소와 대기 중에서 공급받은 산소를 각 조직세포에 전달하고, 조직세포에서 생긴 노폐물과 이산화탄소 등을 폐와 신장과 같은 배설기관을 통해 배설시킨다. 또한 체내 항상성 유지와 우리 인체 내에 침입한 세균이나 바이러스에 대항하여 싸우는 생체방어 작용도 수행 한다. 혈액은 세포 성분인 혈구와 액체 성분인 혈장으로 구성되어 있는데, 혈액의 조성과 작용은 〈그림 13-1〉과 같다.

그림 13-1 혈액의 조성과 작용

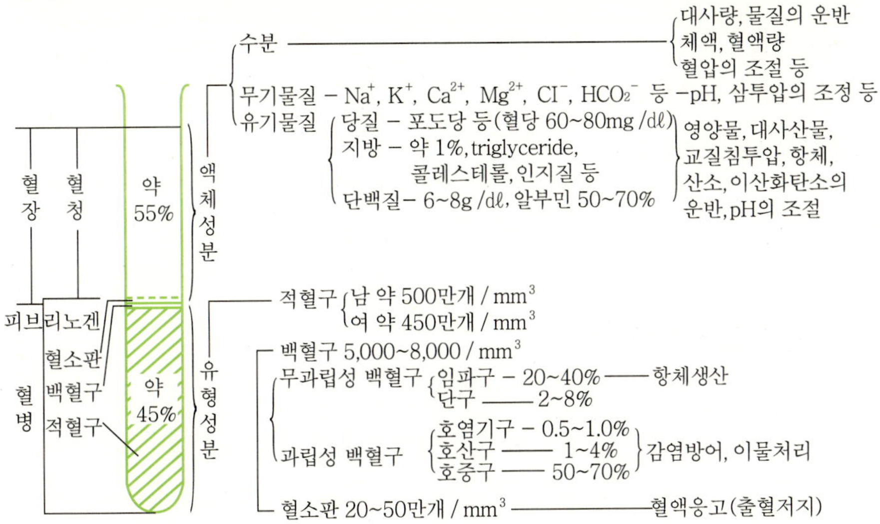

2. 빈혈의 진단기준

빈혈을 진단하기 위해서 엄지손가락, 귓볼 또는 정맥에서 소량의 혈액을 채취해서 검사한다. 채혈에 의한 검사로 적혈구 수, 혈색소 농도, 적혈구 용적 등을 조사하며 보통 건강검사에서는 혈색소 농도, 적혈구 수, 적혈구 용적 등의 세 가지 또는 혈색소 농도, 적혈구 용적의 두 가지로 검사한다. WHO의 남녀의 빈혈 판정기준 및 빈혈분류의 지표는 〈표 13-1, 13-2〉와 같다.

표 13-1 WHO의 성인 남녀 빈혈 판정 기준

구분	헤모글로빈 농도(g/dl)	적혈구 수
성인 남자	14	4.7×106mm^3
성인 여자	12	4.0×106mm^3

〈출처〉 이기열 외, 2009, 『식사요법』.

표 13-2 빈혈 분류의 지표

평균 적혈구 용적	80-100u³
평균 적혈구 혈색소량	37-32pg
평균 적혈구 혈색소 농도	30-36%

〈출처〉 이기열 외, 2009, 『식사요법』.

3. 빈혈의 종류 및 특징

빈혈이란 적혈구의 수가 감소하거나 적혈구 내에 존재하는 혈색소인 헤모글로빈 농도가 감소되어 조직과 혈액 사이에 산소와 이산화탄소 교환이 제한되어 있는 상태이다. 세계보건기구에서의 빈혈 판정기준은 헤모글로빈은 남자 14g/dℓ, 여자 12g/dℓ, 적혈구 남자 4.7×1012mm^3, 여자 4.0×1012mm^3 하로 되어 있다. 빈혈은 여러 가지로 분류되지만 그 원인에 따라 철결핍성 빈혈, 거대적아구성 빈혈, 출혈성 빈혈, 재생불량성 빈혈 및 용혈성 빈혈로 나눌 수 있다.

1) 철결핍성 빈혈

체내에 산소를 운반하는 헤모글로빈은 헴과 글로빈으로 이루어져 있다. 헴은 구성성분인 철이 부족하여 헤모글로빈의 합성이 저하된 상태가 철 결핍성 빈혈이다. 빈혈 중에서도 가장 빈도가 높고, 빈혈환자의 90% 이상을 차지한다. 철결핍성 빈혈에는 본태성 저색소 빈혈, 위산결핍성 빈혈 이외에 기생충 감염에 의한 빈혈, 영양성 빈혈, 임신성 빈혈 등이 있다.

2) 거대적아구성 빈혈

거대적아구성 빈혈megaloblastic anemia은 악성 빈혈이라고 하며 비타민 B_{12}, 엽산 등의 영양소가 결핍되면 발생되기 쉽다. 비타민 B_{12}와 엽산 결핍에 의한 거대적아구성 빈혈의 증상은 허약, 호흡곤란 외에도 설사나 변비 같은 특징적 장질환을 나타낸다. 비타민 B_{12}에 의한 빈혈인 경우는 말초신경의 변성으로 팔, 다리가 저리거 쑤시며 자세감각의 감소, 근육조절 저하, 기억력 저하 등의 증상이 나타난다.

3) 출혈성 빈혈

외상이나 질병으로 인한 출혈에 의해 일시적으로 많은 양의 혈액을 손실한 상태로, 2~3ℓ를 손실하였을 때 24~38시간 내에 혈액을 보충시키지 않으면 사망에 이를 수가 있다.

4) 재생불량성 빈혈aplastic anemia

골수가 제대로 기능을 하지 못하여 적혈구가 생성 및 성숙되지 않은 상태로 방사능에 과다하게 노출되거나 약물중독, 암에 걸리게 되면 나타난다.

5) 용혈성 빈혈hemolytic anemia

적혈구가 생성되는 속도보다 파괴되는 속도가 빠르면 적혈구의 양이 감소되어 빈혈이 나타난다.

빈혈의 식사요법

1. 철결핍성 빈혈

철의 결핍은 크게 3개의 원인으로 분류된다.

(1) 철의 공급이 부족한 때 : 극단적인 편식과 다이어트, 위장장애에 의해 섭취량이 부족. 또는 위절제, 흡수불량증후군 등에 의한 흡수 장애

(2) 철의 수요가 증대되었을 때 : 성장, 발육기와 임신기에 철의 수요가 증대되기 때문에 철 결핍이 일어나기 쉽다

(3) 철의 손실이 과잉상태가 되었을 때 : 생리적으로 1일 약 1~1.5mg의 철이 대변, 소변, 땀과 함께 배출되며 성인 여성은 더욱이 월경에 의해 상실된다. 거기에 더해 위, 십이지장궤양과 암, 치질 등에 의한 소화관출혈, 또는 자궁근종 등의 성기출혈이 존재하면 과잉 철 손실이 일어난다(그림 13-2 참조).

그림 13-2 철결핍성 빈혈의 일반적인 원인

2) 증상

철결핍성 빈혈이 생기면 혈액의 산소운반능력이 저하되기 때문에 조직으로 공급되는 산소 부족으로 인해 환자는 두통, 현기증, 권태감, 피로, 호흡곤란 등 여러 가지 증세를 나타낸다. 철결핍성 빈혈이 점점 더 심해짐에 따라 손톱

모양이 달라지기 시작하여 얇고 편평하게 되며 결국 스푼 모양의 손톱이 된다.

3) 식사요법

철결핍성 빈혈의 주된 치료법은 무기 철, 특히 제일철(Fe^{2+})을 적절한 시간 간격을 두고 적당한 양을 경구 투여하는 것이다. 30mg의 제일철의 흡수율은 같은 양의 제이철(Fe^{3+})보다 3배 더 크다. 성인은 제일철염ferrous salt의 형태로 매일 100~225mg의 철을 섭취해야 하고, 어린이는 빈혈 정도와 철에 대한 내성에 따라 1.5~2.0mg/kg의 철을 공급한다. 구강으로 철을 섭취할 수 없거나 위장질환, 또는 철흡수 능력이 손상되어 철의 필요량이 증가되는 환자의 경우에는 비경구적인 철 투여가 권장된다.

철 필요량을 음식으로만 충당하기는 어렵지만 조혈기능을 촉진하기 위하여 식사는 철 함량이 높은 식품으로 구성하고 동시에 고단백질, 고에너지, 고비타민식을 제공하도록 한다. 빈혈식단 작성 시 일반적인 고려사항과 권장식품 및 제한식품은 〈표 13-3, 13-4, 13-5〉와 같다.

2. 악성빈혈

악성빈혈pernicious anemia은 비타민 B_{12}와 엽산의 결핍에 의해 골수의 적아구에 있는 DNA합성에 장애가 발생하여 나타나는 빈혈이다. DNA합성에는 활성형 엽산(5, 10-methylene tetrahydrofolic acid : THFA)이 중요한 역할을 하고, 엽산의 활성화 과정에서 비타민 B_{12}가 관여한다. RNA나 단백질 합성은 방해되지 않으므로 세포가 충분히 분열, 성숙되지 못하여 핵의 구조만 미숙한 적아구, 즉 거대적아구세포가 된다. 거대적아구세포는 분열하지 않고 일정한 시간이 지나면 파괴 사멸되기 때문에 적혈구의 생산이 저하된다.

표 13-3 빈혈의 식품선택 및 식단작성 요령

식품 선택	· 좋은 영양상태의 유지가 중요하고, 조혈작용에 관여하는 단백질, 철, 구리 같은 무기질과 적혈구 성숙에 필요한 비타민 B_{12}, 엽산 등의 비타민류가 풍부한 식품을 많이 먹도록 한다. · 동물성 식품, 특히 간은 조혈 식품으로서 신선한 상태를 이용하도록 한다. · 생선류 중의 철 함량은 일반적으로 낮으나 철의 흡수율이 좋다. · 육류는 종류에 따라 철 함량이 다른데, 닭고기에는 적으나 쇠고기, 특히 송아지 고기는 함량도 높고 흡수율도 좋다. · 녹색채소류의 철 함량은 많지만 흡수율이 낮으므로 동물성 단백질이나 비타민 C와 함께 섭취한다. · 두류 중 검은콩은 흡수율이 불량하나 대두는 좋다. · 과일류는 채소류보다는 조혈효과가 크다. 제일 좋은 것이 살구와 복숭아, 다음이 건포도, 포도, 사과 등이다. · 오렌지 주스, 토마토 주스 등의 비타민 C는 환원제의 역할을 하여 체내 철 이용 효과를 높인다.
식단 작성	· 철의 좋은 급원 중의 하나인 간을 섭취하도록 한다. 간 특유의 냄새가 싫은 사람은 약간의 소금기가 있는 냉수나 우유에 담근 후 생강, 양파, 카레가루 등의 향신료와 함께 튀기거나 굽는다. · 철, 비타민 C 함량이 높은 녹색채소, 과일을 동물성 식품과 잘 배합하여 아침, 점심, 저녁으로 균등하게 섭취한다. · 지방은 과다하게 섭취하면 조혈식품에 대한 식욕을 감퇴시키고 철 흡수를 방해할 수 있으니 조심하여야 한다. · 철을 너무 많이 섭취하면 장운동을 억제하여 변비가 될 수 있으므로 섬유질이 많은 채소와 버섯류를 충분히 섭취하도록 한다.

표 13-4 빈혈식단 작성시 권장식품과 제한식품

	역할	영양소	함유식품
권장식품	혈색소 생성	단백질	계란, 육류, 생선, 우유, 콩
		철	간, 녹황색채소, 다시마, 미역, 완두콩, 깨, 우유
	조혈촉진	비타민 B_{12}	간, 굴, 정어리, 분유, 난황
		엽산	간, 소맥배아, 시금치, 땅콩
		비타민 C	신선한 채소 · 과일
제한식품		커피, 녹차(식후 1시간 내), 현미	

〈출처〉 대한영양사회, 1996, 『영양교육자료』

표 13-5 철이 많이 함유된 식품

분류	식품명	목측량	중량(g)	철(mg)
곡류 및 전분류	현미	1공기	90	2.9
	백미	1공기	90	0.5
	보리쌀	1공기	90	2.7
	씨리얼	1/3그릇	30	1.5
	식빵	3쪽	90	1.2
고기, 생선, 계란 및 콩류	쇠고기(사태)	1접시	60(생)	2.1
	돼지고기(등심)	1접시(로스용 6쪽)	60(생)	1.2
	닭고기	1접시	60(생)	0.7
	굴		80	6.4
	계란	1개(중)	50	1.0
	콩(검정콩, 노란콩)	2큰술	20	1.5
	두부	1/5모	80	1.8
채소 및 과일류	쑥	1/3컵	70(생)	7.6
	미나리	1/3컵	70(생)	2.9
	시금치	1/3컵	70(생)	1.8
	호박나물	1/3컵	70(생)	6.4
	근대	1/3컵	70(생)	3.5
	무청, 조선무청	1접시	70	4.1
	다시마	1접시	70(생)	1.7
	딸기		200	1.0
	사과	1/2개(중)	100	0.8

1) 비타민 B_{12} 결핍

비타민 B_{12}는 위액 내의 당단백질인 내적인자intrinsic factor와 결합하여 회장 점막으로 흡수된다. 내적인자는 위절제나 위액분비가 감소되는 저염산증, 무산증, 위하수증 등에서 그 분비가 감소되기 때문에 이러한 경우 비타민 B_{12}가 결핍되기 쉽다. 또한 회장의 질환이나 절제 또는 비타민 B_{12} 함유식품인 동물성 식품섭취를 금하는 채식주의자에게도 비타민 B_{12} 결핍이 나타난다.

비타민 B_{12}는 인체 내에 약 5mg 존재하고 이 가운데 간에 약 1.7mg 들어 있으며, 장간 순환에 의해 재활용된다. 위산부족 등으로 인해 흡수장애가 있거나 장간 순환에 문제가 있는 경우에는 불과 2~3년 안에 결핍증이 나타날 수 있다. 비타민 B_{12} 결핍에 의한 악성빈혈에는 특별한 증상이 없는 것이 일반적이나 식욕감퇴, 체중손실, 허약, 현기증 그리고 기억력 장애 등이 나타날 수도 있다.

2) 엽산 결핍

엽산의 체내 저장량은 많지 않으므로 식사성 엽산의 섭취가 없어지면 3~4개월 안에 체내 엽산의 결핍이 일어나기 쉽다. 채소를 싫어하는 편식 또는 잘못된 조리에 의한 손실 등으로 섭취 부족이 될 수도 있다.

만성 간염, 흡수불량증후군 등에 의해 엽산 흡수장애가 생길 수도 있다. 또한 성장, 임신, 악성종양 등으로 엽산의 수요가 증가해도 엽산 결핍이 나타난다. 그리고 비타민 C의 결핍은 활성형 엽산의 산화를 초래하여 조효소로서의 엽산의 활성이 상실되므로 엽산 결핍과 같은 증상이 일어난다.

엽산 결핍시의 증상으로는 빈혈의 일반증상 외에 설염과 신경증상이 나타난다. 설염은 혀에 궤양이 생겨 따끔거리고 음식물을 먹으면 아프다. 신경증상은 주로 하지의 저림감이나 이상감각을 호소하는 수가 많으며 보행장애 등도 나타날 수 있다.

3) 식사요법

비타민 B_{12}의 결핍이 심한 악성빈혈의 치료를 위해서는 5~10일 동안 30㎍의 비타민 B_{12}를 비경구적으로 주사하여야 한다. 또한 엽산 결핍의 경우는 엽산 저장량을 보충하기 위해 2~3주 동안 매일 구강으로 1mg의 엽산 투여가 권장된다.

악성빈혈에는 비타민 B_{12}나 엽산 외에도 충분한 열량, 고단백질, 철 그리고 다른 비타민의 섭취량도 증가시키는 것이 좋으므로 이들 영양소를 함유한 균형 잡힌 식사가 권장된다. 비타민 B_{12}는 동물성 식품, 특히 간 · 유제품 · 육류 · 어패류 등에 함유량이 높고, 엽산은 간 · 녹색채소 · 바나나 · 계란 등에 많이 함유되어 있다.

비타민 B_{12}는 조리 시에 파괴될 비율은 적으나 엽산은 많은 물과 높은 열을 사용해서 조리할 때 손실이 크므로 주의를 요한다. 엽산과 비타민 B_{12}이 풍부한 식품은 〈표 13-6, 13-7〉과 같다.

표 13-6 엽산이 풍부한 식품

식품	목측량	중량(g)	철(mg)
파슬리	1접시	50	185.5
가다랭이	1토막	70	259
시금치	1접시	70	170.1
녹두	1접시	20	39.7
토란	1컵	130	211.9
고구마	1/2개	100	52.2
오렌지	1개	100	30
달걀	1개	50	32
우유	1컵	200	12
요구르트	1컵	200	17
강낭콩(익힌 것)	1컵	60	229

표 13-7 비타민 B_{12}가 풍부한 식품

식품	목측량	중량(g)	비타민 B_{12}(mg)
소간	1접시	60	67.1
조개(익힌 것)	1접시	60	56.6
고등어(구운 것)	1토막	70	10.8
달걀	1개	50	0.8
우유	1컵	200	1.7
요구르트	1컵	200	1.7

Chapter 14

암

학습목적

암 발생에 미치는 식생활의 영향을 이해하고,
각종 암환자의 영양평가시행 결과에 따른 식사요법을 학습한다.

학습목표

- **암과 식생활 관계**
  - 암발생에 관련된 식생활 요인을 안다.
  - 위암이나 식도암, 대장암, 자궁암, 유방암, 폐암 등과 식생활의 관련성을 이해한다.

- **암환자의 식사요법**
  - 암의 일반적인 대사의 변화와 암환자의 영양문제를 학습한다.
  - 암환자의 영양상태 평가 방법을 안다.
  - 부위별 암의 식사요법과 암의 증상별 식사관리를 학습한다.

Chapter 14. 암

암은 현대사회에서 인류의 생명과 복지를 위협하는 가장 중요한 요인으로 지목되고 있다. 통계청에서 발표한 사망원인통계연보(2009)에 따르면 지난 10년간 뇌혈관질환 및 간질환으로 인한 사망률은 감소하고 있는 반면, 암이나 심장질환 등으로 인한 사망률은 증가하고 있는 추세이다. 보건복지부에서 발표한 한국중앙암등록사업 연례보고서(2010)의 2008 암등록통계에 의하면 암 발생 순위에서 남자의 경우 위암 〉 대장암 〉 폐암 〉 간암 〉 전립선암의 순서였고, 여자의 경우는 갑상선암 〉 유방암 〉 위암 〉 대장암 〉 폐암의 순서였다. 특히 최근에는 우리나라에서도 대장암, 유방암, 전립선암, 췌장암 등 서구형 암의 발생빈도가 급속히 증가하고 있는 것으로 나타났다〈표 14-1 참조〉. 초기 역학 연구(Doll and Peto, 1981)에서 식생활은 전체 암 발생의 35%에 기여한다는 사실이 밝혀진 이후 다양한 영양 요인과 암 발생의 관련성에 대한 연구가 활발히 이루어지고 있다. 따라서 식생활 양상의 서구화가 급격히 진행되고 있는 우리나라에서 식생활과 암 발생과의 연관성 연구는 매우 중요할 것으로 보인다.

암 치료 기술의 발전에도 불구하고 암의 완치율은 50% 정도에 그치고 있고 많은 환자들이 지속적인 치료를 받고 있는데 치료 과정 중의 영양관리는 환자의 삶의 질을 결정하는 중요한 요인이다. 암 환자의 40~80% 정도가 영양불량상태에 있는 것으로 조사되고 있고, 이와 관련하여 많은 암 환자들에서 수술부위의 회복지연, 전해질 및 수분 불균형, 내분비 장애 및 면역능 저하 등이 초래되고 있다. 이러한 영양불량은 종양의 종류, 병의 단계 및 치료방법 등에 영향을 받게 되므로 병의 진행과 치료를 이해하는 것은 영양관리를 하는 데 매우 중요하다.

이와 같이 암의 예방 및 치료에서 식사요법은 매우 중요한 위치를 차지하고 있다 해도 과언이 아니며, 보다 효과적인 예방 및 치료를 위해서는 식품에 함유된 영양소 및 기타 화합물의 생리적 기능에 대한 이해가 매우 중요하다.

표 14-1 최근 주요 암 사망원인 변동 추이(1999~2009) (단위 : 인구 10만 명당)

		각종 암	위암	간암	폐암	대장암	췌장암	유방암	자궁암	전립선암
전체	1999	114.2	23.9	20.5	22.0	7.8	5.4	2.4	2.8	0.9
	2009	140.5	20.4	22.6	30.0	14.3	8.2	3.8	2.5	2.5
	증감률(%)	▲23.0	-14.6	10.2	▲36.4	▲83.3	▲51.9	▲58.3	-10.7	▲177.8
남자	1999	145.7	30.2	31.5	32.7	8.5	6.2	0.0	-	1.8
	2009	176.3	26.9	33.9	43.8	15.9	9.0	0.1	-	5.0
	증감률(%)	▲21.0	-10.9	7.6	▲33.9	▲87.1	▲45.2	0.0	-	▲177.8
여자	1999	82.4	17.6	9.4	11.2	7.2	4.5	4.8	5.6	-
	2009	104.7	13.9	11.4	16.3	12.7	7.4	7.6	5.1	-
	증감률(%)	▲27.1	-21.0	▲21.3	▲45.5	▲76.4	▲64.4	▲58.3	-8.9	

〈출처〉 통계청, 2010, 『사망원인 통계연보』.

암 예방을 위한 식생활

암의 발생과정은 [세포변이-변이가 일어난 세포의 분열-암조직 생성]의 세 단계로 나뉜다. 일반적으로 이 과정에 10년 이상 소요되는 것으로 보이고, 각각의 단계는 체내 방어기전 및 식품성분들에 의해 조절이 가능한 것으로 보고 있다. 또한 이외에도 발암물질이 체내에서 생성되는 과정도 식품에 의해 촉진 또는 저해될 수 있다.

1. 에너지, 영양소 및 비영양화함물과 암 발생

과다한 열량 섭취에 의한 체지방 증가는 식도암, 췌장암, 직결장암, 유방암(폐경 후), 자궁내막암, 신장암의 발생위험의 증가시키고 특히 복부 비만인 경우 대직장암의 발생위험이 증가하게 된다. 체지방량이 증가하면서 지방조직에서 분비되는 염증성 물질들은 암발생에 직접 또는 간접적으로 관여하게 된다.

탄수화물의 섭취가 암의 발생과 직접적으로 연관되지는 않으나 설탕이 많이 함유된 식품의 섭취량이 많을 경우 체중이 증가하게 되므로 암의 발생율이 높아질 수 있다. 또 당화지수glycemic index가 높은 식품을 섭취하면 짧은 시간 내 인슐린 분비량이 많아지게 되므로 암세포의 성장을 촉진할 수 있는 원인을 제공할 수 있게 된다.

과량의 지방섭취를 하는 경우도 전반적인 에너지 섭취량이 많아지게 되어 암 발생 위험을 증가시킬 수 있다. 같은 양의 지방을 섭취하는 경우에는 오메가-6 지방산은 암 발생 위험을 증가시킬 수 있는 반면 생선유에 많이 함유된 오메가-3 지방산은 그 위험을 낮추는데 이는 오메가-3 지방산이 소유한 항염증 효능에 의한 것으로 보인다.

고지방 저섬유소 식이가 특히 대장암과 결장암의 발생을 촉진할 수 있고, 수용성 섬유소는 암 예방효과가 보고되고 있다. 이는 섬유소 자체가 소유한 암 예방 효능에 기인하기 보다는 섬유소 함량이 높은 식사를 하는 경우 에너지 밀도가 낮아지게 되고 섬유소가 포함된 식물성 식품 내에 존재하는 각종 생리활성 물질에 의한 영향일 것으로 보인다. 암의 발생은 세포의 돌연변이, 즉 DNA 손상으로부터 시작되게 되고 이것은 외부의 자극(자외선, 화학물질 등)이나 체내 대사과정에서 생성되는 산화물인 각종 반응성 산소종oxygen free radical들에 의해 일어나는데 이러한 반응성 물질의 생성은 체내에 존재하는 항산화 효소계에 의해 억제되거나 위에서 언급한 항산화 영양소들에 의해 저해되게 된다. 뿐만 아니라 암 세포의 성장을 촉진하는 다양한 세포신호전달 체계에 관련하는 단백질 발현을 조절하는 생리활성 물질들에 대한 연구가 이루어진 바 있는데 식물성 식품에 포함된 폴리페놀화합물, 함황화합물, 카로티노이드 계열의 화합물 등이 대표적인 예이다.

2. 발암 관련 식품성분

암의 발생을 유도하는 것으로 알려진 대표적인 식품 성분으로는 가열조리된 육류에 존재하는 헤테로사이클릭 아민heterocyclic amine 화합물, 소금에 절인 생선 등에 존재하거나 가공육의 발색제로 사용되는 질산nitrate 섭취시 체내에서 생성되는 니트로소nitroso 화합물들이 있다. 육류를 직화에서 가열하는 경우 헤테로사이클릭 아민 화합물의 양이 증가할 수 있으나, 암발생을 유도시키는 양은 1일 평균 섭취량을 1,000배 이상 초과하는 양으로 추정되고 있다. 한편 다수의 역학 조사에서 가공육 또는 소금에 절인 생선의 섭취가 비인두염 및 위암의 발생의 위험요인으로 지적되었는데, 이는 아질산nitrite과 아민amine의 결합물질인 니트로사민nitrosamine에 의한다. 서구에 비해 중국, 일본 및 한국 등에서 위암 발생률이 높은 것은 이와 같이 소금에 절인 생선, 특히 우리나라의 경우는 젓갈의 섭취량에 그 일부가 기인하는 것으로 보인다.

3. 암 예방을 위한 생활습관 가이드라인

지금까지 연구된 암과 식생활의 연관성을 연구한 결과자료를 평가하여 World Cancer Research Fund 와 American Institute for Cancer Research 에서 제안한 식생활을 포함한 생활습관 관련 10가지 목록은 아래와 같다(AICR, 2007).

- 적정 체중의 범위 안에서 최대한 적은 체중을 유지하도록 노력한다.
- 평소 생활 중 가능하면 신체활동량을 늘일 수 있는 습관을 갖도록 한다.
- 당 함량이 높은 음료수를 포함한 열량밀도가 높은 식품을 섭취를 피한다.
- 가능하면 식물성식품 위주의 식사를 한다.
- 적색 육류 섭취를 최소로 하고 가공육을 섭취하지 않도록 한다.
- 알코올 섭취를 최소로 한다.
- 소금 섭취를 최소로 하고, 곰팡이가 핀 곡류나 두류를 섭취하지 않는다.
- 식사를 통해 영양소를 모두 섭취하는 것을 원칙으로 한다.
- 모유 수유를 원칙으로 한다.
- 암 치료가 끝난 환자는 암 예방을 위한 식사지침을 따르도록 한다.

한편 대한암협회에서는 외국의 자료와 함께 우리나라 사람들의 식생활 습관 및 암 관련 연구 결과를 종합하여 다음과 같은 식생활 지침을 제안하였다.

- 건강 체중과 적정 체지방량을 유지한다.
- 전곡류와 두류를 많이 먹는다.
- 여러 가지 색깔의 채소와 과일을 먹는다.
- 붉은 색 육류를 적게 먹는다.
- 짠 음식을 피하고 싱겁게 먹는다.
- 저지방 우유를 매일 1컵 정도 마신다.
- 술은 가능한 한 마시지 않는다.
- 영양보충제는 특별한 경우에만 제한적으로 사용한다.

암 환자의 식사요법

1. 암 환자의 영양소대사 변화와 영양문제

1) 암 환자의 영양소대사 변화

암 조직의 발생은 체내 다양한 대사 변화를 초래하는데 특히 기아상태와 달리 식품섭취량이 감소하여도 에너지 소비효율에 변화가 없고 체 단백질 전환율이 높아지며 포도당 신생합성이 증가하는 등 매우 특징적인 대사변화가 초래된다.

① 에너지 소비량

암 환자에서 영양소 대사는 건강한 사람이 굶었을 때나 영양실조일 때와는 또 다른 양상을 나타내는데 그 정확한 이유는 아직 밝혀지지 않고 있다. 특히 암 환자의 체중, 연령, 성별, 영양상태, 암 조직의 크기 등의 요인에 영향을 받게 되며 이를 기초로 분석해 본 결과 질병의 진행기간이 길어질수록 기초대사량이 증가하는 것으로 나타났다. 특히 대사량의 증가가 뚜렷한 암은 피부암, 혈액암, 임파종, 폐암, 경두부암, 위암 등 이다(Fredrix 등, 1991). 대개 암 조직을 제거한 후에는 열량소비량이 감소하는 것으로 볼 때 기초대사량 증가 원인의 일부는 암조직의 성장에 의한 것으로 보인다. 최근의 연구결과에 의하면 화학요법에 의해 치료받고 있는 전이성 유방암과 비소세포 폐암 환자들에서 필요량에 근거하여 에너지 공급량을 늘여준 결과 체지방 함량이 증가하는 것으로 관찰되었고 반면 비 지방조직에는 변화가 없었다(Harvie et al., 2005).

② 탄수화물 대사

정상인의 대사과정에서는 식품섭취량이 부족할 경우 근육과 간의 글리코겐 분해가 먼저 일어나 필요한 에너지를 공급하고 글리코겐이 고갈되면 근육 단백질 및 지방조직 분해가 일어난다. 지방분해로 생성된 케톤체들은 에너지 공급을 통해 포도당이나 체단백질이 에너지원으로 쓰이는 것을 절약해주는 역할을 하는데 암 환자의 경우 이러한 적응기전이 원활하지 못하여 포도당 신합성 및 단백질 분해가 계속 일어나게 된다 (Tayek, 1992). 한편 암 환자들의 탄수화물 대사 중 특이한 것은 인슐린의 분비가 정상적임에도 당내성이 떨어져 혈당치가 올라가는 것이고 이러한 현상은 tumor necrosis factor-alpha(TNF-α)의 분비에 의한 것으로 보인다 (Rofe 등, 1994).

또 암 환자에서는 신속하게 에너지를 공급하기 위해 포도당이 젖산으로 전환되었다가 다시 포도당으로 합성되는 비효율적인 대사futile cycle가 항진된다. 즉 체 조직 및 암 조직에서 생성된 젖산은 Cori cycle을 이용해 간에서 포도당으로 재합성되게 되는데 이 과정 중에 6 ATP가 소모되게 되므로 결국 한 분자의 포도당으로부터 생산해 내는 에너지가 38 ATP 대신 2 ATP에 불과하게 된다.

③ 지방 대사

암 환자의 경우 인슐린 저항성이 생기면서 지방산 분해가 촉진되게 되고 저장 지방량이 감소한다(Keller, 1993). 특히 암 환자들에게 있어 주요 에너지원인 지방은 포도당을 공급한 후에도 계속 분해되는 것으로 보인다. 대장암 환자와 위암환자를 대상으로 조사한 연구에 의하면 다른 질환 환자들과는 달리 암 환자의 경우 지방산의 이용율이 현저히 높으며 이는 체중손실이 일어나고 있는 암 환자들에게서 특히 두드러진다 (Hansell 등, 1986).

이러한 체지방 분해의 가속화에 기여하는 원인으로는 TNF-α, leukemia inhibitory factor 및 lipid mobilizing factor의 분비, TNF-α와 interleukin-1(IL-1)에 의한 지방분해 자극, 조직의 lipoprotein lipase의 활성저하 등을 들 수 있다 (Maison & Choi, 2003).

④ 단백질 대사

건강한 사람에서는 부족한 열량원을 공급하기 위한 체 단백질 분해는 매우 서서히 일어나게 되나 암 환자는 이러한 조절 기전에 이상이 초래되고 그 변화는 외상이나 감염환자들의 경우와 유사하다. 대개의 환자는 섭취하는 질소량 보다 배설되는 질소량이 더 많은 '음'의 질소평형 상태를 나타내고 이것은 암을 더 악화시키게 된다. 암 조직의 생성과 함께 단백질 대사가 활발해 지면서 근육질의 손실이 초래되는 것이 관찰된다. 일반적으로 암 환자의 단백질대사에서 공통적으로 관찰되는 것은 암 조직이 성장하는 만큼 근육 단백질량은 감소하는 것이다. 그러나 많은 양의 체중손실은 지방조직 분해에 의한 것으로 보이고 근육조직 손실에 의한 체중손실은 그에 비해 적은 것으로 나타났다. 이러한 근육단백질의 분해는 TNF-α, interleukin-6(IL-6), protein mobilizing factor 등의 분비에 그 원인이 있는 것으로 보인다.

악액질cachexia

암환자의 영양상태 저하에 영향을 미치는 중요한 요인으로 암 악액질을 들 수 있다. 암 악액질은 각종 항암치료에 의한 식욕저하증과 체내 면역물질 생성 증가로 인한 대사변화에 의해 초래되는 식욕부진증으로, 암 환자의 영양불량과 이로 인한 사망률 증가에 간접적인 영향을 미치게 된다. 암 환자의 주요 사망원인이 될 수 있으며, 사망 전 암 환자의 80% 이상이 경험한다고 한다. 암 조직의 발생은 다양한 대사변화를 초래하는데 이 중에는 에너지 소비뿐만 아니라 당질, 단백질, 지방 등 다양한 영양소 대사변화가 포함된다(그림 14-1, 표 14-2 참고).

2) 암 환자의 영양문제

(1) 체중변화

환자의 영양상태를 반영해 주는 가장 좋은 지표가 체중이다. 일반적으로 암으로 입원한 환자 중 45%는 10% 이상의 체중감소가 일어나는 것으로 보고된

그림 14-1 암 악액질의 발생

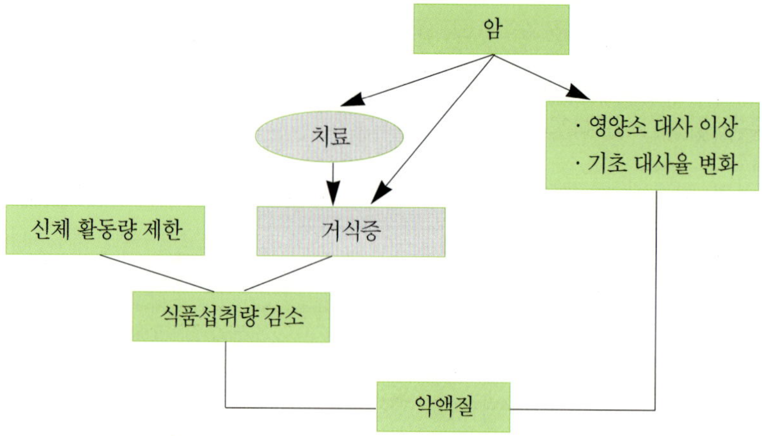

표 14-2 기아와 암 악액질의 대사적 영향

	기아	암 악액질
에너지 소비	감소	다양
단백질 대사		
단백질 전환	감소	증가
체단백질 합성	감소	증가
체단백질 이화	감소	증가
골격근 합성	감소	감소
골격근 이화	감소	증가
간의 단백질 합성	감소	증가(급성상 단백질)
혈장 아미노산 조성	변화 없음	다양
질소평형	음의 평형	음의 평형
당질 대사		
포도당 전환	감소	증가
간의 포도당 신생합성	증가	증가
코리회로 합성	변화 없음	증가
인슐린 민감성	감소	감소
지방 대사		
지방 분해	증가	증가
지방 합성	변화 없음	다양
지단백 분해효소 활성	변화 없음	감소
혈청 유리지방산 수준	변화 없음	증가

바 있다. 치료 중인 암 환자 3,000여 명을 대상으로 조사한 결과, 특히 췌장암과 위암 환자들인 경우 암 환자의 83~87%에서 체중감소가 일어났고, 대장암, 전립선암, 폐암 환자의 48~61%에서 체중감소가 나타났다. 또한 유방암, 급성 비임파구성 백혈병, 피부암 환자의 약 31~40%에서 체중감소 현상을 보였다. 특히 1~6개월 사이에 5~10%의 체중감소가 생기게 되면 영양불량의 위험이 있으므로 적절한 대처가 필요하고, 따라서 암 환자의 체중변화는 매우 세밀히 관찰, 기록되어야 한다. 또 체중은 체내 수분 보유 상태 및 부종 등에 의해 영향을 받으므로 이를 정확히 판별할 수 있어야 한다.

한편 유방암 환자의 경우 수술을 받은 후 체중이 증가하게 되면 재발의 위험이 큰 것으로 나타났다. 또 스테로이드계 약물의 경우는 수분을 보유하여 체중을 증가시킬 수 있으므로 체질량에 의한 증가와 구별되어야 한다. 암 환자가 체중을 잃게 되는 공통적인 이유는 치료 방법에 관계없이 복부팽만감, 미각변화, 구강건조증, 구토증 등인 것으로 보인다.

(2) 체구성

영양섭취 상태가 불량한 암 환자의 경우 피하지방 및 비지방조직의 손실이 일어나게 되는데, 근육질의 손실은 무기력증과 혈전증, 근육위축, 호흡기계 및 소화기계 등의 증상을 수반한다. 조직의 손실이 확연히 보이기 시작하는 시점에서는 이미 심한 영양실조상태가 온 것이므로 그 이전에 세심한 관찰이 필요하다. 암 환자의 경우 신체계측은 신장과 성별에 기초한 이상적인 체중을 기초로 하여 판정하되, 정상범위의 하한선을 기준으로 하여 판정한다. 특히 노인인 경우는 노화로 인한 체구성 성분의 감소도 수반되므로 이를 고려하여야 한다. 유방암 환자에서 비만도를 측정하기 위해서는 체질량지수를 이용하는 것이 바람직하다.

(3) 생화학적 지표

생화학적 지표를 사용할 때는 판정오류가 나오기 쉽다. 한 예로 폐암 환자의 혈청 중 몇 가지 항목의 수치를 측정한 결과 혈청 총 단백질 및 알부민이

완벽하게 정상수치에 포함되어 있는 것으로 나타났다. 그러나 체중, 크레아티닌 배설, 질소평형 수치 등은 영양불량으로 인한 근육 손실을 나타내고 있었다. 이와 같이 제한된 수의 생화학적 수치만으로는 환자의 영양상태를 정확히 진단할 수 없으므로, 암 환자의 정확한 영양문제 판별을 위해서는 여러 가지 수치를 종합적으로 비교하고 검토해야 한다.

암 환자에서는 섭취한 질소량보다 배설량이 많은 경우는 실제로 근육 손실이 일어나고 있는 경우이다. 또 세포외액량, 나트륨 이온 증가와 세포 내액량, 칼륨 이온 감소는 심한 영양실조 및 암 악액질 상태를 반영하는 지표가 될 수 있다. 이외에 암 환자의 영양상태를 비교적 잘 반영하는 생화학적 지표로는 트랜스페린transferrin, 총 임파구수, 혈액 중 전해질 및 무기질 수준 등이 있다. 이상의 생화학적 지표는 신체계측, 식사섭취조사 등 환자의 영양상태 점검 결과 이상이 발견된 경우에만 사용하는 것이 보통이다.

(4) 영양소 섭취량 감소

식사섭취량 감소는 암 환자에게서 일어나는 매우 공통적인 증상이다. 많은 경우에 식사량 감소를 소홀히 다루어 영양불량으로 인한 치료의 지연을 초래하게 된다. 식사섭취량 감소는 감정 변화, 신체적 변화 및 대사 변화 등 여러 가지 이유로 인해 일어날 수 있으므로 먼저 그 정확한 원인을 파악한 후 대처해야 한다. 섭식장애anorexia는 질병 초기에 발생할 수 있고, 암 조직의 생성 결과로 인해 부수적으로 초래되기도 하며 암 치료 중에 발생하기도 한다.

또 쉽게 포만감을 느끼는 증상도 영양부족증이 있는 환자에게 올 수 있고, 장운동이 지연되어 배고픔을 쉽게 느끼지 않기도 한다. 메스꺼움이나 구토 증상은 암 자체로 인한 고통만큼 환자를 힘들게 하는 이유가 되는데, 심한 경우에는 이를 진정시킬 수 있는 약제가 도움이 된다. 이외에 구강건조증, 구강 내의 통증, 치아손실 등으로 인해 식사량의 감소가 올 수 있으므로 이에 적절하게 대처해야 한다. 암 치료로 인한 부작용으로 생기는 특별한 맛이나 냄새에 대한 거부감도 환자의 영양관리를 어렵게 하는데, 이 경우에는 먼저 그 원인을 찾아 대책을 세우는 것이 중요하다. 저작이나 연하곤란증이 있으면 적절한 형태의 음식을 만들어 제공해야 한다. 또한 환자가 심한 고통으로 인해 식사를 못하는 경우가 없도록 식사시간 전에 진통제를 적절하게 투여할 필요가 있는 경우도 있다.

2. 암 치료가 영양상태에 미치는 영향

암 치료에 사용되는 각종 약물, 방사선 치료 및 수술은 여러 가지 영양문제를 수반하고 대개의 경우에 영양소 섭취 장애, 영양소 손실 및 대사변화를 동시에 수반하므로 철저한 영양관리가 요구된다.

1) 수술

수술은 외상을 입었을 때와 마찬가지로 체조직의 손상 및 대사항진을 초래하게 됨과 동시에 식욕은 저하시킴으로써 체중감소를 초래하게 된다. 경두부 부위의 수술은 식품의 섭취 자체를 어렵게 하며, 췌장절제를 한 경우는 소화장애 및 혈당 상승 등의 결과를 초래할 수 있다. 간을 절제한 경우에는 수술 후 간 기능 저하에 기인하는 각 종 대사 이상이 올 수 있고, 소장의 상당 부분을 절제하면 영양소 흡수불량으로 인한 영양문제가 초래될 수 있다. 일반적으로 수술 전에는 저지방(총 열량의 25% 이하)식과 고단백식을 처방한다. 비타민과 무기질은 섭취기준에 부족되지 않도록 공급하되 비타민 E, 비타민 K, 어유 등은 혈액응고를 방해하므로 수술 1주일 전부터 금한다. 수술 후에는 고단백식을 공급하고 충분한 양의 비타민 E와 비타민 C를 공급하도록 한다.

2) 약물치료

대부분의 항암제는 구토, 메스꺼움, 복통, 설사 등의 부작용을 초래하여 식품 섭취를 매우 어렵게 한다. 한편 대부분의 항암제는 종양조직뿐 아니라 정상조직의 세포분열도 억제하게 되고, 특히 소장점막의 정상적인 유지가 어려워지게 되는 경우에는 영양소 흡수에 큰 장애를 받게 된다. 항암 치료를 받는 동안 구토나 메스꺼움 등을 경험하게 되면 치료가 끝난 다음에도 음식물에 대해 같은 반응을 나타낼 수 있어 식품 섭취가 감소하게 되며, 많은 경우에 변비 증상이 있어 식품 섭취를 어렵게 하는 원인이 되고 있다. 일부 약물의 경우에는 미뢰에 영향을 주어 미각을 변화시키며, 타액 분비를 억제하기도 한다.

약물치료 전과 약물치료 중에는 저지방식과 고당질식을 처방하고 비타민과 무기질이 섭취기준에 부족되지 않도록 한다. 단백질은 소화가 쉬운 양질의 단백질 급원을 선택하여 공급하고, 당질은 곡류, 채소, 과일 등으로 보충한다. 약물치료 후에는 소량의 식사를 자주 섭취하도록 하고 식욕을 자극할 수 있는 식품을 이용한다. 체중이 감소될 때는 영양밀도가 높은 음료 등을 이용하고 유당 함유 식품은 피한다.

3) 방사선 치료

방사선 치료를 하는 경우에는 조사 부위의 세포손상이 일어나게 되며, 특히 경두부암과 위암 및 장암을 치료하는 경우에는 구강 및 장 상피세포의 손상이 일어나 식품섭취 및 영양소 흡수가 저해된다. 세포손상에 의한 문제 이외에도 방사선 치료는 흔히 식욕저하, 정신적 스트레스, 현기증 등을 수반하고 미각의 손상을 일으켜 방사선 치료를 받는 환자의 90% 정도는 체중 손실을 경험하는 것으로 보인다. 방사선 치료 후에는 고단백식과 고열량식을 처방하며 유당 함유 식품의 섭취를 피하고 단순 당질의 섭취를 줄이도록 한다. 방사선 치료 부위에 따른 영양문제는 〈표 14-3〉과 같다.

3. 암 환자의 영양상태 평가

암 환자는 그 발생부위와 경과, 치료방법 등에 따라 차이가 있으나, 많은 경우에 영양실조 상태를 수반하게 된다. 영양상태의 개선은 환자의 치료효과를 높이는 데 매우 중요한 역할을 하므로, 암 환자의 영양관리는 치료와 함께 병행되어야 하고 이를 위해서는 정확한 영양상태 평가가 선행되어야 한다.

표 14-3 방사선 치료 부위에 따른 영양문제

치료부위	급성부작용	만성부작용*
중추신경계 (뇌, 척추)	메스꺼움, 구토, 피로, 식욕감퇴, 스테로이드 투여로 인한 고혈당	두통, 무기력
두경부 (혀, 인두, 후두, 비인강, 침샘)	구강건조증, 구강 및 인후염, 연하곤란, 연하통, 미각과 후각 변화, 피로, 식욕감퇴	점막의 위축, 건조, 궤양 구강건조증, 미각과 후각의 변화
흉부 (폐, 식도, 유방)	연하곤란, 연하통, 피로, 식욕감퇴, 가슴쓰림	식도-섬유증, 협착, 괴사 심장-협심증, 심낭염, 심장확대 폐-마른기침, 섬유증, 폐렴
복부와 골반 (위장관계, 생식계, 고환, 전립선, 대장, 직장)	메스꺼움, 구토 장 기능 변화 (설사, 심한복통, 가스팽만) 비뇨기 기능 변화(빈뇨, 배뇨통) 급성 대장염, 장염, 유당불내증, 피로, 식욕감퇴	설사, 소화불량, 흡수불량, 만성 대장염과 장염 소장궤양, 협착, 폐색, 천공, 누관 혈뇨, 방광염

* 치료 후 90일 이상
〈출처〉 Elliott L et al., 2006, 『The clinical guide to oncology nutrition』.

일반적으로 가장 많이 사용하고 있는 방법 중 하나는 토론토 종합병원에서 개발된 후 암 환자에 적용하도록 수정 보완된 subjective global assessment(SGA)로 환자의 체중변화, 식이섭취 변화, 2주 이상 지속된 소화계 문제를 진단하고 체근육, 체지방 및 체수분량을 측정하는 것이다(표 14-4, 그림 14-2 참조). 이상의 결과에 따라 환자를 양호, 보통 또는 영양실조 초기, 심각한 영양실조 중 한 부류로 분류한 후 적합한 식사처방을 한다. memorial sloan-kettering cancer center(MSKCC)에서는 환자가 지난 3개월간 4kg 이상의 체중을 손실했거나, 2주 이상 식사량 감소, 구토, 설사, 저작 및 연하곤란증 등이 지속되게 되면 중/고 정도의 영양위험집단으로 분류하여 영양소와 약물의 상호작용 여부를 확인하고 식사요법을 적용한다. 즉 MSKCC에서는 성인 암 스크리닝 프로토콜을 이용하는데, 즉 영양면에서 중정도의 위험을 가진 환자는 부종, 설사, 신장 기능 저하 등의 부작용을 수반한 환자로 특히 경두부암 수술을 한 경우가 많이 해당하며 이때는 식사처방 계획을 환자별로 수립하고 특히 약물과 영양소 간의 상호작용을 검토하도록 되어 있다. 고위험도의 환자는 각종 소화관 기능저하, 간부전, 간성 뇌질환, 신장부전 등의 부작용을 가진 경우로 대개 식도절제, 췌장절제, 후두절제 등을 한 환자가 해당된다. 이 경우에는 환자의 상태에 따라 경구 및 정맥영양지원, 연하보조식, 신장질환식 등이 처방된다. 환자 개개인의 영양상태는 영양사에 의해 면밀히 검토되고 영양문제에 따라 적절하게 대처해야 하는데 이를 위해서는 환자의 식습관 및 현재의 식사형태, 식품선호도 변화, 미각변화, 선호도와 관련 없는 실제 식품섭취량 등을 조사해야 한다.

그러나 노인 환자의 경우는 젊은 층에 비해 체수분량, 근육질의 양이 감소하게 되므로 연령에 따른 체조직 구성을 고려해야 한다. 또한 체지방 분포에 변화가 일어나 허리둘레가 굵어지는 경우가 생기므로 이는 정확한 영양상태 판정에 오류를 낳을 수 있다. 그리고 부종, 간기능 저하 등의 조건도 영양상태 판정시의 정확도를 떨어뜨릴 수 있다.

표 14-4 환자 관찰을 통한 주관적 평가 분류 지침

단계 A	단계 B	단계 C
좋은 상태 (체중손실이나 영양소 결핍 상태가 없음)	약 1달 동안 5% 이상 체중손실	영양부족의 명백한 증상 (조직의 심한 손실, 말초부분 부종)
	체중 변화 없음	명백한 체중감소
섭취나 증상의 호전	섭취감소, 중등정도의 피하 조직 손실	

〈출처〉 Ottery FD, 1996, Nutrition 12:S15-S19

그림 14-2 영양 중재 체계도

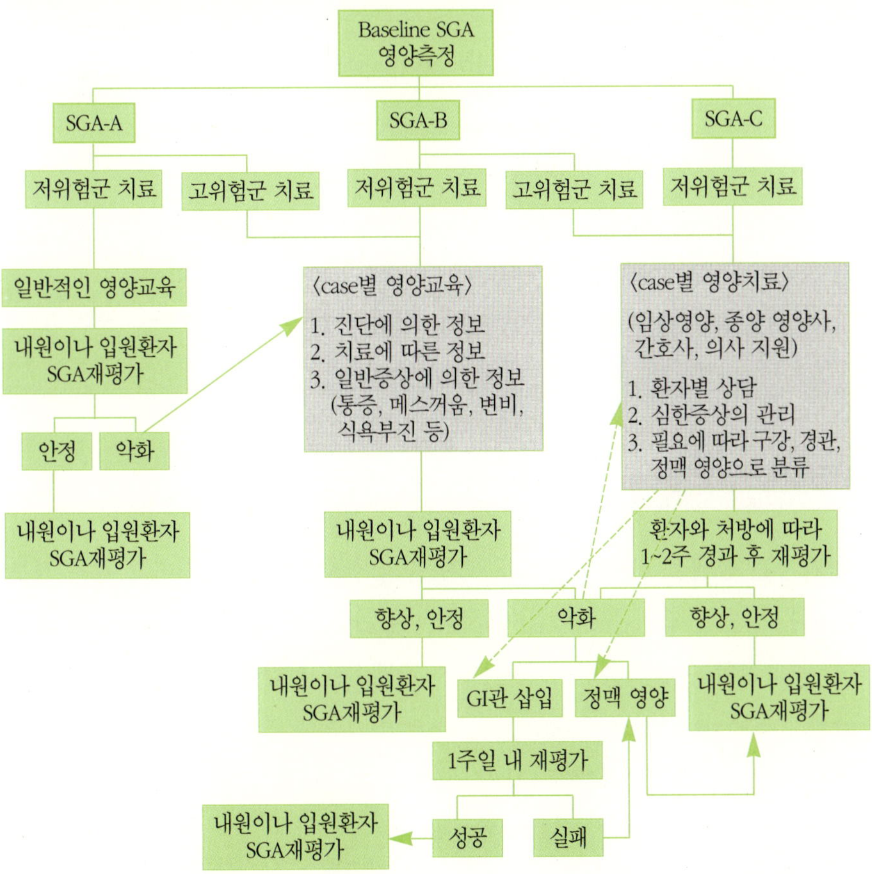

4. 암 환자의 영양필요량 결정

정상적인 식사가 가능한 경우는 1일에 필요한 양을 6회 정도에 나누어 공급하는 것이 바람직하다. 특별한 영양소의 부족이 없도록 식품을 잘 선택할 수 있게 환자의 영양교육 지도가 필요하다. 충분한 영양소를 취할 수 있도록 콜레스테롤, 지방, 식품첨가물의 위험성을 지나치게 의식하지 않도록 하고, 음식의 분량을 늘이지 않으면서 고영양식이 될 수 있도록, 열량가가 높은 크림, 버터, 마가린, 치즈 등을 사용하도록 한다. 이상과 같은 정상 식사가 불가능한 경우에는 경관영양 또는 정맥영양 지원이 필요하게 된다.

1) 열량 필요량

- 심한 대사이상이 없으며 움직임이 거의 없는 암환자: 25~30kcal/kg
- 체중증가와 같이 영양개선이 필요한 암환자: 30~35kcal/kg
- 과대사나 스트레스 상태의 암환자: 35kcal/kg
- 패혈증: 25~30kcal/kg
- 골수이식: 30~35kcal/kg

  ⇒ Glucose ≤5g/kg

  Lipids(LCT or LCT + MCT) 0.5~1g/kg

2) 단백질 필요량

암환자는 단백질 대사에 변화가 생겨 음의 질소 평형을 유지하고 있는 경우가 많다. 단백질 결핍은 무력감, 피로감, 치료로 인한 부작용, 감염 등의 합병증을 가속화할 수 있으므로 충분한 양의 단백질을 공급해 주어야 한다.

- 정상상태 유지: 0.8~1.0g/kg
- 스트레스가 없는 암환자: 1.0~1.2g/kg
- 과대사 상태의 암환자: 1.2~1.6g/kg
- 심한 스트레스 상태의 암환자: 1.5~2.6g/kg

- 영양지원이 필요한 환자: 1.6~2.0g/kg
- 골수이식: 1.5~2.0g/kg

3) 체수분

체수분량은 영양상태 평가에 기초가 되는 체중에 많은 영향을 준다. 특히 경구영양지원을 받는 환자는 탈수가 되기 쉽고, 정맥영양 지원을 받는 경우는 체수분량이 지나치게 증가할 수 있다. 항생제 중 나트륨의 함량이 높은 경우에는 부종이 초래될 수 있다. 경구 및 정맥영양을 하는 경우에는 특히, 수분 섭취량과 배설량을 주의 깊게 조사해야 하며 24시간 이내에 0.5~1kg이상의 체중변화가 있을 경우는 수분 과부족을 의심해야 한다. 수분 필요량 계산 방식은 다음과 같다.

에너지 필요량 이용: 1mℓ/kcal×1일 필요열량

체표면적(body surface area, BSA) 이용: BSA×1500mℓ

$$BSA(m^2) = \sqrt{\text{체중(kg)} \times \text{신장(cm)} / 60}$$

4) 비타민과 무기질

환자가 식사섭취를 하는 데 문제가 없을 경우에는 따로 비타민이나 무기질 공급이 필요하지 않다. 그러나 환자가 일정한 식품군을 전혀 섭취하지 않는 경우나 식사 섭취량이 적은 경우에는 영양상태 판정을 실시한 후 필요에 따라 정제공급이 가능하다. 단, 환자들이 비타민이나 무기질 섭취를 늘이는 것이 암을 치료한다는 그릇된 상식을 갖지 않도록 지도해야 한다. 치료 약제가 특정 비타민을 고갈시키는 경우는 없으나 대개는 조직 손상으로 인한 2차적인 결과로 미량원소 부족이 일어날 수 있다.

5) 경관영양과 정맥영양

암 환자의 영양상태 개선을 위해 많이 사용하는 영양지원 방법으로 경관영양과 정맥영양이 있다. 그러나 많은 임상연구에서 나타난 결과에 의하면 경관영양 지원과 정맥영양 지원이 암 환자의 영양상태를 호전시키는 데에는 한계가 있는 것으로 보인다. 특히 영양상태가 비교적 양호한 환자와 식사섭취가 어느 정도 가능한 환자의 경우에는 경관 및 정맥영양보다는 식품섭취를 통한 영양개선을 권한다.

그러나 식사섭취 장애가 오래 동안 계속되거나 심한 영양실조를 보이는 경우에는 경관 또는 정맥영양이 필요할 수 있다. 특히 장기의 기능에 장애가 있는 경우를 제외하고는 정맥영양보다 경관영양이 권장되고 있는데, 이는 정맥영양이 비용면에서 더 부담이 될 뿐 아니라 오래 지속시 영양소 흡수를 담당하는 장점막 융모의 길이가 짧아지고 소화효소의 분비가 적어지며 장 박테리아의 서식장소가 변하게 되기 때문이다. 영양지원 방법을 선택할 때는 암부위, 치료로 인한 영양장애, 소화장애를 일으킬 수 있는 원인이 존재하는지 등을 고려하여야 한다.

5. 부위별 암의 식사관리

1) 경두부암

경두부암은 암 조직 절제로 인하여 식품섭취 장애, 심한 체중감소 및 영양실조가 수반된다. 치료는 대개 수술과 방사선 치료로 행해지고 경우에 따라 약물요법이 사용되기도 한다. 방사선 치료는 미각손실, 구강 건조증 등을 유발시키는데, 이 증상은 개인에 따라 치료 후 1~7년까지도 지속된다. 수술시 안면하부와 목 부위의 암 조직을 제거하게 되므로 저작 및 연하곤란이 오게 된다.

방사선 치료를 실시하는 동안 영양보조를 실시한 경우에 치료를 무사히 마칠 확률이 더 크고, 수술 환자의 경우 수술 전부터 영양공급이 적절히 이루어진 경우 수술경과가 좋다. 수술 후 며칠간은 경관급식을 해야 하고 수술부위가 치유되기 시작하면서 열량이 높으면서 식욕을 자극할 수 있는 유동식, 조제영양식liquid formular 등을 공급한다.

2) 식도암

식도암은 영양실조의 위험이 매우 크고, 처음 진단을 받았을 때 이미 10kg 이상의 체중 손실이 있는 경우가 많다. 대개 수술을 하게 되며 수술 전에 방사선 치료 또는 약물 치료를 받는 경우도 있다. 수술 후에는 구토, 포만감, 위 소화지연, 설사, 지방변 등의 증상을 보일 수 있고, 이 경우에는 적은 양의 식사를 자주 하도록 하고 식사 후에는 1시간 정도 앉아 있도록 한다. 경관급식이 필요하며 회복과 함께 유동식, 반유동식, 고형음식 순으로 서서히 이행한다. 방사선 치료 및 약물 치료를 받는 환자의 경우는 이로 인한 부작용도 동시에 수반되므로 각각의 경우에 적절한 식사관리를 실시한다.

3) 위암

위암 환자의 경우 체중손실, 복부통증, 섭식장애anorexia, 무기력증이 동반된다. 위의 일부 또는 전부가 절제된 경우 위의 소화기능이 없어지므로 심각한 영양실조가 수반될 수 있어 체중손실 및 영양소 부족이 초래된다. 위암 수술 환자에게 흔히 동반되는 증상으로는 덤핑 증후군이 있다. 덤핑 증후군의 경우 식후 15분에서 30분이 경과하면 심계항진, 무력증, 어지러움증, 복부팽만, 설사 등의 증상을 일으키고, 1시간 30분 내지 2시간이 경과하면 식은땀이 나며 빈맥tarchycardia 등의 증상이 수반되게 된다. 위의 많은 부위를 절제한 경우는 지방 흡수 저하도 수반되고, 이와 함께 철, 칼슘, 지용성 비타민 흡수도 지연된다.

식사요법이 잘 진행될 경우 여러 가지 영양문제가 해결될 수 있다. 특히 덤핑증후군의 식사지도는 다음 사항을 참고하면 된다.

① 충분한 양의 수분(1일 5~6컵)을 공급하되 식사 후 1시간이 경과한 후에 최대 1/2 또는 1컵 정도씩만 공급한다. 단 식사요법 초기에는 탄산음료 또는 우유는 피한다.

② 식사는 소량씩 1일 5~6회로 나누어서 한다.

③ 단순 당질은 되도록 삼가고 고단백질이 함유되도록 하며, 중정도의 지방을 공급하되 칼로리 함량이 너무 높지 않도록 한다. 또한 수용성 섬유소의 함량이 지나치지 않도록 한다.
④ 음식의 온도가 너무 뜨겁거나 차지 않도록 한다.
⑤ 식사 후 20분 내지 1시간 정도 누워 있으면 소화속도가 늦어져 증상이 경감된다.
⑥ 시간이 경과하면 우유를 시도하여 유당불내증이 있는지 확인한다.
⑦ 지방 소화 장애로 열량이 부족할 경우는 중쇄지방산 제품의 사용을 시도한다.
⑧ 위의 많은 부분을 절제한 경우는 필요에 따라 비타민 정제를 공급하고 비타민 B_{12}를 한 달에 1회 100㎍ 정도 주사하여야 하고, 엽산 정제 섭취가 필요한 경우가 많다. 위액 분비가 적어지면 철 흡수에 장애가 오게 되므로 철 공급이 필요할 수 있다.

이외에도 심한 식욕불량이 있는 경우가 많으므로 적절한 식사요법을 시행하여야 하고, 경우에 따라서는 소장 경관급식이 필요하다.

4) 췌장암

췌장암은 조기 발견이 어려워 초기 진단 시에 이미 진행이 심한 경우가 많고 영양문제도 심각하다. 복부통증, 섭식장애, 구토증 등이 주요증상으로, 체중손실이 일어난다. 담즙 분비 장애가 흔하게 일어나 지방과 지용성 비타민의 흡수장애가 온다. 췌장암 환자의 10~12%에게서는 당뇨증이, 10~35%에서는 고혈당이 관찰된다.

췌장절제는 만복감, 장 통과시간 단축 및 설사 등을 일으키고 따라서 식사 섭취량이 감소한다. 흡수불량 및 당내성 감소는 영양불량을 더욱 악화시키고 췌장 소화효소량 감소가 심한 경우에는 매 식사시 효소를 공급해야 한다. 열량 공급을 위해서는 올리고당을 사용하는 것이 도움이 되고, 적은 양의 식사를 자주 하도록 하며 당내성을 수시로 검사해야 한다. 영양불량이 심각한 경우에는 밤 시간에 경관급식을 이용하는 것도 도움이 될 수 있다.

5) 대장암

대장 절제는 환자의 영양상태에 큰 영향을 미치지는 않고, 수술 직후 짧은 기간 동안 설사를 유발할 수 있다. 설사를 완화시키기 위해서는 자극성이 있는 음식을 피하는 것이 도움이 된다. 대장 종양이 발생한 경우에 소장을 절제하는 경우는 드물지만 전이가 있는 경우 소장 하부의 일부가 손상되거나 절제되는데, 이때 각종 영양문제가 발생할 수 있다. 특히 비타민 B_{12} 결핍, 담즙염 손실, 신결석, 칼슘 및 마그네슘 손실, 지방 및 지용성 비타민 흡수불량 등이 수반됨을 고려하여 식사관리를 시행하여야 한다.

이외에 병의 진행 정도, 수술부위, 치료 방법 등에 따라 간, 폐, 심장, 신장 등에 장애가 오게 되는 경우가 있으므로 각각의 경우 적절한 식사요법의 시행이 필요하다.

6. 증상별 식사관리

1) 거식증이 있는 경우

양이 적으면서 영양소 함량이 높은 식품을 선택하고 식사 사이에 간식을 공급하며 천천히 먹도록 한다. 필요하다면 식욕을 자극할 수 있도록 소량의 알코올 등도 사용할 수 있다. 간식을 상시 준비하고, 싫어하던 음식이 좋아지기도 하므로 식사 섭취량을 증가시키기 위해 싫어하던 음식을 시도해 볼 수도 있다. 시간에 맞추어 식사를 하는 습관을 갖도록 하고 잘 먹는 사람을 친구로 두는 것도 식사 섭취량을 증가시키기 위한 하나의 방법이다.

2) 배가 더부룩한 경우

소량씩 자주 섭취하고 지방이 많은 식품을 피한다. 식사시 물이나 음료수를 함께 마시지 않도록 하며 영양밀도가 높은 음료수를 선택하도록 한다.

3) 구토증이 있는 경우

소량씩 자주 섭취하고 음식 조리시 냄새가 많이 나지 않도록 한다. 식사 전에 산책을 하면 메스꺼움이 덜하며, 지방이 많거나 지나치게 단 음식은 피한다. 더운 음식보다는 찬 음식이 자극이 적다. 이른 아침에 메스꺼움증이 있는 경우에는 크래커, 토스트 등의 마른 음식을 시도해 보고 심할 때는 식사시간을 조금 늦춘다. 증상이 나아지면 소량의 주스나 기타 탄산음료 등으로 식사를 시작해 본다. 구토증이 심할 때는 좋아하는 음식을 피하여, 후에 그 음식에 대한 거부감이 없도록 한다.

4) 미각이 둔화된 경우

향신료를 사용하여 맛을 내고, 지나치게 뜨거운 음식은 피하되 음식의 온도를 상온과 비슷하게 하여 제공한다. 단과일이나 꿀을 이용하고 육류보다는 생선, 계란, 유제품, 두부 등의 단백질을 이용한다. 물, 차, 과일주스 등으로 자주 입안을 헹궈 구강 내의 이취를 없애도록 한다.

5) 구강건조증이 있는 경우

수분을 자주 공급하고 사탕을 자주 섭취하여 침이 마르지 않도록 하고, 규칙적으로 구강세척제로 씻어내는 것도 도움이 된다. 뜨거운 음식이나 음료 등은 피하고 실온 정도의 음식을 먹도록 하며, 입안의 이물질을 제거하고 입안을 촉촉하게 유지하도록 한다.

6) 구강 및 후두 통증이 있는 경우

부드럽고 수분이 많은 음식을 공급하고, 영양밀도가 높은 음료수를 자주 사용한다. 짜거나 맵거나 뜨거운 음식을 피하고 수분은 빨대를 이용하여 섭취하도록 한다.

7) 저작이나 연하가 곤란한 경우

연식, 유동식, 액체식을 이용하고 소량씩 자주 공급한다. 영양밀도가 높은 음료수를 사용한다.

8) 설사를 하는 경우

섬유소가 적고 수분이 많은 식사를 제공한다. 수분공급을 충분히 해주되 식사 할 때보다는 식사와 식사 사이에 공급을 하도록 한다. 소량씩 자주 섭취하도록 하며 뜨겁거나 찬 음식보다는 상온의 음식이 좋다. 바나나, 밥, 애플소스, 토스트, 차 등을 이용해 본다.

9) 영양 흡수불량이 있는 경우

저지방, 저섬유소, 무유당식을 사용하고 필요에 따라 경관영양이나 정맥영양을 사용한다.

7. 정상적인 식사가 불가능한 환자를 위한 영양중재

1) 영양중재의 의의

말기 암 환자와 임종을 앞 둔 환자의 경우 영양공급 및 수분공급이 갖는 의미는 그 동안 많은 논의의 대상이 되어 왔다. 무엇보다도 가장 중요한 것은 환자의 삶의 질 향상에 있으며 환자의 의사를 충분히 수용하여야 한다. 환자의 삶의 질은 신체적 증상의 완화 뿐 아니라 신체의 기능 수행 및 정서적 안정 등을 포괄적으로 고려해야 한다. 그러나 대개의 경우 환자 또는 그 가족들은 영양공급이 갖는 의미를 정확히 이해하고 있지 못하는 경우가 많으며 이를 해결하기 위해서는 의료진과 환자 또는 그 가족 간에 충분한 의견 교환이 이루어져야 할 것이고 환자 개인별 영양중재에 대한 선택이 이루어져야 한다. Chiu 등 (2004)이 보고한 자료에 의하면 197명의 말기 암 환자 중 122명의 환자가 경장영양 또는 정맥영양을 공급받기를 희망하는 것으로 나타나 많은 환자들이 이러한 형태의 영양공급을 통해 심리적인 위안을 받기 원하는 것으로 보인다.

그러나 현재 통증완화처치시 영양중재는 중재를 통해 얻는 이익이 중재하지 않았을 때 보다 많을 때에만 실시하는 것을 원칙으로 하는 경우가 많다. 특히 말기 환자인 경우에는 암 악액질이나 탈수 증상 자체가 환자에게 고통을 주지는 않는 것으로 보고된 바 있다. 영양중재는 의료중재와 달리 환자들과 가족들이 쉽게 접할 수 있는 부분으로 보통은 의료진의 권고를 받아들여 영양중재를 중단하는 데에 동의하기가 매우 어렵다. 그러나 현재로써는 특히 정맥영양을 통한 영양공급이 환자의 삶의 질을 조금이라도 향상시킬 수 있다는 근거가 있는 경우에만 사용하도록 하는 것을 원칙으로 하고 있는 곳이 많다.

2) 경장영양 Enteral nutrition과 정맥영양 Total parenteral nutrition

말기 암 환자의 50%정도는 식품과 수분의 공급이 저하되어도 배고픔을 느끼거나 갈증을 느끼지 않는다고 한다(McCann 등, 1992). 경장영양과 정맥영양의 주요 목적은 환자의 영양상태를 호전시키고 영양실조에 의해 나타나는 증상을 완화하는데 있다. 이러한 인공적인 영양공급이 필요하다고 판단되는 환자의 경우 장기 기능에 장해가 있는 경우를 제외하고는 경장영양을 권장한다. 경장영양을 공급히는 경우 환자가 깨이있을 수 있는 시간이 길어지고 구역질 증상이 완화되며 환자와 그 가족들에게 심리적인 안정감을 줄 수 있다는 장점이 있다. 그러나 설사와 변비가 초래되거나 기도흡인으로 인한 폐렴과 기타 감염이 위험성이 증가할 수도 있음을 숙지하여야 한다.

정맥영양의 경우 영양상태 호전을 가져오기 위해서는 상당한 기간 동안의 영양공급이 이루어져야 하고 따라서 환자의 수명이 그리 길지 않은 경우는 정맥영양의 효과를 보기 어려울 수 있다. 그러나 암 조직의 성장으로 인한 사망보다 영양실조로 사망할 위험이 더 큰 환자의 경우는 정맥영양 공급이 생존기간 연장에 도움이 될 수 있다. 따라서 정맥영양 공급은 모든 말기 암 환자에 일괄적으로 적용되어야 하는 치료의 한 부분이라기보다는 환자 개인 별 필요에 따라 활용되어야 하며 특히 환자나 가족들의 심리적인 안정만을 고려하여 사용되지 않도록 한다.

3) 수분 공급 Hydration

정맥을 통한 수분공급은 탈수로 인한 각 종 증상들을 완화시킬 수 있다. 구강건조증이나 갈증은 수분공급과 무관한 것으로 보이나 메스꺼움은 하루 1L 정도의 수분을 공급한 경우 완화되는 것으로 나타났다(Ripamonti 등, 2000 : Mercadante 등, 2000). 그러나 catheter가 이미 삽입되어 있지 않은 환자의 경우는 피하주사를 통한 공급hypodermoclysis도 가능하다. 밤 동안 약 1~1.5L 정도의 전해질을 함유한 식염수 공급이 적당하며 나트륨이 과하게 공급되지 않도록 전체 용액의 2/3는 5% dextrose 용액으로 대체할 수도 있다. Anticholinergic drug류는 구강건조증을 유발할 수 있으므로 이 경우에는 수분으로 자주 입술을 축여주고 입술에 수분을 공급할 수 있는 윤활제를 발라주는 것도 효과적이다.

Chapter 15

식품 알레르기

학습목적

식품 알레르기의 원인이 되는 식품의 특성을 이해하고,
알레르기 질환환자의 식사요법을 학습한다.

학습목표

- **알레르기의 원인 및 진단**
  - · 식품 알레르기의 일반적인 원인 및 증상에 대해 학습한다.
  - · 다양한 알레르기 진단법을 이해한다.
- **알레르기의 식사요법**
  - · 알레르기의 식사요법의 원칙을 이해한다.
  - · 알레르기의 원인 식품과 그 식품들의 유사식품으로 대체하는 방법을 안다.
  - · 식품 알레르기의 종류에 따른 식사요법을 학습한다.

Chapter 15. 식품 알레르기

알레르기의 원인, 증상 및 진단

1. 식품 알레르기의 정의

알레르기를 일으키는 물질을 항원antigen 또는 알레르겐allergen이라고 하며, 항원이 체내에 침입했을 때 이에 대항하는 몸 안의 물질을 항체antibody라고 한다. 항체가 생긴 후 다시 동일한 항원이 들어오면 이미 형성된 항체에 항원이 결합하면서 항원 · 항체반응이 일어나게 되는데, 이 항원 · 항체반응이 신체에 미치는 영향 중에서 병적인 증상을 나타내는 것을 알레르기라고 정의한다. 알레르기의 원인이 되는 알레르겐으로는 흡입성 알레르겐(실내 먼지, 진균 등), 식품 알레르겐(우유, 달걀 등), 접촉성 알레르겐(화장품, 화학 약품 등), 약물 알레르겐(페니실린, 설파제 등) 등이 있다. 식품 섭취로 인한 유해한 신체 반응은 면역 반응(식품 알레르기)과 비면역 반응(식품 불내증 food intolerance)의 두 가지로 나누어진다. 식품 알레르기는 특정 식품의 섭취로 인해 유발되는 신체의 면역 반응을 의미하며, 위장 발달이 미숙한 영유아나 아동의 경우 단백질 분해 과정에서 생긴 화합물의 흡수가 잘 되어 항체가 자주 생기므로 흔히 발생하고, 나이가 들수록 발생 빈도가 감소한다.

2. 식품 알레르기의 원인

1) 알레르기 반응

신체는 큰 분자 화합물, 특히 단백질과 같은 물질이 체내에 들어오면 이것에 대해 항체를 만든다. 이때 자극의 원인이 되는 물질은 항원으로 작용하고 항원에 대항할 항체를 만들어 항원·항체반응의 결과로 피부, 호흡기, 위장관, 심혈관계 등에 영향을 미친다. 알레르기 반응은 항체 의존적인 Type I, II, III와 T세포 의존적인 Type IV의 4가지로 분류된다〈표 15-1〉. IgEImmunoglobulin E가 관련된 갑작스런 과민반응(Type I)은 가장 보편적인 알레르기 반응으로 그 체계가 잘 알려져 있다. 알레르기원이 IgE와 결합하면 히스타민, 세로토닌, 키닌 등의 화학적 중재물질mediator이 분비되는데, 이 분비물들은 통증이나 연근육의 수축, 혈관 확장, 점액 분비 또는 염증성 세포들을 자극한다. IgE 관련 알레르기 반응은 식품 알레르기에 있어 중요한 부분을 차지하고 그 증상은 주로 몸 전체나 피부, 위장, 호흡기에 나타난다. Type III 반응인 항원·항체 복합물이 식품 알레르기 관련 염증과 관련이 있는데, 복강질환이나 대장염, 출혈을 동반하는 장염, 흡수 불량, 궤양, 만성 폐렴 등도 이에 포함된다. 세포 과민 반응(Type IV)은 복강질환, 단백질 저하, 장질환, 호산구, 소화기 질환 또는 궤양성 장염과 같은 복강 내 장질환과 관련이 있다.

2) 과민성 체질

알레르기 반응이 일어나는 정도는 항원이나 항체의 종류, 개인의 특성에 따라 다를 수 있다. 알레르기를 일으키기 쉬운 사람의 체질을 과민성 체질 또는 특이 체질이라고 하며 유전성으로 알려져 있다. 또한 유전적 요인 이외에 외

표 15-1 알레르기 반응의 형태

반응 분류	과 정	비 고
Type I 갑작스러운 과민반응, 과민성 IgE 반응, reaginic reaction	알레르기원은 mast cell(위장이나 피부, 호흡기관 등에 있는 특정 기능의 과립형 세포)나 ba-sophils(피 속에 있는 유사한 세포)에서 정화된 IgE 항체와 결합한다. 이로 인해 mediator(histamine eosinophilic chematactic factor, bradykinin 등)가 분비된다. IgG도 이 반응에 관여하는 것으로 확인되었다.	건초열, 과민증이나 대부분의 음식 알레르기가 여기에 해당된다. 증상은 곧바로 일어나거나 2시간 이내 일어난다. 음식에 대한 반응은 후두 수종, 구토, 설사, 습진, 통증, 기관지 경련, 쇼크 등의 증세를 동반할 수 있다.
Type II 세포 파괴	IgG 항체가 세포막 자체나 항원을 포함한 세포막과 반응한다.	다른 혈액 종류를 수혈 받았을 때 나타나며 음식 관련 반응은 보인 바 없다.
Type III 항원/항체 복합물, arthus reaction	"precipitating antibody"라 불리는 복합물에서의 항원과 항체(IgG와 IgM). 항원/항체 복합물이 혈관, 폐, 신장 등의 여린 조직에서 발생하면 Arthus reaction이라 하며, 복합물이 순환하면 혈청 질환이 된다. 몇몇 경우 보완물도 활성화된다.	일부 음식 반응에서 나타난다. 만성 호흡기 감염 증세 아동들 중 일부는 폐에서 우유 침강소가 발견되었고 위장병자 중 일부는 GI 조직이 발견되었다. 보통 반응은 나타나는 데 6시간 이상 걸리며 임상적으로 판명되려면 며칠이 걸릴 수도 있다.
Type IV 과민반응 지연, 세포 과민반응	T 세포가 직접 항원과 반응한다.	장기 이식 때 거부반응의 전형적인 경우다. 단백질 감소 장질환 같은 음식 알레르기와 관련 있을 수 있다.

적 환경요인에 의해서도 영향을 받을 수 있는데, 유전적 요인을 가진 사람이 여러 가지 환경에 반복해서 접촉하거나 자극을 받으면 특정 물질에 알레르기 반응을 일으킬 수 있다. 알레르기 발생 소질이 강한 사람일수록 질환의 발병률이 높고 발병 연령도 낮아 영유아기에 발병한다.

3) 스트레스 및 영양상태

알레르기는 자율신경과 밀접한 관계가 있어서, 자율신경이 불안정하거나 부교감신경의 긴장이 쉽게 항진하는 경우 식사성 알레르기가 잘 발생하며 스트레스와 밀접한 관련이 있다. 신체가 어떤 질병에 이환되어 면역 능력이 저하되거나 영양 불량 상태인 경우 항원의 침입에 대하여 쉽게 알레르기 현상이 나타나게 된다.

3. 식품 알레르기의 증상

식품 알레르기의 증상은 〈표 15-2〉에서 보는 바와 같이 음식 섭취량과 항원의 종류, 해당 기관의 민감도 등에 따라서 다르게 나타날 수 있다. 소화기관의 증상이 주로 나타나고 그 다음으로는 피부, 호흡기 순이다. 주요 증상은 복통, 구역질, 산소 결핍, 혈압 강하, 혈관 부종, 흉통, 두드러기, 설사, 쇼크 등이고 심하면 사망할 수도 있다. 음식을 먹은 후 알레르기 발병 시기는 갑작스러울 수도 있고(2시간 이내), 중간 정도(2시간에서 24시간)일 수도 있으며, 느릴 수(24시간 이상)도 있다. 대부분의 보고된 식품 알레르기 반응은 식품섭취 후 2시간 이내에 나타난 것이다.

표 15-2 식품 알레르기의 증상

위장	호흡기	몸전체	피부	논란이 있거나 증명되지 않은 것
복부통증	비염	과민증	두드러기	행동장애
메스꺼움	천식	혈압저하-심전도의 율동부정 (dysrhythmia)	습진	긴장-피로증후군(tension-fatigue syndrome)
구토	기침		혈관부종	주의력결핍 과잉행동장애
설사	우유로 유도된 호흡기질환 (Heiner's syndrome)		홍징, 홍반 (피부염증)	중이염
장출혈	기도 조여짐 (airway tightening)		안면홍조	정신적, 신경적, 근육과 뼈 이상
단백질 저하				편두통
장질환				
입과 식도의 가려움증				

4. 알레르기의 진단

식품 알레르기에 대한 진단 기준은 확립되지 않았기 때문에, 알레르기 환자의 숫자 집계는 학자마다 나라마다 큰 차이를 보인다. 식품 알레르기를 진단하는 첫 번째 단계는 식사력과 기호 등을 조사하고, 증상들이 일어날만한 다른 원인들을 제거하기 위한 검사를 시행하는 것이다.

1) 식사력 조사

알레르기 증상이 나타나기 3, 4일 전부터 섭취한 모든 음식과 조리법, 그리고 식사 후의 이상 유무를 자세히 기록해보면 진단에 도움이 된다.

2) 기호 조사

싫어하는 음식이나 과거에 알레르기를 일으킨 음식에 의해 일어났던 증세 등을 조사한다.

3) 항원 시험 식사

의심되는 여러 종류의 식품을 제한한 뒤 차츰 한 가지씩 제한을 풀어주는 방법(배제 식사요법elimination diet), 특히 의심되는 식품들을 돌아가면서 제한하는 방법rotation diet, 저알레르기 식단으로 시작하여 덜 의심되는 식품을 추가해 가는 방법(식품 도전 검사food challenge test) 등이 식품 알레르기 진단 및 치료에 흔히 이용되고 있다. 제거식이나 식품 챌린지 검사의 경우, 의심이 되는 식품을 2주 동안 섭취하지 않고 증상이 사라지면 의심되는 식품을 한번에 하나씩 추가하여 정상 섭취량까지 양을 증가시키거나 또는 증상이 나타날 때까지 양을 증가시켜 검사하게 된다.

4) 피부단자검사

피부단자 검사는 의심되는 알레르기 원인물질을 소량 피부에 놓은 후 바늘이나 기구로 표피에 상처를 만들어 피부 표면 안으로 들어가도록 하여, 반응을 살펴보는 방법이다. 반응은 붓거나 빨갛게 나타나는데 알레르기 반응이 있을 때 20분 내에 물질을 놓은 표면에 반응이 나타나게 된다. 이 검사는 문제가 아닌 식품을 골라낼 때에는 95%의 적중률을 보이나, 실제 알레르기의 원인이 되는 식품을 골라내는데는 50% 정도의 성공률을 보여 문제식품을 진단하는데 충분하지 못할 수도 있다.

알레르기의 식사요법

1. 알레르기 유발 음식

알레르기는 아무 음식으로나 발생이 가능하지만 가장 일반적인 식품 알레르겐은 고단백 음식, 견과류, 생선류 등이다. 또한 우유, 계란, 어패류, 콩류, 옥수수, 쌀, 호밀, 견과류, 새우, 닭고기, 칠면조고기, 돼지고기, 쇠고기, 바나나, 배, 감자 등도 알레르겐이 된다. 생물학적으로 같은 종류의 음식끼리는 항원의 교차 반응이 나타날 수 있는데, 예를 들면 우유 알레르기인 사람은 염소젖에도 알레르기를 보일 수 있다. 꽃가루에 알레르기가 있는 사람은 수박에도 있을 수 있으나 관련 모든 음식에 알레르기가 발생하리라 볼 수는 없다. 또한 콩류인 땅콩과 콩 사이에는 임상적으로 명백한 교차 반응이 드물어 각각의 음식에 대한 알레르기 반응은 따로 조사되어야만 한다. 콩, 목화씨, 땅콩, 옥수수에 민감한 사람은 콩기름, 목화씨 기름, 땅콩기름, 옥수수 기름에는 별 문제가 없으나 심한 과민증 경험이 있는 사람은 주의가 요구된다.

2. 알레르기의 식사요법

1) 일반 식사요법

알레르기 환자의 경우 알레르겐에 따라 식사 조절을 달리해야 하며, 개개인의 감수성 정도가 다르므로 일률적인 식단 작성보다는 식사요법 사용시 과민성 식품의 제거, 유사 식품으로의 대체, 조리 방법의 변형 등이 고려되어야 할 것이다. 환자의 식사 지도로는 과음, 과식은 과민성을 유발하기 쉬우므로 피하게 하고, 특히 고단백질 식품과 알코올 음료의 과식을 하지 않도록 한다. 알레르기 치료에는 비타민 B complex, 비타민 C가 효과가 있으므로 신선한 과일과 채소를 충분히 섭취하도록 한다. 칼슘은 알레르기성 질환에 유효하므로 충분히 섭취하도록 하며 음식의 맛은 싱겁고 맵지 않게 하고, 향신료나 자극적인 조미료 사용은 금한다. 커피, 차, 콜라 등의 음료 섭취는 금하며 소화가 어려운 식품, 장내 가스 형성 식품 섭취를 금하고 규칙적인 식생활을 유지하도록 한다.

2) 식품 알레르기의 종류에 따른 식사요법

(1) 우유 과민반응cow's milk sensitivity

우유에는 약 20여 종의 단백질이 있으나 그 중 락토알부민, 카제인, 혈청알부민, 글로불린 등이 알레르기를 일으킨다. 우유 과민반응은 영아에서 흔히 볼 수 있는데 이때는 우유 단백질을 완전히 금할 뿐 아니라 치즈, 버터 등 우유를 기본 재료로 하는 식품 모두를 제한해야 한다. 대부분의 우유 과민증상은 2세가 되기 전에 자연스럽게 사라지는데, 그 이유는 유아의 면역계나 소화계가 성숙되었기 때문인 것으로 보인다. 그러므로 의사와 영양사는 매 6개월마다 우유 과민증에 대한 재평가를 실시하도록 해야 한다.

(2) 계란 알레르기egg allergy

계란의 알레르겐은 흰자에 포함되어 있으나 노른자의 단백질에 있는 IgE 항체에 의해 상호 작용이 이루어지므로 계란 알레르기의 경우 흰자와 노른자 모두 제외할 필요가 있다. 계란은 음식 조리과정에서 많이 이용되고 있으므로 조리된 음식을 먹을 때 주의 깊게 살펴보는 것이 필요하다.

(3) 어패류 알레르기fish or shellfish allergy

패류에 의한 알레르기는 갑각류(새우, 게, 가재 등)와 연체 동물(대합, 굴, 가리비 등)이 흔한 원인이다. 어패류는 단백질의 중요한 급원이므로, 어패류 제한시 환자의 영양소 섭취가 적절한지 주의 깊게 평가해야 한다.

(4) 땅콩 및 대두 알레르기peanut & soy allergy

땅콩 과민증인 사람 중에 호두, 잣, 아몬드 등의 견과류는 알레르기를 일으키지 않는 경우도 있으므로 조리시 이러한 견과류를 이용할 수 있다. 대두는 많은 가공품에 포함되어 있으므로 식사에서 대두를 완전히 제외시키기는 쉽지 않다. 그러므로 정기적으로 영양 섭취 상태를 평가하고 필요한 경우 보충식을 권해야 한다. 외식의 경우 땅콩 및 대두를 많이 함유하고 있어서 문제가 많으며, 인스턴트 식품, 편의 식품 등에도 대두 추출물이 많이 포함되어 있어 주의해야 한다. 또한 식품 성분에 '식물성 단백질'이라고 쓰여 있다면 대두가 포함될 확률이 크므로 주의해야 한다.

(5) 살리실산 및 타트라진 과민성

살리실산은 자연 식품, 특히 과일과 채소에 많은 편이며 이외의 급원으로는 아세틸 살리실산(아스피린이나 아스피린을 함유한 약제에 포함)과 메틸 살리실산 또는 살리신(식품, 약제, 화장품에 첨가되는 wintergreen 또는 mint향) 등이 있다.

타트라진(FD & Yellow No.5)은 식품, 약제, 화장품에 사용되고 있는 공인된 염료다. 1980년대부터 이 염료가 함유되면 제품에 명시하도록 되어 있다. 저살리실산 및 타트라진 제외 식사는 과일과 채소의 제한으로 영양섭취가 부족할 수 있으므로 장기간 사용할 경우 복합 비타민(살리실산과 타트라진이 함유되지 않은)을 보충하는 것이 바람직하다.

(6) 아황산염 알레르기sulfite allergy

아황산염은 식품이 변색되는 것을 막거나 미생물 증식을 방지하고 질감 향상, 표백, 항산화 등을 위해 음식이나 음료에 널리 쓰이고 있다. 미국에서는 천식 환자에게 특히 민감도가 높아 3~8% 정도 아황산염 알레르기가 발병되는 것으로 알려져 있으며, 아황산염이 방부제 용도로 포장 음식, 술, 음료 등에 10ppm 이상 함유되면 그 사실을 포장에 명시하도록 하고 있다.

(7) 기타

일부 사람들에게 모노소듐 글루타메이트MSG 과민성이 나타난다. 증상으로 가슴이 답답하거나 후덥지근하고, 몸이 쑤시거나 손발이 뻣뻣하고 힘이 없으며, 두통, 얼굴 붉어짐, 심장 두근거림, 그 외에 심한 천식성 발작이 보고되지만 흔하지는 않다. 곰팡이, 페니실린 과민 반응의 경우 모든 유제품의 섭취를 금하는데 이는 유선염이 있는 소에게 주입된 페니실린이 우유를 오염시킬 수 있고, 우유 가공 처리과정에서도 그 페니실린이 완전히 처리되지 않기 때문이다. 곰팡이가 포함된 식품은 버섯류와 같은 곰팡이 식품, 곰팡이 첨가 식품(치즈, 사워 크림, 버터 밀크, 베이컨, 소시지, 햄 등), 곰팡이 배지 식품(잼, 젤리, 홍차, 향신료) 등이 있는데 이를 배제한 식사는 칼슘 섭취가 권장량에 비해 부족할 수 있으므로 장기간 조절시 칼슘 보충이 필요하다.

Chapter 16

선천성 대사 질환 및 신경계 질환

학습목적

선천성 대사 질환과 간질의 임상적 특징을 이해하고,
이들 질환 환자의 영양평가 시행 결과에 따른 식사요법을 학습한다.

학습목표

- **선천성 대사질환의 특성과 식사요법**
  - · 페닐케톤뇨증, 단풍당뇨증, 갈락토오스혈증 등 선천성 대사 질환의 임상적 특징과 식사요법을 안다.
- **간질의 식사요법**
  - · 간질의 식사요법의 원리를 안다.

Chapter 16. 선천성 대사 질환 및 신경계 질환

선천성 대사 질환

선천성 대사질환은 DNA 자체의 이상이나 m-RNA가 DNA의 정보를 판독할 때 필요한 조절유전자의 이상으로 생성된 비정상적 효소 때문에 영양소 대사가 장애를 일으키는 질환이다.

선천성대사질환을 가진 유아나 어린이는 의학 특히 검사의 발달로 점차 증가추세에 있으며, 우리나라에서 발병이 증가하고 있는 선천성 대사질환의 종류로는 페닐케톤뇨증, 당원병, 유기산뇨증, 요소회로이상, 갈락토세미아, 단풍당뇨증, 호모시스틴뇨증 등이 있다(표 16-1 참조). 2006년부터 우리나라에서는 페닐케톤뇨증, 갑상선기능저하증, 갈락토오스혈증, 호모시스틴뇨증, 단풍당뇨증과 선천성 부신과형성증 등 6종의 선천성 대사질환에 대하여 국고에서 지원하여 선별검사를 받도록 하고 있다.

표 16-1 우리나라에서 발병이 증가하고 있는 선천성 대사질환의 종류 및 증상

질병	결함 효소	임상 증상
아미노산 대사장애		
페닐케톤뇨증 (phenylketonuria)	phenylalanine hydroxylase	색소결손, 정신박약
단풍당뇨증 (maple syrup urine disease)	branched-chain keto acid decarboxylase	경련, 산독증, 구토
호모시스틴뇨증 (homocystinuria)	cystathionine synthase	정신지체, 수정체의 편위, 골격기형
유기산뇨증 (methylmalonic aciduria)	methylmalonyl-CoA mutase or similar	대사적 산독증, 구토, 발작, 혼수, 종종 사망
요소회로이상 (urea cycle disorders)	carbamyl-phosphate synthetase	구토, 발작:종종 혼수, 사망 생존자들은 보통 정신지체
당질대사 장애		
당원병 (glycogen storage disease)	glucose-6-phosphatase	저혈당 , 간종대
갈락토오스혈증 (galactosemia)	galactose-1-phosphate uridyl transferase 등	구토, 간종대, 백내장

일부의 선천성 대사질환은 출생 직후 치명적인 상태가 되기도 하고, 뇌와 장기에 손상을 일으켜 심각한 중추신경계의 기능장애를 초래하기도 한다. 남아있는 효소의 활성에 따라 발견되는 시기가 다르므로 선천성 대사질환의 치료와 평가에 대한 지식과 경험을 가진 치료진의 주도하에 재빨리 발견하여 치료하는 것이 정상적인 회복을 위해 매우 중요하다.

선천성 대사질환의 임상영양 치료 목적은 결함이 있는 경로가 생화적으로 평형을 이루고, 정상적인 성장과 발달, 그리고 사회적 · 정서적 발달을 위한 적정 영양소를 공급하는 것이다. 이를 위한 영양중재방법은 결핍되거나 활성

이 없는 효소를 외부에서 공급하거나 기질을 제한함으로써 질환으로 인한 영향을 경감시키는 것이다. 즉 기질(A)의 양을 제한하거나, 생성물(B)을 보충하거나, 보조인자(C)를 보충하거나 또는 이상의 방법을 2, 3가지 병행하여 치료를 실행한다(그림 16-1 참조).

그림 16-1 선천성 대사질환의 병리

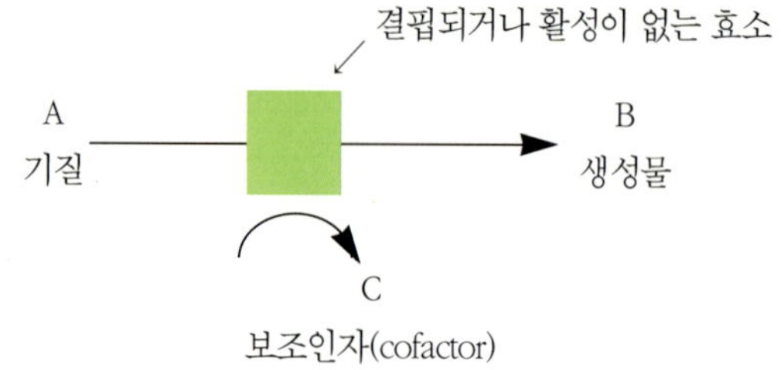

이들 질환에 대한 대책으로는 어떠한 약보다도 식이조절이 중요하다. 이들에 대한 영양지원은 각 질병에 따라 이론적으로는 쉽게 영양지원 방법을 생각할 수 있으나 실제에 있어서는 일반식이로는 거의 불가능하며 특수한 식이를 공급하여야 한다. 특히 출생 직후 증세가 나타나는 선천성대사질환아의 경우 이들을 위한 특수분유는 생명과 직결된다 할 수 있다. 또한 에너지, 단백질, 비타민이나 무기질을 충분하게 섭취하지 못하면 성장 발달에 지장을 받게 되고, 제한하여야 할 영양소의 과다 섭취시에는 신경학적 손상이 초래되는 경우가 있기 때문에 식사관리시 식사내용에 대한 정확한 계산이 매우 중요하다. 진찰을 할 때마다 키와 체중 측정, 식사력 조사뿐만 아니라 급식상의 문제나 식사조절을 하는데 방해가 되는 특별한 식습관에 대해서도 각별히 관심을 쏟아야 한다.

각 질병마다 영양지원의 기본적인 원리는 있으나 실제로 각 환아에 대한 영양지원은 문제되는 효소의 남아있는 활성정도에 따라 각기 개별적으로 취급되어져야 한다.

1. 페닐케톤뇨증 phenylketonuria

(1) 원인

페닐케톤뇨증phenylketonuria, PKU은 필수아미노산인 페닐알라닌을 티로신으로 전환시키는 역할을 하는 효소인 페닐알라닌 수화효소phenylalanine hydroxylase가 선천적으로 결핍되거나 불활성화되어 혈중 또는 요중에 페닐케톤체가 현저히 증가되는 질환이다.

(2) 증상

PKU 환아에서 페닐알라닌이 티로신으로 대사되지 못하여 전환된 페닐케톤체가 체내에 증가하면 뇌발육이 방해를 받아 정신발달 지체아가 되기도 하고 경련이 일어나기도 한다. PKU어린이의 지적기능 및 지능지수(IQ)는 PKU 진단연령과 영양적인 치료의 시작시기, 진행과정 중 가족의 협력, 생화학적인 조절에 따라 좌우된다. 만약 생후 4주 이내에 식사 치료를 받지 않으면 뇌가

그림 16-2 페닐케톤뇨증의 페닐알라닌 대사

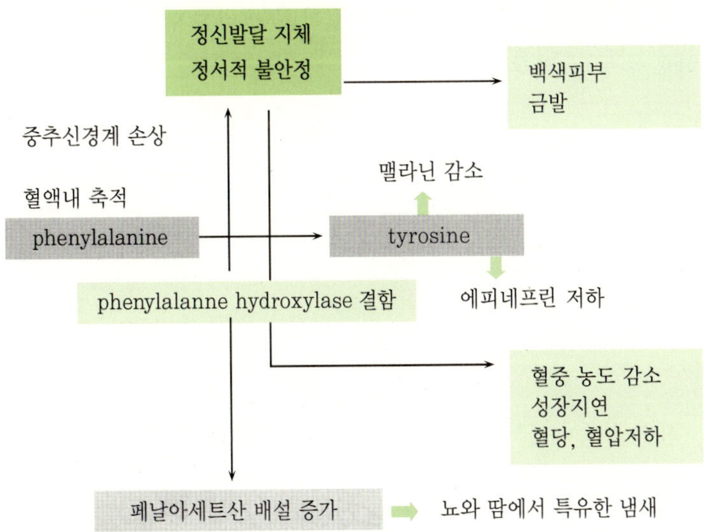

심하게 손상을 입어 중증의 정신박약이 되고, 이어서 지능지수가 평균 60이하로 낮아지게 된다. 또한 티로신의 합성 저하는 티록신 합성을 저하시켜 성장지연을 일으키기도 하고, 부신 수질 호르몬 합성 저하로 혈당이나 혈압이 저하되기도 하며, 피부와 털의 멜라닌 색소가 결핍되어 백색 피부나 머리카락이 금발이 되기도 한다. 페닐아세트산 배설 증가로 인해 뇨와 땀에서는 특유한 냄새가 나며 몸에서는 페닐케톤체의 생성으로 곰팡이 냄새가 난다.

(3) 식사요법

PKU 식사요법의 주된 목적은 페닐알라닌의 섭취를 제한하여 혈중 페닐알라닌 농도를 유지하고 혈액의 정상 티로신 농도를 유지하기 위해 필요시 티로신을 보충하여 대사상의 불균형을 조절하는 것이다.

뇌 발육이 왕성한 영유아기에는 페닐알라닌을 엄격히 제한하여, 혈중 페닐알라닌 농도를 2~10mg/dℓ로 유지하도록 한다. 대부분의 단백질 식품은 5%정도의 페닐알라닌을 함유하고 있으므로 단백질에서 페닐알라닌을 제거한 조제분유나 특수식품을 사용하여야 한다. 연령이 증가함에 따라 성장을 위해 저페닐알라닌 함유식품의 공급을 증가시키도록 한다.

페닐알라닌이 많이 함유된 식품으로는 모든 빵류와 달걀, 치즈, 말린 채소류 등이 있고 페닐알라닌이 소량 함유된 식품으로는 사탕, 젤리, 잼, 설탕, 시럽, 기름, 타피오카 등이 있다

2. 당원병glycogen storage Disease

1) 원인

당원병glycogen storage Disease, GSD은 글리코겐이 포도당으로 대사되지 못하여 간, 신장, 적혈구 등에 글린코겐이 비정상적으로 축적되어 일어나는 대사이상 질환으로 결핍 효소나 기능의 결함에 따라 제I형, IIB형, III형, IV형, VI형의 5가지 유형으로 분류한다(표 16-2 참조). 여러 가지 당원병 중 가장 일반적인

것은 제I형 당원병으로 이는 glucose-6-phosphatase의 결핍으로 글리코겐 전구체로부터 포도당 합성이 안 되는 당질 대사 이상증이다.

2) 증상

당원병의 가장 특징적인 증상은 간에서 포도당 생성 이상으로 저혈당이 나타나며, 간 및 신장 비대, 성장부진, 유산증lactic acidosis, 고요산혈증, 고지혈증, 골다공증, 성장지연 등의 증상이 나타난다.

표 16-2 당원병(GSD)의 분류, 증상 및 영양관리

유형	손상 경로	증상	영양관리
I	glucose-6-phosphatase의 결핍	저혈당, 성장지연, 고지혈증, 골다공증, 간종대, 대사성산증	고탄수화물식을 자주 섭취한다. 유당과 과당을 제한한다. 야간에는 경관급식이나 경구로 생옥수수 전분공급이 도움이 된다.
IIB	α1, 4-glucosidase의 활성 부족	근육쇠약, 근력 저하	단백질 섭취 증가가 도움이 된다.
III	Amylo-1, 6-glucosidase의 결핍	간비대, 고지혈증, 성장부진, 공복저혈당	식사구성 중 당질은 총 열량의 40-50%, 단백질은 20-25%, 지방은 25-35% 수준이 되도록 한다. 고단백식사를 소량씩 자주 섭취한다. 단순당질 섭취를 제한한다. 식사를 자주하여 저혈당을 예방한다. 야간에는 경관급식이나 경구로 생옥수수전분요법이 도움이 된다.
IV	hepaticphosphorylase의 활성 감소	간비대, 고지혈증, 성장부진,공복저혈당	저혈당증을 예방하기 위해 취침시 옥수수전분을 섭취하거나 지속적인 경관급식을 이용하는 것이 효과적이다.
VI	α1, 4-glycan 6-glycosyltransferase의 활성 부족	간기능 약화, 간경화, 성장부진, 복수, 문맥고혈압, 식도 정맥류	야간에는 경관급식이나 경구로 생옥수수 전분요법이 도움이 된다.

3) 식사요법

당원병 식사요법의 목적은 정상적인 혈당을 유지하여 정상적으로 성장발달할 수 있도록 영양상태를 유지하며, 체내 산증을 최소화하고, 고지혈증과 고요산혈증을 예방하는 것이다.

열량 요구량은 정상아와 동일하며, 저혈당을 예방하기 위해 식사는 3끼 식사와 2~3번의 간식으로 나누어 조금씩 자주 섭취하도록 한다. 열량은 낮 (총 열량의 65~75%)과 밤(총 열량의 25~35%)으로 나누어 공급한다. 급식방법은 환아의 적응도에 따라 다르지만 낮 시간 동안에는 2~3시간마다 고 탄수화물(특히 고전분식, 총 열량의 60% 이상) 식사를 옥수수 전분cornstarch 요법과 병행한다. 밤 시간에는 glucose polymer가 함유된 용액을 5-8 mg/kg/min씩 공급한다. 지나친 열량섭취는 비만이나 고중성지방혈증hypertriacylglycerolemia의 원인이 될 수 있으므로 주의한다.

탄수화물은 총열량의 60-70%를 공급하며 과당, 서당, 유당, 갈락토오즈 등의 단순당 섭취를 피하고, 복합 당질 형태로 자주 공급하여 정상적인 혈당농도를 유지시킨다. 4~6시간 간격 (매 식사 후 및 야간 : 하루 총 4~6회)으로 체중 1kg 당 1.25~2.5g의 생 전분(또는 polycose)을 물(물 : 생전분 = 2 : 1)이나 두유, 플레인 요구르트 등의 액체에 섞어 먹인다. 익힌 전분은 amylase에 의해 신속하게 가수분해되므로 혈당유지에 별로 도움이 되지 않지만, 생전분은 포도당으로 서서히 전환되므로 적절한 혈당유지에 도움이 되고, 정상적인 성장을 도모하며, 밤중의 nasogastric feeding을 대신할 수 있는 잇점이 있다. 실제 필요량은 혈당유지 상태에 따라 더 낮거나 높을 수 있고, 4개월 미만의 아기에게는 과량의 생 전분이 소화기 장애를 일으킬 수 있으므로 대체로 췌장 amylase의 활성도가 성인 수준이 되는 2세 정도부터 사용된다. 생 전분 필요량은 유아는 2g/kg/매회, 학령기 아동은 1.5g/kg/매회 정도이다.

지방은 총 열량의 25~35% 범위 내에서 공급하며, 가능한 포화지방산보다는 불포화지방산으로 섭취하고, 총열량의 최소한 3%는 linoleic acid로 준다. 단백질은 총 열량의 10~15%를 공급하며 추가적인 단백질 공급은 불필요하다. 고요산혈증, 신결석 등을 예방하기 위해 수분은 충분히 공급한다. 당원병의 식사에서는 영양적으로 크게 부족한 점은 없으나 과일과 우유 및 유제품의 섭취가 자유롭지 못하므로(표 16-3 참조) 종합비티민과 무기질의 보충이 필요할 수도 있다.

표 16-3 당원병의 허용식품과 제한식품

자유식품-일반적인 양	
음 료 레몬에이드, 인공감미 슈가프리 탄산음료(카페인 피함) **수 프** 맑은 고기수프, 묽은 고기수프 **조미료** 인공감미료 마늘, 양파, 고추 레몬, 식초 소금 파슬리 향신료 버터 허브 후추 향료	**소스류** 케첩 칠리소스 1큰술 핫소스 1큰술 스테이크 소스 간장, 해산물 소스 **기 타** 젤라틴(무가당 또는 인공감미한 것) 겨자 피클 샐러드드레싱 -무열량 -저열량(15칼로리까지) 무설탕 추잉껌 소량의 콘시럽 크렌베리류(무설탕) 생크림 1큰술

제한 식품	
케이크(포도당을 이용하지 않은 것) 사탕, 츄잉껌, 일반 코코아 커피쿠키(포도당을 이용하지 않은 것) 농축 우유 커스터드 또는 푸딩 도넛 튀긴 음식(허용된 지방을 사용하지 않은 경우) 가미된 롤빵 설탕으로 코팅된 시리얼 과일	과일주스 아이스크림 젤리 마멀레이드 우유 밀크셰이크 파이 청량음료(설탕이나 카페인 함유된 것) 설탕 시럽 차 꿀 당밀

〈출처〉 Nelson JK, 1994, 『Mayo clinic diet manual』.

3. 단풍당뇨증 maple syrup urine disease

1) 원인

단풍당뇨증 또는 측쇄 케토산뇨증branched-chain ketoaciduria은 루신, 이소루신, 발린 등의 측쇄 아미노산branched-chain amino acid, BCAA의 탈아미노화된 α-keto acid의 탈탄산 작용에 관여하는 branched-chain keto acid decarboxylase의 결핍으로 인하여 혈액 중에 branched-chain keto acid가 축적되어 나타나는 질병이다. 이 질병은 드물게 발생하는데 출생시에는 정상으로 보이나 유아의 혈액 중에 측쇄 아미노산 및 그로부터 만들어진 케토산이 증가해서 요 중에도 측쇄 아미노산이 대량으로 배설된다.

그림 16-3 단풍당뇨증의 측쇄아미노산 대사

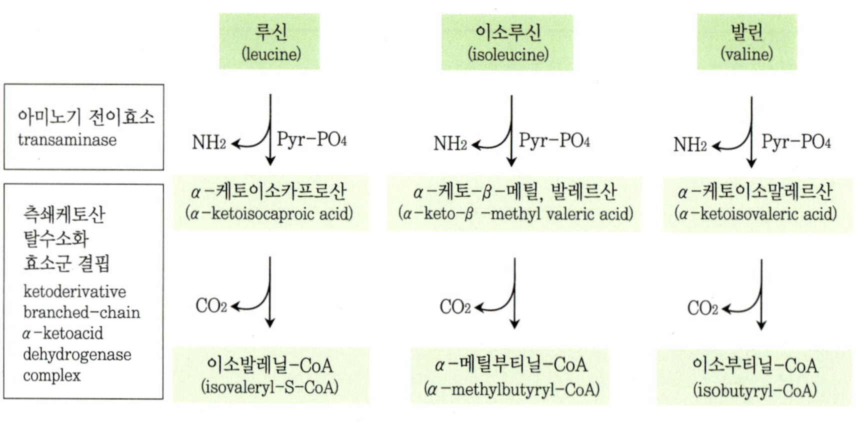

2) 증상

루신, 이소루신, 발린 및 각각의 α-keto acid의 혈액과 요중의 농도가 증가하며, 소변과 땀에서 특유의 단풍시럽 또는 카라멜과 같은 맥아당 단내(단풍시럽냄새)가 난다. 보통 생후 4~5일이 되면 포유 곤란, 구토 등의 증세가 발생하고, 무기력, 경련, 호흡곤란 등을 수반하며, 이러한 증상들이 치료되지 않으면 산독증과 감염, 중추신경계의 손상, 발작, 혼수에 이르고 결국은 사망하게 된다.

3) 식사요법

식사는 혈중 측쇄 아미노산(특히 이소루신) 농도와 어린이의 성장과 발달, 일반적인 영양요구량을 고려하여 루신, 이소루신과 발린을 제한한다. 보통은 성장과 발달에 필요한 측쇄 아미노산을 보강해주기 위해서 적절한 아미노산과 비타민 복합체를 함유한 조제식에 우유나 유아용조제분유를 소량 보충하여 사용한다. 식품군별로 함유되어 있는 상대적인 루신, 이소루신, 발린의 함량은 〈표 16-4〉에 제시되어 있다.

표 16-4 식품교환표의 측쇄 아미노산의 평균 영양조성

식품군	루신(mg)	이소루신(mg)	발린(mg)	에너지(kcal)
곡류	35	18	25	25
지방	10	7	7	70
과일	25	17	22	75
채소	30	22	24	15
우유	329	203	224	62

〈출처〉 Acosta PB, Yannicelli S, 2001, 『The Ross Metabolic Formula System: Nutrition Support Protocols』.

4. 갈락토오스혈증 galactosemia

1) 원인

갈락토오스혈증은 갈락토오즈뇨증과 함께 혈액 중 높은 농도의 갈락토오스

를 함유하고 있는 열성 유전성 대사질환이다. 이 질환은 간에서 갈락토오스가 포도당으로 전환되는데 필요한 효소(galactose 1-phosphate uridyl transferase 또는 galatokinase 등)가 선천적으로 결여되어서 갈락토오스와 갈락토오스 1-인산이 혈액 및 조직 중에 축적되어 중독증상을 일으키게 된다.

2) 증상

갈락토오스혈증의 증상은 생후 1~2주 이내에 식욕부진, 구토, 설사 등이 나타나고 이어서 황달, 간경변증, 백내장, 중추신경장해로 인한 지능저하를 보인다.

그림 16-4 갈락토오스혈증의 갈락토오스 대사

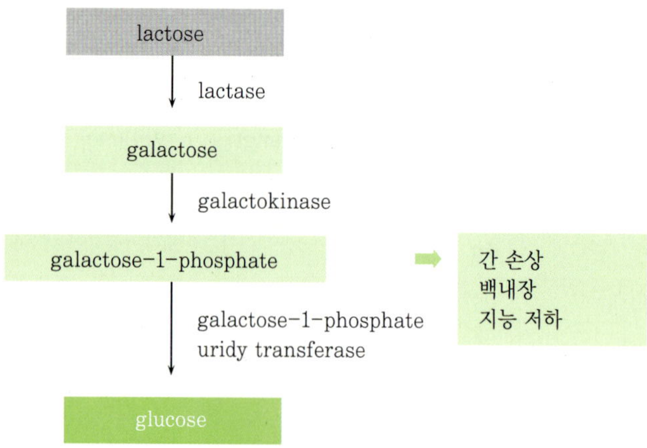

3) 식사요법

치료는 조기에 발견해서 빨리 식사요법을 실시하는 것이 중요하다. 모유를 포함해서 우유 및 유제품은 모두 유당을 함유하고 있으며, 이것은 소화되어서 갈락토오스와 포도당이 되므로 우유 및 유제품의 섭취를 제한해야 한다, 유당 함유제품인 우유 및 모든 유제품을 식사에서 엄격히 제거해야 하므로 어린이 식사에서 우유의 대체처방이 필요하다. 대체유로서는 대두유나 특수목적 조제분유가 주로 사용된다. 갈라토오스 제한시 허용식품과 금지되는 식품은 〈표 16-5〉와 같다.

표 16-5 갈락토오스 제한식의 허용식품과 제한식품

식품종류	허용식품	제한식품
음료수	콩단백질 분유, 탄산음료, 과즙, 토마토 주스, 커피, 홍차	우유, 유제품
빵류	우유나 유제품이 들어있지 않은 빵, 바게트빵, 대부분의 베이글, 가염크래커	우유, 유당을 함유하고 있는 빵, 머핀, 비스킷, 팬케이크 등
시리얼	우유를 함유하고 있지 않은 제품	우유를 함유하고 있는 제품
곡류, 감자류	감자, 고구마, 마카로니, 국수, 쌀, 스파게티 등	우유나 버터가 들어간 메쉬드포테이토, 유당함유 프렌치프라이 등
치즈	없음	모든 치즈와 치즈 제품
후식류	젤라틴, 과일아이스바, 과일파이, 과일푸딩, 우유가 함유되지 않은 제품	우유, 크림, 버터, 요거트 아이스크림, 케이크, 쿠키, 커스터드, 푸딩, 파이
달걀	모든 달걀	우유나 유제품, 버터, 크림이 들어간 스크램블, 오믈렛
과일, 과일주스	모든 과일, 유당을 함유하지 않은 과일주스	유당함유 과즙음료나 제품
육류	쇠고기, 돼지고기, 햄, 베이컨, 햄버거, 닭고기 , 오리고기, 생선, 어패류 등	분유를 함유하고 있는 제품
수프	허용된 재료로 만든 수프	우유 함유 수프
당류	설탕, 꿀, 메이플시럽, 콘시럽, 젤리, 잼, 사탕, 껌	우유나 버터크림이 들어간 제품
채소류	이외의 채소	조리 중 유당이 첨가된 제품
달걀	모든 달걀	우유나 유제품, 버터, 크림이 들어간 스크램블, 오믈렛

〈출처〉 Acosta PB, Yannicelli S, 2001, 『The Ross Metabolic Formula System: Nutrition Support Protocols』.

5. 호모시스틴뇨증homocystinuria

1) 원인

메티오닌은 호모시스테인 → 시스타티온 → 시스테인의 순서로 대사되고, 이들의 각 단계는 특정 효소에 의해 진행된다. 호모시스틴뇨증은 호모시스테인을 시스타티온으로 전환시키는 시스타티온 합성효소cystathionine synthase의 유전적 결핍으로 메티오닌과 호모시스틴이라는 아미노산이 체내에 축적되면서 발생하는 선천성 대사이상 질환이다. 호모시스테인과 그 전구물질인 메티오닌이 혈장에서 비정상적으로 높은 농도로 발견되고, 소변으로 대량의 호모시스틴이 배설되는 것을 확인하면 진단할 수 있다.

2) 증상

호모시스틴뇨증이 있을 경우 정신지체, 수정체의 편위, 발을 끌며 걷는 보행, 가늘고 숱이 적은 머리카락, 골격의 기형, 때때로 혈병에 의한 치명적인 일시적 혈관폐쇄 등의 증상을 나타낸다. 관절은 과신전hyperextension되기보다 운동성이 제한되는 경향이 있다. 호모시스틴뇨증은 열성으로 유전되며, 형질을 가졌지만 발현되지 않은 보인자가 결혼하면 4명의 자녀 중 1명이 이 증상을 보일 수 있다.

3) 식사요법

호모시스틴뇨증 환자에게는 먼저 비타민 B_6(200~1,000mg/일)를 대량 투여한다. 이 치료로 혈액 내의 메티오닌치가 정상화되고 소변 속에 호모시스틴이 섞여 나오지 않게 되면 비타민 B_6의 투여를 계속하며 식이조절은 필요하지 않으나, 비타민 B_6 대량요법의 효과가 없으면 저메티오닌식과 베타인(betaine 6~9g/일)을 투여하고, 시스테인의 산화된 형태인 시스틴을 공급하는 식이요법으로 비교적 증세가 호전된다. 지능 저하를 예방하기 위해서는 조기 진단과 치료가 무엇보다 중요하며, 유아기와 성장기에는 정상발육속도를 유지시키고, 성인의 경우에는 키에 대한 정상체중 유지하며 정상적 영양상태를 유지할 수 있도록 관리한다.

간질

일명 발작성 질환seizure disorder이라고 불리는 간질epilepsy은 뇌신경세포가 비정상적으로 과다하게 전기를 방출함으로써 발작이나 의식의 소실, 행동의 변화 등 뇌기능의 일시적인 마비가 만성적, 반복적으로 재발하는 질환이다. 전 세계적으로 약 5,000만 명의 인구가 간질을 앓고 있는 것으로 알려져 있고, 국내간질 환자수도 30만 명 정도로 추산되고 있다. 간질은 어느 연령층에서나 나타날 수 있으며 50% 정도가 10세 이전에 나타나고 이후 감소하다가 50세 이후에 다시 증가한다고 한다.

1. 간질의 원인

간질은 뇌 신경세포의 전기적, 화학적 또는 구조적 장애로 갑작스럽고 무질서한 이상 흥분 상태에 의해 야기되는 증상으로, 뇌의 신경세포에 손상을 주거나 신경세포의 정상적인 기능을 방해하는 것은 모두 간질의 원인이 될 수 있다. 간질은 원인을 알 수 있는 증후성 간질과 원인불명의 기능적 요인에 기인되는 특발성 간질로 구분할 수 있다. 성인에서 증후성 간질의 원인은 머리외상, 혈관성 질환(혈관폐쇄, 출혈, 고혈압성 뇌증, 동정맥 기형, 동맥경화, 매독 등), 뇌종양, 뇌감염증(뇌막염, 뇌농양, 기생충감염 등), 알콜이나 중금속 중독, 분만시 뇌손상 및 무산소증 등의 순으로 많다. 그러나 소아의 경우 가장 흔한 원인은 뇌손상을 들 수 있는데, 이는 출산시의 질식이나 두개내 출혈로 인해 생길 수도 있고, 유아기 또는 소아기에 교통사고 등으로 인해 심한 머리외상을 받아 생길 수도 있다. 그 밖에도 뇌감염증(뇌염, 뇌막염), 선천성 뇌기형, 대사장애, 오랫동안 지속하는 열성경련 및 백일해 예방 접종 후 부작용 등이 원인이 될 수 있다. 이와 같이 원인을 알 수 있는 것은 전체 간질 환자의 약 1/3정도에 불과하며, 나머지 2/3의 환자에서는 원인을 알 수 없으므로 특발성간질이다. 간질의 원인은 다양하고 출생시 또는 출생후에도 나타날 수 있으며, 연령에 따라서도 다양하므로 그 원인에 대한 정확한 검사가 필수적이다.

2) 증상

간질은 여러 가지 원인에 의해 뇌의 신경세포가 일시적으로 과잉 흥분되어 그 부위가 담당하는 뇌 기능이 혼란해진 결과 나타나는 현상으로 뇌의 영역과 위치에 따라 그 고유 기능이 다르므로 간질의 종류와 양상이 다양하지만 가장 많이 관찰되는 간질의 주된 증상은 발작이다. 발작이라는 용어는 정상이거나 병적상태이거나, 또는 일시적이거나 영구적인 경우를 막론하고 뇌에서 기원하는 경련, 의식장애 등의 임상증상을 총칭한다. 간질의 전형적인 증상인 발작은 증상이 양쪽 뇌에 걸쳐 전반적으로 발작이 발생하는 것인지, 또는 어느 한 부위에 국한되어 발생하는지에 따라 전신발작과 부분발작으로 대별된다. 부분발작의 경우에는 뇌 부위가 담당하는 기능에 따라 임상증상이 각기 다르게 나타나며 여기에는 운동발작, 감각발작, 자율신경발작 및 정신발작 등이 있다. 전신발작은 가장 심한 형태의 발작으로 환자는 의식을 잃고 쓰러지며 먼저 강직성의 근 수축이 있은 후 사지의 간헐적인 굴곡을 일으키는 간대성 발작이 뒤이어 나타나는 것이 특징이다. 갑자기 의식을 잃는 동시에 전신 근육이 강직된 후, 간격을 두고 경련을 일으킨다. 보통 몇 분 동안 경련이 계속되고, 끝난 뒤에 서서히 회복되며 잠들어 버리기도 한다. 발작시 의식이 없고 몸을 조절할 수 없기 때문에 외상을 입거나 심한 경우에는 혀를 깨물고 또는 실뇨를 하는 경우도 있다.

3) 간질의 진단과 치료

간질은 가족이나 주위 사람들로부터 상세한 병력을 조사하고, 신경학적 진찰 및 여러 가지 검사실 검사를 통해 진단한다. 그 중 뇌파검사에서는 신경세포의 이상 활동 기록을 얻을 수 있고, 원인이 된 뇌 부위를 찾아낼 수도 있다. 뇌파검사 이외에도 최근에는 전산화 단층촬영, 핵자기공명영상, 양전자방출단층촬영, 단일광자방출전신화단층촬영 등의 진단방법이 이용되고 있다. 그 외에도 전해질, 칼슘, 당, 산 · 염기상태, 간기능검사, 혈액 또는 뇨의 약물 스크린 검사 등은 간질의 원인을 알아내는데 도움이 된다.

간질의 치료는 약물치료와 수술 치료로 대별되며, 약물치료가 우선이고 흔히 사용되는 것은 항경련 약물요법이다. 항경련제는 간질의 병소 부위로부터 전파되는 비정상적인 전기활동을 억제시키는 역할을 한다.

간질환자의 1/3가량은 성장하면서 완치가 되어 약물치료가 필요가 없고, 또 1/3가량은 약물치료에 의하여 잘 관리가 되는 것으로 알려졌다. 그러나 나머지 1/3가량의 간질환자는 약물에 대한 저항성을 보이며 증세가 호전되지 않는다. 약물치료로 간질발작 조절이 안 되는 '난치성 간질'인 경우, 특히 성장과 발달을 해야만 하는 소아에서는 난치성 간질이 운동발달지체나 정신발달지체를 동반하여 학습장애를 일으키고 나아가 정상적인 성인으로 성장하는데 큰 장애가 될 수 있다. 약물치료로 조절이 안 되는 난치성 간질인 경우에, 식사요법으로 케톤식ketogenic diet이 이용된다.

4) 식사요법

간질환자 식사요법의 목적은 아동기와 청소년기에 정상적인 성장발달이 이루어 질 수 있는 식사를 제공하며, 항경련제를 사용하는 경우 부작용을 최소화 하도록 하는 것이다.

간질 환자에게 쓰이는 케톤식은 탄수화물과 단백질 함량이 많은 식품을 제한하고, 지방의 함유량을 높인 식사로 환자의 산·알카리 균형에 변화를 초래하여 산독증 상태를 유발하는 식사이다.

케톤식(ketogenic diet)

케톤식은 현재의 항경련제 치료가 널리 쓰이기 전인 1940년대부터 간질환자의 치료에 광범위하게 쓰였다. 약물로 조절되지 않는 간질 환자에게 제공되는 고지방, 저당질 식사로 케톤체의 항경련 효과를 이용하는 케톤식은 케톤성 영양소(지방)와 항케톤성 영양소(단백질 + 당질)의 비율을 1:3~4(정상식사)에서 역으로 3 ~ 4 : 1(케톤식)로 조절한다. 결국 당질 섭취부족을 유발시켜 칼로리원으로 지방이 과도하게 연소되면서 케톤체(acetone, acetoacetate, β-hydroxybutric acid)의 생성이 증가되므로 금식상태와 같은 ketosis가 유발된다. 지방의 불완전 산화로 체내에 과다한 케톤체를 형성함으로써 항경련효과를 기대하는 치료법으로 발작을 억제하고 약물의 사용량을 줄여 약물의 부작용을 최소화시키는데도 도움을 준다.

케톤식은 10세 이하 특히 2~5세 소아에게 효과가 높다. 케톤식의 시행초기에 금식으로 인해 배가 고팠던 환자가 갑자기 음식을 많이 먹거나 고지방 식사에 적응하지 못하여 메스꺼움, 구토 혹은 설사가 나타나기도 한다. 또한 케톤식은 저혈당, 탈수, 구토, 메스꺼움, 기면상태, 고지혈증, 고요산혈증 및 신결석 등의 부작용을 초래할 수 있어 면밀한 관찰을 요한다. 식사의 조정기간은 보통 3~4일 정도이고 간질 발작이 완전히 조정되려면 보통 조정식을 시작한 후 10~20일 정도가 경과되어야 한다. 케톤식을 시작한지 1-2개월 이내에 경련이 호전되지 않으면 케톤식을 중단한다.

케톤식을 시행하면 약물 복용량이 바뀌지 않아도 혈액중에 약물의 농도가 상승할 수 있기 때문에 졸음을 많이 느끼게 된다. 따라서 금식후 케톤식이 시작되면 약물의 수치를 주의 깊게 살펴 약물의 사용량을 줄여야 한다. 일반적으로 약물복용을 중단하고 케톤비율 4 : 1의 식사를 유지하여 경련이 나타나지 않고 1년 정도 경과하면 식사의 케톤비율을 조절하기 시작한다. 케톤비율을 3 : 1로 바꾸어 6개월 간 경련이 나타나지 않으면 케톤비율을 2 : 1로 조정하여 6개월간 지속한다. 케톤 비율을 2 : 1까지 줄이고, 몇 개월간 경련이 나타나지 않으면, 금지된 음식들을 점차적으로 식사에 도입시킨다.

보다 효과적으로 케톤산증을 유발하기 위해서는 흡수와 대사가 용이한 중쇄 중성지방산medium chain triglyceride을 사용할 수 있다. 케톤식은 환자에게 필요한 영양소를 제공하는데 어려움이 있으므로 영양장애를 방지하기 위해서는 많은 주의가 필요하다. 특히 비타민과 무기질의 필요량이 부족하지 않도록 공급하여야 하고, 부족시 주사나 보충제 형태로 투여한다.

케톤식 시행시에는 체내가 약간 탈수된 상태로 유지되어야 하므로 수분 섭취를 제한한다. 수분은 하루종일 균등하게 분배하여야 하며, 갈증이 심하다고 한 번에 많은 양의 물을 마시면 갑작스런 경련발작이 일어나므로 주의하여야 한다.

알코올은 술 자체가 발작을 유발하거나 악화시킬 수도 있고 항경련제의 농도가 적절히 유지되는 것을 방해하므로 제한한다. 또한 간질 환자에게는 커피, 차, 알코올, 자극적인 향신료 등과 같은 식품도 제한한다.

케톤식에서 제한되는 식품과 허용되는 식품은 〈표 16-6〉과 같다.

표 16-6 케톤식의 제한 식품과 허용식품

제한 식품		
가당연유 당밀 사탕 시럽 젤리 쿠키 페이스트리	허용량 이외의 모든 빵, 곡류 제품 껌 롤빵(단것) 샤벳 아이스크림 케이크 푸딩	꿀 마멀레이드 설탕 잼 케첩 파이
허용식품		
맑은 국 소금 카페인 제거 커피 무가당 코코아가루 (1일 1작은 술로 제한)	향 추출물 겨자 식초 홍차 향료	실파 육수 파슬리 후추

케톤식은 일반적으로 맛이 없으므로 환자들이 장기간 섭취하는데 어려움이 많다. 따라서 환자들의 식사를 맛있게 준비하기 위한 많은 노력이 요구된다. 케톤식을 준비할 때는 다음과 같은 사항을 고려하도록 한다.

① 다량의 지방의 소화에 장애가 있는 환자에게는 소화제를 처방한다.
② 단맛을 내기 위해 인공 감미료를 사용한다.
③ 과일이나 아이스크림의 후식에 거품을 낸 크림을 섞어서 준다.
④ 크림을 채소와 함께 스프의 형태로 만든다.
⑤ 마요네즈와 기름을 샐러드드레싱으로 충분히 사용한다.
⑥ 채소를 버터나 마가린 등으로 조리한다.

Chapter

부록

- **부록** Ⅰ. 식품군별 주요식품과 1인 1회 분량
- **부록** Ⅱ. 식품교환표
- **부록** Ⅲ. 신장질환 환자를 위한 식품교환표
- **부록** Ⅳ. 간질환자를 위한 식품교환표

부록 | 식품군별 주요식품과 1인 1회 분량

부록 1 곡류의 주요 식품과 1인 1회 분량

	품목	식품명	분량(g)[1]	비고	섭취횟수
곡류 (300kcal)	곡류	쌀, 보리쌀, 찹쌀, 현미, 혼합잡곡	90		1회
		쌀밥, 보리밥	210	1공기	1회
	면류	삶은 면	300	1대접	1회
		생면-우동, 칼국수	200		1회
		건면- 국수용	100	국수묶음 두께 2.5cm	1회
		냉면국수--메밀국수	100	국수묶음 두께 2.5cm	1회
	떡류	흰떡-떡국용	130	1컵(썬 것)	1회
		찹쌀용, 시루떡	130		1회
	빵류	식빵, 빵류	100	큰 것 2쪽, 1개	1회
	씨리얼류	콘푸레이크 등	40[2]		0.5회
	감자류	감자	130[2]	중 1개	0.5회
		고구마	130[2]	중 1/2개	0.5회
	기타	메밀묵	200[2]		0.5회
		밤	100[2]	큰 것 5개	0.5회

[1] 분량(g) : 가식부 무게임

[2] 씨리얼 · 감자 · 묵 · 견과류 1회 분량 에너지는 다른 곡류 1회 분량의 1/20이므로 식단작성 시 0.5회로 간주함

부록 2 고기·생선·계란·콩류의 주요 식품과 1인 1회 분량

	품목	식품명	분량(g)[1]	비고	섭취횟수
고기,생선, 계란,콩류 (100kcal)	육류	쇠고기[2]	60		1회
		돼지고기[3]	60		1회
		닭고기	60		1회
		햄	60		1회
	어패류	갈치, 삼치, 꽁치, 고등어 동태, 가자미, 조기, 넙치 참치, 참치통조림, 어묵 미꾸라지, 민물장어	60	작은 것 한 토막	1회
		생굴, 조갯살, 꽃게	80		1회
		오징어, 낙지, 새우	80		1회
		건멸치, 건조기, 건오징어	15		1회
	난 류	계란, 메추리알	60	계란(중), 1개 메추리알 5개	1회
	콩 류	검정콩, 대두	20		1회
		두부	80		1회
		두유	100		1회
	견과류	땅콩	10[4]	15알 내외	0.5회
		깨	10[4]	1스푼	0.5회
		호두	10[4]		0.5회

[1] 분량(g) : 가식부 조리전 무게임 [2] 한우등심(살코기 기준) [3] 한돈(살코기 기준)

[4] 견과류 1회 분량 에너지는 다른 곡류 1회 분량의 1/20이므로 식단작성 시 0.5회로 간주함

부록 3 채소류의 주요 식품과 1인 1회 분량

	품목	식품명	분량(g)[1]	비고	섭취횟수
채소류 (15kcal)	채소류	고구마줄기, 고사리, 시금치, 풋고추, 근대, 깻잎, 무청, 부추, 돌미나리, 배추, 상추, 쑥, 쑥갓, 아욱, 취나물, 애호박, 두릅, 오이, 콩나물, 숙주나물, 머위, 무, 배추, 양배추, 양파, 가지, 당근, 늙은호박, 토마토	70	1접시	1회
		나박김치, 오이소박이, 동치미	60		1회
		갓김치, 깍두기, 배추김치, 열무김치, 총각김치, 단무지	40		1회
		우엉, 도라지, 파, 파김치	25		1회
		마늘	10		1회
		토마토주스	100		1회
	해조류	다시마, 미역, 파래(생것)	30		1회
		김	20	1장	1회
	버섯류	느타리, 양송이, 팽이, 표고(생것)	30		1회

[1] 분량(g) : 가식부 조리전 무게임

부록 4 과일류의 주요 식품과 1인 1회 분량

	품목	식품명	분량(g)[1]	비고	섭취횟수
과일류 (50kcal)	과일류	딸기, 수박, 참외	200	딸기 10개	1회
		귤, 감, 바나나, 망고, 키위, 사과, 배, 복숭아, 오렌지, 포도, 파인애플	100	귤(중) 1개 사과(중)1/2개	1회
	주스류	오렌지주스, 귤주스, 사과주스, 포도주스	100	1/2컵	1회

[1] 분량(g) : 가식부 무게임

부록 5 우유·유제품류의 주요 식품과 1인 1회 분량

	품목	식품명	분량(g)	비고	섭취횟수
우유·유제품류 (125kcal)	우유	우유	200	1컵(1개)	1회
	유제품	치즈	20[1]	1장	0.5회
		요쿠르트(호상)	100	1/2컵(1개)	1회
		요쿠르트(액상)	150	3/4컵(1개)	1회
		아이스크림	100	1/2컵(1개)	1회

[1] 치즈 1회 분량 에너지는 다른 곡류 1회 분량의 1/20이므로 식단작성 시 0.5회로 간주함

부록 6 유지·당류의 주요 식품과 1인 1회 분량

	품목	식품명	분량(g)	비고	섭취횟수
유지·당류 (45kcal)	유지류	버터, 마요네즈, 커피프림 참기름, 콩기름, 들기름 옥수수기름	5	1작은술	1회
		커피믹스	12	1봉	1회
	당류	꿀, 설탕, 당밀/시럽, 사탕	10	1큰술	1회

부록 || 식품교환표 (출처: 대한영양사협회, 2010, 「식사계획을 위한 식품교환표」)

1. 곡류군

곡류군	1교환단위당 영양소 함량(열량 100kcal, 당질 23g, 단백질 2g)

식품명	무게(g)	목측량
밥류		
쌀밥	70	1/3공기(소)
보리밥	70	1/3공기(소)
현미밥	70	1/3공기(소)
죽류		
쌀죽	140	2/3공기(소)
알곡류 및 가루제품		
기장	30	
녹두	70	
녹말가루	30	5큰술
미숫가루	30	1/4컵(소)
밀가루	30	5큰술
백미	30	3큰술(=1/5쌀컵)
보리(쌀보리)	30	3큰술
완두콩	70	1/2컵(소)
율무	30	3큰술
차수수	30	3큰술
차조	30	3큰술
찹쌀	30	3큰술
팥(붉은 것)	30	3큰술
현미	30	3큰술
국수류		
냉면(건조)	30	
당면	30	
마른국수	30	
메밀국수(건조)	30	
메밀국수(생것)	40	
삶은국수	90	1/2공기(소)
스파게티(건조)	30	
스파게티(삶은 것)	90	
쌀국수(건조)	30	
쌀국수(조리된 것)	90	
우동(생면)	70	
쫄면(건조)	30	
칼국수류(건조)	30	

식품명	무게(g)	목측량
감자류 및 전분류		
감자	140	중 1개
고구마	70	중 1/2개
돼지감자	140	
찰옥수수(생것)	70	1/2개
토란	140	
떡류		
가래떡	50	썰은 것 11~12개
백설기	50	
송편(깨)	50	
시루떡	50	
인절미	50	3개
절편	50	1개(5.5×5×1.5cm)
증편	50	
빵류		
식빵	35	1쪽(11×10×1.5cm)
모닝빵	35	중 1개
바게트빵	35	중 2쪽
묵류		
도토리묵	200	
녹두묵	200	1/2모(6×7×4.5cm)
메밀묵	200	
기타		
강냉이(옥수수)	30	1.5공기(소)
누룽지(건조)	30	지름 11.5cm
마	100	
밤	60	대3개
오트밀	30	
은행	60	1/3컵(소)
콘프레이크	30	3/4컵(소)
크래커	20	5개

2. 어육류군

저지방 1교환단위당 영양소 함량(열량 50kcal, 단백질 8g, 지방 2g)

식품명	무게(g)	목측량
고기류		
닭고기	40	소 1토막
(껍질, 기름 제거한 살코기)		(탁구공크기)
닭부산물(모래주머니)	40	
돼지고기	40	로스용 1장
(기름기 전혀 없는 살코기)		(12×10.3cm)
소 간*	40	
쇠고기	40	로스용 1장
(사태, 홍두깨 등)		(12×10.3cm)
오리고기	40	
육포	15	1장(9×6cm)
칠면조	40	
생선류		
가자미	50	소 1토막
광어	50	소 1토막
대구	50	소 1토막
동태	50	소 1토막
미꾸라지(생것)	50	소 1토막
병어	50	소 1토막
복어	50	소 1토막
아귀	50	소 1토막
연어	50	소 1토막
옥돔(반건조)	50	소 1토막
적어	50	소 1토막
조기	50	소 1토막
참도미	50	소 1토막
참치	50	소 1토막
코다리	50	소 1토막
한치	50	소 1토막
홍어	50	소 1토막
젓갈류		
명란젓*	40	
어리굴젓	40	
창란젓*	40	

식품명	무게(g)	목측량
건어물류 및 가공품		
건오징어채*	15	
게맛살	50	1과 2/3개
굴비	15	1/2토막
멸치	15	잔 것 1/4컵(소)
뱅어포	15	1장
북어	15	1/2토막
어묵(찐 것)	50	1/3개(5.5cm)
쥐치포	15	1/2개(1.2×7cm)
기타 해산물		
개불	70	
굴	70	1/3컵(소)
꼬막조개	70	
꽃게	70	소 1마리
낙지	100	1/2컵(소)
날치알	50	
대하(생것)	50	
멍게	70	1/3컵(소)
문어*	70	1/3컵(소)
물오징어*	50	몸통 1/3등분
미더덕	100	3/4컵(소)
새우(깐새우)*	50	1/4컵(소)
새우(중하)*	50	3마리
전복*	70	소 2개
조갯살	70	1/3컵(소)
해삼	200	1과 1/3컵(소)
홍합	70	1/3컵(소)

*: 콜레스테롤이 많은 식품

중지방	1교환단위당 영양소 함량(열량 75kcal, 단백질 8g, 지방 5g)		
	식품명	무게(g)	목측량
고기류	돼지고기(안심)	40	
	샐러드햄	40	
	소곱창*	40	
	쇠고기(등심, 안심)	40	로스용 1장(12×1.0.3cm)
	쇠고기(양지)	40	
	햄(로스)	40	2장(8×6×0.8cm)
생선류	갈치	50	소 1토막
	고등어	50	소 1토막
	과메기	50	
	꽁치	50	소 1토막
	도루묵	50	
	메로	50	
	민어	50	소 1토막
	삼치	50	소 1토막
	임연수어	50	소 1토막
	장어*	50	소 1토막
	전갱이	50	소 1토막
	준치	50	소 1토막
	청어	50	소 1토막
	훈제연어	50	
가공품	어묵(튀긴 것)	50	1장(15.5×10cm)
알류	달걀*	55	중 1개
	메추리알*	40	5개
콩류 및 가공품	검정콩	20	2큰술
	낫또	40	작은포장단위 1개
	대두(노란콩)	20	
	두부	80	1/5모(420g 포장두부)
	순두부	200	1/2봉(지름 5×10cm)
	연두부	150	1/2개
	콩비지	150	1/2봉, 2/3공기(소)

*: 콜레스테롤이 많은 식품

고지방 1교환단위당 영양소 함량(열량 100kcal, 단백질 8g, 지방 8g)

	식품명	무게(g)	목측량
고기류 및 가공류	개고기	40	
	닭고기(껍질포함)†	40	닭다리 1개
	돼지갈비	40	
	돼지족, 돼지머리†	40	
	런천미트†	40	5.5×4×1.8cm
	베이컨	40	1과 1/4장
	비엔나소세지†	40	5개
	삼겹살†	40	
	소갈비†	40	소 1토막
	소꼬리†	40	
	프랑크소시지†	40	1과 1/3개
생선류 및 가공품	고등어통조림	50	1/3컵(소)
	꽁치통조림	50	1/3컵(소)
	뱀장어*	50	소 1토막
	유부	30	5장(초밥용)
	참치통조림	50	1/3컵(소)
	치즈	30	1.5장

*: 콜레스테롤이 많은 식품
†: 포화지방산이 많은 식품

3. 채소군

채소군	1교환단위당 영양소 함량(열량 20kcal, 당질 3g, 단백질 2g)

식품명	무게(g)	목측량	식품명	무게(g)	목측량
가지	70	지름 3×길이 10cm	샐러리	70	길이 6cm×6개
고구마줄기	70	익혀서 1/3컵	숙주	70	익혀서 1/3컵
고비	70		시금치	70	익혀서 1/3컵
고사리(삶은것)	70	1/3컵	쑥•	40	
고춧잎•	70		쑥갓	70	익혀서 1/3컵
곰취	70		아욱	70	잎넓이 20cm 5장
근대	70	익혀서 1/3컵			(익혀서 1/3컵)
깻잎	40	20장	애호박	70	지름 6.5×두께2.5cm
냉이	70				중 1/3개
늙은호박(생것)	70	4×4×6cm	양배추	70	
늙은호박, 호박고지	7		양상추	70	
단무지	70		양파	70	
단호박•	40	1/10개(지름 10m)	연근•	40	썰은 것 5쪽
달래	70		열무	70	
당근•	70	4×5cm(대 1/3개)	오이	70	중 1/3개
대파	40		우엉•	40	
더덕	40		원추리	70	
도라지•	40		자운영(싹)	70	
돌나물	70		죽순(생것)	70	
두릅	70		죽순(통조림)	70	
돌미나리	70		참나물	70	
마늘	7		청경채	70	
마늘쫑	40	3개(6.5~7cm)	취나물(건조)	7	
머위	70		치커리	70	
무	70	지름 8×길이 1.5cm	케일	70	잎넓이 30cm
무말랭이	7	불려서 1/3컵			1과 1/2장
무청(삶은 것)	70		콜리플라워, 꽃양배추	70	
미나리	70	익혀서 1/3컵	콩나물	70	익혀서 2/5컵
배추	70	알배기배추 15×6cm	파프리카(녹색)	70	대 1개
		또는 중 3잎	파프리카(적색)	70	
부추	70	익혀서 1/3컵	파프리카(주황색)	70	
붉은 양배추	70	1/5개(9×4×6cm)	풋고추	70	중 7~8개
브로콜리	70		풋마늘•	70	
상추	70	소 12장	피망	70	중 2개

•: 당질은 6g 이상 함유하고 있으므로 섭취 시 주의하여야 할 채소

채소군 1교환단위당 영양소 함량(열량 20kcal, 당질 3g, 단백질 2g)

	식품명	무게(g)	목측량
해조류	곤약	70	
	김	2	1장
	매생이 •	20	
	미역(생것)	70	
	우뭇가리시, 우무	70	
	톳(생것)	70	
	파래(생것)	70	
버섯류	느타리버섯(생것)	50	7개(8cm)
	만가닥버섯(건조)	50	
	송이버섯(생것)	50	소 2개
	양송이버섯(생것)	50	3개(지름 4.5cm)
	팽이버섯(생것)	50	
	표고버섯(건조)	7	
	표고버섯(생것)	50	대 3개
김치류	갓김치	50	
	깍두기	50	사방 1.5cm크기 10개
	나박김치	70	
	동치미	70	
	배추김치	50	6~7개(4.5cm)
	총각김치	50	2개
채소주스	당근주스	50	1.4컵(소)

• : 당질은 6g 이상 함유하고 있으므로 섭취 시 주의하여야 할 채소

4. 지방군

지방군 | 1교환단위당 영양소 함량(열량 45kcal, 지방 5g)

	식품명	무게(g)	목측량
견과류	검정깨(건조)	8	
	참깨(건조)	8	1큰스푼
	땅콩☆	8	8개(1큰스푼)
	아몬드☆	8	7개
	잣	8	50알(1큰스푼)
	캐슈넛(조미한 것)☆	8	
	피스타치오☆	8	10개
	해바라기씨	8	1큰스푼
	호두	8	중 1.5개
	호박씨(건조, 조미한 것)	8	
	흰깨(건조, 볶은 것)	8	
고체성 기름	땅콩버터	8	
	마가린	5	1작은스푼
	버터†	5	1작은스푼
	쇼트닝†	5	1작은스푼
드레싱	마요네즈, 라이트 마요네즈	5	1작은스푼
	사우전드, 이탈리안 드레싱	10	2작은스푼
	프렌치 드레싱	10	2작은스푼
식물성 기름	들기름	5	1작은스푼
	미강유	5	1작은스푼
	옥수수기름	5	1작은스푼
	올리브유☆	5	
	홍화씨기름☆	5	1작은스푼
	참기름	5	1작은스푼
	카놀라유☆	5	1작은스푼
	콩기름	5	1작은스푼
	포도씨유	5	
	해바라기유	5	

† : 당질은 6g 이상 함유하고 있으므로 섭취 시 주의하여야 할 채소
☆ : 단일불포화지방산이 많은 식품

5. 우유군

우유군	1교환단위당 영양소 함량(열량 125kcal, 당질 10g, 단백질 6g, 지방 7g)	
식품명	무게(g)	목측량
두유(무가당)	200	1컵(1팩)
락토우유	200	1컵(1팩)
일반우유	200	1컵(1팩)
전지분유	25	5큰스푼
조제분유	25	5큰스푼

저지방우유	1교환단위당 영양소 함량(열량 80kcal, 당질 10g, 단백질 6g, 지방 2g)	
식품명	무게(g)	목측량
저지방우유(2%)	200	1컵(1팩)

6. 과일군

과일군 1교환단위당 영양소 함량(열량 50kcal, 당질 12g)

식품명	무게(g)	목측량	식품명	무게(g)	목측량
단감	50	중 1/3개	블루베리	80	
연시, 홍시	80	소 1개, 대 1/2개	블루베리(통조림)	50	
곶감	15	소 1/2개	사과(후지)	80	중 1/3개
귤	120		살구	150	
금귤	60	7개	석류	80	
오렌지	100	대 1/2개	수박	150	중 1쪽
유자	100		앵두	150	
자몽	150	중 1/2개	올리브(생것)	60	
한라봉	100		올리브(건조)	15	
귤(통조림)	70		자두	150	특대 1개
대추(생것)	50		참외	150	중 1/2개
대추(건조)	15	5개	체리	80	
두리안	40		키위	80	중 1개
딸기	150	중 7개	방울토마토	300	
산딸기	150		토마토	350	소 2개
리치	70		파인애플	200	
망고	70		파인애플(통조림)	70	
매실	150		파파야	200	
무화과(생것)	80		청포도	80	
무화과(건조)	15		포도	80	소 19알
멜론(머스크)	120		포도(거봉)	80	11개
바나나(생것)	50	중 1/2개	포도(건조)	15	
바나나(건조)	10		후르츠칵테일	60	
배	110	대 1/4개	배주스	80	
복숭아(백도)	150	소 1개	사과주스	100	1/2컵(소)
복숭아(천도)	150	소 2개	오렌지주스(무가당)	100	1/2컵(소)
복숭아(황도)	150	중 1/2개	토마토주스	100	1/2컵(소)
백도 또는 황도 (통조림)	60	반절 1쪽	파인애플주스	100	1/2컵(소)
			포도주스	80	

부록 Ⅲ 신장질환 환자를 위한 식품교환표

(출처: 대한영양사회, 대한신장학회, 1997)

부록 3-1 식품군별 1교환단위당 영양소 함량

식품군		단백질(g)	나트륨(g)	칼륨(mg)	인(mg)	칼로리(kcal)
곡류군		2	2	30	30	100
어육류군		8	50	120	90	75
채소군	1(칼륨 저함량)	1	미량	100	20	20
	2(칼륨 중등함량)	1	미량	200	20	20
	3(칼륨 고함량)	1	미량	400	20	20
지방군		0	0	0	0	45
우유군		6	100	300	180	125
과일군	1(칼륨 저함량)	미량	미량	100	20	50
	2(칼륨 중등함량)	미량	미량	200	20	50
	3(칼륨 고함량)	미량	미량	400	20	50
열량보충군		0	3	20	5	100

우유군 단백질: 6g, 나트륨: 100mg,칼륨: 300mg, 인: 180mg, 칼로리: 125kcal

식품명	무게(g)	목측량	식품명	무게(g)	목측량
◐요구르트(액상)	300	1.5컵(100g 포장단위 3개)	두유	200	1컵
◐요구르트(호상)	200	1컵(100g 포장단위 2개)	◐연유(가당)	60	1/2컵
우유	200	1컵	조제분유	25	5큰스푼
락토우유	200	1컵	▣아이스크림	150	1컵
저지방 우유(2%)	200	1컵			

1컵 = 200cc

◐ 요구르트, 연유는 1교환단위 칼로리가 기준치의 1.5배.

▣ 아이스크림은 1교환단위 칼로리가 기준치의 2.5배.

곡류군 단백질: 2g, 나트륨: 2mg, 칼륨: 30mg, 인: 30mg, 칼로리: 100kcal

식품명	무게(g)	목측량	식품명	무게(g)	목측량
쌀밥	70	1/3공기	가래떡	50	썰은 것 11개
*국수(삶)	90	1/2공기	백설기	40	6×2×3cm
*식빵	35	1쪽	인절미	50	3개
백미	30	3큰스푼	절편(흰떡)	50	2개
찹쌀	30	3큰스푼	카스테라	30	6.5×5×4.5cm
밀가루	30	5큰스푼	크래커	20	5개
마카로니(건)	30		콘플레이크	30	3/4컵

*단백질과 나트륨 함량이 높으므로 1일 1회 이내로 사용 제한.

※주의식품 – 칼륨 및 인 함량이 높음!!(†: 칼륨함량>60mg, ‡: 인함량>60mg)

식품명	무게(g)	목측량	식품명	무게(g)	목측량
감자†‡	180	대 1개	토란†‡	250	'2컵
고구마†	100	중 1/2개	검정쌀†‡	30	3큰스푼
보리쌀†	30	3큰스푼	은행†‡	60	
현미쌀†‡	30	3큰스푼	메밀국수(건)†	30	
보리밥†	70	1/3공기	메밀국수(삶)‡	90	
현미밥†‡	70	〃	시루떡†	50	
녹두†‡	30	3큰스푼	보리미숫가루‡	30	5큰스푼
율무†‡	30	3큰스푼	빵가루‡	30	
차수수†‡	30	3큰스푼	오트밀†‡	30	1/3컵
차조†‡	30	3큰스푼	핫케이크가루‡	25	
팥(붉은 것)†‡	30	3큰스푼	옥수수†‡	50	1/2개
호밀†	30	3큰스푼	팝콘†	20	
밤(생 것)‡	60	중 6개			

어육류군 단백질: 8g, 나트륨: 50mg, 칼륨: 120mg, 인: 90mg, 칼로리: 75kcal

식품명	무게(g)	목측량	식품명	무게(g)	목측량
쇠고기	40	로스용1장(12×10.3cm, 탁구공크기)	새우	40	중하 3마리 또는 보리새우 10마리
돼지고기	40	〃	문어♣	50	1/3컵
닭고기	40	소 1토막(탁구공크기)	물오징어♣	50	중 1/4마리(몸통)
개고기	40	〃	꽃게♣	50	중 1/2마리
쇠간	40	1/4컵	굴♣	70	1/3컵
쇠갈비	40	소 1토막	낙지♣	70	1/2컵
우설	40	1/4컵	전복	70	중 1개
돼지족, 돼지머리,	40	썰어서 4쪽(3×3cm)	계란	60	대 1개
삼겹살			메추리알	60	5개
소곱창	60	1/2컵	두부	80	1/6모
쇠꼬리	60	소 2토막	순두부	200	1컵
각종 생선류	40	소 1토막	연두부	150	1/2개
뱅어포	10	1장	북어	10	중 1/4토막

♣ 염분이 많으므로 물에 충분히 담구어 염분제거 후 사용.

※주의식품－칼륨 및 나트륨 함량이 높음!!(†: 칼륨함량>220mg, ‡: 나트륨함량 > 250mg)

식품명	무게(g)	목측량	식품명	무게(g)	목측량
검정콩†	20	2큰스푼	치즈‡	40	2장
노란콩†	20	〃	잔멸치(건)‡	15	1/4컵
햄(로스)‡	50	1쪽(8×6×1cm)	건오징어‡	15	중 1/4마리(몸통)
런천미트‡	50	1쪽(5.5×4×2cm)	조갯살‡	70	1/3컵
프랑크소시지‡	50	1.5개	깐홍합‡	70	〃
생선통조림‡	40	1/3컵	어묵‡	80	

채소군1 칼륨 저함량(단백질: 1g, 나트륨: 미량, 칼륨: 100mg, 인: 20mg, 칼로리: 20kcal)

식품명	무게(g)	목측량	식품명	무게(g)	목측량
달래	30	생 1/2컵	양파	50	익혀서 1/2컵
당근	30	〃	양배추	50	〃
김	2	1장	가지	70	〃
깻잎	20	20장	고비(삶)	70	〃
풋고추	20	중 2~3개	고사리(삶)	70	〃
생표고	30	중 5개	무	70	〃
더덕	30	중 2개	숙주	70	〃
치커리	30	중 12잎	오이	70	〃
배추	70	소 3~4장	죽순(통)	70	〃
양상추	70	중 3~4장	콩나물	70	〃
마늘쫑	40	익혀서 1/2컵	피망	70	〃
파	40	〃	녹두묵	100	1/4모
팽이버섯	40	〃	메밀묵	100	〃
냉이	50	〃	도토리묵	100	〃
무청	50	〃			

채소군 2 칼륨 중등함량(단백질: 1g, 나트륨: 미량, 칼륨: 200mg, 인: 20mg, 칼로리: 20kcal)

식품명	무게(g)	목측량	식품명	무게(g)	목측량
무말랭이	10	불려서 1/2컵	우엉	50	익혀서 1/2컵
두릅	50	3개	풋마늘	50	〃
상추	70	중 10장	고구마순	70	〃
샐러리	70	6cm길이 6개	느타리●	70	〃
케일	70	10cm길이 10장	열무	70	〃
도라지	50	익혀서 1/2컵	애호박	70	〃
연근	50	〃	중국부추	70	〃

● 인 함량이 높음.

채소군 3 칼륨 고함량(단백질: 1g, 나트륨: 미량, 칼륨: 400mg, 인: 20mg, 칼로리: 20kcal)

식품명	무게(g)	목측량	식품명	무게(g)	목측량
양송이●	70	중 5개	쑥●	70	익혀서 1/2컵
고추잎	50	익혀서 1/2컵	쑥갓	70	〃
아욱	50	〃	시금치	70	〃
근대	70	〃	죽순	70	〃
머위	70	〃	취	70	〃
물미역	70	〃	당호박	100	〃
미나리	70	〃	늙은 호박●	150	〃
부추	70	〃			

● 인 함량이 높음.

지방군 단백질: 0g, 나트륨: 0mg,칼륨: 0mg, 인: 0mg, 칼로리: 45kcal

식품명	무게(g)	목측량	식품명	무게(g)	목측량
들기름	5	1 작은스푼	카놀라유	5	1 작은스푼
미강유	5	〃	쇼트닝	5	1.5 작은스푼
옥수수기름	5	〃	마가린	6	〃
유채기름	5	〃	버터	6	〃
콩기름	5	〃	마요네즈	7	〃
참기름	5	〃			

※주의식품 – 단백질, 인, 칼륨 함량이 높음!!

식품명	무게(g)	목측량	식품명	무게(g)	목측량
베이컨	7	1조각	참깨	8	1큰스푼
땅콩	10	10개(1큰스푼)	파스타치오	8	10개
아몬드	8	7개	해바라기씨	8	1큰스푼
잣	8	1큰스푼	호두	8	대 1개 또는 중 1.5개

과일군1 칼륨 저함량(단백질: 미량, 나트륨: 미량, 칼륨: 100mg, 인: 20mg, 칼로리: 50kcal)

식품명	무게(g)	목측량	식품명	무게(g)	목측량
귤(통)■	80	18알	자두	80	대 1개
금귤	60	7개	파인애플	100	중 1쪽
단감	80	중 1/2개	파인애플(통)■	120	대 1쪽
연시	80	소 1개	포도	100	19개
레몬	80	중 1개	깐포도(통)■	100	
사과	100	중 1/2개	후르츠칵테일(통)■	100	
사과 주스	100	1/2컵			

■ 시럽은 제외.

과일군2 칼륨 중등함량(단백질: 미량, 나트륨: 미량, 칼륨: 200mg, 인: 20mg, 칼로리: 50kcal)

식품명	무게(g)	목측량	식품명	무게(g)	목측량
귤	100	중 1개	살구	150	3개
다래	80		수박	200	1쪽
대추(건)	20	8개	오렌지	150	중 1개
대추(생)	60	8개	오렌지 주스	100	1/2컵
배	100	대 1/4개	자몽	150	중 1/2개
딸기	150	10개	파파야	100	
백도	150	중 1/2개	포도(거봉)	100	11개
황도	150	중 1/2개			

과일군3 칼륨 고함량(단백질: 미량, 나트륨: 미량,칼륨: 400mg, 인: 20mg, 칼로리: 50kcal)

식품명	무게(g)	목측량	식품명	무게(g)	목측량
곶감	50	중 1개	천도복숭아	200	소 2개
멜론(머스크)	120	1/8개	키위	100	대 1개
바나나	120	중 1개	토마토	250	대 1개
앵두	120		체리토마토	250	중 20개
참외	120	소 1/2개			

열량보충군 단백질: 0g, 나트륨: 3mg, 칼륨: 20mg, 인: 5mg, 칼로리: 100kcal

식품명	무게(g)	목측량	식품명	무게(g)	목측량
과당	25		양갱	35	
꿀	30		엿	30	
녹말가루	30		물엿	30	
당면	30		젤리	30	
마멀레이드	40		잼	35	
사탕	25		캐러멜	25	
설탕	25		칼로리-S	25	

※주의식품 – 인, 칼륨 함량이 높음!!

식품명	무게(g)	목측량	식품명	무게(g)	목측량
초콜릿	20		황설탕	25	
흑설탕	25		로얄젤리	80	

부록 IV 식품군별 주요식품과 1인 1회 분량

부록 1 간질 환자를 위한 식품교환표(식품교환단위당 영양소 구성)

식품군	탄수화물(g)	단백질(g)	지방(g)	열량(kcal)
곡류군	15	2		68
우유군	11	6	6	125
채소1군	3	1		16
채소2군	3	1		16
과일군	6			24
육류군		7	5	73
지방군			4	36
휘핑크림	2	2	19	187
땅콩버터	2.3	2.1	5	62

부록 2 케톤식 식품교환표의 1교환단위량

곡류군	어육류군	지방군	과일군	채소1군	채소2군
밥 50	고기 30	식용유 5	사과 40	양배추 100	당근 50
빵 25	생선 30	아몬드 5	바나나 30	배추 100	근대 50
옥수수빵 35	계란 1개	버터 5	수박 100	양송이 100	케일 50
크래커 20	치즈 30	마가린 5	메론 100	시금치 100	양파 50
옥수수 50	조개 50	호두 5	오렌지 50	토마토 100	호박 50
고구마 50	햄 40		딸기 75	오이 100	
감자 100	소시지 40		복숭아 60	가지 100	
	굴 70		대추 8	무 100	
	대하 40		건포도 8	상치 100	
	새우 30		자몽 60		
	두부 50		포도 40		
			배 40		
			주스 60 (오렌지 사과)		

휘핑크림 = 60g, 땅콩버터 = 10g

찾아보기

ㄱ

ㅊ

ㅋ

ㅌ

ㅍ

ㅎ

[참고문헌]

A.S.P.E.N. Board of Directors (1986) Guidelines for use of total parenteral nutrition in the hospitalized adult patient. *JPEN J Parenter Enteral Nutr* 10 : 441–5

A.S.P.E.N. Board of Directors and the Clinical Guidelines Task Force (2002) Guidelines for the use of parenteral and enteral nutrition in adult and pediatric patients. *JPEN J Parenter Enteral Nutr* 26 : 1SA–138SA

Acosta PB, Yannicelli S (2001) The Ross Metabolic Formula System: Nutrition Support Protocols, 4th ed., Ross Laboratories

Beissner RS, Trowbridge AA (1986) Clinical assessment of anemia. *Postgrad Med* 80:83–95

Cataldo CB, DeBruyne LK, Whitney EN (2002) Nutrition and diet therapy, 6th ed., Thomson Brooks/Cole

Chiu TY, Hu WY, Chuang RB, Cheng YR, Chen CY, Wakai S (2004) Terminal cancer patients' wishes and influencing factors toward the provision of artificial nutrition and hydration in Taiwan. *J Pain Symptom Manage* 27 : 206–214

CIBA 원색도해의학총서 편찬위원회 (2000) CIBA 원색도해의학총서. 도서출판 정담

Clegg DO, Reda DJ, Harris CL, Klein MA, O'Dell JR, Hooper MM, Bradley JD, Bingham CO 3rd, Weisman MH, Jackson CG, Lane NE, Cush JJ, Moreland LW, Schumacher HR Jr, Oddis CV, Wolfe F, Molitor JA, Yocum DE, Schnitzer TJ, Furst DE, Sawitzke AD, Shi H, Brandt KD, Moskowitz RW, Williams HJ (2006) Glucosamine, chondroitin sulfate, and the two in combination for painful knee osteoarthritis. *N Engl J Med* 354 : 795–808

Curreri PW (1979) Supportive therapy in burn care. Nutritional replacement modalities. *J Trauma* 19 : 906–908

DeBruyne LK, Pinna K, Whitney E (2008) Nutrition and Diet Therapy: Principles and Practice. 7th ed., Wadsworth/Thomson Learning

Detsky AS, McLaughlin JR, Baker JP, Johnston N, Whittaker S, Mendelson RA, Jeejeebhoy KN (1987) What is subjective global assessment of nutritional status? *JPEN J Parenter Enteral Nutr* 11 : 8–13

Doll R, Peto R (1981) The causes of cancer: quantitative estimates of avoidable risks of cancer in the United States today. *J Natl Cancer Inst* 66 : 1191–308

Elliott L, Molseed LL, McCallum PD, Grant B (2006) The clinical guide to oncology nutrition. 2nd ed., American Dietetic Association

Fauci A, Braunwald E, Kasper D, Hauser S, Longo D, Jameson J, Loscalzo J (2008) Harrison's Principles of Internal Medicine, 17th ed., McGraw-Hill Professional

Foster-Powell K, Holt SH, Brand-Miller JC (2002) International table of glycemic index and glycemic load values: 2002. *Am J Clin Nutr* 76 : 5–56

Fredrix EW, Soeters PB, Wouters EF, Deerenberg IM, von Meyenfeldt MF, Saris WH (1991) Effect of different tumor types on resting energy expenditure. *Cancer Res* 51 : 6138–6141

Freeman JM, Kossoff EH, Freeman JB, Kelly MT (2006) The ketogenic diet: a treatment for children and others with epilepsy. Demos Medical Publishing

Gibson RS (2005) Principles of nutritional assessment, Oxford University Press
Gottschlich MM, Matarese LE, Shronts EP (1993) Nutrition Support Dietetics Core Curriculum. 2nd ed., American Society for Parenteral and Enteral Nutrition, Silver Springs, Maryland
Gudmand-Høyer E (1994) The clinical significance of disaccharide maldigestion. *Am J Clin Nutr* 59 : 735S–741S
Hahn DB, Payne WA (2008) Focus on health. 9th ed., McGraw-Hill
Hansell DT, Davies JW, Shenkin A, Burns HJ (1986) The oxidation of body fuel stores in cancer patients. *Ann Surg* 204 : 637–642
Harris SS, Dawson-Hughes B (1994) Caffeine and bone loss in healthy postmenopausal women. *Am J Clin Nutr* 60 : 573–578
Harvie MN, Howell A, Thatcher N, Baildam A, Campbell I (2005) Energy balance in patients with advanced NSCLC, metastatic melanoma and metastatic breast cancer receiving chemotherapy-a longitudinal study. *Br J Cancer* 92 : 673–680
Hedberg AM, Garcia N, Trejus IJ, Weinmann-Winkler S, Gabriel ML, Lutz AL (1988) Nutritional risk screening: development of a standardized protocol using dietetic technicians. *J Am Diet Assoc* 88 : 1553–6
Hu JF, Zhao XH, Parpia B, Campbell TC (1993) Dietary intakes and urinary excretion of calcium and acids: a cross-sectional study of women in China. *Am J Clin Nutr* 58 : 398–406
Hughes R, Carr A (2002) A randomized, double-blind, placebo-controlled trial of glucosamine sulphate as an analgesic in osteoarthritis of the knee. *Rheumatology (Oxford)* 41 : 279–284
Ireton-Jones CS, Turner WW Jr, Liepa GU, Baxter CR (1992) Equations for the estimation of energy expenditures in patients with burns with special reference to ventilatory status. *J Burn Care Rehabil* 13 : 330–333
Mahan LK, Escott-Stump S (2008) Krause's Food, Nutrition, and Diet therapy, 12th ed., WB Saunders Company
Mason JB, Choi SW (2003) Nutritional assessment and management of the cancer patients. In: Bronner F, Nutritional aspects and clinical management of chronic disorders and diseases. CRC Press
McCann RM, Hall WJ, Groth-Juncker A (1994) Comfort care for terminally ill patients. The appropriate use of nutrition and hydration. JAMA 272 : 1263–1266
Mercadante S, Ripamonti C, Casuccio A, Zecca E, Groff L (2000) Comparison of octreotide and hyoscine butylbromide in controlling gastrointestinal symptoms due to malignant inoperable bowel obstruction. *Support Care Cancer* 8 : 188–191
Messina M, Messina V (1994) The simple soybean and your health. Avery Publishers
Nelms M, Sucher KP, Long S (2007) Nutrition therapy and pathophysiology, Thomson Brooks/Cole
Nelson JK (1994) Mayo clinic diet manual, 7th ed., Mosby
Nieman DC (1999) Fitness and sports medicine: a health-related approach, Mayfield

Publishing Company
Ottery FD (1996) Definition of standardized nutritional assessment and interventional pathways in oncology. *Nutrition* 12 : S15–S19
Piche T, des Varannes SB, Sacher-Huvelin S, Holst JJ, Cuber JC, Galmiche JP (2003) Colonic fermentation influences lower esophageal sphincter function in gastroesophageal reflux disease. *Gastroenterology* 124 : 894–902
Rao SS, Welcher K, Zimmerman B, Stumbo P (1998) Is coffee a colonic stimulant? *Eur J Gastroenterol Hepatol* 10 : 113–118
Reginster JY, Deroisy R, Rovati LC, Lee RL, Lejeune E, Bruyere O, Giacovelli G, Henrotin Y, Dacre JE, Gossett C (2001) Long-term effects of glucosamine sulphate on osteoarthritis progression: a randomised, placebo-controlled clinical trial. *Lancet* 357 : 251–256
Ripamonti C, Mercadante S, Groff L, Zecca E, De Conno F, Casuccio A (2000) Role of octreotide, scopolamine butylbromide, and hydration in symptom control of patients with inoperable bowel obstruction and nasogastric tubes: a prospective randomized trial. *J Pain Symptom Manage* 19 : 23–34
Rofe AM, Bourgeois CS, Coyle P, Taylor A, Abdi EA (1994) Altered insulin response to glucose in weight-losing cancer patients. *Anticancer Res* 14 : 647–650
Rolfes SR, Oinna K, Whitney E (2008) Understanding Normal and Clinical Nutrition, 8th ed., Brooks Cole
Rumessen JJ, Gudmand-Høyer E (1988) Functional bowel disease: malabsorption and abdominal distress after ingestion of fructose, sorbitol, and fructose-sorbitol mixtures. *Gastroenterology* 95 : 694–700
Shils ME, Shike M, Ross AC, Caballero B, Cousins RJ (2005) Modern nutrition health and disease, 10th edition., Lippincott Williams & Wilkins
Tayek JA (1992) A review of cancer cachexia and abnormal glucose metabolism in humans with cancer. *J Am Coll Nutr* 11 : 445–456
Wardlaw GM. Hampl J (2006) Perspectives in nutrition, 7th ed., McGraw-Hill
Weigley ES, Mueller DH, Robinson CH (1996) Basic Nutrition and Diet Therapy, 8th ed., Prentice Hall
Whitney EN, Cataldo CB, Rolfes SR (1996) Nutrition for health and health care, West Publishing Company
Whitney EN, Rolfes SR (2010) Understanding Nutrition, 12th ed., Wadsworth Publishing
Williams SR (2001) Basic nutrition and diet therapy, 11th ed., Mosby
Williams SR, Long S (1997) Nutrition and diet therapy, 8th ed., Mosby
Wolinsky I, Dorothy J Klimis-Tavantzis DJ (1996) Nutritional concerns of women. CRC Press
World Cancer Research Fund/ American Institute for Cancer Research (2007) Food, Nutrition, Physical Activity, and the Prevention of Cancer: a Global Perspective. Washington DC: AICR
World Cancer Research Fund/ American Institute for Cancer Research (AICR) (2007). Food, Nutrition, Physical Activity, and the Prevention of Cancer: a Global Perspective.

Washington DC: AICR.
Zeman FJ, Ney DM (1988) Applications of clinical nutrition, Prentice-Hall

구재옥, 김원경, 서정숙, 손숙미, 이연숙 (2007) 식사요법 원리와 실습, 교문사
김상균, 김재규, 신성관, 김현수, 설상영 (2009) 소화성궤양의 진단 가이드라인. 대한소화기학회지 54: 279-84.
김천호 (2001) 식이요법, 문운당
김희숙, 박문옥, 윤옥현, 이미숙, 이영순, 이정실 (2004) 식사요법, 교문사
농촌진흥청 (2007) 식품성분표 7차 개정, 도서출판 효일
대한골대사학회 진료지침위원회 (2008) 골다공증 진단 및 치료지침 2008, 대한골대사학회
대한당뇨병학회 (2010) 당뇨병 식품교환표 활용지침 제 3판, 골드기획
대한암협회 (2008) 암 예방을 위한 식사지침에 관한 연구보고서
대한영양사협회 (2008) 임상영양관리지침서 3판, (주)메드랑
대한영양사협회 (2010) 식사계획을 위한 식품교환표, 대한영양사협회
보건복지부, 중앙암등록본부, 국립암센터 (2010) 국가암등록사업 연례 보고서(2008년 암등록통계)
보건복지부, 질병관리본부 (2009) 2008 국민건강통계: 국민건강영양조사 제4기 2차년도
보건복지부, 질병관리본부 (2010) 2009 국민건강통계: 국민건강영양조사 제4기 3차년도
손숙미, 이종호, 임경숙, 조윤옥 (2010) 다이어트와 건강, 교문사
손숙미, 임현숙, 김정희, 이종호, 서정숙, 손정민 (2006) 임상영양학, 교문사
이기열, 이기완, 명춘옥, 박영심, 남혜원 (2009) 식사요법, 수학사
이미숙, 박영숙, 현화진, 김순경, 송은승, 이경애, 이선영, 현태선, 김희선, 윤은영 (2011) 리빙토픽 영양과 식생활, 교문사
이미숙, 이선영, 김현아, 정상진, 김원경, 김현주 (2010) 임상영양학, 파워북
이보경, 장유경, 최경숙 (1992) 폐경 후 여성의 골밀도에 대한 영양소 섭취실태의 영향. 한국영양학회지 25: 642-655
장유경, 변기원, 이보경, 이종현, 이홍미 (2000) 임상영양관리, 도서출판 효일
통계청 (2010) 사망원인 통계연보, 통계청
한국영양학회 (2010) 한국인영양섭취기준, 도서출판 국진기획

식사요법

2011년 9월 2일 1판 1쇄 발행
2014년 3월 5일 1판 2쇄 발행

지은이: 김명희 · 김미현 · 김보영 · 김순경 · 김애정 · 김영희
배윤정 · 성미경 · 이지선 · 정복미 · 조혜경 · 최미경
한경희 · 홍정임

펴낸이: 박 정 태
펴낸곳: 광 문 각
413-120
파주시 파주출판문화도시 광인사길 161
광문각 B/D 4F
등 록: 1991. 5. 31 제12-484호
전화(代): 031)955-8787
팩 스: 031)955-3730
E-mail: kwangmk@unitel.co.kr
홈페이지: www.kwangmoonkag.co.kr
ISBN : 978-89-7093-639-0 93590

정가 : 25,000원

한국과학기술출판협회회원
KSPA